Aktuelle Probleme der Polymer-Physik VII

Kristallinität und Fehlordnung: Charakterisierung und technologische Bedeutung

(Sonderausgabe aus „Colloid and Polymer Science", Vol. 254, Nos. 2 and 3)

Vorträge

der Frühjahrstagung des Fachausschusses Physik der Hochpolymeren im Rahmen der Frühjahrstagung des Arbeitskreises Festkörperphysik bei der Deutschen Physikalischen Gesellschaft in Münster vom 17. bis 22. März 1975

Herausgegeben von

Prof. Dr. E. W. FISCHER
Mainz

Prof. Dr. F. H. MÜLLER
Marburg/Lahn

Dr. H. H. KAUSCH
Frankfurt/Main

Mit 255 Abbildungen und 34 Tabellen

DR. DIETRICH STEINKOPFF VERLAG · DARMSTADT 1976

CIP-Kurztitelaufnahme der Deutschen Bibliothek

Aktuelle Probleme der Polymer-Physik

hrsg. von E. W. Fischer ... – Darmstadt : Steinkopff.

NE: Fischer, Erhard Wolfgang [Hrsg.]

7. Kristallinität und Fehlordnung:
Charakterisierung u. technolog. Bedeutung;
(Sonderausg. aus „Colloid and polymer science", Vol. 254, Nos. 2 u. 3, 1976); Vorträge d. Frühjahrstagung d. Fachausschusses Physik d. Hochpolymeren im Rahmen d. Frühjahrstagung d. Arbeitskreises Festkörperphysik bei d. Dt. Physikal. Ges. in Münster vom 17.–22. März 1975. – 1. Aufl. – 1976.

ISBN-13: 978-3-7985-0457-8 e-ISBN-13: 978-3-642-47057-8
DOI: 10.1007/978-3-642-47057-8

NE: Deutsche Physikalische Gesellschaft / Fachausschuß Physik der Hochpolymeren

ISSN 0340-210 X (7)

Herstellung: Hans Meister KG, Kassel

Erscheinungsweise: jährlich 1–2 Bände – Bandpreis: DM 96,–

INHALT

Die Seitenzahlen beziehen sich auf die fetten Zahlen am Fuße

Colloid & Polymer Sci. **254**, 129–138 (1976)

Vorgetragen auf der Frühjahrstagung des Fachausschusses Physik der Hochpolymeren in der Deutschen Physikalischen Gesellschaft in Münster 17.–22. März 1975

Polymer Science · Polymere

Fachbereich Chemie der Universität Kaiserslautern

Elektrische Eigenschaften polymerer Festkörper in starken elektrischen Feldern

J. Fuhrmann

Mit 5 Abbildungen

(Eingegangen am 12. September 1975)

Einleitung

Polymeroberflächen laden sich bei Berührung mit anderen dielektrischen Substanzen oder elektrischen Leitern elektrostatisch auf. Der Ladungsübertritt zwischen den Kontaktpartnern führt zu Kontaktaufladung, d. h. zur elektrostatischen Aufladung durch Excessladungsträger. Der elektrisch neutrale Zustand der Polymeroberfläche und des Volumens geht durch die Aufladung verloren.

Die während des Kontakts übertretenden Ladungsträger werden in der Polymeroberfläche und im Volumen im allgemeinen über lange Zeiten gespeichert und halten dabei langfristig starke elektrische Felder aufrecht. Diese Felder verursachen im Polymeren eine Verschiebung sowohl der injizierten Excessladungsträger als auch eine Verschiebung der intrinsischen Ladungsträger und – wenn die dielektrische Relaxationszeit vergleichbar mit der Zeitspanne wird, in der die starken Felder wirken – zusätzlich Orientierungspolarisation und darüber hinaus an inneren Grenzflächen in teilkristallinen oder anderweitig heterogenen Polymeren Maxwell-Wagner-Sillars-Polarisation. Schließlich müssen Änderungen des Ordnungszustands in starken elektrischen Feldern einschließlich der resultierenden elektromechanischen Kopplungen berücksichtigt werden, z. B. Elektrostriktion, Piezoelektrizität und ferroelektrische Erscheinungen.

Die genannten Effekte verdeutlichen, daß die vielfältigen elektrischen Erscheinungen polymerer Festkörper wegen der wechselseitigen Kopplung der Einzeleffekte miteinander unter einheitlichen Gesichtspunkten zu beschreiben sind.

Als Ausgangspunkt für die theoretische Beschreibung des Ladungsübertritts, der Ladungsspeicherung und des Ladungstransports kann man von einem Energieniveauschema für die Ladungsträger ausgehen und in diesem Schema die Dichte, die energetische Lage und die Besetzungswahrscheinlichkeit von lokalisierten Niveaus diskutieren. Weiterführend kann man dann auf dem Weg über Zustandssummen das elektrochemische Potential der verschiedenen Ladungsträgerarten, insbesondere die Fermienergie der Excesselektronen, definieren. Auf diese Weise ist es möglich, den Zusammenhang zwischen den Daten des Energieniveauschemas und den Kontinuumsvariablen der elektrischen bzw. elektrostatischen Eigenschaften polymerer Festkörper in geschlossener theoretischer Form darzustellen.

Die wesentlichen Punkte der notwendigen Theorie werden im folgenden anhand einiger experimenteller Ergebnisse erläutert, und es wird gezeigt, daß vielseitige experimentelle Daten und unterschiedliche experimentelle Methoden zur vollständigen Beschreibung der elektrischen und elektrostatischen Eigenschaften polymerer Festkörper herangezogen werden müssen.

Kontaktaufladung von Polymeren

Die elektrostatische Aufladung von Festkörpern gehört zu den ältesten physikalischen Forschungsgebieten, und polymere Festkörper sind heute eine der wichtigsten Quellen statischer Elektrizität.

Für die Aufladung von synthetischen Polymeren beim Kontakt miteinander wurden von verschiedenen Autoren triboelektrische Reihen aufgestellt, die untereinander verhältnismäßig gut übereinstimmen (1). Auf die Anordnung der verschiedenen Polymeren in einer triboelektrischen Reihe wurde dann die Coehnsche Regel angewendet: „Der Kontaktpartner mit der größeren Dielektrizitätskonstante lädt sich gegenüber dem anderen positiv auf". Die Ausnahmen von der Coehnschen Regel sind allerdings zahlreich und der ursächliche Zusammenhang zwischen Kontaktaufladung und Dielektrizitätskonstante ist umstritten. Für die Kontaktaufladung von Metallen stellte *Volta* 1801 eine Spannungsreihe auf, die nichts anderes als ein triboelektrische Reihe für Metalle darstellt. Die Voltasche Spannungsreihe läßt sich bekanntlich auf Elektronenübertritt zurückführen.

Die Aufladung beim Metall-Polymerkontakt wird seit den Arbeiten von *Davies* (2) auf Elektronenübertritt zurückgeführt und in einem Elektronen-Energieniveauschema der Kontaktpartner interpretiert.

Davies hat die Aufladung von Polymeren in Abhängigkeit von der Elektronen-Austrittsarbeit der kontaktierenden Metalle untersucht und für einige Polymere, z. B. Polykarbonat und Nylon 66, in erster Näherung Geraden erhalten (3). Aus dem linearen Zusammenhang zwischen Kontaktaufladung und Elektronen-Austrittsarbeit der Metalle ermittelte *Davies* die Elektronen-Austrittsarbeit der betreffenden Polymeren und machte im Rahmen eines Energieniveauschemas Aussagen über die Dichte der lokalisierten Niveaus im Volumen des Polymeren als Funktion ihrer energetischen Lage. In dem zur Auswertung herangezogenen Postulat forderte *Davies* eine Injektion von Elektronen bzw. Defektelektronen in das Polymervolumen. Er berechnete die Dicke der Raumladungsschicht und fand unter den von ihm gemachten Voraussetzungen, daß die am Metall-Polymerkontakt injizierten Elektronen bzw. Defektelektronen eine Raumladungsschicht bis zu einigen 0,1 μ im Polymeren bilden. Einige Jahre später postulierten *Bauser et al.* (4) und *Krupp* (5) eine Injektion ausschließlich in Oberflächenzustände. Da nach diesem Postulat lediglich Flächenladungen in der Oberfläche zu berücksichtigen sind, ist die mathematische Behandlung der Kontaktaufladung in diesem Fall einfach und entsprechend anschaulich.

Eine Entscheidung darüber, ob ausschließlich Oberflächenzustände und die damit verbundenen Flächenladungen oder ob zusätzlich Volumenzustände und die damit verbundenen Raumladungen und „Bandverbiegungen" zu diskutieren sind, kann nur anhand experimenteller Ergebnisse getroffen werden. Polymere mit besetzbaren Volumenzuständen, d. h. mit Raumladungen im grenzflächennahen Volumen, sind daher bevorzugt geeignet, die allgemeinen Grundzüge der theoretischen Behandlung des vielseitigen Problems aufzuzeigen.

Als Beispiel wählen wir ataktisches Polystyrol. Wir fanden, daß die Kontaktaufladung stark von der Anisotropie der molekularen Lageverteilung der Polymermoleküle und von der Kontaktdauer abhängt, und wir konnten zeigen, daß sich Polystyrol um so stärker negativ beim Kontakt mit Stahl auflädt, je stärker die Phenylseitengruppen senkrecht zur Polymeroberfläche ausgerichtet sind. Je höher diese Anisotropie und damit die Kontaktaufladung, desto langsamer verläuft die anschließende Entladung (6). Der erstgenannte Befund, die stärkere Aufladung bei höherer Orientierung der Phenylseitengruppen senkrecht zur Oberfläche, läßt sich nach dem Modell von *Bauser et al.* (4) und *Krupp* (5) deuten, und zwar als Absinken der energetischen Lage von Elektronenhaftstellen in der Polymeroberfläche mit zunehmender Phenylorientierung. Der zweite Befund, die sich mit zunehmender Phenylorientierung verlangsamende Entladekinetik, ist bei Polystyrol der experimentelle Beweis für die Besetzung von Volumenzuständen während der Kontaktaufladung[1]). Zur Diskussion der Entladekinetik

[1]) Die Abhängigkeit der Aufladung von der Kontaktdauer muß nicht immer ein eindeutiger Beweis für die Besetzung von Volumenzuständen sein, da sich die Polymeroberfläche während des Kontakts deformieren kann, wodurch sich die effektive Kontaktoberfläche und damit die Aufladung erhöht. Wegen dieses Effekts ziehen wir es vor, die Kinetik des Entladens als Nachweis für besetzte Volumenzustände heranzuziehen.

kann die Ausheizwahrscheinlichkeit für Elektronen aus lokalisierten Akzeptorniveaus im Volumen herangezogen werden. Der Einfluß der Ausheizwahrscheinlichkeit kann entsprechend dem Modell von *Davies* (2) nach der Methode von *Kryszewski et al.* (7) interpretiert werden.

Unser experimentelles Ergebnis legt zunächst folgende Schlußfolgerung nahe:

a) Polystyrol ist ein Beispiel für ein glasig erstarrtes Polymeres, dessen elektrisch neutrale Haftstellen durch Elektroneninjektionen, z. B. beim Kontakt mit Stahl, besetzt werden können, wodurch sich Polystyrol negativ gegen Stahl auflädt; d. h. die Elektronen-Austrittsarbeit des Stahls ist kleiner als die des Polystyrols.

b) Mit zunehmender Orientierung der Phenylseitengruppen senkrecht zur Metall-Polystyrolgrenzfläche sinkt die energetische Lage der Haftstellen in der Oberfläche relativ zur Fermienergie des Metalls ab, so daß mehr Haftstellen bei der Kontaktierung besetzt werden und die Kontaktaufladung zunimmt.

c) Mit zunehmender Orientierung der Phenylseitengruppen nimmt die Geschwindigkeit der Entladekinetik ab, d. h. es werden die bei der vorangehenden Kontaktierung besetzten Haftstellen im Volumen mit einer geringeren Wahrscheinlichkeit ausgeheizt. Nach *Bässler* (8) bedeutet das: die Haftstellentiefe im Volumen nimmt mit der Orientierung zu.

Polystyrol ist damit ein Beispiel für ein amorphes Polymeres, dessen Akzeptorniveaus ursächlich mit der Nahordnung des glasig erstarrten Materials zusammenhängen und darüber hinaus energetisch nahe der Fermienergie der Metalle liegen; und nicht zuletzt ist Polystyrol ein Beispiel für einen polymeren Isolator, in dem sowohl Oberflächen- als auch Volumenniveaus durch injizierte Elektronen besetzt werden.

Die Besetzung lokalisierter Volumenzustände verursacht Raumladungen, die wiederum eine „Bandverbiegung", d. h. eine Änderung der energetischen Lage oberflächennaher lokalisierter Niveaus bewirken. Denn die ortsabhängige Raumladung krümmt das ortsabhängige elektrische Potential gemäß der Poisson-Gleichung

$$\frac{d^2V}{dx^2} = -\frac{\varrho(x)}{\varepsilon(x)\varepsilon_0}. \quad [1]$$

In dieser eindimensionalen Gleichung sind: x der Abstand von der Oberfläche, $\varepsilon(x)$ die relative Dielektrizitätskonstante am Ort x, ε_0 die Dielektrizitätskonstante des Vakuums, $\varrho(x)$ die Raumladungsdichte am Ort x. Wenn man voraussetzt, daß die Dielektrizitätskonstante weder von der Feldstärke noch von der Ortskoordinate oder der Zeit abhängt, dann kann man unter weiteren vereinfachenden Annahmen über die Dichte und die energetische Lage der lokalisierten Akzeptor- und Donatorniveaus die Gl. [1] integrieren (15).

Rose (9) und *Many et al.* (10) haben die Poisson-Gleichung für den Fall kontinuierlich mit der energetischen Lage variierender Dichte der Haftstellen und ortsunabhängiger Dielektrizitätskonstante integriert und erhalten:

$$V(x) = V_0 \exp\left(-\frac{x}{l_t}\right). \quad [2]$$

In dieser Gleichung ist: $V(x)$ das elektrische Potential am Ort x, V_0 das elektrische Potential in der Polymeroberfläche und l_t die effektive Debyelänge

$$l_t = \left(\frac{\varepsilon\varepsilon_0}{e^2 N_t}\right)^{\frac{1}{2}} \quad [3]$$

und $N_t dE$ ist die Dichte der Haftstellen im Energieintervall dE. Die am ebenen Polymer-Metallkontakt injizierte Raumladungsdichte ergibt sich als Funktion des Ortes zu

$$\varrho(x) = -e^2 N_t V_0 \exp\left(-\frac{x}{l_t}\right). \quad [4]$$

In den Gleichungen [3] und [4] ist e die Elementarladung. Die Raumladungsdichte nimmt unter diesen Voraussetzungen exponentiell mit dem Abstand von der Oberfläche ab.

Da die Raumladung den weiteren Ladungsübertritt an der Metall-Polymergrenzfläche beeinflußt, hängt die effektive Debyelänge, vgl. Gl. [3], mit der Abschirmlänge zusammen (11, 12, 13). Immer dann, wenn sowohl diskrete Akzeptorniveaus als auch diskrete Donatorniveaus im Polymeren mit einer energetischen Lage in der Nähe der Fermienergie des kontaktierenden Metalls vorhanden sind, dann kann die Diskussion der Abschirmlänge auf der Grundlage von theoretischen Ansätzen geführt werden, die von *Chowdry* und *Westgate* (14) gegeben wurden. Die genannten Autoren berücksichtigen allerdings nicht die unterschiedliche energetische Lage von Oberflächen- und Volumenzuständen, wodurch die von ihnen berechneten Debyelängen bis zu zwei Zehnerpotenzen zu groß sein können.

Aus der unter einfachen Voraussetzungen abgeleiteten Gl. [3] folgt, daß die bei Polystyrol gemessene steigende Aufladung mit zunehmender Orientierung der Phenylseitengruppen senkrecht zur Oberfläche durch eine Vergrößerung der effektiven Debyelänge aufgrund der Anisotropie der Dielektrizitätskonstante verursacht werden kann; weil nämlich durch die Phenylorientierung die Dielektrizitätskonstante in Feldrichtung vergrößert wird; und zwar vergrößert sich die Dielektrizitätskonstante mit zunehmender Anisotropie, weil eine zunehmende Anzahl von Phenylen mit der Achse ihrer kleinsten Elektronenpolarisierbarkeit senkrecht zur Feldrichtung stehen.

Die Abhängigkeit der Dielektrizitätskonstante vom Ordnungszustand der Oberfläche und des Volumens ist aber nicht der einzige wesentliche Gesichtspunkt; denn der unterschiedliche physikalische Zustand von Oberfläche und Volumen verursacht zusätzlich unterschiedliche energetische Lagen der lokalisierten Zustände in Oberfläche und Volumen[2]).

Da bei Polystyrol, wie oben am Beispiel der Phenylorientierung bereits gezeigt, lokalisierte Niveaus in der Nähe der Fermienergie des Stahls liegen, ist zu erwarten, daß die energetischen Unterschiede zwischen Oberflächen- und Volumenzuständen am Beispiel des Polystyrols verdeutlicht werden können. Die allgemeinen Grundlagen zur Interpretation der bei dieser Situation (unterschiedlicher Zustände in Oberfläche und Volumen in energetischer Nähe der Fermienergie) zu erwartenden Randschicht (accumulation layer, inversion layer) sind im Lehrbuch von *Many et al.* (15) gegeben und sollen daher hier nicht referiert werden. Wir wollen uns auf den experimentellen Nachweis der Anreicherung bzw. der Verarmung an Excesselektronen in der Polymeroberfläche relativ zum oberflächennahen Volumen beschränken. Vereinfachend fassen wir dazu die Oberflächenladung als eine Platte eines Kondensators und die Volumenladung als die andere Platte auf, die im Abstand des Ladungsschwerpunktes der Raumladung des Volumens liegt.

Um zu prüfen, inwieweit diskrete Niveaus, und zwar sowohl lokalisierte Akzeptor- als auch Donatorniveaus, die Aufladung des hypothetischen Kondensators, d.h. die Abschirmlänge und damit die „Bandverbiegung", beeinflussen, haben wir die elektrostatische Aufladung des Polystyrols als Funktion des elektrischen Potentials einer kontaktierenden Stahlkugel untersucht. Den gefundenen Zusammenhang zeigt Abb. 1 (16). Bei hohem negativem bzw. positivem elektrischen Potential der kontaktierenden Stahlkugel ist die Aufladung des Polystyrols nach dem Trennen des

[2]) Der starke Oberflächeneinfluß des polymeren Dielektrikums auf die Kontaktaufladung wird abschätzbar, wenn man die Größenordnung der Debyelänge (l_t ca. 1 μ) berücksichtigt. Daraus folgt, daß sich Kontaktaufladungsexperimente bevorzugt zum Nachweis von Unterschieden des physikalischen Zustands der Oberfläche und des Volumens eignen.

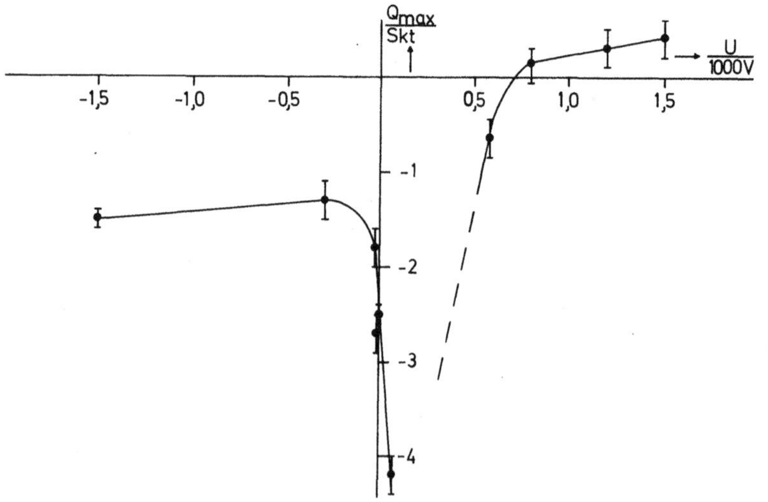

Abb. 1. Elektrostatische Aufladung von ataktischem Polystyrol nach dem Kontakt mit einer Stahlkugel in Abhängigkeit vom elektrischen Potential der Kugel (16). Die Aufladung ist nach einer Sondenmethode (6) gemessen und in Skalenteilen des Sondensignals angegeben.

Kontakts interpretierbar nach dem Modell von *Chowdry* und *Westgate* (14). D.h. bei Polystyrol sind sowohl Akzeptor- als auch Donatorniveaus im Polymervolumen vorhanden, die energetisch in der Nachbarschaft der Fermienergie des kontaktierenden Metalls liegen.

Das Modell dieser Autoren reicht aber zur vollständigen Beschreibung der Kontaktaufladung des Polystyrols nicht aus, da es den Einfluß der Oberflächenzustände nicht berücksichtigt. Im mittleren Potentialbereich in Abb. 1 ist nämlich nach dem Modell dieser Autoren ein sigmoider Nulldurchgang zu erwarten. Die starke negative Aufladung des Polystyrols in diesem Potentialbereich zeigt aber deutlich den Einfluß unterschiedlicher energetischer Lage von Oberflächen- und Volumenzuständen des Polystyrols in energetischer Nähe der Fermienergie des Stahls. Wir erhalten daher eine Oberflächenladung, die von der Ladung einer Referenzfläche im Volumen abweicht, d.h. wir haben den oben definierten Kondensator zu diskutieren. Der hypothetische Kondensator im oberflächennahen Bereich des Polystyrols zeigt selbst bei hoher Defektelektronendichte im Volumen (im Bereich hohen positiven Potentials der Stahlkugel bei ca. 600 Volt) noch stark negative Oberflächenladung, d.h. Excesselektronen in der Oberfläche. Diese Situation entspricht einer Verarmungsrandschicht (inversion layer), da die Defektelektronendichte im Volumen größer als in der Oberfläche ist. Bei kleinerem elektrischen Potential des kontaktierenden Metalls werden Excesselektronen Majoritätsladungsträger in der Oberfläche, d.h. es bildet sich eine Anreicherungsrandschicht (accumulation layer) der Excesselektronen aus.

Der gefundene Einfluß des elektrischen Potentials des kontaktierenden Stahls auf die Kontaktaufladung des Polystyrols im mittleren Potentialbereich zeigt, daß sich Oberflächen- und Volumenzustände des Polystyrols voneinander unterscheiden und daß sowohl die Akzeptor- als auch die Donatorniveaus energetisch nahe der Fermienergie des Stahls liegen. Dies verursacht bei uneinheitlichen Parametern des physikalischen Zustands innerhalb der Polymeroberfläche unterschiedliche Ladungszustände, die Anlaß zu den bekannten Gleit- und Büschelentladungen beim Trennen ebener Grenzflächen geben können.

Ein weiterer wichtiger Effekt ist im Zusammenhang mit Verarmungs- und Anreicherungsrandschichten aufgeladener Polymeroberflächen zu beachten, nämlich der Einfluß der beiden Platten des hypothetischen Kondensators auf die Oberflächenleitfähigkeit. Denn die Ladungsträgerbeweglichkeit auf den Kondensatorplatten, d.h. unmittelbar innerhalb der Oberfläche und im grenzflächennahen Volumen, unterscheidet sich wegen der unterschiedlichen energetischen Lage der Akzeptor- und Donatorniveaus.

Feldeffekt bei Polymeren

Mit den Kontaktaufladungsmessungen an Polystyrol haben wir, je nach elektrischem Potential der kontaktierenden Stahlkugel, eine Anreicherungs- bzw. eine Verarmungsrandschicht für Excesselektronen bzw. Defektelektronen nachgewiesen und diese Randschicht auf Unterschiede im physikalischen Zustand der Oberfläche und des Volumens zurückgeführt. Zusätzlich kann aber an Polymer-Metallgrenzflächen Schottky-Emission (bei neutralen lokalisierten Niveaus) und Poole-Frenkel-Emission (bei polarisierbaren lokalisierten Zentren) auftreten. Die daraus resultierenden Überlagerungserscheinungen sind in einer Übersichtsarbeit von *Yeargan* und *Taylor* (17) für Halbleiter zusammengestellt. Es bleibt daher zu entscheiden, inwieweit feldunterstützte thermische Emission an der Metall-Polymergrenzfläche sich dem Effekt überlagert, der durch die unterschiedliche Lage der Oberflächen- und Volumenzustände hervorgerufen wird. Wir haben deswegen die Eigenschaften der Randschicht, d.h. des hypothetischen Kondensators mit Hilfe von Feldeffektmessungen untersucht und dazu eine spezielle Feldeffektapparatur entwickelt (18). Die Feldeffektapparatur besteht im wesentlichen aus einer auf das Polymere aufgedampften Goldelektrode und einer Metallplatte, die in 0,5 mm Abstand von der Goldelektrode als Feldelektrode wirkt. Das Ersatzschaltbild für die Anordnung ist ein zweischichtiger Kondensator, dessen erste Schicht (Vakuum von 10^{-7} Torr) durch die Feldelektrode und die Goldelektrode begrenzt ist und dessen zweite Schicht durch den hypothetischen Kondensator in grenzflächennahen Polymervolumen gebildet wird. Schaltet man, nachdem thermisches Gleichgewicht am Polymer-Goldkontakt erreicht ist, die Feldelektrode z. B. auf negative Werte des elektrischen Potentials, dann kann man die Zustandsänderung des hypothetischen Kondensators untersuchen, indem man die Ladestromfunktion an der Goldelektrode aufnimmt. Separiert man die Einschalteffekte, dann zeigt bei Polystyrol die verbleibende Ladestromfunktion ein Maximum, das durch zwei exponentiell verlaufende Teilströme unterschiedlichen Vorzeichens und unterschiedlicher Zeitkonstante hervorgerufen wird. Die Beiträge der vorexponentiellen Faktoren beider Teilstromfunktionen sind identisch und ein Maß für die Zahl der beweglichen (quasifreien) Ladungsträger im hypothetischen Kondensator (18).

Aus unseren Messungen bei Temperaturen zwischen 25 °C und 85 °C und im Potentialbereich von —200 V bis —500 V ergibt sich für die Zahl der beweglichen (quasifreien) Ladungsträger n_{qf} bei Polystyrol folgende Temperatur- und Potentialabhängigkeit

$$n_{qf} = a \exp b\, U \cdot \exp -\frac{E_a}{kT}\,. \qquad [5]$$

In dieser Gleichung bedeuten:

U = das Potential der Feldelektrode,
E_a = die Aktivierungsenergie, die mit $E_a = 0{,}7$ eV stimmt werden konnte,
k = die Boltzmann-Konstante,
T = die absolute Temperatur,
a, b = Konstanten.

Die Form der bei unseren Feldeffektuntersuchungen gefundenen Gleichungen [5] zeigt, daß die beweglichen Ladungsträger des Polystyrols in einem Zwei-Energieniveauschema beschrieben werden können. Bei den zu diskutierenden diskreten Niveaus handelt es sich um Akzeptorniveaus, da die energetisch tiefer liegenden Donatorniveaus unter den von uns gewählten experimentellen Bedingungen elektrisch neutral, d. h. unwirksam sind. Das obere der beiden Niveaus entspricht flachen lokalisierten Zuständen, zwischen denen Excesselektronen im Sinne eines Leitungsmechanismus ausgetauscht werden können. Der Boltzmannfaktor in Gleichung [5] bedeutet, daß die Verteilung der Excesselektronen auf die beiden diskreten Niveaus der Boltzmann-Statistik gehorcht. Der Exponentialausdruck, der die Zahl der beweglichen Ladungsträger als Funktion des elektrischen Potentials der Feldplatte angibt, beschreibt die potentialabhängige Besetzungswahrscheinlichkeit eines Zwei-Energieniveausystems.

Beide Exponentialausdrücke in Gleichung [5] zeigen, daß bei Polystyrol im untersuchten Temperatur- und Potentialbereich ein Energieniveauschema für Excesselektronen mit zwei diskreten Niveaus in 0,7 eV Abstand vorliegt und die Zahl der quasifreien Ladungsträger in der Randschicht nicht durch Emission beeinflußt wird. Eine ausführliche Diskussion des Feldeffekts von Polymeren bereiten wir z. Z. zur Veröffentlichung in dieser Zeitschrift vor (19).

Leitfähigkeit von Polymeren

Wegen der Krümmung des Potentialverlaufs im Polymeren aufgrund der Randschicht injizierter Ladungsträger am Polymer-Metallkontakt sind Leitfähigkeitsmessungen an Polymeren häufig vom Elektrodenmaterial abhängig. Die Leitfähigkeit von Polymeren kann daher volumenkontrolliert oder elektrodenkontrolliert sein, je nach Elektronenaustrittsarbeit der Elektrode. Für unsere Untersuchungen an Polystyrol wählten wir Blattgoldelektroden, legten die eine auf Erdpotential und die andere auf negatives Potential. Auf diese Weise ist sichergestellt, daß an der elektroneninjizierenden Elektrode eine Anreicherungsrandschicht vorhanden ist und daher genügend Excesselektronen für den Ladungstransport im Volumen zur Verfügung stehen (injecting electrode). Unter dieser Bedingung ist die Leitfähigkeit volumenkontrolliert. Die Leitfähigkeitsmessungen an Polystyrol ergaben eine Aktivierungsenergie von ca. 0,8 eV für die Volumenleitfähigkeit (20). Die Analyse der Entladestromfunktion, die beim Kurzschließen der beiden Goldelektroden an einem Elektrometer gemessen wurden (21), nachdem vorher ein stationärer Ladungstransport bei anliegendem Feld abgewartet war, ergibt, daß das untere der beiden diskreten Niveaus nochmals in zwei Niveaus aufspaltet, die je nach Feldstärke des Leitfähigkeitsexperiments einen energetischen Abstand von 0,02 eV bis 0,1 eV voneinander haben. Der energetische Abstand nimmt mit zunehmender Feldstärke zu, und zwar sinkt dasjenige Akzeptorniveau, welches energetisch am tiefsten liegt, in seiner energetischen Lage mit zunehmender Feldstärke ab.

Für Polystyrol ergibt sich aufgrund dieser Untersuchungen ein genaueres Bild, nämlich ein Drei-Energieniveauschema, das nach der Boltzmann-Statistik besetzt wird. Die energetischen Abstände der Niveaus betragen ca. 0,7 eV und 0,06 eV (feldstärkeabhängig). Die beiden unteren ca. 0,06 eV voneinander liegenden Akzeptorniveaus liegen unterhalb der Fermienergie von Gold und Stahl, wodurch sich eine negative Aufladung des Polystyrols beim Kontakt mit diesen Metallen ergibt.

Genauso wie die Kontaktaufladung von Polystyrol von der relativen Lage der Phenylseitengruppen zur Kontaktfläche abhängt, weist auch das Absinken der energetischen Lage der tiefliegenden Akzeptorenniveaus mit steigender Feldstärke auf eine Nahordnungsabhängigkeit dieser Niveaus hin (22). Die Nahordnungsänderung des Polystyrols unter dem Einfluß starker elektrischer Felder haben wir mit Hilfe von Elektrostriktionsmessungen untersucht und ferroelektrische Erscheinungen nachweisen können (Domänenklappen) (23). Diese ferroelektrischen Effekte haben wir als kooperative Platzwechsel der Phenyle interpretiert und den ursächlichen Zusammenhang zwischen dieser feldinduzierten Nahordnungsänderung und dem unteren Akzeptorniveau des Polystyrols nachgewiesen (22).

Die elektrischen Eigenschaften polymerer Festkörper hängen nicht nur wegen der sich bildenden Anreicherungs- bzw. Verarmungsrandschichten vom verwendeten Elektrodenmaterial ab, sondern werden wegen der ferroelektrischen Erscheinungen von der mechanischen Fesselung der Probe beeinflußt. So erhält man z. B. bei Polystyrol, Polyurethan und Nylon 66 bei aufgedampften Goldelektroden andere elektrische Eigenschaften als bei aufgelegten Blattgoldelektroden. Im Falle aufgedampfter Elektroden erhöht sich die Zeit, bei der die ferroelektrische Domänenbildung einsetzt, teilweise stark gegenüber den Zeiten, die bei Verwendung von Blattgoldelektroden gefunden werden. In Abb. 2 sind schematisch Lade- und Entladestromkurven dargestellt, die verursacht werden durch ferroelektrische Orientierung von permanenten oder induzierten Dipolen. Die Lade- und Entladestromfunktionen zeigen ein ausgeprägtes Maximum, da sich der Ladungsträgerinjektion an der Polymer-Metallgrenzfläche ein ferroelektrischer Polarisationsstrom überlagert, dessen Maximum bei um so größeren Lade- bzw. Entladezeiten auftritt, je stärker man die Probe fesselt, z. B. indem man anstatt aufgelegter Blattgoldelektroden aufgedampfte Goldelektroden verwendet.

Die Zeit, bei der die ferroelektrische Domänenbildung einsetzt, hängt nicht nur von mechanischen Einwirkungen ab, sondern auch

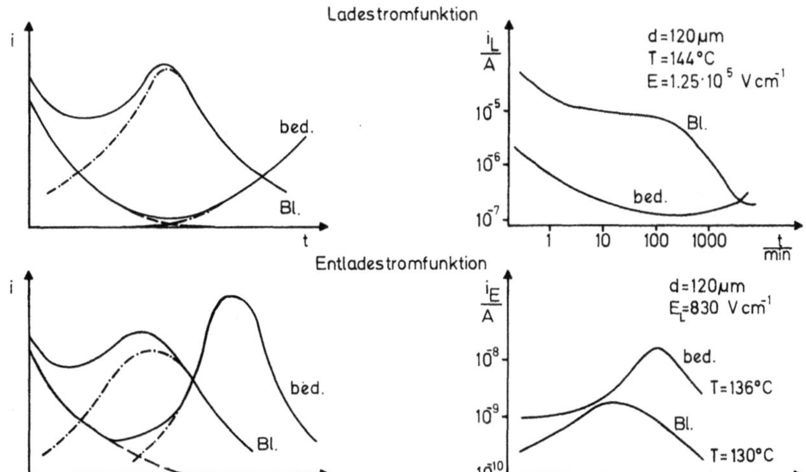

Abb. 2. Lade- und anschließender Entladestrom eines ferroelektrischen Polymeren (———) und Teilstrom der injizierten Excessladungsträger (– – –), sowie Teilstrom der ferroelektrischen Polarisation (–·–·–), der bei vorgegebenem Elektrodenmaterial von der Fesselung durch die Elektroden abhängt (bed. = aufgedampfte Goldelektrode, Bl. = aufgelegte Blattgoldelektrode). Links schematisch, rechts nach unveröffentlichten Messungen von *Lamour* und *Fuhrmann* an Polyurethan.

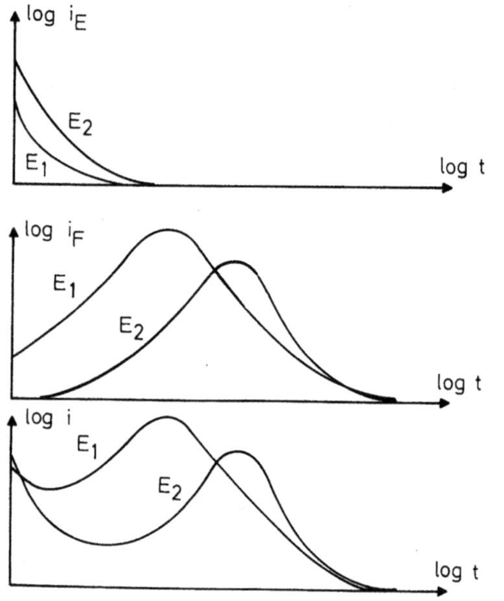

Abb. 3. Feldstärkeeinfluß des vorangegangenen Ladens auf den gesamten Entladestrom i eines ferroelektrischen Polymeren, sowie auf den Teilstrom der injizierten Exceßladungsträger i_E und den Teilstrom der ferroelektrischen Polarisation i_F. Für die Feldstärken des vorangegangenen Ladens gilt: $E_1 < E_2$ (schematische Darstellung).

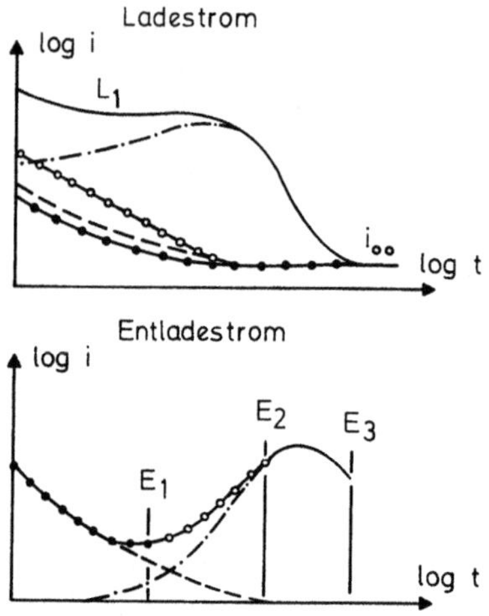

Abb. 4. Lade- und Entladezyklen eines ferroelektrischen Polymeren (schematisch). Ladekurve L_1 gibt die Ladestromfunktion aus dem elektrisch neutralen Zustand wieder, die anschließende Entladekurve (●-●-●) wird bei log $t = E_1$ abgebrochen und die Probe aus diesem Zustand erneut geladen (●-●-●), anschließend Entladen bis log $t = E_2$ (○-○-○) und erneutes Laden (○-○-○), danach Entladen bis log $t = E_3$. Für das Laden aus dem elektrisch neutralen Zustand und für die drei Entladevorgänge sind die Teilströme der injizierten Ladungsträger (---) und der Teilstrom der ferroelektrischen Polarisation (-.-.-) dargestellt.

von der verwendeten elektrischen Feldstärke, Abb. 3. Im einfachsten Fall, nämlich bei schwacher Kopplung zwischen Injektion und ferroelektrischer Polarisation, ergibt sich neben der Untersuchung der Feldstärkeabhängigkeit der Domänenbildung eine weitere Methode, das Entstehen bzw. Zerfallen ferroelektrischer Domänen nachzuweisen. Dabei lädt man zunächst bis zur Stationarität des Ladestroms, d.h. so lange, bis sich die ferroelektrischen Domänen stabilisiert haben und sich ein stationärer Ladungstransport eingestellt hat. Anschließend entlädt man so lange, bis die Domänen zu zerfallen beginnen. Aus diesem Zustand lädt man erneut. Bei schwacher Kopplung zwischen Ladungsträgerinjektion und ferroelektrischer Kopplung erhält man die in Abb. 4 dargestellten Lade- und Entladezyklen.

Polystyrol zeigt eine starke Kopplung zwischen seinen ferroelektrischen Erscheinungen und der Excesselektroneninjektion und eignet sich daher kaum für derartige Untersuchungen der Lade- und Entladezyklen.

Die im vorangegangenen erläuterten ferroelektrischen Erscheinungen sind anhand von Lade- und Entladestromfunktionen häufig nicht eindeutig zu analysieren, man sollte daher zusätzlich die Elektrostriktion oder möglichst die Frequenz-, Temperatur- und Feldstärkeabhängigkeit der Dielektrizitätskonstante untersuchen, wenn man entscheiden will, ob Randschichten oder ferroelektrische Domänen zu diskutieren sind.

Hochfeld-Dielektrizitätskonstante

Der Einfluß eines starken elektrischen Feldes auf den Real- und Imaginärteil der Dielektrizitätskonstante von festen Polymeren kann verursacht werden durch feldinduzierte Änderung des Ordnungszustands bzw. feldinduzierte Änderung der intermolekularen Wechselwirkung und dadurch bedingte energetische Änderungen lokalisierter Akzeptor- oder Donatorniveaus. Außerdem können feldstärkeabhängige Verarmungs- bzw. Anreicherungsrandschichten an den Elektroden oder Raumladungen im Volumen die kapazitiven Eigenschaften des Polymeren beeinflussen. Außer der Feldstärkeabhängigkeit der kapazitiven Eigenschaften des hypothetischen Kon-

Abb. 5. Real- und Imaginärteil der Dielektrizitätskonstante während des Entladens von ataktischem Polystyrol nach einer vorangehenden 6stündigen Belastung mit 100 kV · cm⁻¹. Es wurden Blattgoldelektroden verwendet.

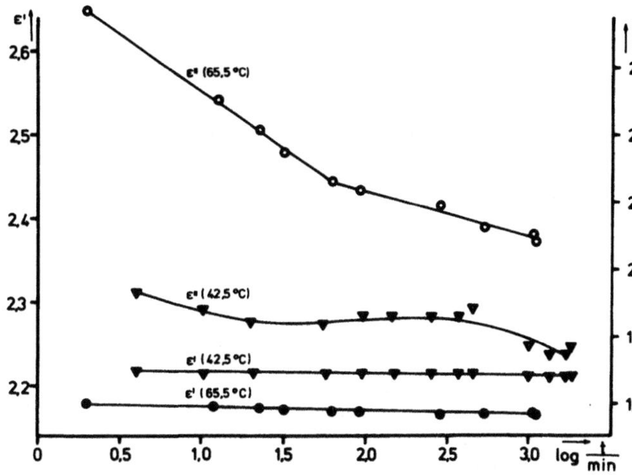

densators an der Metall-Polymergrenzfläche ist die Temperaturabhängigkeit des Besetzungsgleichgewichts zwischen Oberflächen- und Volumenniveaus von Einfluß auf die Teilkapazität des Oberflächenbereichs. Schließlich ist zu bedenken, daß bei Belichtung die Besetzungswahrscheinlichkeit der Oberflächen- und Volumenzustände geändert werden kann, d. h. man muß mit Umladungen von Akzeptor- und Donatorniveaus im Raumladungsbereich bei Belichtung rechnen. Diese Änderung des hypothetischen Kondensators ergibt einen speziellen photokapazitiven Effekt, der zu unterscheiden ist sowohl vom photodielektrischen Effekt im engeren Sinne als auch von dem auf Photoleitung beruhenden photokapazitiven Effekt (24). Unsere ersten Messungen geben Hinweise darauf, daß die elektrostatische Aufladung vom festen Polymeren stark durch photokapazitive Effekte und deren Überlagerungserscheinungen mit anderen Effekten bestimmt wird.

Der Frage nach der Ordnungszustandsänderung von Polymeren in starken elektrischen Feldern, die bei der Diskussion von thermisch stimulierten Entladungen (thermally stimulated discharge) (25) wesentlich, aber meist wenig aufgeklärt sind, kann man nachgehen, wenn man während eines isothermen Entladevorgangs die Dielektrizitätskonstante untersucht. In Abb. 5 ist die Zeitabhängigkeit des Real- und Imaginärteils der bei 50 Hz gemessenen Dielektrizitätskonstante des Polystyrols bei 65,5 °C während des Entladens dargestellt. Abschnittsweise läßt sich der zeitabhängige Imaginärteil der Dielektrizitätskonstante durch folgendes Zeitgesetz beschreiben

$$\varepsilon''(t) = -a \ln t + b\,.$$

Die Temperatur-, Feldstärke- und Frequenzabhängigkeit der Dielektrizitätskonstante ist bisher wenig untersucht. Das in Abb. 5 dargestellte Ergebnis unserer ersten Untersuchungen zeigt, daß man Untersuchungen über die Hochfeld-Dielektrizitätskonstante in die Diskussion über die elektrischen Eigenschaften polymerer Festkörper einbeziehen sollte.

Zusammenfassung

Dichte und energetische Lage lokalisierter Niveaus in der Oberfläche und im Volumen und deren Besetzungswahrscheinlichkeit für Excesselektronen oder Defektelektronen bestimmen die elektrostatische Aufladung polymerer Festkörper beim Kontakt mit Metall. Es lassen sich Anreicherungsrandschichten für Excesselektronen und Verarmungsrandschichten für Defektelektronen im Polymeren je nach elektrischem Potential des kontaktierenden Metalls nachweisen. Ursache für diese Randschichten ist der unterschiedliche physikalische Zustand der Oberfläche relativ zum Volumen des Polymeren. Die energetische Lage der lokalisierten Niveaus wird durch die zwischenmolekulare Wechselwirkung bestimmt und hängt daher vom Ordnungszustand der Oberfläche und des Volumens ab.

Bei Polystyrol verdecken intermolekulare lokalisierte Niveaus den Einfluß intramolekularer Niveaus. Die feldinduzierte Änderung des physikalischen Zustands der Oberfläche und des Volumens (ferroelektrische Erscheinungen) beeinflußt die energetische Situation der lokalisierten Niveaus stark. Drei diskrete Haftstellenarten für Excesselektronen lassen sich bei Polystyrol nachweisen, die energetisch tiefste hängt vom Ordnungszustand und daher auch von der Feldstärke ab. Polystyrol zeigt einen starken elektrischen Feldeffekt und einen feldstärkeabhängigen Imaginärteil der Dielektrizitätskonstanten. Hinweise auf einen photokapazitiven Effekt konnten gefunden werden.

Summary

The density and the energetic situation of localized levels at the polymer surface and bulk and their occupancy probability of excesselectrons or defectelectrons determine the electrostatic charging of polymer solids associated with the contact of metals. Accumulation layers of excesselectrons and depletion layers of defectelectrons can exist near the polymer surface depending on the electrical potential of the contacting metal. These layers are caused by the difference between the physical states of the polymer surface and bulk. The energetic situation of the localized levels is determined by intermolecular interactions and therefore it depends on the state of order of the surface and the bulk.

In polystyrene e. g. the contribution of intramolecular localized levels is covered by the influence of intermolecular localized levels. Therefore the energetic situation of these levels depends on field-induced change of the state of order of the polystyrene surface and bulk (ferroelectric phenomena). Three discrete localized levels of excesselectrons could be identified in polystyrene. The level with the lowest energy depends on the state of order and on the electric fieldstrength. Polystyrene exhibits a strong electric field effect and a field depending imaginary part of its dielectric constant. There are hints to photocapacitive effects in polymers.

Literatur

1) *Hersh, S. P.* and *D. J. Montgomery*, Textile Res. J. **25**, 279 (1955).

2) *Davies, D. K.*, Proc. 2nd Conf. on Static Electrification; Inst. Phys. Conf. Ser. No. **4**, 29 (1967); Brit. J. Appl. Phys., Ser. 2, **2**, 1533 (1969).

3) *Davies, D. K.*, Adv. Static Electricity **1**, 10 (1970).

4) *Bauser, H., W. Klöppfer* and *H. Rabenhorst*, Adv. Static Electricity **1**, 2 (1970); *Bauser, H.*, Kunststoffe **62**, 115 (1972).

5) *Krupp, H.*, Proc. 3rd Conf. on Static Electrification; Inst. Phys. Conf. Ser. No. **11**, (1971).

6) *Benninghoff, U., J. Fuhrmann* and *G. Rehage*, Adv. Static Electricity **1**, 96 (1970).

7) *Kryszewski, M.* and *A. Szymanski*, Macromol. Rev. **4D**, 183 (1970).

8) *Bässler, H.*, Kunststoffe **62**, 115 (1972).

9) *Rose, A.*, Helv. Phys. Acta **29**, 199 (1956).

10) *Many, A., Y. Goldstein* and *N. B. Grover*, Semiconductor Surfaces, 139 (Amsterdam 1971).

11) *Many, A., N. B. Grover, Y. Goldstein* and *E. Harnik*, J. Phys. Chem. Solids **14**, JD5, 298 (1960).

12) *Many, A., Y. Goldstein* and *N. B. Grover*, Semiconductor Surfaces, 185 (Amsterdam 1971).

13) *Ryvkin, S. M.*, Photoelectric Effects in Semiconductors, 252 (New York 1964).

14) *Chowdry, A.* and *C. R. Westgate*, J. Phys. D: Appl. Phys. **7**, 713 (1974).

15) *Many, A., Y. Goldstein* and *N. B. Grover*, Semiconductor Surfaces, 136 (Amsterdam 1971).

16) *Fuhrmann, J.* und *J. Kürschner*, unveröffentlichte Messungen.

17) *Yeargan, J. R.* and *H. L. Taylor*, J. Appl. Phys. **39**, 5600 (1968).

18) *Hofmann, R.*, Diplomarbeit Clausthal, (Kaiserslautern 1975).

19) *Fuhrmann, J.* und *R. Hofmann*, Colloid and Polymer Sci., in Vorbereitung.

20) *Fuhrmann, J., R. Lamour* und *G. Rehage*, Colloid and Polymer Sci., Polymere in Vorbereitung.

21) *Lamour, R.*, Diplomarbeit (Clausthal 1971).

22) *Furmann, J. R., R. Lamour* und *G. Rehage*, Dechema-Monographien Band **72**, 321 (Weinheim 1974).

23) *Fuhrmann, J.*, Kolloid-Z. u. Z. Polymere **250**, 1075 (1972).

24) *Reuber, C.*, Festkörperprobleme VIII, ed. O. Madelung, 175 (1968).

25) *van Turnhout, J.*, Thermally Stimulated Discharge of Polymer Electrets (1975).

26) *Schmidt, P.*, Diplomarbeit Clausthal, 1974.

Anschrift des Verfassers:

Prof. Dr. *J. Fuhrmann*
Fachbereich Chemie der Universität
Postfach 3049
6750 Kaiserslautern

Colloid & Polymer Sci. **254**, 139–147 (1976)

Vorgetragen auf der Frühjahrstagung des Fachausschusses Physik der Hochpolymeren in der Deutschen Physikalischen Gesellschaft in Münster 17.–22. März 1975

Siemens AG, Unternehmensbereich Bauelemente, München

Physikalische und chemische Vorgänge in selbstheilenden Kunststoff-Kondensatoren

H. Heywang

Mit 15 Abbildungen und 1 Tabelle

(Eingegangen am 3. April 1975)

Einleitung

Kondensatoren wurden schon vor 40 Jahren mit Feldstärken von 10^5 V/cm betrieben. Trotz aller Vorkehrungen konnten Durchschläge mit nachfolgendem Kurzschluß nicht absolut vermieden werden. Die Zuverlässigkeit reichte für die kleinen Geräte jener Zeit vollständig aus. Die größeren Apparaturen der folgenden Jahre stellten aber höhere Forderungen, insbesondere, wenn beim Ausfall wirtschaftlicher Schaden drohte oder sogar Menschenleben in Gefahr standen. Eine Senkung der Feldstärken hätte mit hohen Kosten und großem Volumen erkauft werden müssen. Benötigte doch ein 10 μF-Kondensator für 300 V bei der genannten Feldstärke schon über 250 cm^3.

So wurde zunächst das Dielektrikum verbessert. Mit Kunststoffolien konnte bei gleichem oder sogar kleinerem Volumen die Gefahr eines Durchschlages weiter gesenkt, aber nicht ausgeschaltet werden. Die maximal nutzbare Feldstärke war von einzelnen Schwachstellen begrenzt. Durch Übertragung des Selbstheilprinzips auf Kunststoffkondensatoren wurden diese unschädlich und Betriebsfeldstärken von 10^6 V/cm erreicht. Die Kondensatoren wurden dadurch gleichzeitig noch sicherer und erheblich kleiner.

Die Arbeiten verliefen in vielen Einzelschritten ohne Sensation. Für die hohe Zuverlässigkeit und Kleinheit der modernen Elektronik waren sie aber eine unbedingte Voraussetzung.

Selbstheilung

Bei den selbstheilenden Kondensatoren benützt man extrem dünne Elektroden, die im

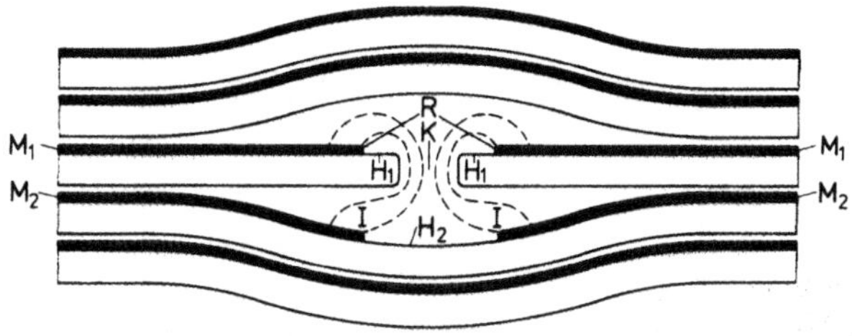

Abb. 1. Schematische Darstellung der Selbstheilung in einem Kondensator mit aufgedampften Metallbelägen

Falle eines Kurzschlusses so weit verdampfen, daß um den Durchschlagskanal herum eine isolierende Ringzone (Isolierhof) entsteht (Abb. 1) (1). Der Effekt wurde in den 30er Jahren an *m*etallisiertem *P*apier gefunden und führte zu den sog. MP-Kondensatoren. Eine Übertragung des Prinzips auf das erste Kunststoff-Dielektrikum Polystyrol gelang jedoch nicht. Meist fiel die Isolation schon nach den ersten Durchschlägen ganz erheblich, manchmal bis zum Kurzschluß, obgleich der spezifische Widerstand von Polystyrol etwa 10^4 mal höher liegt als der von Papier. Dieser Befund veranlaßte uns, den Selbstheileffekt näher zu untersuchen.

Physikalische Untersuchungen

Das Oszillogramm, Abb. 2, zeigt den zeitlichen Ablauf der Spannung an einem Kondensator während des Durchschlags (2). Bei einer Betriebsspannung von 160 V fiel die Spannung nur um etwa 1 V ab; der ganze Vorgang dauerte einige Mikrosekunden. Der

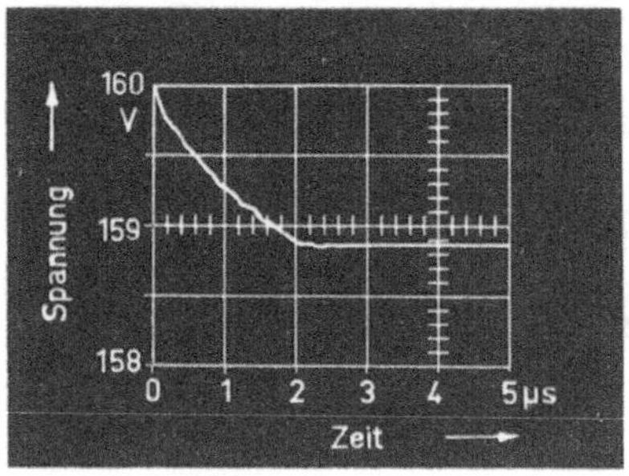

Abb. 2. Oszillogramm eines Selbstheilvorganges

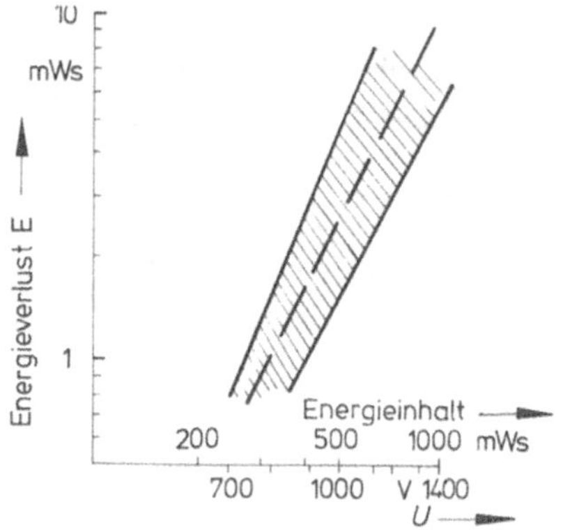

Abb. 3. Energieverlust E bei der Selbstheilung in Abhängigkeit vom Energieinhalt des Kondensators bzw. von der angelegten Spannung U

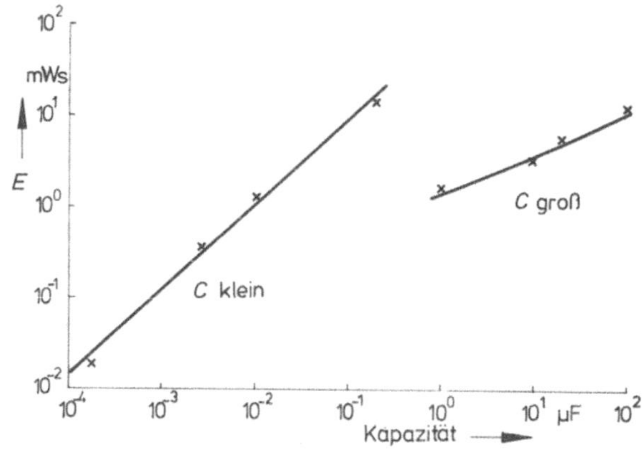

Abb. 4. Energieverlust E in Abhängigkeit von der Kapazität C. Bei kleinen Kapazitätswerten wurde ein anderer Aufbau gewählt als bei großen

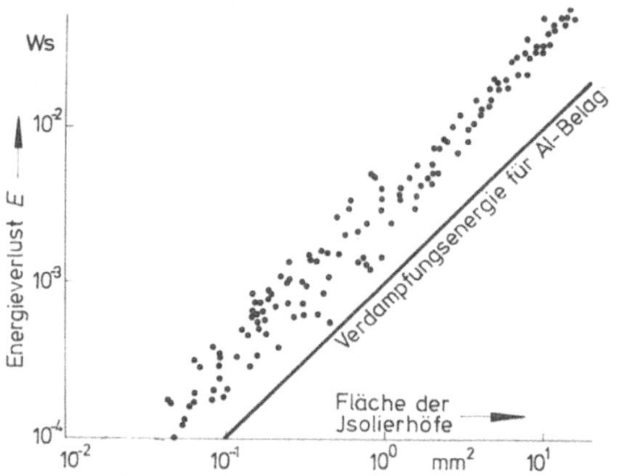

Abb. 5. Energieverlust E bei der Selbstheilung in Abhängigkeit von der Fläche der Isolierhöfe

Spannungsabfall ist bei niederen Spannungen noch kleiner, bei großen aber viel höher (3). Der Energieverlust E steigt bei dem in Abb. 3 dargestellten Beispiel im Gebiet der Einsatzspannung ungefähr quadratisch mit dem Energieinhalt des Kondensators, d.h. mit der 4. Potenz der angelegten Spannung U. Obgleich der Exponent vom Aufbau abhängt (Extremwerte 2 bis 6) und bei sehr hohen Versuchsspannungen abnehmen muß, weil dann der Energieinhalt des Kondensators den Vorgang beschränkt, soll 4 als Mittelwert festgehalten werden:

$$E \sim f(C) \cdot U^4 . \qquad [1]$$

Die Abhängigkeit $f(C)$ von der Kapazität ergibt sich aus Abb. 4. Zunächst nimmt der Energieverlust proportional mit der Kapazität zu. Mit einem anderen Kondensatoraufbau wurde die Abhängigkeit bei großen Kapazitätswerten ermittelt, wo sich der Stromweg zu den fernerliegenden Teilen des Kondensators immer weiter vergrößert. Hier steigt der Energieverlust nur noch mit $\sqrt{C}$. Es gilt daher

$$\text{bei kleinem } C: f(C) = C , \qquad [2]$$

$$\text{bei großem } C: f(C) = \sqrt{C} . \qquad [3]$$

Eine weitere Beziehung ergibt sich nach Abb. 5. Hier wird der Energieverlust mit der Fläche A verglichen, auf der der Metallbelag verdampft wurde (Isolierhöfe). Danach ist E über 4 Dezimalen hinweg der Fläche A nahezu proportional. Die Energie zum Aufheizen und Verdampfen des Metallbelags der Dicke m ist ungefähr halb so groß wie der gesamte Energieverlust. Es gilt also angenähert

$$E \sim A \cdot m . \qquad [4]$$

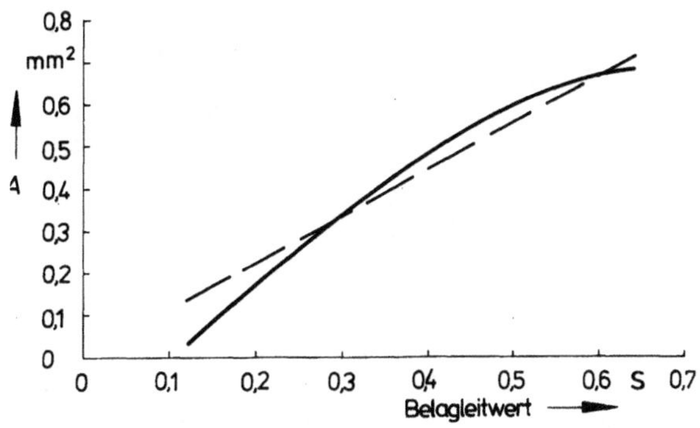

Abb. 6. Fläche A der Isolierhöfe als Funktion des Belagleitwertes bei konstanter Spannung

Nach Abb. 6 wächst A bei konstanter Spannung etwa mit dem Belagleitwert und daher mit der Dicke des Metallbelags linear (3).

$$A \sim m \qquad [5]$$

Durch Zusammenfassen von [1], [4] und [5] erhält man

$$E \sim f(C) \cdot m^2 U^4 , \qquad [6]$$

wobei $f(C)$ nach [2] oder [3] einzusetzen ist. Die Beziehung [6] gibt für die Abhängigkeit von den wichtigen Variablen C, m, U Mittelwerte an. Wie den Abb. 3 bis 6 zu entnehmen ist, streuen die gemessenen Werte erheblich. E hängt ja noch von weiteren Variablen ab. Neben verschiedenen Aufbauformen (Dielektrikumsdicke, äußere Abmessungen) ist vor allem die chemische Zusammensetzung des Dielektrikums zu nennen, die im folgenden Abschnitt behandelt wird. Dabei ergibt sich als weitere Einflußgröße der Druck, der meßtechnisch schwer zu erfassen ist und als eine wichtige Ursache für die Streuungen angenommen wird, zumal er sogar innerhalb eines Kondensators sehr verschiedene Werte annimmt.

Chemische Untersuchungen

Die Isolationsabnahme in Polystyrol-Kondensatoren nach selbstheilenden Durchschlägen konnte nicht auf Reste oder erneuten Niederschlag von Belagmetall zurückgeführt werden. Der Verdacht richtete sich daher auf eine Abscheidung von Kohlenstoff aus dem Dielektrikum. Zu einer spürbaren Verschlechterung der Isolation genügen schon 10 ng. 100 ng können die Zeitkonstante schon unter 1 s verringern. Die Bildung des Kohlenstoffes wird auf den folgenden, inzwischen bewiesenen Vorgang zurückgeführt.

Bei der Gasentladung zwischen den beiden Elektroden verdampft nicht nur der Metallbelag; vielmehr werden auch angrenzende Gebiete des Dielektrikums so stark erhitzt, daß diese in das Plasma gelangen. Da die Energie beim Durchschlag in einem sehr kleinen Volumen umgesetzt wird, steigt die Temperatur außerordentlich hoch an, bis auf Werte, die über 8000 K liegen können. Dabei zersetzen sich die Moleküle des Dielektrikums (Papier oder Kunststoff) bis zu den Atomen (4). Bei der nachfolgenden Abkühlung entstehen gasförmige Verbindungen, die mit Hilfe der Infrarotspektroskopie und Gaschromatographie quantitativ analysiert werden konnten. Es war nun zu prüfen, ob in den Gasen ebensoviel oder weniger Kohlenstoff enthalten war, als im zersetzten Dielektrikum.

Zur Untersuchung wurden Kondensatoren in Glasröhrchen eingesetzt und die Elektroden nach außen geleitet. Ein Heliumstrom führte die bei Durchschlägen entstandenen Gase in die Kammer eines Infrarotspektrographen oder in die Trennsäulen eines Gaschromatographen. Mit diesen sich ergänzenden Verfahren fanden wir als Zersetzungsgase überwiegend CO, H_2, C_2H_2 und CH_4; hingegen waren O_2, CO_2 und H_2O nicht vertreten (4). Der Sauerstoff des Dielektrikums erscheint also quantitativ als CO. Der restliche Kohlenstoff kann mit Wasserstoff zu Kohlenwasserstoffen zusammentreten oder als Graphit ausfallen. Gesetzmäßigkeiten für die Reaktionen blieben lange unbekannt. Erst in einer neueren Arbeit wurden die Vorgänge im Plasma des Durchschlagsfunkens thermodynamisch untersucht (5). Da sich Gleichgewichtszustände bereits nach 10 ns bis 100 ns einstellen, konnten diese quasistatisch mit dem Massenwirkungsgesetz betrachtet werden. Die Reaktion

$$C + O \rightarrow CO$$

ist bereits bei 5000 K so gut wie abgeschlossen. Das Massenwirkungsgesetz lautet hier:

$$\frac{p_{CO}}{p_O} = K_{CO}(T) \cdot p_C , \qquad [7]$$

mit p_{CO} Partialdruck der CO-Moleküle, p_O

Partialdruck der O-Atome, p_C Partialdruck der C-Atome, $K_{CO}(T)$ Gleichgewichtskonstante der CO-Bildung, T Temperatur.

p_{CO}/p_O liegt unter den Bedingungen im Kondensator in der Größenordnung von 10^4. Daraus erklärt sich, daß der Sauerstoff praktisch quantitativ zur Bildung von CO verbraucht wird.

Aus den verbleibenden Kohlenstoff- und Wasserstoffatomen entstehen zunächst zahlreiche verschiedene Verbindungen der Form C_mH_n.

$$m\mathrm{C} + n\mathrm{H} \rightarrow \mathrm{C}_m\mathrm{H}_n$$

Für die Partialdrücke p_{CmHn} gilt das Massenwirkungsgesetz

$$p_{\mathrm{C}_m\mathrm{H}_n} = K_{\mathrm{C}_m\mathrm{H}_n}(T) \cdot p_{\mathrm{C}^m} \cdot p_{\mathrm{H}^n}\,, \qquad [8]$$

mit $p_{C_mH_n}$ Partialdruck der Verbindung C_mH_n, p_C Partialdruck der C-Atome, p_H Partialdruck der H-Atome, $K_{C_mH_n}(T)$ Gleichgewichtskonstante der Bildung von C_mH_n.

Grundsätzlich sind für m und n beliebige Zahlen denkbar; es wird aber kein nennenswerter Fehler begangen, wenn m auf 7 und n auf 5 begrenzt wird. Aus den Bedingungen, daß die Summe aller Partialdrücke gleich dem Gesamtdruck und das Verhältnis von Kohlenstoff zu Wasserstoff konstant sein muß, ergibt sich für p_H und p_C ein nichtlineares Gleichungssystem (5). Aus p_H und p_C lassen sich dann nach [8] die Drücke $p_{C_mH_n}$ errechnen. In Abhängigkeit vom Gesamtdruck und von der Temperatur wurden für verschiedene Mengenverhältnisse von C zu H in der Gasphase die Gleichgewichtskonzentrationen berechnet. Abb. 7 zeigt als Beispiel die Ergebnisse für ein C- zu H-Verhältnis von 0,5 bei 10 bar und 300 bar. Bei hohen Temperaturen, rechts der gestrichelten Linien, liegen Einphasen-Systeme vor, bei denen alle Stoffe, also auch Kohlenstoff, nur gasförmig auftreten. Bei Temperaturen links davon entsteht eine zweite Phase, weil sich jetzt fester Kohlenstoff bildet.

Während der sehr raschen Abkühlung des Funkenplasmas bleibt der im Temperaturgebiet von etwa 3500 K erreichte Gleichgewichtswert von C_2H_2 erhalten. Die Radikale zerfallen überwiegend in C und H_2, zum kleinen Teil entstehen daraus Kohlenwasserstoffe. Die quantitative Berechnung der Anteile von H_2, C_2H_2 und CH_4 stimmt mit den experimentellen Daten gut überein, wenn die Gleichgewichtskonzentration von C_2H_2 bei 300 bar einfriert. Aus der Differenz des Kohlenstoffanteiles im zersetzten Kunststoff und dem in den gasförmigen Verbindungen gefundenen ergibt sich die Menge, die als Graphit ausfällt.

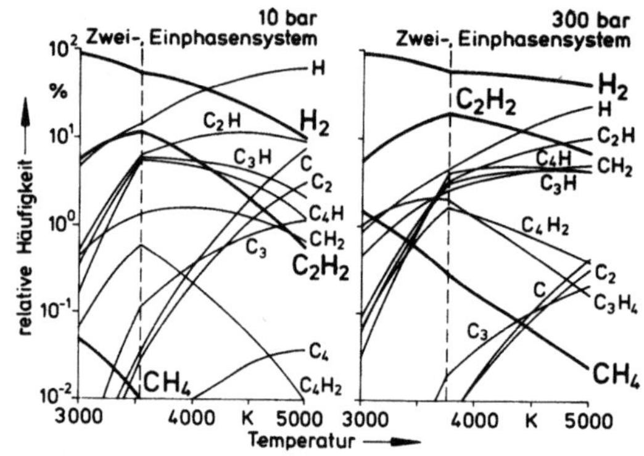

Abb. 7. Gleichgewichtskonzentration der verschiedenen Kohlenwasserstoffe C_mH_n bei einem C- zu H-Verhältnis von 0,5 bei 10 und 300 bar

In Tab. 1 werden die theoretischen und experimentellen Werte für die Kohlenstoffabscheidung a, bezogen auf den Gesamtkohlenstoff im Dielektrikum, miteinander verglichen. Die kleineren experimentellen Werte erklären sich daraus, daß der Kondensator in der Metallschicht und auch zwischen den Lagen noch etwas Sauerstoff enthält, der in der Theorie nicht berücksichtigt wurde.

Tab. 1. Werte für die Kohlenstoffabscheidung

Dielektrikum	Bruttoformel des Kettengliedes	Anteil a des abgeschiedenen Kohlenstoffes in % theoretisch	experimentell
Cellulose (Papier)	$C_5H_{10}O_5$	2	2,2
Celluloseacetat	$C_{10,6}H_{14,6}O_{7,3}$*)	5	3
Polypropylen	C_3H_6	54	50,5
Polyäthylenterephthalat	$C_{10}H_8O_4$	41	37,5
Polycarbonat	$C_{16}H_{14}O_3$	60	58,5
Polystyrol	C_8H_8	76	75,5

*) Die Dezimalstellen ergeben sich aufgrund des unterschiedlichen Veresterungsgrades.

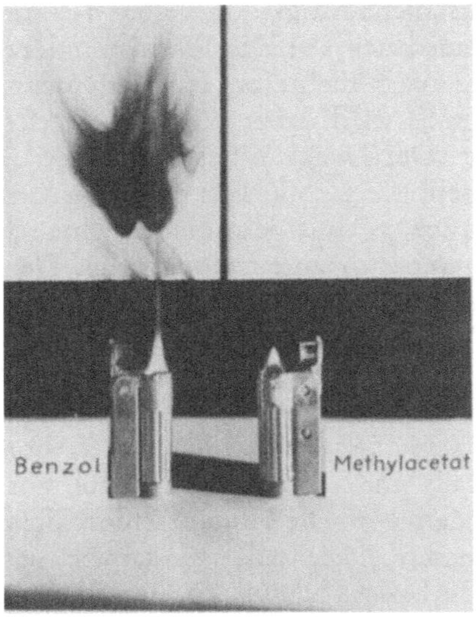

Abb. 8. Flammen von Methylacetat (rußfrei) und Benzol (starker Rußniederschlag auf weißer Keramikplatte)

Obgleich der in Abb. 8 dargestellte Versuch wegen ganz verschiedener äußerer Bedingungen nicht wirklich beweiskräftig ist, sei er doch wegen seiner Anschaulichkeit angeführt. Methylacetat, dessen Verhältnis von Kohlenstoff: Wasserstoff: Sauerstoff demjenigen von Celluloseacetat nahekommt, brennt schwachleuchtend und rußfrei. Benzol, das in diesem Sinne Polystyrol gleicht, hat eine helleuchtende Flamme und starke Rußbildung. Abb. 9 entstammt geöffneten Kondensatoren. Ein stark verrußter Durchschlagshof in Polystyrol wird mit einem klaren, hochisolierenden in Polyäthylenterephthalat verglichen.

Verknüpfung der physikalischen und chemischen Untersuchungsergebnisse

Im Energieumsatz E [6] ist ein Anteil E_Z enthalten, der aufgewandt wird, den Kunststoff zu zersetzen. Bei einer Zersetzungsenthalpie I entsteht das Gasvolumen V (6).

$$V = \frac{E_Z}{I} \cdot \frac{n}{M} \cdot V_N \cdot \frac{p_0}{p} \cdot \frac{T}{T_0}. \qquad [9]$$

M gibt die relative Molekülmasse der Monomereinheit, n die Anzahl der Teilchen an, die daraus bei der Zersetzung entstehen. V_N bedeutet das Molvolumen unter den Bedingungen p_0 und T_0. p und T geben Druck und Temperatur im Plasma an. Die Stoffmenge E_Z/I besteht zum Anteil c aus Kohlenstoff, von dem nach der Tabelle der Anteil a als Graphit ausfällt. Die Kohlenstoffmenge $E_Z \cdot a \cdot c/I$ schlägt sich auf der ganzen inneren Oberfläche A_1 des linsenförmigen Hohlraums (Abb. 1) nieder. Wenn die sich bildende Form immer geometrisch ähnlich ist, gilt die Beziehung

$$A_1 = b \cdot V^{2/3}, \qquad [10]$$

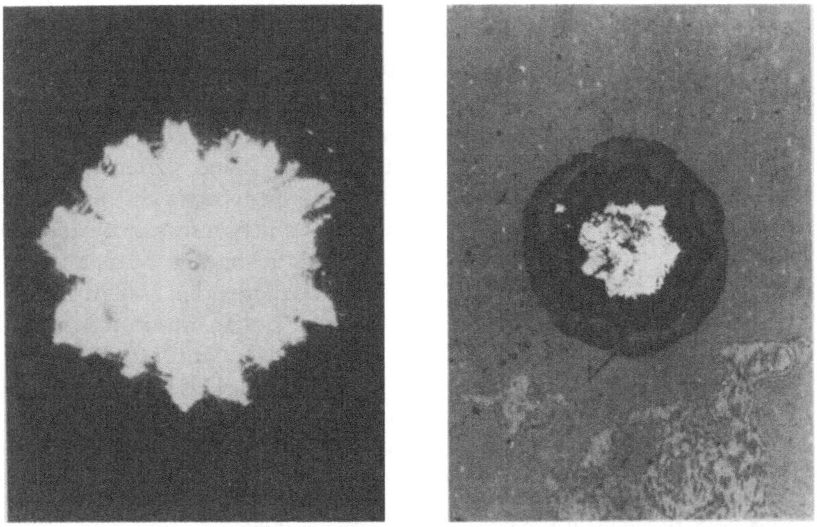

Abb. 9. Isolierhof eines selbstheilenden Durchschlages in Polyäthylenterephthalat (links), verrußte Durchschlagsstelle in Polystyrol (rechts)

wobei b einen Formfaktor darstellt. Die Dicke d der Kohlenstoffschicht mit der Dichte ϱ wird:

$$d = \frac{E_Z \cdot a \cdot c}{I \cdot \varrho \cdot A_1} = \frac{E_Z \cdot a \cdot c}{I \cdot \varrho \cdot b \cdot V^{2/3}}$$

$$= \underbrace{\frac{1}{\varrho \cdot b} \cdot \frac{T_0}{p_0 \cdot V_N}^{2/3}}_{\text{Konstante } K} \cdot \underbrace{\frac{a \cdot c \cdot M^{2/3}}{I^{1/3} \cdot n^{2/3}}}_{\text{Stoffgröße } S}$$

$$\cdot \underbrace{\left(\frac{p}{T}\right)^{2/3} \cdot E_Z^{1/3}}_{\text{durch Aufbau und Spannung beeinflußbar}} \quad [11]$$

Setzt man $E_Z \sim E$, was in erster Näherung gelten dürfte, erhält man nach [6]

$$E_Z \sim f(C) \cdot m^2 U^4 . \quad [12]$$

Führt man [12] in [10] ein, ergibt sich mit einer neuen Konstante K_1

$$d = K_1 \cdot S \cdot \sqrt[3]{\frac{p^2 m^2 U^4}{T^2}} . \quad [13]$$

Dabei kann der Wert der Konstante K_1 nicht angegeben werden. Zur Auswertung von [13] wurden die Dielektrika, entsprechend der Größe S [11], im Nomogramm (Abb. 10), auf der Ordinate angeordnet. Die Dicke der

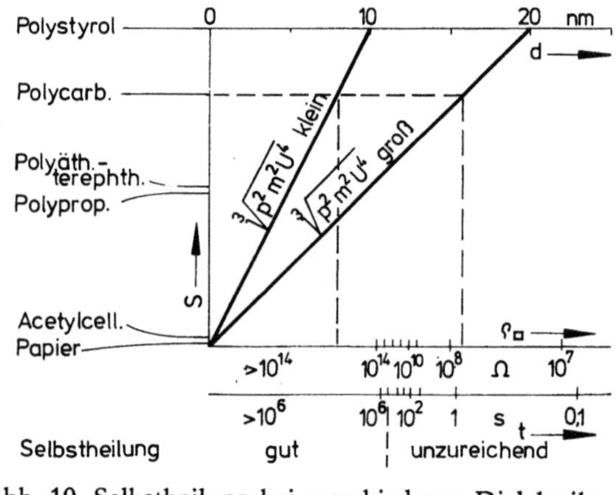

Abb. 10. Selbstheilung bei verschiedenen Dielektrika. Der Niederschlag einer Graphitschicht hängt nicht nur von den Stoffeigenschaften S ab, sondern auch stark von Druck p, Belagdicke m und Spannung U. Während Schichten bis etwa 10 nm noch keinen Einfluß auf die Isolation ausüben, können dickere Schichten zu erheblichen Isolationsabfällen führen

Graphitschicht hängt des weiteren stark vom Wurzelausdruck ab: Die Plasmatemperatur T variierte nach mehreren Indizien nicht sehr. Ihr Einfluß wird daher hier nicht weiter untersucht. Der Druck p bestimmt, wie aus [9] ersichtlich, die Größe von V. Er wächst mit dem Druck p_1, mit dem die einzelnen Lagen im Kondensator aufeinanderliegen. Der nach [13] zu erwartende Einfluß von p ist experimentell qualitativ für p_1 erwiesen.

Nimmt der Wurzelausdruck kleine Werte an, so bildet selbst Polystyrol nur sehr dünne Graphitschichten, z. B. 10 nm (Abb. 10), andernfalls sind auch größere Werte, von z. B. 20 nm, denkbar. Die Graphitschichtdicken für die anderen Dielektrika sind, wie auf der oberen Abszisse abzulesen, jeweils entsprechend kleiner. Der Widerstand von derartig dünnen Kohleschichten ist nicht aus der Dicke berechenbar. Wegen der Bildung von Inseln besteht bis 10 nm keine meßbare Leitfähigkeit. Die in (7) experimentell gefundenen Werte für den Quadratwiderstand sind auf der Abszisse angegeben, darunter die Zeitkonstante eines Kondensators mit 1 μF für den Fall von 100 Durchschlägen. Nach [13] bewirkt eine Verdopplung des Wurzelwertes eine entsprechende Zunahme der Dicke der Graphitschicht. Sie kann aber, wie am Beispiel von Polycarbonat im Nomogramm (gestrichelte Linien) ersichtlich, einen Abfall des Flächenwiderstandes von 10^{14} Ω auf 10^8 Ω auslösen, was bei 100 Durchschlägen und einer Kapazität von 1 μF bereits der extrem niederen Zeitkonstante von 1 s gleichkommt.

Man muß also dafür Sorge tragen, daß der Wurzelausdruck bei Polycarbonat stets ausreichend klein bleibt. Papier und Celluloseacetat scheiden auch unter ungünstigen Bedingungen keine störenden Graphitschichten ab. Bei Polypropylen und Polyäthylenterephthalat sind diese schon denkbar. Polystyrol erfordert besondere Maßnahmen.

Die vorliegenden Experimente sind in qualitativer Übereinstimmung mit dem Nomogramm. Als quantitativ zutreffend erwies sich die Abhängigkeit der maximal zulässigen Spannung $U_{\max}$ von der Dicke des Metallbelages. Nach [12] ist hierfür zu erwarten:

$$U_{\max} = \frac{K_2}{\sqrt{m}} , \quad [14]$$

wobei K_2 einen kritischen Wert darstellt.

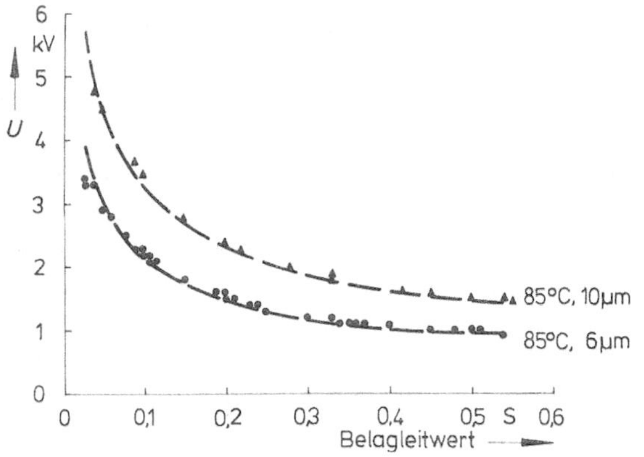

Abb. 11. Maximal zulässige Selbstheilspannung U als Funktion des Belagleitwertes

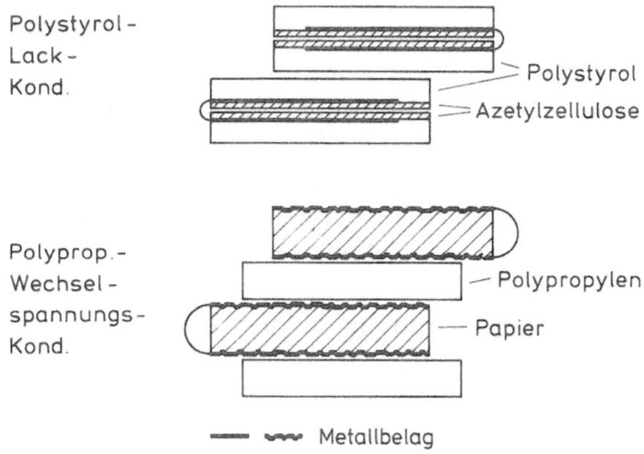

Abb. 12. Aufbau von verlustarmen selbstheilenden Kondensatoren mit sauerstoffreichen Zwischenschichten im feldfreien Raum

Wie Abb. 11 zeigt, folgen die Meßpunkte für die Grenzwerte einer sicheren Selbstheilung dem Kurvenverlauf [12] überraschend genau (8).

Technologische Bedeutung

Die Formeln und Tabellen zeigen eine bevorzugte Stellung von Papier und Celluloseacetat. In der Tat hat der metallisierte Papierkondensator wegen seiner sehr guten Selbstheileigenschaften bis zum heutigen Tag, insbesondere im Gebiet hoher Spannungen, eine beachtliche Bedeutung behalten. Der Vorteil von Celluloseacetat liegt vor allem bei der Möglichkeit, dünnste Filme bis herab zu 1,2 μm im Lackierverfahren herzustellen. Dank der verhältnismäßig hohen DZ von 4,7 haben solche Lackkondensatoren auf dem Kunststoffgebiet die größte Volumenkapazität. Sie heilen auch bei hohen Überlastungen einwandfrei aus (9, 10).

Der relativ hohe Verlustfaktor von Celluloseacetat und eine Inkonstanz in der Größenordnung von 3% verhindern einen Einsatz in Schwingkreisen. Dazu wäre Polystyrol, das ebenfalls gut lackierbar ist, hervorragend geeignet. Dort gefährdet aber, wie erläutert, die hohe Kohlenstoffabscheidung die Erhaltung einwandfreier Isolationswerte. Hier half ein Vorschlag, Kondensatoren nach Abb. 12, oben (11) aufzubauen. Das Dielektrikum wird

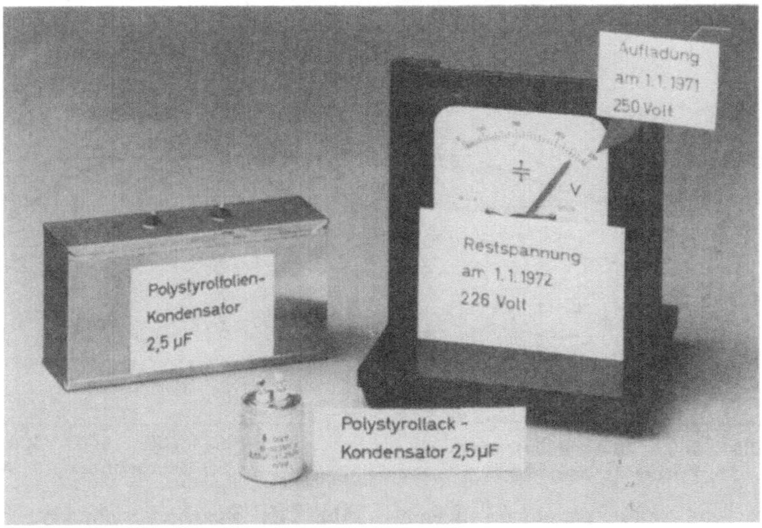

Abb. 13. Isolation von Polystyrollackkondensatoren (Aufbau nach Bild 12 oben). Ladungsverlust in 1 Jahr < 10%. Größenvergleich mit Polystyrolfolienkondensatoren

von zwei dünnen Lackschichten aus Polystyrol gebildet; zwei zusätzliche Schichten aus Celluloseacetat liegen im feldfreien Raum zwischen den Metallbelägen, die außen paarweise elektrisch verbunden sind. Bei einem Durchschlag wird neben Polystyrol auch ein Anteil des Celluloseacetats zersetzt. Dank des darin enthaltenen Sauerstoffes wird die Graphitabscheidung so herabgesetzt, daß einwandfreie Isolation gewährleistet ist (12). Zum experimentellen Beweis wurde ein solcher Kondensator zunächst auf 250 V aufgeladen (Abb. 13). Ein Jahr später lag die Spannung noch bei 226 V, was einer Zeitkonstante von $3 \cdot 10^8$ s oder 10 Jahren entspricht. Eine Rußspur von 10^{14} Ω würde ein solches Ergebnis nicht mehr zulassen. Außerdem ist der erhebliche Volumengewinn (Faktor 25 bis 40) dieser Polystyrollackkondensatoren gegenüber den Polystyrolfolienkondensatoren sichtbar.

Bei einem zweiten Aufbau (Abb. 12, unten) für höhere Spannungen, vor allem für Wechselspannungen, werden Kunststoffolien aus Polypropylen mit beidseitig metallisiertem Papier verwickelt (13). Die ohnehin günstigen Selbstheileigenschaften von Polypropylen werden durch Einbeziehung der sauerstoffreichen Zersetzungsprodukte von Cellulose in das Durchschlagsplasma weiter verbessert. Gegenüber MP-Kondensatoren wird ein deutlicher Volumengewinn erzielt. Der Verlustfaktor von Polypropylen ist so niedrig, daß sich die Kondensatoren auch bei Dauerbetrieb kaum erwärmen (14). Diese sehr merkliche Energieersparnis allein macht solche Kondensatoren im Laufe der Zeit vollständig bezahlt (Abb. 14) (15).

Wie aus [13] und der Diskussion dieser Formel hervorgeht, hat der Druck p bzw. p_1 noch wesentlichen Einfluß auf die Dicke der Graphitschicht. Überraschenderweise treten in Wickelkondensatoren Drucke p_1 bis zu 100 bar und darüber auf (16). Sie entstehen durch Aufaddieren des Folienzugs bei jeder Umdrehung. Da der Druck innen und außen wegen der Randbedingungen gleich dem Atmosphärendruck sein muß, liegt das Maximum im Inneren, etwa bei $^1/_3$ des Wickelradius. Dort treten bei Überlastung die ersten schlecht oder nicht ausheilenden Durchschläge auf. Natürlich versucht man, den Folienzug zu senken, was aber aus spultechnischen Gründen nur beschränkt möglich ist. Es wurde daher auch der Weg beschritten, Kondensatoren auf großen Dornen herzustellen und die abgezogenen Wickel flachzudrücken. In den ebenen Regionen wird der Druck ganz erheblich abgesenkt, in den gekrümmten weniger. Am besten wäre ein völlig flacher Aufbau. Es ist nun in der Tat gelungen, solche Kondensatoren herzustellen (17). Dazu wickelt man die Folien auf ein Rad (18). Die einzelnen Folien haften durch van der Waals-Kräfte zusammen. Außerdem sind sie durch stirnseitiges Aufspritzen der Kontaktschichten verfestigt. Durch Trennen entstehen fast quaderförmige Gebilde mit sehr geringem innerem Druck. Die Selbstheilung verläuft bis zu sehr hohen Spannungen einwandfrei, so daß Kunststoffe mit höherem Kohlenstoffanteil, wie z.B.

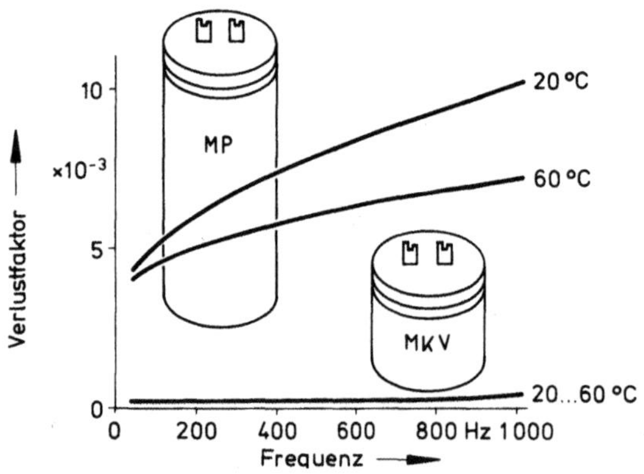

Abb. 14. Polypropylen-Wechselspannungskondensatoren nach Abb. 12 unten haben weit niedrigere Verluste (untere Kurve) als Papierkondensatoren (obere Kurven)

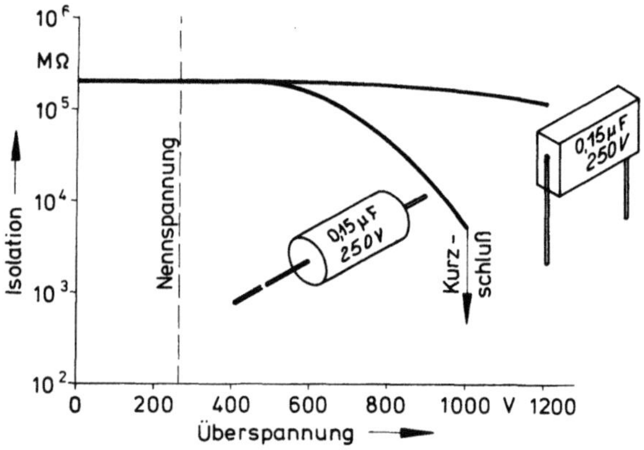

Abb. 15. Regeneriersicherheit von selbstheilenden Polycarbonatkondensatoren in Schichtbauweise (oben), verglichen mit Rundwickeln (unten)

Polycarbonat, auch bei hohen Überspannungen einwandfrei ausheilen. In Abb. 15 wird die Isolation von einem solchen Schichtkondensator mit einem herkömmlichen Rundwickel verglichen. Während beim Rundwickel ab etwa 500 V eine Beeinträchtigung der Isolation beginnt, die bei 1000 V zu Kurzschluß führt, liegen beim Schichtkondensator bei 1200 V noch einwandfreie Werte vor.

Schluß

Die Entwicklung hochwertiger Kunststoffdielektrika hat entscheidend zur Verbesserung der Kondensatoren beigetragen. Die nur wenig feuchteempfindlich, äußerst porenarmen Kunststoffolien sind dem Papier weit überlegen. Der Nachteil von vielen Kunststoffen, unter Einwirkung des Durchschlagsfunkens Graphit abzuscheiden, wurde durch die beschriebenen Arbeiten analysiert und kann so umgangen werden, daß die Durchschlagsfestigkeit der modernen Kunststoffe heute voll genutzt werden kann. Die Zuverlässigkeit wird allen Forderungen auf professionellen Gebieten gerecht. Metallisierte Kondensatoren haben sogar die Spezifikation für die Raumfahrt erhalten (10, 19).

Die beschriebenen Erkenntnisse wurden im fortwährenden Zusammenspiel von Experiment und Theorie in hervorragender Teamarbeit gewonnen. Außerstande, die Verdienste im einzelnen zu würdigen, sei in alphabetischer Reihenfolge den Autoren *Reinhard Behn*, *Lore Betzler*, *Fritz Gaenge*, *Horst Hagedorn*, *Gerhard Hoyler*, *Johann Kammermaier*, *Karl-Heinz Preißinger*, *Hermann Schill*, *Reiner Simson*, *Walter Völkl*, *Hans-Eberhard Wiehl* und *Kurt Wohak* herzlich gedankt.

Zusammenfassung

Während ein Durchschlag in Kondensatoren mit Metallfolien einen dauernden Kurzschluß einleitet, wird dieser in selbstheilenden Kondensatoren durch Verdampfen des sehr dünnen Metallbelages verhindert. Durch Zersetzung des Dielektrikums können sich dabei kleine Mengen von Graphit abscheiden, die eine Isolationsabnahme bedingen. Mit physikalischen und chemischen Methoden werden die Ursachen aufgeklärt und Wege zur Vermeidung einer schädlichen Graphitbildung gezeigt.

Summary

An electric breakdown causes a permanent short-circuit in capacitors with metal-foil electrodes. This is prevented in selfhealing capacitors, because their thin metal layers are immediately evaporated on breakdown. But there is a danger, however, that the dielectric decomposition causes graphite to be deposited, which diminishes the insulation resistance. The reasons for this effect have been physically and chemically investigated. Thus undesired deposition of graphite can be avoided.

Literatur

1) *Behn, R.*, Nachrichtentechnische Zeitschrift **23**, 532–536 (1970).

2) *Heywang, H.* und *H. Preißinger*, Siemens-Z. **35**, 493–499 (1961).

3) *Wohak, K.* und *H.-E. Wiehl*, Unveröffentlichte Arbeiten.

4) *Kammermaier, J.*, Frequenz **18**, 145–150 (1964).

5) *Kammermaier, J.* und *H. Hagedorn*, Siemens Forsch.- u. Entwickl.-Ber. **2**, 26–33 (1973).

6) *Heywang, H.*, VDE-Fachber. **27**, 199–203 (1972).

7) *Blue, M. D.* und *G. C. Danielson*, J. appl. Phys. **28**, 583–586 (1957).

8) *Solar, J.*, Unveröffentlichte Arbeit.

9) *Schill, H.*, Nachr.-techn. Z. **15**, 549–553 (1962).

10) *Böld, W.* und *F. Gaenge*, Siemens Bauteile Informationen **11**, 35–39 (1973).

11) *Henninger, P.*, Frequenz **17**, 319–328 (1963).

12) *Klöpping, E.* und *H. Schill*, Jahrbuch d. elektr. Fernmeldewes. 275–347 (1963).

13) *Behn, R.*, ez-technik-trend 394–395 (1968).

14) *Hagedorn, H.* und *H. Preißinger*, Siemens-Z. **46**, 757–760 (1972).

15) Siemens Bauteile Informationen **10**, 1 (1972).

16) *Lauber, J.*, Forsch. Ing.-Wes. **31**, 182–186 (1965).

17) *Behn, R.*, Siemens Bauteile Informationen **6**, 120–122 (1968).

18) *Gaenge, F. J.*, radio mentor **38**, 22–23 (1972).

19) *Gottlob, H.*, Siemens-Z. **46**, 391–395 (1972). Verhalten von Hochspannungskondensatoren an Betriebsspannungen bis 2 kV bei niedrigem Druck.

Adresse des Autors:

Hermann Heywang
Siemens AG,
Unternehmensbereich Bauelemente,
8000 München

Colloid & Polymer Sci. **254**, 148–154 (1976)

Vorgetragen auf der Frühjahrstagung des Fachausschusses Physik der Hochpolymeren in der Deutschen Physikalischen Gesellschaft in Münster 17.–22. März 1975

Bundesanstalt für Materialprüfung (BAM), Berlin
Fachgruppe 3.4 „Sonderprüfverfahren für organische Stoffe“

Dielektrische Relaxation in vernetztem PVC

A. Hampe

Mit 3 Abbildungen

(Eingegangen am 24. Mai 1975)

1. Einleitung

Der Einfluß einer chemischen Vernetzung in PVC auf die dielektrischen Eigenschaften ist kaum untersucht worden. Es sind bisher zwei Arbeiten bekannt.

Von *Kießling* (1) wurden experimentell die dielektrischen Eigenschaften von Hart-PVC vor und nach γ-Bestrahlung bestimmt. Die Summe der strahleninduzierten Reaktionen, wie Vernetzung, Kettenbruch und HCl-Abspaltung, bewirken Änderungen des dielektrischen Verhaltens. Es wurde nicht versucht, die Einflüsse der einzelnen Reaktionen auf die dielektrischen Kennwerte getrennt zu bestimmen, aber angegeben, daß im Hauptrelaxationsprozeß das dielektrische Verhalten erst dann wesentlich durch die Vernetzung verändert wird, wenn die mittleren Abstände zwischen zwei Netzstellen kleiner als die „kinetischen Einheiten“ sind, die weniger als 500 C-Atome umfassen.

Eine theoretische Untersuchung über die dielektrischen Relaxationserscheinungen in verschiedenen Polymeren von *Stoll*, *Pechhold* und *Blasenbrey* (2, 3) ergab für den Glasprozeß in PVC, daß die Netzstellendichte einen deutlich meßbaren Einfluß auf den dielektrischen Gesamtrelaxationsbetrag und auf die relative Frequenzlage der Imaginärteilmaxima der komplexen Dielektrizitätszahl und der komplexen Schernachgiebigkeit hat.

Diese Aussagen sollen durch Messungen der dielektrischen Kennwerte von strahlenchemisch vernetztem und chemisch vernetztem PVC überprüft werden. Hiermit soll auch die Frage beantwortet werden, ob die chemische Netzstellendichte in PVC aus dielektrischen Messungen bestimmt werden kann. Dazu ist es beim strahlenchemisch vernetzten PVC notwendig, die Einflüsse der Vernetzung und der HCl-Abspaltung, die mit einer geringeren Dipoldichte, weniger Nebenvalenzen, polyenen Systemen und einer Einlagerung von HCl verbunden ist, auf das dielektrische Verhalten getrennt zu ermitteln.

2. Experimentelles

2.1 Proben

Ausgangsmaterial war ein ataktisches PVC in Pulverform der Fa. Wacker Chemie mit der Bezeichnung „Vinnol H 70 F“. Für das mittlere Molekulargewicht gab der Hersteller $\bar{M}_w = 200.000$ an. Alle Proben enthielten keine Stabilisatoren, einige Proben wurden im Massenverhältnis 2:1 mit Triäthylenglykoldimethacrylat und Diallylsebazat weichgemacht.

Aus den Pulvern wurden bei 180 °C (Hart-PVC) und 125 °C (Weich-PVC) Folien von etwa 0,4 mm Dicke und 50 mm Durchmesser gepreßt. Der Preßdruck betrug 1 $\mathrm{Nmm^{-2}}$ und die Preßzeit 1 min. Die Hart-PVC-Folien wurden anschließend 2 h bei 100 °C getempert und dann mit 20 °C $\mathrm{h^{-1}}$ abgekühlt.

Die Vernetzung erfolgte zum Teil durch γ-Bestrahlung der Folien mit anschließender 4stündiger Lagerung bei 100 °C. Dabei konnte eine Einlagerung von HCl, Kettenbruchreaktionen und eine Oxidation weitgehend dadurch verhindert werden, daß die Bestrahlung und Nachbehandlung im Vakuum ($p < 100$ Pa) durchgeführt wurden (4).

Es wurden jeweils mehrere Hart-PVC-Folien mit Dosen zwischen 0 und 160 Mrd unter den Bedingungen A: 0,13 Mrd $\mathrm{h^{-1}}$ und 25 °C, B: 0,96 Mrd $\mathrm{h^{-1}}$ und 25 °C und C: 0,96 Mrd $\mathrm{h^{-1}}$ und 85 °C bestrahlt. Durch diese Variation der Bestrahlungsbedingungen entstanden Proben etwa gleicher Abnahme des Chlorgehalts und unterschiedlicher Netzstellendichte oder etwa gleicher Netzstellendichte und unterschiedlicher Abnahme des Chlorgehalts, da eine niedrigere Dosisleistung nur die HCl-Abspaltung und eine höhere Bestrahlungstemperatur vorwiegend die Vernetzungsausbeute erhöht (5).

Neben den Hart-PVC-Folien wurden die Weich-PVC-Folien mit Dosen zwischen 0 und 40 Mrd bei 0,96 Mrd $\mathrm{h^{-1}}$ und 25 °C bestrahlt. Da die Weichmacher funktionelle Gruppen enthielten, war zu erwarten, daß sich in diesen Proben hohe Netzstellendichten bei nur geringen Dosen und damit kleiner Abnahmen des Chlorgehalts ergaben (6, 7, 8).

Außerdem wurde das PVC chemisch vernetzt (9). Dazu wurde das PVC-Pulver im Massenverhältnis 15:1 mit 1,4-Dimerkaptobutan 5 h bei 80 °C gemischt und anschließend zu Folien gepreßt. Die Folien wurden 16 h in einem Exsikkator mit Äthylendiaminhydrat und Natriumhydroxid bei 35 °C, 40 °C und 45 °C gelagert, dann 24 h in Methanol gewaschen und 24 h im Vakuum bei 100 °C getrocknet.

2.2 Meßmethoden

Die dielektrischen Kennwerte ε' und tan δ der mit Haftelektroden aus kolloidalem Graphit versehenen Folien wurden im Schutzring-Kondensator mit einem automatischen Brückenmeßplatz kontinuierlich bei den vier Frequenzen 120 Hz, 1 kHz, 10 kHz und 100 kHz von niedrigen zu hohen Temperaturen im Bereich -150 °C bis $+160$ °C bestimmt und aufgezeichnet. Der Gesamtrelaxationsbetrag $\Delta\varepsilon'$ ergab sich aus dem ε'-Verlauf bei 100 kHz als Differenz der Werte bei 150 °C und -130 °C.

Zur Bestimmung der Netzstellendichte wurden Sol-Gel-Analysen durchgeführt. Es wurden je 150 mg der Proben eingewogen, in Glasfritten bei etwa 50 °C mit Tetrahydrofuran 24 h extrahiert, anschließend im Vakuumtrockenschrank 24 h bei 100 Pa und 75 °C getrocknet und nach Abkühlung im Exsikkator gewogen. Aus der Auftragung der Gewichtsprozente des Sol-Anteils über der Dosis D wurde die Geldosis D_{Gel} und daraus nach *Charlesby* (10) die Netzstellendichte y (bezogen auf ein C-Atom) berechnet.

$$y = \frac{1}{2} \frac{w}{\bar{M}_w} \frac{D}{D_{\mathrm{Gel}}} \qquad [1]$$

Es bedeuten w das Molekulargewicht der Monomereinheit, $\bar{M}_w$ das Gewichtsmittel des Molekulargewichtes.

Die so bestimmten Netzstellendichten wurden kontrolliert durch Messungen des dynamischen Schubmoduls bei 1 Hz und 120 °C, aus denen sich die Netzstellendichte mit

$$y + y_p = \frac{|\underline{G}| \cdot w}{\varrho \cdot R \cdot T} \qquad [2]$$

ergab. Hierin bedeuten y_p die physikalische Netzstellendichte, $|\underline{G}|$ der Betrag des komplexen Schubmoduls, ϱ die Dichte, R die allgemeine Gaskonstante und T die absolute Temperatur. Die physikalische Netzstellendichte y_p konnte für Hart-PVC aus dem Modul der chemisch unvernetzten Probe berechnet werden, da bei Hart-PVC die Temperaturlage des Glasübergangs durch die Vernetzung wenig beeinflußt wurde.

Es ergaben sich zwar für die Netzstellendichte bei der Berechnung nach Gleichung [2] etwa 3fach so hohe Werte wie bei der Berechnung nach Gleichung [1], jedoch stimmten die Ergebnisse in bezug auf die Auswirkung der verschiedenen Bestrahlungsbedingungen qualitativ gut überein. Die aus Gleichung [2] resultierenden y-Werte könnten zu groß sein, da möglicherweise die Kettenmoleküle nicht in dem in Gleichung [2] vorausgesetzten Knäuel, sondern in Bündeln vorliegen und damit die Vernetzung zweier Moleküle die Beweglichkeit vieler Ketten vermindert. Für die Auswertung wurden deshalb die aus Gleichung [1] bestimmten Netzstellendichten herangezogen. Nur für die hochvernetzten Proben aus γ-bestrahltem Weich-PVC und chemisch vernetztem PVC, bei denen keine Sol-Gel-Analysen durchgeführt werden konnten, mußten zur Auswertung die aus Gleichung [2] bestimmten Netzstellendichten verwendet werden.

Der Chlorgehalt wurde an den bestrahlten Proben in Anlehnung an DIN 53 474 bestimmt. Der Aufschluß der Proben erfolgte durch Verbrennung nach *Schöniger* in Sauerstoff. Die Titration der in 0,1 n-Natriumhydroxid aufgenommenen Salzsäure wurde potentiometrisch nach Zugabe von Methanol und Salpetersäure mit 0,1 n-Silbernitratlösung unter Verwendung der Geräte Titroprint Typ E 475 und Dosimat Typ E 507 (Metrohm Herisau) durchgeführt. Der absolute Fehler betrug $\pm 0{,}2\%$. Die Ergebnisse ließen sich jedoch meist besser reproduzieren.

3. Ergebnisse und Diskussion

Die γ-Bestrahlung bewirkte im Temperaturbereich des Nebenrelaxationsprozesses bei Hart-PVC keine Veränderung der dielektrischen Kennwerte. Im Bereich des Hauptprozesses wurde die relaxierte Dielektrizitätszahl mit wachsender Dosis kleiner, die Temperaturlage des Verlustmaximums blieb aber unverändert.

Beim Weich-PVC ergab sich durch die Bestrahlung sowohl eine Verringerung der relaxierten Dielektrizitätszahl als auch eine Verschiebung des Verlustmaximums zu höheren Temperaturen. Diese Verschiebung ist nach *Mielke* (11) dadurch zu erklären, daß mit zunehmender Polymerisation und Vernetzung des Weichmachers mit dem PVC das freie Volumen unbeweglicher wird.

Durch die Vernetzung von Hart-PVC mit 1,4-Dimerkaptobutan wurden die dielektrischen Eigenschaften im Nebenprozeß geändert. Es ergaben sich dort höhere ε'- und tan δ-Werte sowie eine Verschiebung des Verlustmaximums zu höheren Temperaturen. Im Hauptprozeß blieb die relaxierte Dielektrizitätszahl und die Temperaturlage des Verlustmaximums bis zu Netzstellendichten von $y = 0{,}08$ (aus Schubmodulmessungen ermittelt) konstant, bei noch höheren Netzstellendichten wurde ε' größer.

3.1 Einfluß der Netzstellendichte auf den Gesamtrelaxationsbetrag

Um aus den Messungen am γ-bestrahlten Hart-PVC den Einfluß der Netzstellendichte und der Abnahme des Chlorgehalts auf den Gesamtrelaxationsbetrag getrennt bestimmen zu können, wurden die Meßergebnisse für Proben gleicher reduzierter Abnahme des Chlorgehalts zusammengestellt. Die reduzierte Abnahme des Chlorgehalts ergab sich aus der gemessenen Abnahme, indem die gemessene Abnahme um die Menge von Chlor vermindert wurde, die unmittelbar bei den Vernetzungsreaktionen frei wurde. Diese Korrektur war notwendig, da bei den Berechnungen von *Stoll* (2) die an den Netzstellen befindlichen Dipole als unbeweglich und damit dielektrisch unwirksam vorausgesetzt worden waren.

In Abb. 1a sind für Proben der reduzierten Abnahme des Chlorgehalts von 1%, 2% und 3,2% die gemessenen Abnahmen des Gesamtrelaxationsbetrages $A_{\Delta\varepsilon'\,\mathrm{exp}}$ über der gemessenen Änderung der Netzstellendichte Δy aufgetragen. Die Meßpunkte von Proben gleicher reduzierter Abnahme des Chlorgehalts sind durch gestrichelte Linien verbunden. Es ergibt sich deutlich eine Abhängigkeit der Abnahme des gemessenen Gesamtrelaxationsbetrags von der reduzierten Abnahme des Chlorgehalts: pro 1% reduzierter Abnahme des Chlorgehalts wird der gemessene Gesamtrelaxationsbetrag um 5% kleiner. Dagegen hat die Netzstellendichte kaum einen Einfluß auf die gemessene Abnahme des Gesamtrelaxationsbetrages.

Auf der Basis des Bündelmodells und unter der Voraussetzung, daß dem dielektrischen Glasprozeß als molekularer Bewegungsmechanismus die Diffusion von 90°-Torsionsfehlern zugeordnet werden muß, erhält *Stoll* (2) für den Relaxationsbetrag $\varepsilon_0' - \varepsilon_\infty'$ des Glasprozesses

$$\varepsilon_0' - \varepsilon_\infty' = \frac{3\varepsilon_0'}{2\varepsilon_0' + \varepsilon_\infty'} \left(\frac{\varepsilon_\infty' + 2}{3}\right)^2 \frac{4\pi N}{3kTV} \, l \vec{\mu}^2 v g \qquad [3]$$

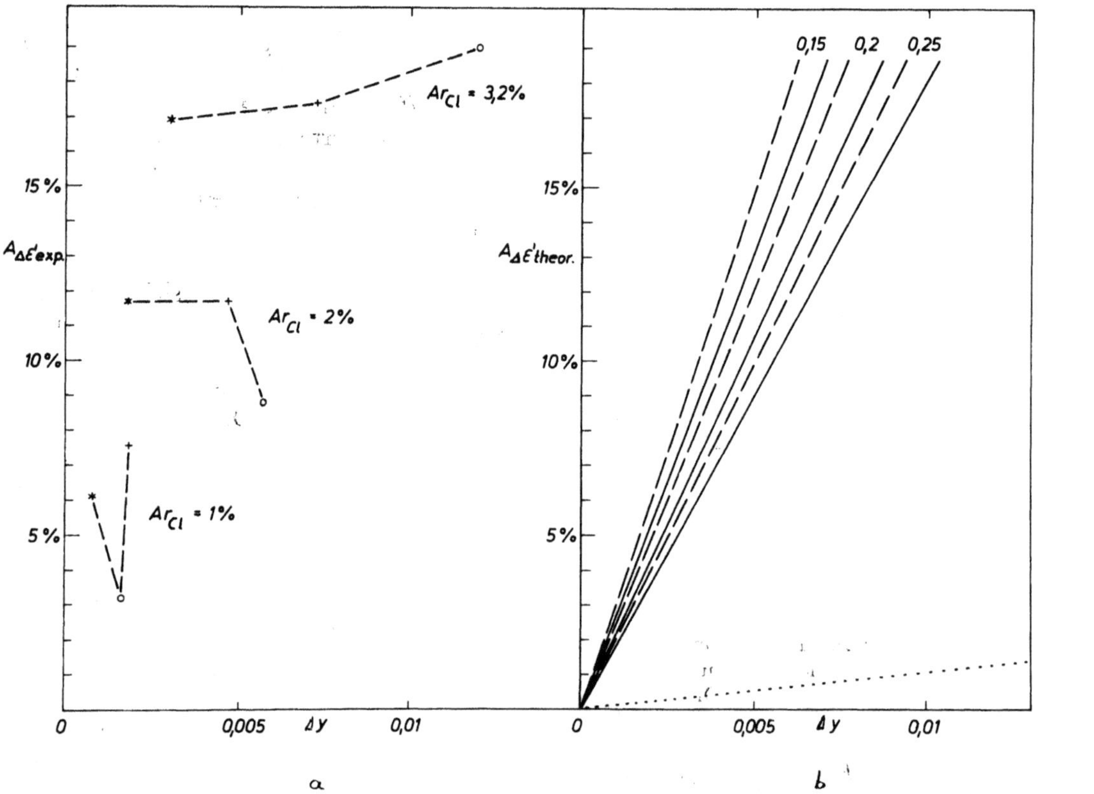

Abb. 1. a) Gemessene relative Abnahme des Gesamtrelaxationsbetrages $A_{\Delta\varepsilon'\,\mathrm{exp}}$ als Funktion der Netzstellendichteänderung Δy für Proben der reduzierten relativen Abnahme des Chlorgehalts $Ar_{Cl} = 1\%$, 2%, 3,2%; b) Für die Torsionskonzentrationen $z_t = 0{,}15$; 0,2; 0,25 berechnete relative Abnahme des Gesamtrelaxationsbetrages $A_{\Delta\varepsilon'\,\mathrm{th}}$ als Funktion der Netzstellendichteänderung Δy.
Ausgangsnetzstellendichte $y + y_{kk} = 0{,}005$: --- Ausgangsnetzstellendichte $y + y_{kk} = 0{,}01$: —

mit

$$g = \frac{\bar{p}}{2\bar{q}} \cdot \frac{1+\overline{\cos\alpha}}{1-\overline{\cos\alpha}} \left[1-2(y+y_{kk})\frac{1+\overline{\cos\alpha}}{1-\overline{\cos\alpha}}\right] \quad [4]$$

und

$$\overline{\cos\alpha} = (1-z_t)^5 + \frac{1}{\sqrt{2}}[1-(1-z_t)^5]\,. \quad [5]$$

Es bedeuten ε_0' die relaxierte und ε_∞' die unrelaxierte Dielektrizitätszahl, $\frac{N}{V}$ die Zahl der Dipole pro Volumeneinheit, k die Boltzmann konstante, T die absolute Temperatur, $\vec{\mu}_V$ das Dipolmoment der polaren Gruppe im Gaszustand, $\bar{p}$ und $\bar{q}$ die Zahl der sich kooperativ parallel und senkrecht zur Dipolrichtung umlagernden Dipole, y_{kk} die Dichte der Kopf-Kopf-Polymerisation und z_t die Dichte der Torsionsfehler.

Die daraus folgende Abhängigkeit der Abnahme des Gesamtrelaxationsbetrages von der Netzstellendichte ist in Abb. 1b dargestellt. Für die Torsionsfehlerkonzentration von $z_t = 0{,}15$, 0,2 und 0,25 mit den Ausgangsnetzstellendichten $y+y_{kk} = 0{,}01$ und 0,005 ergeben sich Geraden. Die Steigung dieser Geraden sollte auch die Steigung der gestrichelten Verbindungslinien in Abb. 1a sein. Für die Meßpunkte des Ar_{Cl}-Wertes 3,2% und der Netzstellendichtedifferenz von etwa 0,01 sollte daraus eine Abnahme des Gesamtrelaxationsbetrages von mindestens 17% folgen. Gemessen wurden jedoch 2,5% mit einem Maximalfehler für jeden Meßpunkt von ± 2%.

Als gepunktete Linie sind in Abb. 1b noch die $A_{\Delta\varepsilon'\,\mathrm{th}}$-Werte eingezeichnet, die sich ergeben, wenn man nur die an den chemischen Netzstellen fehlenden Dipole durch die Dichte $\frac{N}{V}$ in Gleichung [3] berücksichtigt.

Auch die Ergebnisse der an γ-bestrahlten Weich-PVC-Proben und an chemisch vernetzten PVC-Proben durchgeführten Messungen stimmen nicht mit der theoretischen Voraussage überein. Die gemessenen Abnahmen des Relaxationsbetrages waren in allen Fällen sehr viel kleiner als die berechneten. Dieses Ergebnis muß jedoch mit folgenden Einschränkungen betrachtet werden:

a) Für die theoretische Berechnung wird $z_t \gg y+y_{kk}$ vorausgesetzt. Dies ist bei den hohen Vernetzungsdichten nicht mehr erfüllt.

b) Die Änderungen der Vernetzungsdichte dieser Proben werden aus den Schubmodulmessungen bei 1 Hz und 120 °C bestimmt und könnten, wie oben erklärt, zu groß sein. Da ein Teil der durch Bestrahlung geschaffenen Netzstellen physikalischer Art ist und die dielektrischen Messungen bei 100 kHz und 150 °C durchgeführt werden, wird Δy ungenau. Die Erhöhungen der Frequenz und der Temperatur haben aber Einflüsse verschiedener Richtung auf Δy.

c) Es wird vernachlässigt, daß ein Teil der gemessenen Δy-Abnahme auch bei den γ-bestrahlten Weich-PVC-Proben nicht der vernetzungsbedingten Chlorabspaltung zuzuschreiben ist. Eine Berücksichtigung der Chlorabspaltung würde die Diskrepanz zwischen theoretischem und experimentellem Ergebnis erhöhen.

d) Da sich der Glasübergang mit zunehmender Dosis verlagert, wird $A_{\Delta\varepsilon'\,\mathrm{exp}}$ aus Messungen bei ungleichen Temperaturen bestimmt. Eine Korrektur würde ebenfalls die o.g. Diskrepanz vergrößern.

Insgesamt ergibt sich, daß im Gegensatz zur theoretischen Voraussage die Netzstellendichte keinen Einfluß auf den dielektrischen Gesamtrelaxationsbetrag bis zu Netzstellendichteänderungen von $\Delta y = 0{,}1$ hat und daß auch bei hoch vernetztem PVC die Netzstellendichte nicht aus dielektrischen Messungen bestimmt werden kann.

Dieser Widerspruch zwischen dem experimentellen und theoretischen Ergebnis würde nicht auftreten, wenn man als molekularen Bewegungsmechanismus im Glasprozeß des PVC statt der Wanderung von Torsionsfehlern die Umlagerung von Kinken annähme. Es würde sich dann auch theoretisch keine Abhängigkeit des Gesamtrelaxationsbetrages von der Netzstellendichte ergeben, aber es wäre schwierig, die Höhe des Gesamtrelaxationsbetrages und den Temperaturverlauf der Dielektrizitätszahl oberhalb des Glasprozesses zu erklären. Da beides nach *Stoll* (2) unter der Annahme der Wanderung von Torsionsfehlern richtig beschrieben werden kann, wird für die folgenden Überlegungen dieser Bewegungsmechanismus vorausgesetzt.

Abb. 2, Zeile a, zeigt einen Kettenabschnitt mit 28 als Pfeile dargestellten Monomereinheiten, die im PVC den Dipolen entsprechen. Der Kettenabschnitt ist begrenzt durch zwei

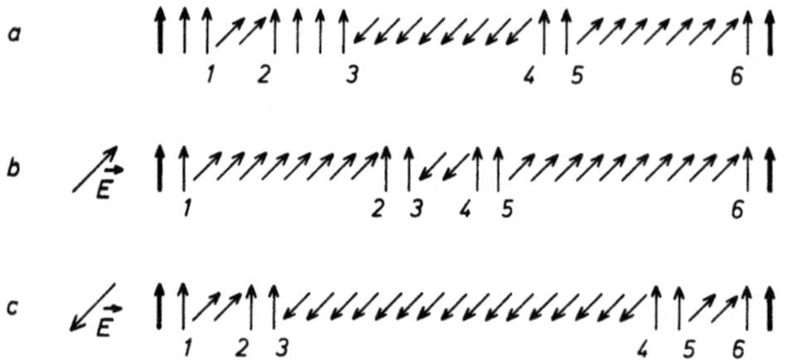

Abb. 2. Kettenabschnitt mit 28 als Pfeile dargestellten Dipolen und 6 Torsionsfehlern. Die äußersten Dipole sind unbeweglich, während die anderen Dipole eine Wanderung der Torsionsfehler zulassen. a) Konformation ohne äußeres Feld; b, c) Konformation mit äußerem Feld.

vernetzte, also unbewegliche Monomereinheiten (durch Dickzeichnung gekennzeichnet) und enthält 6 Torsionsfehler. Ohne ein äußeres elektrisches Feld sind die Torsionsfehler statistisch verteilt und die Dipole haben keine Vorzugsrichtung (in Abb. 2 treten nicht alle Dipolrichtungen auf, da zur einfacheren Darstellung nicht alle Kombinationen von 90°-Torsionsfehlern eingezeichnet wurden). In einem äußeren elektrischen Feld wandern die Torsionsfehler bevorzugt in die Richtungen, die eine bessere Ausrichtung der Dipole zulassen. Dabei diffundieren die Torsionsfehler gegeneinander, und es bilden sich Häufungsbereiche von Torsionsfehlern aus (Zeile b und c). Diese Häufungsbereiche entstehen auch, wenn die Ketten unvernetzt sind. Ist die Zahl der Torsionsfehler einer Kette groß gegen die Zahl ihrer Netzstellen, so haben die Netzstellen nur einen Einfluß auf die Lage der sich ausbildenden Häufungsbereiche – die Häufungsbereiche bilden sich vorwiegend an den Netzstellen aus – sie haben aber keinen Einfluß auf die Zahl der Häufungsbereiche. Da die Netzstellen statistisch verteilt sind, haben sie auch keinen Einfluß auf die Zahl und Größe der orientierten Bereiche, d.h. der Gesamtrelaxationsbetrag ist unabhängig von der Netzstellendichte.

3.2 Einfluß der Netzstellendichte auf die Frequenz- und Temperaturlage des dielektrischen und mechanischen Glasprozesses

Für die relativen Frequenzlagen der Imaginärteilmaxima der komplexen Dielektrizitätszahl und der komplexen Schernachgiebigkeit (ε'' und I'') erhält *Stoll* (2)

$$\log \bar{\tau}_I = \log \bar{\tau}_\varepsilon + \log \frac{4z^2}{\pi^2} + \frac{\sum\limits_{k=1}^{z} \left[\frac{4z^2}{\pi^2 k^2} - \frac{1}{2}\right] \log k^2}{\sum\limits_{k=1}^{z} \left[\frac{4z^2}{\pi^2 k^2} - \frac{1}{2}\right]} \qquad [6]$$

$\bar{\tau}_I$ ist die mittlere Relaxationszeit der mechanischen Einzelumlagerungen und definiert durch

$$\log \bar{\tau}_I = \frac{\sum\limits_k n_k \Delta I_k \log \tau_k}{\sum\limits_k n_k \Delta I_k}, \qquad [7]$$

wobei n_k die Zahl der beweglichen Bereiche mit der Relaxationszeit τ_k und dem Beitrag zum Relaxationsbetrag ΔI_k ist.

$\bar{\tau}_\varepsilon$ ist die mittlere Relaxationszeit der dielektrischen Einzelumlagerung und analog zur Gleichung [7] definiert. Es wird jedoch angenommen, daß die dielektrisch wirksamen kooperativen Bereiche alle gleich groß sind und damit ihre Umlagerungen dieselbe Relaxationszeit τ_i haben, so daß $\bar{\tau}_\varepsilon = \tau_i$ gilt.

$z = \frac{z_t}{y}$ ist die Zahl der Kettentorsionen zwischen Netzstellen. k ist die Zahl der Knoten bei saitenartiger Auswölbung der Kettenabschnitte zwischen den Netzstellen.

Der Unterschied zwischen den beiden mittleren Relaxationszeiten entsteht dadurch, daß der vollständige dielektrische Relaxationsbetrag schon bei einfacher Umlagerung der beweglichen Bereiche entsteht, während der mechanische Relaxationsbetrag durch weitere Umlagerungen erhöht wird. Deshalb tragen auch in Gleichung [6] die Summanden mit dem kleinsten k, die den größten Auswölbungen der Kette zugeordnet sind, am meisten zur Differenz bei. Aus Gleichung [6] erhält man unter der Voraussetzung einer Netzstellendichte von $y = 0{,}01$ und einer Torsionsfehlerkonzentration von $z_t = 0{,}1$

$$\log \nu_{I''\max} = \log \nu_{\varepsilon''\max} - 1{,}9\,, \qquad [8]$$

wobei $\nu_{I''\max}$ und $\nu_{\varepsilon''\max}$ die Frequenzen der Maxima in I'' und ε'' bedeuten. Wird die Netzstellendichte um $\Delta y = 0{,}005$ erhöht, so ergibt sich

Abb. 3. Frequenz-Temperatur-Lagen der Imaginärteil-Hauptmaxima von Hart-PVC der komplexen Dielektrizitätszahl (*a*: 0 Mrd, *Hampe*; *a'*: 130 Mrd, *Hampe*; *c*: 0 Mrd, *Koppelmann* (12)) und der komplexen Schernachgiebigkeit (*b*: 0 Mrd, *Mielke*; *b'*: 100 Mrd, *Mielke* (11)).

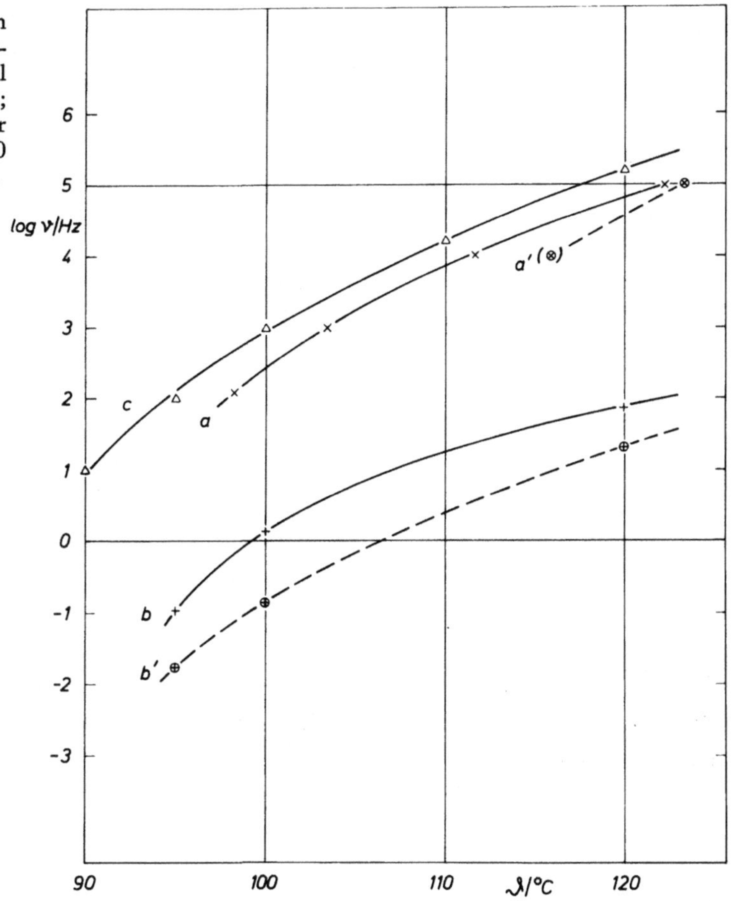

$$\log \nu_{I''\max} = \log \nu_{\varepsilon''\max} - 1{,}4, \qquad [9]$$

Abb. 3 zeigt die experimentellen Ergebnisse. Es sind die Frequenz- und Temperaturlagen der ε''-Maxima für die Proben B, 0 Mrd (Kurve *a*) und 130 Mrd (Kurve *a'*), sowie der aus Messungen von *Mielke* (11) bestimmten I''-Maxima für die Proben B, 0 Mrd (Kurve *b*) und 100 Mrd (Kurve *b'*), eingetragen. Außerdem sind zum Vergleich die von *Koppelmann* (12) an Hart-PVC ermittelten Frequenz- und Temperaturlagen der ε''-Maxima eingezeichnet (Kurve *c*). Die leichte Verschiebung der Kurve *c* gegenüber Kurve *a* zu niedrigeren Temperaturen kann sowohl durch eine geringe weichmachende Wirkung des Stabilisators als auch durch ein kleineres Molekulargewicht als $\bar{M}_w = 2 \cdot 10^5$ in den von *Koppelmann* verwendeten PVC-Proben verursacht sein.

Aus Abb. 3 ergibt sich für unbestrahltes PVC ein Frequenzverhältnis zwischen den dielektrischen und mechanischen Verlustmaxima von $2{,}2 \cdot 10^2$ bei 100 °C und 10^3 bei 120 °C. Da die Gleichung [8] mit den für 100 °C geschätzten Netzstellen- und Torsionskonzentrationen berechnet wurde und bei höheren Temperaturen mit größeren Torsionskonzentrationen und kleineren Netzstellendichten höhere Frequenzverhältnisse aus Gleichung [8] folgen, ist die Übereinstimmung von Theorie und Experiment für diese Proben gut.

Weniger gut ist sie für die bestrahlten Proben, deren Netzstellendichten um etwa 0,005 höher sind. Die Kurve *a'* liegt bei etwas höherer Temperatur als die Kurve *a*. Der eingeklammerte Meßwert liegt aber wahrscheinlich bei einer zu hohen Temperatur, da die Messung bei 10^4 Hz durch Raumladungsrelaxationen gestört wurde. Die Kurve *b'* ist gegenüber der Kurve *b* deutlich zu höheren Temperaturen verschoben, so daß sich für diese Proben höhere Frequenzverhältnisse ergeben als für die unbestrahlte Probe. Das steht jedoch im Widerspruch zu Gleichung [9], aus der eine um 20 % kleinere Differenz des Frequenzlogarithmus folgt.

Für diese Diskrepanz wird folgende Erklärung vorgeschlagen: Ist in PVC nicht nur eine saitenartige Auswölbung der Ketten zwischen den Netzstellen möglich, sondern auch die gemeinsame Auswölbung zweier vernetzter Ketten, so wird die Zahl der mechanischen Einzelumlagerungen für die mechanische Relaxation durch die Vernetzung größer. Eine höhere Zahl von Einzelumlagerungen hat eine größere mechanische Relaxationszeit zur Folge, d.h. die Vernetzung bewirkt dann, entsprechend den experimentellen Ergebnissen, einen größeren Faktor zwischen der dielektrischen und mechanischen Frequenzlage der Verlustmaxima.

Zusammenfassung

Messungen der dielektrischen Kennwerte, Bestimmungen der Netzstellendichte und quantitative Chlorgehalts-Analysen an strahlenvernetztem Hart- und Weich-PVC sowie an chemisch vernetztem PVC ergeben keinen Einfluß der Netzstellendichte auf den Gesamtrelaxationsbetrag. Der Faktor zwischen der mechanischen und der dielektrischen Relaxationszeit im Glasprozeß wird im PVC durch eine chemische Vernetzung vergrößert.

Da diese Ergebnisse im Widerspruch zu theoretischen Voraussagen stehen, werden Änderungen der den Berechnungen zugrundeliegenden Annahmen über die molekularen Bewegungsmechanismen vorgeschlagen.

Summary

Measurements of dielectric data, the density of crosslinks and the amount of chemically bonded chlorine in pure and plasticised PVC, which was crosslinked by γ-irradiation or by addition of dimercaptobutane, show no influence of the crosslink-density on the total relaxation strength. The factor between the mechanical and the dielectric relaxation-times of the glass transition is increased by crosslinking of PVC.

Since these results are contrary to theoretical predictions, new assumptions about the molecular movement are proposed.

Literatur

1) *Kießling, D.*, Dissertation (Leipzig 1965).
2) *Stoll, B.*, Dissertation (Stuttgart 1972).
3) *Stoll, B., W. Pechhold* und *S. Blasenbrey*, Kolloid-Z. u. Z. Polymere **250**, 1111 (1972).
4) *Rexer, E.* und *L. Wuckel*, Chemische Veränderungen von Stoffen durch energiereiche Srahlung (Leipzig 1965).
5) *Pravednikov, A. N., Yin-Shen-Kan* und *S. S. Medvedev*, Proceedings of the Second United Nations International Conference on the Peaceful Uses of Atomic Energy **29**, 192 (1958).
6) *Pinner, S. H.*, Plastics **25**, 35 (1960).
7) *Miller, A. A.*, Ind. Eng. Chem. **51**, 1271 (1959).
8) *Salmon, W. A.* und *L. D. Loan*, J. Appl. Polym. Sci. **16**, 671 (1972).
9) *Mori, K.* und *Y. Nakamura*, J. Polym. Sci. A-1 **9**, 639 (1971).
10) *Charlesby, A.*, Atomic Radiation and Polymers. (Oxford, 1960).
11) *Mielke, W.*, Dissertation (Berlin 1975).
12) *Koppelmann, J.*, Kolloid-Z. u. Z. Polymere **189**, 1 (1963).

Adresse des Autors:

A. Hampe
Bundesanstalt für Materialprüfung
Fachgruppe 3.4 „Sonderprüfverfahren für organische Stoffe“
Unter den Eichen 86/7
1000 Berlin 45

Colloid & Polymer Sci. **254**, 155–161 (1976)

Bundesanstalt für Materialprüfung (BAM), Berlin
Fachgruppe 3.4 „Sonderprüfverfahren für organische Stoffe"

Einfluß ungesättigter Weichmacher auf das mechanische Relaxationsverhalten von PVC nach γ-Bestrahlung

W. Mielke

Mit 5 Abbildungen

(Eingegangen am 24. Mai 1975)

1. Einleitung

Hochpolymere werden durch γ-Strahlen entweder vernetzt oder abgebaut. Meist laufen beide Vorgänge mit unterschiedlichen Reaktionsgeschwindigkeiten nebeneinander ab, von denen jedoch einer überwiegt. In PVC überwiegt bei Anwesenheit von Sauerstoff der Abbau, unter Ausschluß von Sauerstoff die Vernetzung (1). Wichtig ist dabei die Diffusion des Sauerstoffs in die Probe hinein. Damit können die Bestrahlungsreaktionen in PVC von den Abmessungen der Probe und von der Dosisleistung der Strahlungsquelle abhängen. Außerdem werden die strahleninduzierten Reaktionen von Zusätzen wie Stabilisatoren und Weichmachern oder Verunreinigungen beeinflußt.

Die Netzstellenausbeute – ein Maß dafür ist der G_{cl}-Wert, die Zahl der pro 100 eV absorbierter Energie gebildeten Netzstellen – ist für reines PVC, das unter Sauerstoffausschluß bestrahlt wird, gering. Der G_{cl}-Wert wird für PVC mit 0,3 angegeben, während er für andere Polymere 1 bis 5 betragen kann (2).

Es wurde schon früh versucht, die Netzstellenausbeute im PVC durch Zugabe polymerisierbarer Substanzen zu erhöhen (3, 4, 5). In jüngster Zeit gewinnt die strahlenchemische Vernetzung von PVC eine immer größere wirtschaftliche Bedeutung, so daß die Beschleunigung der Vernetzung durch Zusätze erneut diskutiert wurde (6, 7). Von den meisten Autoren wurden Dimethacrylate oder Diallylester als Beschleuniger für die Vernetzung eingesetzt, deren Wirkung sich aber wegen der unterschiedlichen Probenherstellung und Vorbehandlung sowie unterschiedlicher Bestrahlungsbedingungen nicht vergleichen lassen. Deshalb wird in dieser Arbeit die Einwirkung von γ-Strahlen auf mit Dimethacrylaten und Diallylestern weichgemachtes PVC unter absolut vergleichbaren Bedingungen untersucht. Als Untersuchungsmethoden werden mechanisch-dynamische Schubmodulmessungen in einem weiten Frequenz- und Temperaturbereich sowie eine Sol-Gel-Analyse nach Extraktion der bestrahlten Proben mit Tetrahydrofuran benutzt. Diese Methoden lassen erwarten, daß neben den Netzstellendichten auch die Art der Netzstellenbildung und das Verhältnis von physikalischen zu chemischen Netzstellen bestimmt werden können. Zum Vergleich und zur Erleichterung der Auswertung sollten dieselben Messungen an reinem PVC und an einem mit einem nicht polymerisierbaren Weichmacher weichgemachten PVC durchgeführt werden.

2. Experimentelles

2.1 Proben

Es wurde ein reines Suspensions-PVC (Vinnol H 70 F, Wacker-Chemie) mit einem mittleren Molekulargewicht $\overline{M}_w = 200.000$ verwendet. Als Weichmacher dienten

W1:	Triäthylenglykoldimethacrylat	$M = 286{,}3$
W2:	Diallylsebazat	$M = 282{,}4$
W3:	Dioctylphthalat AH	$M = 418{,}6$

Die Weichmacher W1 und W2 wurden so ausgesucht, daß sie etwa gleiches Molekulargewicht haben. Damit wird erreicht, daß die Mischungen bei gleichen Massenanteilen der Weichmacher auch gleich viele polymerisierbare Doppelbindungen enthalten.

Das PVC wurde mit den Weichmachern im Massenverhältnis 2:1 ohne Zugabe eines Stabilisators bei 80 °C gemischt und geknetet. Die Mischungen von PVC mit den Weichmachern W1, W2 und W3 werden im folgenden mit M1, M2 und M3 bezeichnet.

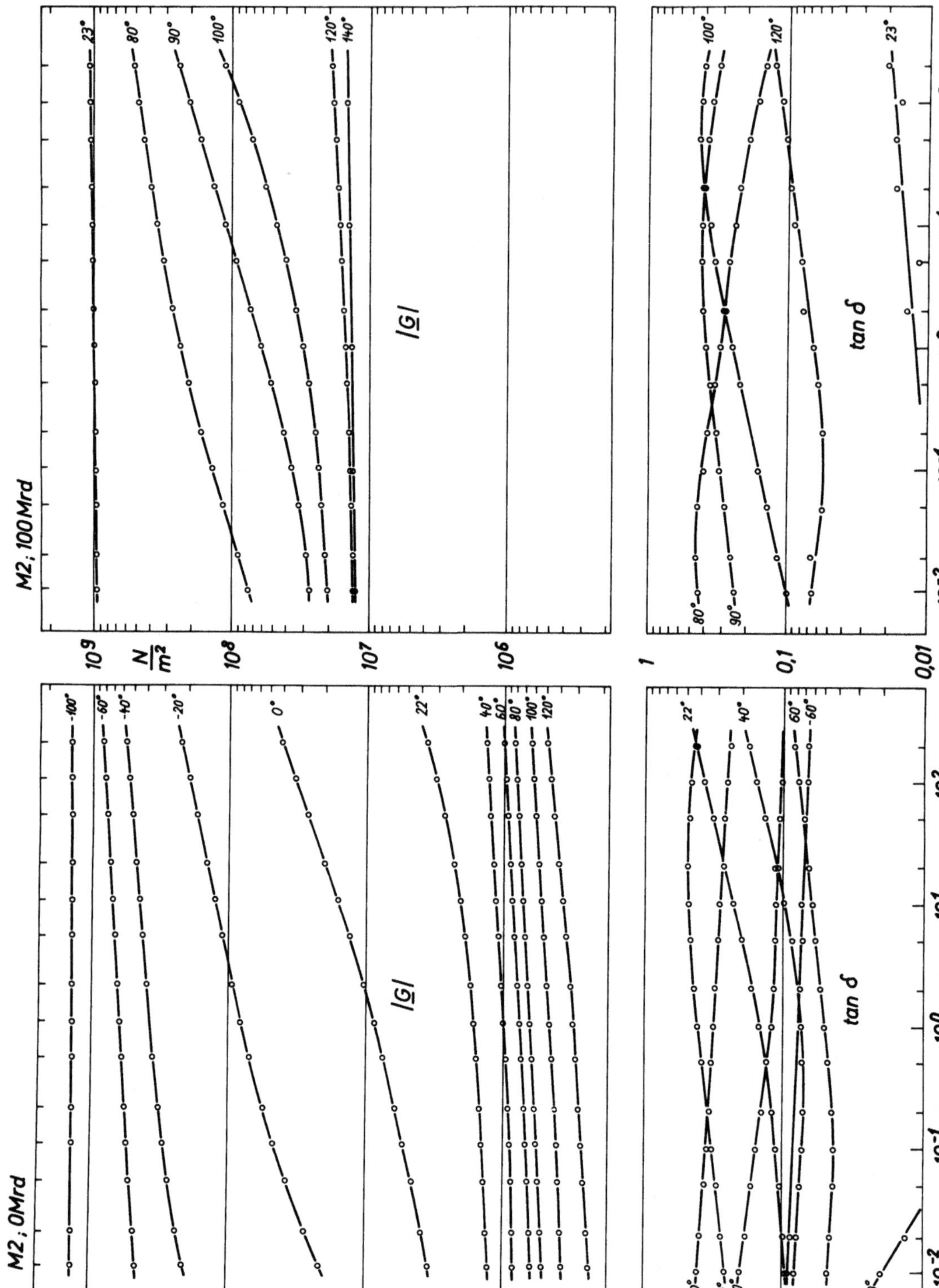

Abb. 1. Komplexer Schubmodul ($|\underline{G}|$ und $\tan\delta$) von mit Diallylsebazat weichgemachtem PVC (M2) als Funktion der Meßfrequenz ν; links: unbestrahlt, rechts: mit 100 Mrd bestrahlt

Die Mischungen wurden bei 125 °C, das reine PVC bei 180 °C zu 0,4 mm dicken Folien gepreßt. Die Bestrahlung erfolgte bei 25 °C in einer Co^{60}-γ-Bestrahlungsanlage zwischen Glasplatten im Vakuum. Die Dosen wurden von 0,1 bis 100 Mrd variiert, bei einer Dosisleistung von 1 Mrd pro Stunde.

2.2 Mechanisch-dynamische Messungen

Der komplexe Schubmodul $|G|$ und $\tan\delta_G$ wurde in einer automatisierten Apparatur gemessen, die nach dem Prinzip der erzwungenen Schwingung unterhalb der Resonanz arbeitet und die in (8) ausführlich beschrieben ist. Die Meßfrequenzen wurden zwischen 10^{-2} Hz und 10^2 Hz, die Meßtemperaturen zwischen −100 °C und +140 °C variiert.

2.3 Sol-Gel-Analyse

Die durch Bestrahlen vernetzten Proben wurden 24 h bei +70 °C mit Tetrahydrofuran extrahiert, dann 24 h bei 100 °C im Vakuum getrocknet und danach im Exsikkator abgekühlt und gewogen. Die Ergänzung des Gewichts der vernetzten Gele zum Gewicht der nicht extrahierten Proben ergibt den Sol-Anteil. An den vernetzten Gelen wurden quantitative Cl-Bestimmungen durchgeführt, aus denen auf den PVC-Gehalt der Gele geschlossen wurde.

3. Ergebnisse und Auswertung

An allen Stoffen wurden vor und nach γ-Bestrahlung mit verschiedenen Dosen Messungen des komplexen Schubmoduls als Funktion der Frequenz mit der Temperatur als Parameter durchgeführt. Aus der Vielzahl der Kurvenscharen sollen hier jedoch nur zwei Beispiele in Abb. 1 gegenübergestellt werden.

Für M2, links unbestrahlt, rechts mit 100 Mrd bestrahlt, ist $|G|$ und $\tan\delta_G$ dargestellt. Während M2 im unbestrahlten Zustand bei Raumtemperatur deutlich weichgemacht ist und einen Schubmodul von etwa $2 \cdot 10^6$ N/m² hat, wird durch γ-Bestrahlung die Weichmachung aufgehoben. Der Schubmodul steigt bei Raumtemperatur auf etwa 10^9 N/m², fast den Wert von reinem PVC. Deutlich ist auch der Anstieg des Moduls im Plateaubereich, bei Temperaturen oberhalb der Glasübergangstemperatur. In diesem Bereich hat eine chemische Vernetzung den größten Einfluß auf den Modul, während die PVC-Moleküle im Glaszustand schon so unbeweglich sind, daß eine Vernetzung keinen Beitrag zum Modul liefert.

Die Änderung des Schubmoduls bei 1 Hz und 120 °C, d. h. bei einer Temperatur, bei der alle Mischungen und reines PVC im Plateaubereich sind, ist in Abb. 2 gezeigt. Während die Änderungen für reines PVC und für M3 linear mit der Dosis erfolgen, zeigen M1 und M2 ein ausgeprägtes nichtlineares Verhalten. Der Anstieg des Schubmoduls bei M1 und M2 ist nicht nur auf durch Bestrahlung gebildete chemische Netzstellen zurückzuführen, sondern auch auf eine Erhöhung der Glasübergangstemperatur in diesen Mischungen, die zu einer geringeren Beweglichkeit der Moleküle und damit zu einem höheren Modul des Materials führen.

Die Änderung der für $\nu = 1$ Hz aus den dynamischen Schubmodulmessungen gewon-

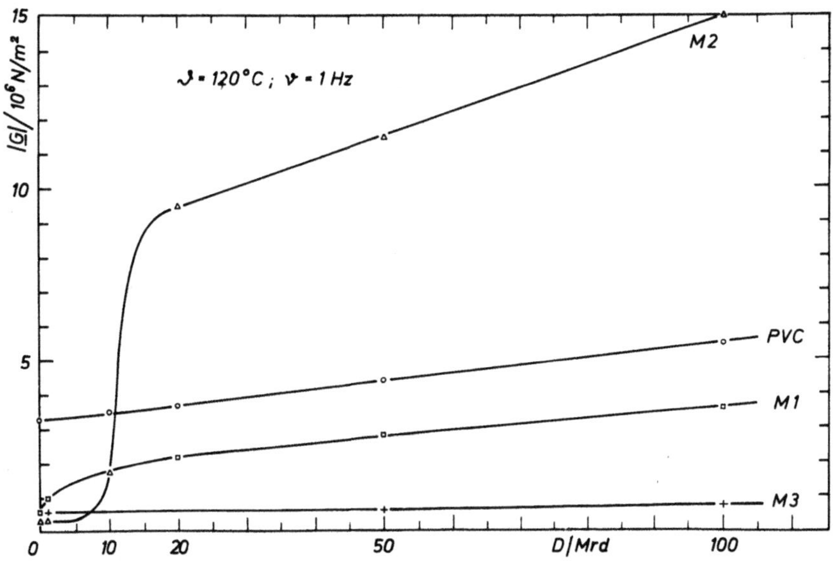

Abb. 2. Betrag des komplexen Schubmoduls $|G|$ als Funktion der Bestrahlungsdosis für PVC, M1, M2 und M3

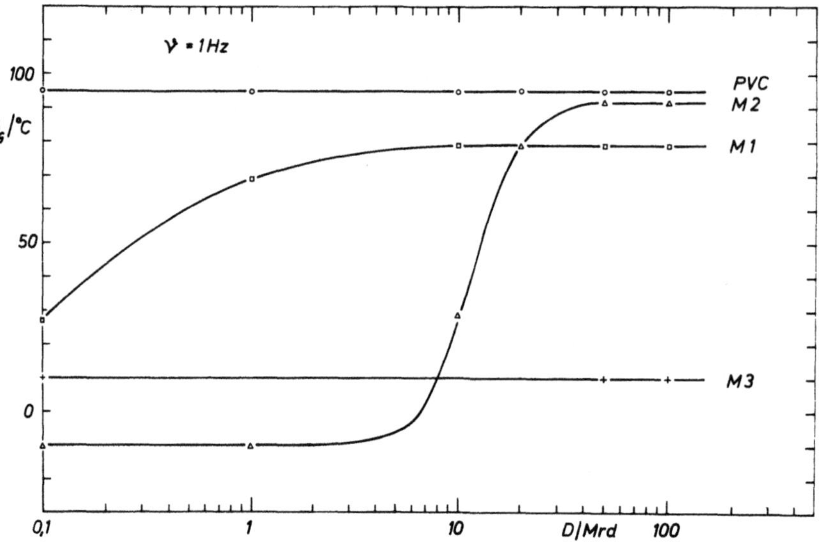

Abb. 3. Dynamische Glasübergangstemperatur ϑ_G für 1 Hz als Funktion der Bestrahlungsdosis für PVC, M1, M2 und M3

nenen Übergangstemperaturen zeigt Abb. 3. Während die Werte für PVC (95 °C) und M3 (10 °C) sich nicht ändern, steigen die Werte für M1 von 27 °C auf 79 °C und für M2 von −10 °C auf 92 °C.

Die Ergebnisse der Sol-Gel-Analyse sind in den Bildern 4 und 5 dargestellt. Abb. 4 zeigt die Solfraktion der vier Proben als Funktion der Bestrahlungsdosis in einer nach *Charlesby* (9) üblichen Darstellung. Während PVC und M3 sich „normal" im Sinne der von *Charlesby* aufgestellten Theorie verhalten, zeigen die Kurven für M1 und M2 erhebliche Abweichungen. Insbesondere fällt auf, daß M1 keine Gel-Dosis hat. Bei der kleinsten Dosis von 0,15 Mrd liegt M1 schon als unlösliches Gel vor, aber wie die Analyse der Gele in Abb. 5 zeigt, ist in diesem Gel noch kein PVC enthalten, d.h. das gefundene Gel besteht nur aus W1. Die Cl-Analyse ergibt, daß für M1 der PVC-Gehalt im Gel mit der Dosis bis auf den eingemischten Wert ansteigt, während er für M2 auf den eingemischten Wert abfällt. Die Gele von M3, die sich erst bei Dosen ab 50 Mrd ergeben, enthalten fast ausschließlich PVC, d.h. der Weichmacher ist an der Vernetzung nur in sehr geringem Umfang beteiligt.

4. Diskussion

Die Diskussion soll mit den Begriffen der chemischen Netzstellendichte q_{cl} (Index „*cl*" von *c*ross*l*ink) und der physikalischen Netz-

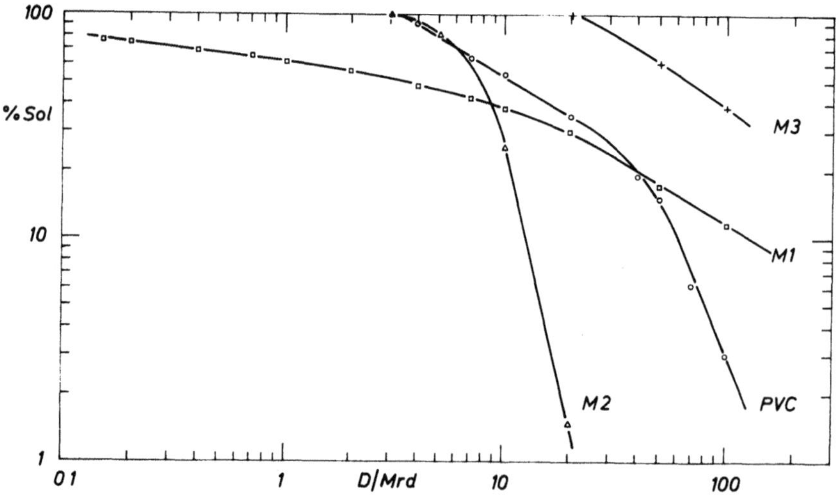

Abb. 4. Sol-Anteil nach Extraktion mit Tetrahydrofuran als Funktion der Bestrahlungsdosis für PVC, M1, M2 und M3

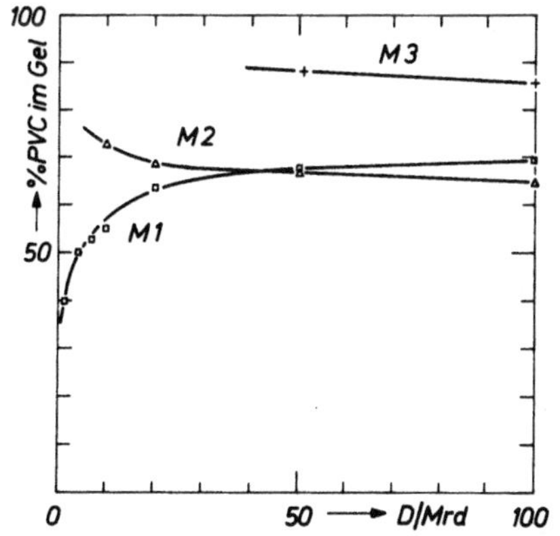

Abb. 5. PVC-Anteil im Gel als Funktion der Bestrahlungsdosis für M1, M2 und M3

stellendichte q_e (Index „*e*" von *e*ntanglement) geführt werden. Dabei sind chemische Netzstellen solche, die z. B. durch Strahleneinwirkungen gebildet werden und die zwei Polymerketten durch eine Hauptvalenz verbinden. Die chemische Netzstellendichte wird in den diskutierten Bereichen als unabhängig von der Temperatur und der Meßfrequenz angenommen. Unter physikalischen Netzstellen sollen hier alle Wirkungen verstanden werden, die die Polymerketten an einem freien Abgleiten hindern. Die so definierte physikalische Netzstellendichte hängt von der Temperatur und von der Meßfrequenz ab.

Nach der klassischen Theorie der Gummielastizität ergibt sich der Modul im Plateau-Bereich eines Polymeren als

$$G = \frac{\varrho R T}{w} (q_e + q_{cl}) \qquad [1]$$

(ϱ: Dichte des Polymeren, R: allgemeine Gaskonstante, T: absolute Temperatur und w: Molekulargewicht einer Monomereinheit des Polymeren).

Bei den hier untersuchten Stoffen ist die Überprüfung des Zusammenhanges [1] schwierig, weil sich mindestens bei M1 und M2 gleichzeitig q_e und q_{cl} mit der Bestrahlung ändern. Als Kriterium dafür, ob sich q_e ändert, soll eine Änderung in der dynamischen Glasübergangstemperatur ϑ_G (1 Hz), Abb. 3, angesehen werden. Da sich diese Temperaturen für PVC und für M3 nicht ändern, werden diese Stoffe zuerst diskutiert.

Für PVC läßt sich q_{cl} aus dem Verlauf der Solfraktion als Funktion der Dosis bestimmen. Die Auswertung, die nach der Theorie von *Charlesby* (9) erfolgt, ergibt für 100 Mrd ein q_{cl} (100 Mrd) $= 9 \cdot 10^{-3}$. Da q_e konstant bleibt, müßte dieser Wert, in [1] eingesetzt, diese Differenz des Schubmoduls bei 0 und 100 Mrd erklären. Die mit $q_{cl} = 9 \cdot 10^{-3}$ berechnete Differenz beträgt $0{,}65 \cdot 10^6$ N/m², während aber für 1 Hz und 120 °C eine Differenz von $2{,}2 \cdot 10^6$ N/m² gemessen wird.

Für M3 ergibt sich aus den Extraktionsversuchen ein q_{cl} (100 Mrd) $= 2 \cdot 10^{-4}$ und damit eine berechnete Schubmoduldifferenz von $1{,}6 \cdot 10^5$ N/m², während sich der Wert $1{,}2 \cdot 10^5$ N/m² aus den mechanischen Messungen (Abb. 2) ergibt.

Für M3 stimmen diese Werte im Rahmen der Meßgenauigkeit, die für die Bestimmung von q_{cl} aus Extraktionsmessungen am geringsten ist, überein. Für PVC ist die gemessene Schubmoduländerung aber dreimal größer als die berechnete. Eine nähere Untersuchung zeigt, daß die Wirkung der chemischen Vernetzung auf den Schubmodul von PVC im Plateaubereich um so größer wird, je größer der Modul im unbestrahlten Zustand ist. Für diese Variation von q_e brauchen die Schubmoduluntersuchungen nur bei anderen Temperaturen und Frequenzen ausgewertet zu werden. Es zeigt sich, daß das Knäuelmodell, aus dem Gleichung [1] entwickelt wurde, gut für das verdünnte, weichgemachte Polymere gilt, nicht aber für reines PVC.

Bei M1 und M2 liegen kompliziertere Verhältnisse vor, q_e und q_{cl} werden durch Bestrahlung gleichzeitig vergrößert, so daß die Auswertung schwieriger und unsicherer wird.

Bei M1 ändert sich ϑ_G (1 Hz), Abb. 3, bis 10 Mrd. Für höhere Dosen bleibt ϑ_G und damit auch q_e konstant. Da der Endwert von ϑ_G für M1 um 16 °C unterhalb von ϑ_G für PVC liegt, und da der Weichmacher 1, das Triäthylenglykoldimethacrylat, nicht so polar ist wie PVC, sollte man annehmen, daß der von den physikalischen Netzstellen herrührende Modul kleiner ist als bei reinem PVC. Eine Extrapolation der Modulkurve von M1 zu $D = 0$ Mrd in Abb. 2 bestätigt diese Annahme und führt zu einem Schubmodul von $2 \cdot 10^6$ N/m² mit $q_e = 1 \cdot 10^{-2}$. Die übrige Änderung des Schubmoduls bis 100 Mrd führt nach [1] zu einem q_{cl} (100 Mrd) $= 8 \cdot 10^{-3}$. Eine unabhängige Bestimmung dieses Wertes aus den Extraktionsmessungen ist nicht möglich, da M1 in Abb. 4 einen völlig anomalen

Verlauf hat und deswegen kaum auszuwerten ist.

Für M2 wird ähnlich geschlossen. Da die Bestrahlung bei M2 die dynamische Glasübergangstemperatur auf einen Wert erhöht, der zwischen dem von PVC und dem von M1 liegt, kann ein durch Bestrahlung gebildetes $q_e = 1{,}3 \cdot 10^{-2}$ angenommen werden mit einem zugehörigen Schubmodul von $2{,}6 \cdot 10^6$ N/m². Zieht man diesen Wert von dem Schubmodulwert von M2 bei 100 Mrd ab und berechnet q_{cl} aus [1], so ergibt sich ein q_{cl} (100 Mrd) $= 5 \cdot 10^{-2}$. Berechnet man die chemische Netzstellendichte unter der Annahme, daß jedes Weichmachermolekül W2 eine Brücke zwischen 2 PVC-Molekülen bildet, so ergibt sich ein $q_{cl} = 6 \cdot 10^{-2}$.

Diese Übereinstimmung mit dem aus Modulmessungen bestimmten Wert spricht dafür, daß der Weichmacher W2 monomolekulare Brücken zwischen PVC-Molekülen bildet. Aus den Moduländerungen durch Bestrahlung und aus der Sol-Gel-Analyse ergibt sich folgendes Bild für den Ablauf der Vernetzungsreaktionen in M1, M2 und M3:

Methacrylsäureester sind nach *Vollmert* (10) neben Styrol die einzigen Monomeren, deren radikalische Polymerisation rein thermisch aktiviert werden kann. Deshalb muß man annehmen, daß der Weichmacher W1, das Triäthylenglykoldimethacrylat, schon in der unbestrahlten Mischung geringfügig polymerisiert und ein unlösliches Gel bildet, in dem aber kein PVC enthalten ist (Abb. 5). Wird M1 bestrahlt, so vergrößert sich das Methacrylatnetzwerk, und gleichzeitig werden PVC-Moleküle auf dieses Netzwerk aufgepfropft. Der Gel-Anteil nimmt mit der Bestrahlung zu, und gleichzeitig erhöht sich der PVC-Anteil im Gel, bis bei einer Dosis von etwa 100 Mrd das Gel dieselbe Zusammensetzung hat wie die ursprüngliche Mischung. Dadurch, daß viele der im Weichmacher vorhandenen Doppelbindungen zu dessen Eigenpolymerisation verbraucht werden, ist die Vernetzung zwischen den PVC-Molekülen geringer als bei M2 und sogar geringer als beim reinen PVC.

Für die Mischung M2 ergibt sich dagegen ein anderes Modell: Der in M2 enthaltene Weichmacher Diallylsebazat kann erst durch die Bestrahlung zu einer radikalischen Polymerisation angeregt werden und neigt dabei mehr zu einer Misch- als zu einer Eigenpolymerisation. So ist es zu verstehen, daß die unbestrahlte Mischung vollständig löslich ist. Bei einer γ-Bestrahlung reagiert zunächst eine Doppelbindung von W2 mit dem PVC, der Weichmacher pfropft sich auf das PVC auf. In diesem Zustand ist die Mischung noch voll löslich und ändert ihre mechanisch-dynamischen Eigenschaften nicht. Erst wenn der Weichmacher auch über eine zweite Doppelbindung mit dem PVC reagiert, bilden sich Brücken, die zu einem dreidimensionalen Netzwerk und damit zu starken mechanischen Eigenschaftsänderungen führen. Da in der Phase der Gel-Bildung schon viele Weichmachermoleküle einseitig mit dem PVC verknüpft sind, weicht die Zusammensetzung des Gels (Abb. 5) nur wenig von der ursprünglichen Mischung ab. Die Abweichungen bei 10 und 20 Mrd sind zu denen bei M1 entgegengesetzt. Durch eine Analyse der Modulwerte wurde gezeigt, daß die Brückenbildung durch das Diallylsebazat nahezu monomolekular erfolgt.

In M3, dem mit Dioctylphthalat weichgemachten PVC, verläuft die Vernetzung durch Bestrahlung ab wie in reinem PVC, nur daß durch die Verdünnung der PVC-Moleküle und wegen des Radikaleinfangs durch die aromatische Gruppe im Weichmacher die Vernetzungsausbeute geringer ist. Zusätzlich treten Pfropfreaktionen zwischen PVC und Dioctylphthalat auf, die jedoch nur dann zu chemischen Netzstellen zwischen PVC-Molekülen führen, wenn ein W3-Molekül zweimal reagiert. Diese Wahrscheinlichkeit ist jedoch wegen der Kürze des Moleküls gering. Es kommt jedoch vor, daß W3-Moleküle einseitig am PVC angeknüpft sind, wie die Cl-Analyse der Gele von M3 in Abb. 5 zeigt.

Zusammenfassung

Messungen des komplexen Schubmoduls und Sol-Gel-Analysen nach Extraktion mit Tetrahydrofuran führen zu Aussagen über die Netzstellendichte und die Art der Netzstellen in Weich-PVC nach γ-Bestrahlung. Als Weichmacher werden die zweifach ungesättigten Substanzen Triäthylenglykoldimethacrylat und Diallylsebazat sowie Dioctylphthalat als Vergleichssubstanz verwendet. Weich-PVC mit ungesättigten Weichmachern wird durch γ-Bestrahlung stark vernetzt. Die Vernetzung des Weich-PVC verläuft mit Triäthylenglykoldimethacrylat und mit Diallylsebazat unterschiedlich. Ein Modell des Reaktionsablaufs wird angegeben.

Summary

Measurements of the complex shear modulus and sol-gel analysis after extraction with tetrahydrofurane give evidence to the network density and to the nature of the network in plasticized PVC after γ-irradiation. The plasticizers used for this investigation are triethylene glycol dimethacrylate and diallyl sebazate which are diunsaturated and dioctyl phthalate as a reference substance. PVC plasticized with diunsaturated substances shows rapid network formation after γ-irradiation. The network formation is different with triethylene glycol dimethacrylate and with diallyl sebazate. A model of the reaction is given.

Literatur

1) *Chapiro, A.*, J. Chim. physique **53**, 895 (1956).

2) *Rexer, E., L. Wuckel*, Chemische Veränderungen von Stoffen durch energiereiche Strahlung (Leipzig 1965).

3) *Miller, A. A.*, Ind. Eng. Chem. **51**, 1271 (1959).

4) *Pinner, S. H.*, Nature **183**, 1108 (1959).

5) *Pinner, S. H.*, Plastics **25**, 35 (1960).

6) *Posselt, K.*, Kolloid Z. – Z. Polymere **223**, 104 (1967).

7) *Salmon, W. A., L. D. Loan*, J. Appl. Polym. Sci. **16**, 671 (1972).

8) *Mielke, W.*, Dissertation, Berlin D83 (1975).

9) *Charlesby, A.*, Atomic Radiation and Polymers (Oxford, 1960).

10) *Vollmert, B.*, Grundriß der makromolekularen Chemie (Heidelberg, 1962).

Adresse des Autors:

W. Mielke
Bundesanstalt für Materialprüfung, Berlin
Fachgruppe 3.4 „Sonderprüfverfahren für organische Stoffe"
Unter den Eichen 86/7
1000 Berlin 45

Colloid & Polymer Sci. **254**, 162–167 (1976)

Vorgetragen auf der Frühjahrstagung des Fachausschusses Physik der Hochpolymeren in der Deutschen Physikalischen Gesellschaft in Münster 17.–22. März 1975

Hahn-Meitner-Institut für Kernforschung Berlin GmbH, Bereich Strahlenchemie, Berlin

Über die Diffusion von Makromolekeln in Lösung.

Lichtstreuungsmessungen mit hoher Zeitauflösung in Kombination mit Pulsradiolyse und Laser-Blitzlicht-Photolyse

G. Beck, J. Kiwi, D. Lindenau und *W. Schnabel*

Mit 8 Abbildungen und 1 Tabelle

(Eingegangen am 15. April 1975)

Einleitung

Spaltet man die Hauptkettenbindungen von Makromolekeln in verdünnter Lösung, so entstehen Fragmente, die sich hinsichtlich ihrer Verteilung im System in einem gestörten Gleichgewichtszustand befinden. Infolgedessen streben die Fragmente nach der Spaltung auseinander. Dieser Vorgang läßt sich anhand der zeitlichen Änderung der Intensität des von den Makromolekeln gestreuten Lichtes verfolgen. Grundsätzlich sind hierbei aus der Beobachtung der zeitlichen Änderung der Streulichtintensität (LSI) zwei verschiedene Arten von Informationen erhältlich:

(a) Die LSI-Änderung als Funktion der Zeit ist ein Maß für die Geschwindigkeit des Auseinanderdiffundierens der Fragmente, wenn die Zeit, in der die Kettenspaltungen erfolgen, kurz ist im Vergleich zur Diffusionszeit der Fragmente. Sofern man es mit flexiblen, in Lösung in Knäuelkonformation vorliegenden Polymeren zu tun hat, beobachtet man daher die Geschwindigkeit der Entknäuelung zweier oder mehrerer miteinander verknäuelter Makromolekeln, je nachdem, ob die Hauptkette der Ausgangsmakromolekel ein- oder mehrfach gespalten wird.

(b) Ist andererseits die Zeit, in der die Kettenspaltungen erfolgen, wesentlich länger als die Diffusionszeit, so läßt sich aus dem zeitlichen Verlauf der LSI-Änderung die Lebensdauer des zur Kettenspaltung führenden Zwischenzustandes bestimmen.

Im folgenden soll über Untersuchungen berichtet werden, bei denen die Entknäuelungsgeschwindigkeit untersucht wurde. Als Polymere wurden Polyphenylvinylketon (PPVK) in benzolischer Lösung und Polyisobuten (PIB), gelöst in gesättigten Kohlenwasserstoffen, eingesetzt.

Die Kettenspaltungen wurden im Falle des PPVK durch Bestrahlung mit Lichtblitzen

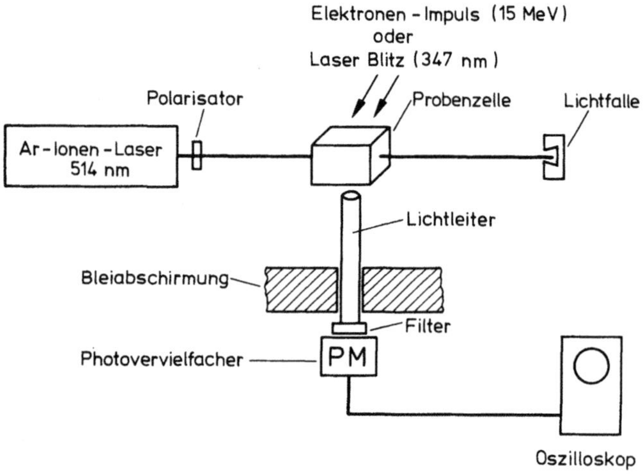

Abb. 1. Schematische Darstellung der Versuchsanordnung

eines Korad-Rubinlasers (Halbwertsbreite der Blitze: 25 ns, $\lambda = 347{,}1$ nm nach Frequenzverdopplung) und im Falle des PIB durch Bestrahlung mit 15 MeV-Elektronen eines L-Band-Linearbeschleunigers (Halbwertsbreite der Impulse: 2 μs) hervorgerufen. Abb. 1 zeigt eine schematische Darstellung der Anordnung zur LSI-Messung. Als Analysenlichtquelle wurde ein Ar-Ionenlaser verwendet. Die 514,5 nm-Linie passierte die Probenzelle im rechten Winkel zur Richtung des Photolyselichtstrahls bzw. des Elektronenstrahls. Das im Winkel von 90° gestreute Licht wurde zu einem Photovervielfacher geleitet. Das Signal wurde auf einem Speicheroszilloskop dargestellt. Weitere Einzelheiten sind bereits beschrieben worden (1). Typische Oszilloskopbilder zeigt Abb. 2.

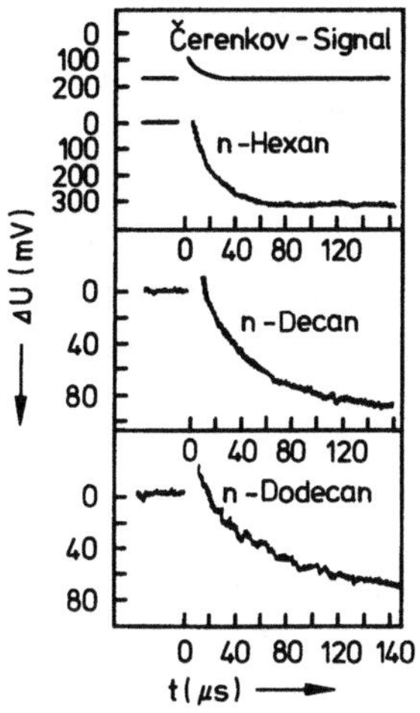

Abb. 2. Oszilloskopbilder, die die Änderung der Intensität des Streulichtes nach der Bestrahlung von Polyisobutenlösungen mit 2 μs-Pulsen von 15 MeV-Elektronen wiedergegeben. [PIB] = 0,027 Grundmol /l, $\bar{M}_w = 2{,}1 \times 10^6$

Bei der Auswertung der Ergebnisse wurde folgendermaßen vorgegangen: Ausgehend von der Debye-Gleichung wurde eine Beziehung für die Abhängigkeit der Änderung der Signalspannung U von dem Abbaugrad α abgeleitet:

$$\frac{U_0 - U_\infty}{U_\infty - U_L} = \frac{n_{w,0}\alpha}{4BcP_\vartheta m n_{w,0} + 2}. \qquad [1]$$

Dabei wurde angenommen, daß das Polymere eine statistische Molekulargewichtsverteilung besitzt. Die Indices 0 und ∞ bezeichnen den Zustand des Systems vor dem Lichtblitz (oder Elektronenimpuls) bzw. nach einer sich anschließenden langen Zeit.

$n_{w,0}$: Gewichtsmittel des Polymerisationsgrades
B: 2. Virialkoeffizient,
P_ϑ: Teilchenstreufunktion,
m: Molekulargewicht der Grundeinheit.

Da

$$\alpha_\infty = \frac{G(S)\, mD}{10^2 N_L}, \qquad [2]$$

ergibt sich aus [1]

$$\frac{U_0 - U_\infty}{U_\infty - U_L} \propto G(S)D \qquad [3]$$

$G(S)$: Kettenspaltungen pro 100 eV absorbierter Energie,
D: absorbierte Dosis in eV/g,
N_L: Loschmidtsche Zahl.

Unter der Voraussetzung, daß sich die Kinetik des Kettenspaltungsprozesses durch ein Zeitgesetz 1. Ordnung beschreiben läßt, erhält man

$$ln\frac{\alpha_\infty - \alpha_t}{\alpha_\infty} = ln\frac{(U_\infty - U_L)^{-1} - (U_t - U_L)^{-1}}{(U_\infty - U_L)^{-1} - (U_0 - U_L)^{-1}} = -kt. \qquad [4]$$

Versuche mit Polyphenylvinylketon in Benzol

Benzolische Lösungen des PPVK wurden mit 347,1 nm-Laserblitzen bestrahlt. Die Hauptkettenspaltung erfolgt in diesem Fall über im Triplettzustand angeregte Grundeinheiten (2–4). Die Lebensdauer der Triplettzuständ ein Benzol wurde zu ca. 100 ns bestimmt (5). Die Änderung der Intensität des Streulichtes erfolgt viel langsamer. Die Lebensdauer τ(LSI) beträgt ca. 30 μs. Abb. 3 zeigt ein typisches Ergebnis: Die in Abb. 3a wiedergegebene zeitliche Änderung der Streulichtintensität ist in Abb. 3b gemäß Gl. [4]

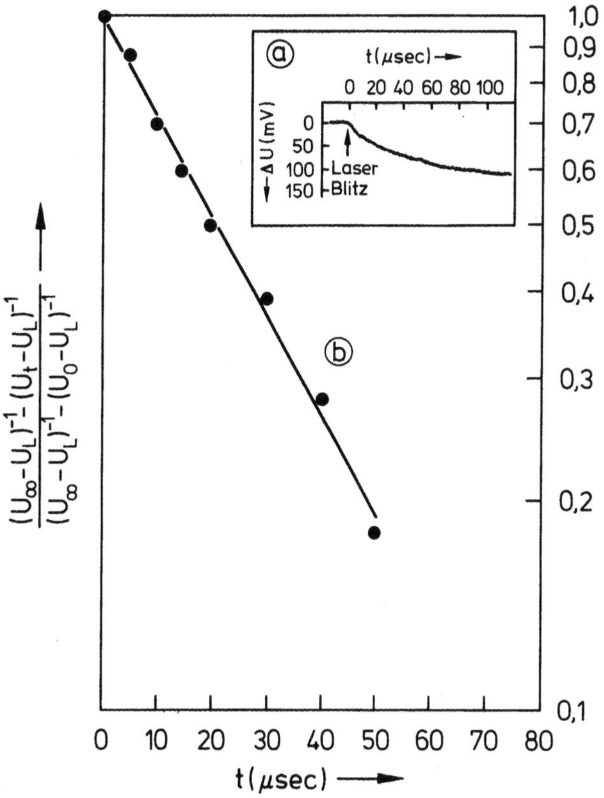

Abb. 3. Die Änderung der Intensität des Streulichtes nach der Bestrahlung einer benzolischen Lösung von PPVK ($3{,}8 \times 10^{-6}$ Grundmol/l, $\bar{M}_{w,0} = 4{,}6 \times 10^5$). (a) Oszilloskopbild, (b) Auftragung nach Gleichung [4]

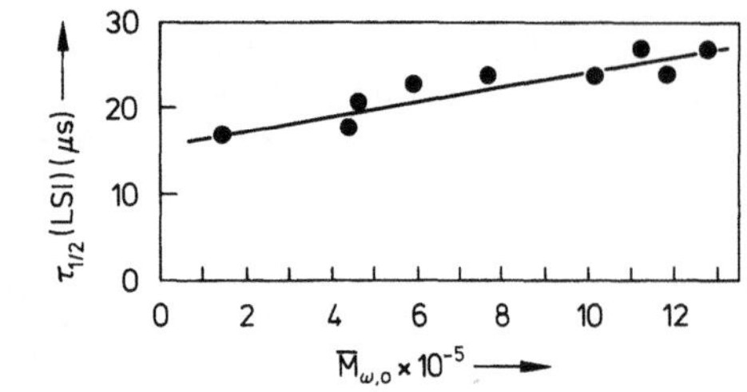

Abb. 4. Die Halbwertszeit $\tau_{1/2}$ der Änderung der LSI als Funktion des anfänglichen mittleren Molekulargewichts. [PPVK] = 3,8 × 10^{-6} Grundmol/l, absorbierte Dosis pro Blitz: 1,6 × 10^{14} Photonen

dargestellt. Eine derartige lineare Abhängigkeit wurde in allen Fällen gefunden. In Abb. 4 ist die Halbwertszeit $\tau_{1/2}$ als Funktion des anfänglichen mittleren Molekulargewichts dargestellt. $\tau_{1/2}$ nimmt mit steigendem mittleren Molekulargewicht zu, jedoch ist die Zunahme relativ geringfügig ($\tau_{1/2} \propto \bar{M}^{0.2}$). Bestimmungen der Quantenausbeute der Hauptkettenspaltungen führten zu dem Ergebnis, daß im Mittel die Zahl an Kettenspaltungen pro Makromolekel und pro Blitz kleiner als 1 war.

Versuche mit Polyisobuten in Kohlenwasserstoffen

Die zeitliche Änderung der Streulichtintensität folgt dem nach Gl. [4] zu erwartenden Verlauf, wie man der Abb. 5 entnimmt, in der typische Beispiele der erhaltenen Ergebnisse wiedergegeben sind. Die beobachteten Halbwertszeiten waren in allen Fällen größer als

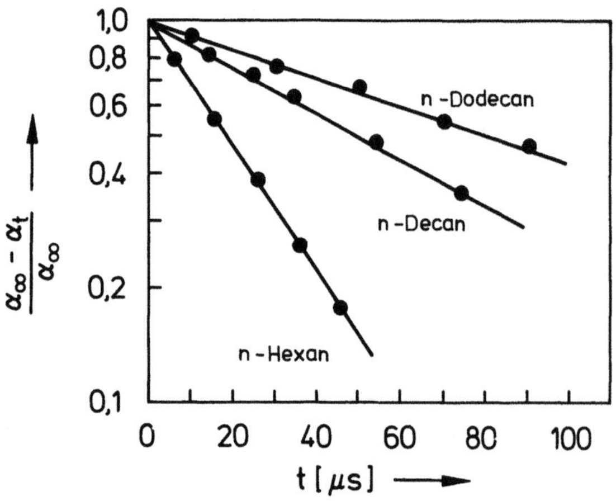

Abb. 5. Die Änderung der Intensität des Streulichtes als Funktion der Zeit. Auftragung nach Gl. [4]. Polyisobuten (0,027 Grundmol/l) in verschiedenen Lösungsmitteln. $\bar{M}_w$ = 2,1 × 10^6

10 µs. Tab. 1 zeigt Ergebnisse von Versuchen, bei denen *n*-Hexan-Lösungen von PIB unterschiedliche Mengen Cyclohexen zugesetzt wurden. Cyclohexen und andere ungesättigte Verbindungen vermindern bekanntlich das Ausmaß des Hauptkettenabbaus beachtlich (6). Der 2. Spalte der Tab. 1 entnimmt man, daß auch bei unseren Versuchen das Verhältnis $(U_0 - U_\infty)/(U_\infty - U_L)$, das ein Maß für den Abbaugrad ist, mit zunehmendem Cyclohexengehalt der Lösung stark abnimmt. Wie die Spalte 3 erkennen läßt, bleibt $\tau_{1/2}$ (LSI) jedoch im Bereich der Fehlergrenze der Messungen konstant. Daraus folgt, daß $\tau_{1/2}$ (LSI) viel größer ist als die zur Kettenspaltung erforderliche Zeit.

Tab. 1. Der Einfluß von Cyclohexen auf den Abbau von Polyisobuten in *n*-Hexan. $\bar{M}_w$ = 2.1 × 10^6, [PIB] = 0.018 Grundmol/l, absorbierte Dosis: ca. 25 krad

Vol. % Cyclohexen	$\frac{U_0 - U_\infty}{U_\infty - U_L}$	$\tau_{1/2}$(LSI) (µs)
0	0.55	23
1	0.26	24
2	0.25	25
5	0.16	26
10	0.14	26

Aus Bestimmungen der strahlenchemischen Ausbeute an Hauptkettenspaltungen ergab sich, daß die mittlere Anzahl von Kettenspaltungen pro Makromolekel und pro Impuls etwa 1 oder kleiner als 1 war und somit die Makromolekeln während eines Impulses in nicht mehr als 2 Fragmente zerfielen. Für die PIB-Versuche wurden zwei Polymer-Proben verwendet (1. $\bar{M}_w$ = 2.6 × 10^5 = 1.2 $\bar{M}_n$, 2. $\bar{M}_w$ = 2.1 × 10^6 = 1.6 $\bar{M}_n$). Aus den bei gleicher Konzentration in *n*-Hexan bestimmten τ(LSI)-Werten ergab sich τ(LSI) $\propto M^{0.34}$.

Eingehende Untersuchungen bei verschiedenen PIB-Konzentrationen, über die an anderer Stelle gesondert berichtet (7) wird, ergaben eine Abnahme von τ(LSI) mit steigender Polymer-Konzentration, d.h. mit zunehmender Makroviskosität. Andererseits nimmt τ(LSI) mit steigender Mikroviskosität zu. Wie Abb. 6 zeigt, besteht zwischen $\tau_{1/2}$ (LSI) und der Mikroviskosität ein linearer Zusammenhang. Bei diesen Versuchen wurden PIB-Lösungen gleicher Konzentration in verschiedenen Kohlenwasserstoffen der

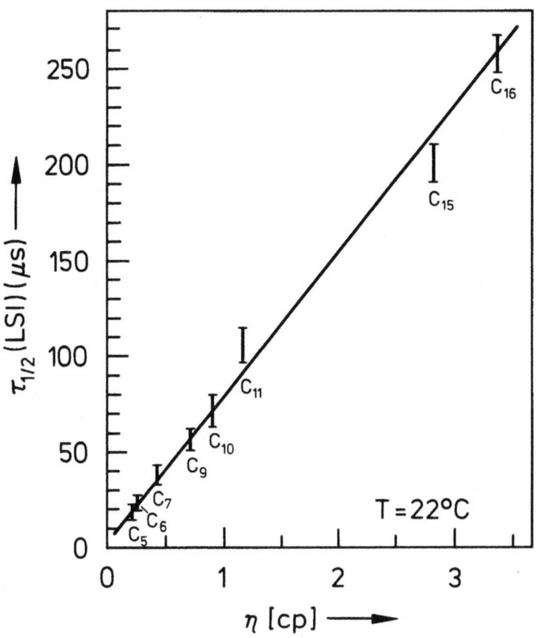

Abb. 6. Die Halbwertszeit der Änderung der LSI als Funktion der Mikroviskosität. Lösungsmittel: normale Kohlenwasserstoffe (die Anzahl der C-Atome ist bei den Meßwerten angegeben). [PIB] = 0,027 Grundmol/l, $\overline{M}_{w,0} = 2{,}1 \times 10^6$. Absorbierte Dosis: 4×10^4 rad

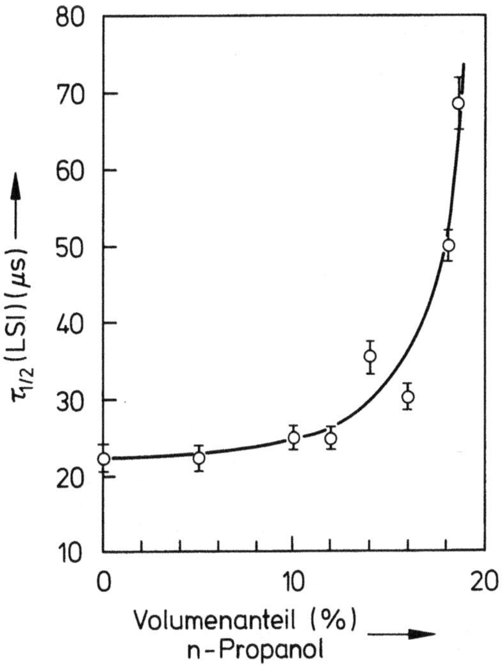

Abb. 7. Die Halbwertszeit der Änderung der LSI als Funktion des Anteils an *n*-Propanol im Lösungsmittelgemisch *n*-Hexan/*n*-Propanol [PIB]: 0,027 Grundmol/l, $\overline{M}_w = 2{,}1 \times 10^6$, absorbierte Dosis: 4×10^4 rad

n-Paraffinreihe zur $\tau_{1/2}$(LSI)-Bestimmung eingesetzt.

Eine weitere Versuchsreihe ergab, daß die Knäueldichte $\tau_{1/2}$(LSI) entscheidend beinflußt. Abb. 7 zeigt Ergebnisse von Versuchen, bei denen als Lösungsmittel Gemische von *n*-Hexan und *n*-Propanol verwendet wurden. Mit zunehmendem *n*-Propanolgehalt nimmt die Knäueldichte zu. In ähnlichem Maße erfolgt auch eine Zunahme von $\tau_{1/2}$ (LSI).

Diskussion

Die Ergebnisse zeigen, daß in beiden untersuchten Systemen die Kettenspaltung wesentlich schneller erfolgt als die beobachtete zeitliche Änderung der Streulichtintensität. Daraus folgt, daß τ(LSI) einem Diffusionsvorgang zuzuschreiben ist. Denn nachdem in der Hauptkette eine Bindung gespalten worden ist, müssen die Fragmente eine bestimmte Wegstrecke durchlaufen, bevor sie das Licht als individuelle Teilchen streuen. Es erhebt sich nun die Frage, ob dieser Diffusionsvorgang eine einfache translatorische Bewegung ist oder ob die Separierung zweier Knäuel eine besondere Art der Bewegung darstellt, die möglicherweise mehr oder weniger stark von der Segmentbeweglichkeit abhängt. Wir haben versucht, eine Antwort auf diese Frage aus einer Abschätzung über die Abhängigkeit der Relaxationszeit τ vom Ausgangsmolekulargewicht des Polymeren zu erhalten. In Abb. 8

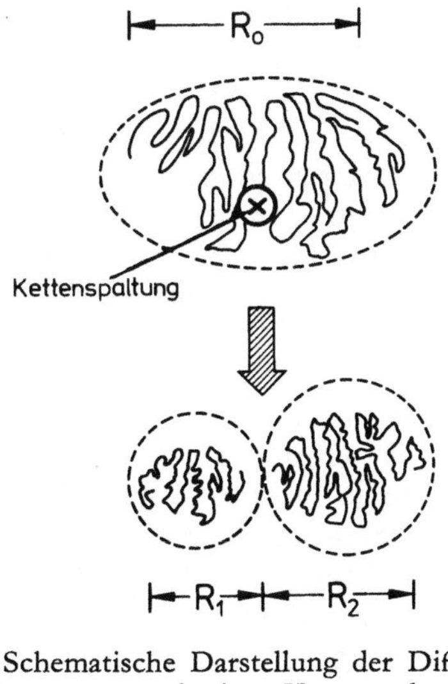

Abb. 8. Schematische Darstellung der Diffusion der Molekelfragmente nach einer Kettenspaltung

ist schematisch dargestellt, wie zwei Molekelfragmente nach der Spaltung einer Bindung in der Hauptkette auseinanderdiffundieren. Nimmt man nun an, daß dieser Prozeß eine rein translatorische Bewegung ist, so sollte für die entsprechende translatorische Relaxationszeit gelten:

$$\tau_t \propto \frac{\left(\frac{R_1 + R_2}{2}\right)^2}{D_t}. \quad [5]$$

wobei D_t den translatorischen Diffusionskoeffizienten und R_1 und R_2 die mittleren End-zu-End-Abstände der beiden Fragmente darstellen. $(R_1 + R_2)/2$ ist der Minimalabstand der Schwerpunkte der beiden Knäuel, bis zu dem die Fragmente gewandert sein müssen, um das Licht individuell zu streuen.

Im Mittel ist $R_1 \neq R_2$, da der Kettenabbau statistisch erfolgt. Setzt man jedoch der Einfachheit halber $R_1 + R_2 = 2R$, wobei R der End-zu-End-Abstand ist, wenn beide Fragmente gleich groß sind, so ergibt sich:

$$\tau_t \propto \frac{R^2}{D_t}.$$

Geht man weiterhin davon aus, daß $R \propto M^b$ und $D_t \propto M^{-c}$, so erhält man

$$\tau_t \propto M^{2b+c}.$$

Für Makromolekeln mit Knäuelkonformation ist b gleich 0,5 bis 0,7 und c ca. 0,5. Es ergibt sich $\tau_t \propto M^{1.5}$. Erwartet wird für die translatorische Diffusion demnach eine wesentlich stärkere Abhängigkeit der Relaxationszeit vom Molekulargewicht als die gefundene: $\tau(\mathrm{LSI}) \propto M^{0.2}$ im Falles des PPVK und $\tau \propto M^{0.3}$ im Falle des PIB. Es ergibt sich somit folgendes: Die gefundene Abhängigkeit von $\tau(\mathrm{LSI})$ von der Polymerkonzentration und von der Viskosität des Lösungsmittels (Mikroviskosität) beweist, daß $\tau(\mathrm{LSI})$ einem Diffusionsprozeß entspricht; ferner ist aufgrund der Molekulargewichtsabhängigkeit anzunehmen, daß die gemessene Relaxationszeit nicht einem translatorischen Bewegungsvorgang, sondern der „Entknäuelungsdiffusion" zuzuordnen ist. Bestärkt wird diese Annahme durch die oben dargestellte Tatsache, daß $\tau(\mathrm{LSI})$ in signifikanter Weise zunimmt, wenn die Fragmente sich stärker ineinander verknäueln bzw. wenn die Knäueldichte zunimmt.

Zusammenfassung

Polyisobuten (PIB) und Polyphenylvinylketon (PPVK) wurden mit 2 μs-Impulsen von 15 MeV-Elektronen oder 25 ns-Lichtblitzen ($\lambda = 347$ nm) in verdünnter Lösung in der Hauptkette abgebaut. Die dem kurzzeitigen Abbau folgende Separierung der Molekelfragmente wurde anhand der Änderung der Streulichtintensität (LSI) untersucht. Relaxationszeiten $\tau(\mathrm{LSI}) > 10$ μs wurden gemessen. Die Zeit $\tau(S)$, in der eine Kettenspaltung erfolgt, beträgt im Falle des PPVK etwa 0,1 μs. Auch für PIB ist $\tau(S) \ll \tau(\mathrm{LSI})$, da in Gegenwart von Cyclohexen zwar der Abbau stark inhibiert wird, $\tau(\mathrm{LSI})$ jedoch unbeeinflußt bleibt. $\tau(\mathrm{LSI})$ wird daher durch die Diffusion der Fragmente bestimmt. Parameterstudien bestätigen dies: $\tau(\mathrm{LSI})$ steigt linear mit der Mikroviskosität an. Im Falle des PIB nimmt $\tau(\mathrm{LSI})$ mit steigender Polymerkonzentration ab. $\tau(\mathrm{LSI})$ hängt nur geringfügig vom mittleren Molekulargewicht M ab ($\tau(\mathrm{LSI}) \propto M^{0,2}$ im Falle des PPVK und $\tau(\mathrm{LSI}) \propto M^{0,3}$ im Falle des PIB). Daher wird geschlossen, daß $\tau(\mathrm{LSI})$ nicht der translatorischen, sondern der Entknäuelungsdiffusion zuzuordnen ist. Dies wird bestätigt durch die signifikante Abhängigkeit von $\tau(\mathrm{LSI})$ von der Knäueldichte. $\tau(\mathrm{LSI})$ steigt nämlich an, wenn man die Knäueldichte von PIB-Molekeln durch Zusatz von *n*-Propanol zu *n*-Hexanlösungen erhöht.

Summary

Polyisobutene (PIB) and polyphenylvinylketone (PPVK) were degraded in the main chain in dilute solutions by irradiation with 15 MeV electrons or 25 ns light flashes ($\lambda = 347$ nm). The separation of the fragments of the macromolecule following the rapid degradation was monitored by measuring the change of the light scattering intensity (LSI). Relaxation times $\tau(\mathrm{LSI}) > 10$ μs were found. The time for establishing a chain scission is ca. 0.1 μs in the case of PPVK. Also for PIB $\tau(S) \ll \tau(\mathrm{LS}))$ since in the presence of cyclohexene the degradation is strongly inhibited whereas $\tau(\mathrm{LSI})$ remains constant. Therefore, $\tau(\mathrm{LSI})$ corresponds to the diffusion of the fragments. Further evidence for this was obtained by other studies: $\tau(\mathrm{LSI})$ increases linearly with microviscosity. In the case of PIB $\tau(\mathrm{LSI})$ decreases with increasing polymer concentration. $\tau(\mathrm{LSI})$ depends only weakly on the average molecular weight M. ($\tau(\mathrm{LSI}) \propto M^{0.2}$ for PPVK and $\tau(\mathrm{LSI}) \propto M^{0.3}$ for PIB). Thus it is concluded that $\tau(\mathrm{LSI})$ does not correspond to translatory diffusion but to disentanglement diffusion. This is furthermore evidenced by the significant dependency of $\tau(\mathrm{LSI})$ on coil density. $\tau(\mathrm{LSI})$ increases by increasing the coil density when *n*-propanol is added to *n*-hexane solutions containing PIB.

Literatur

1) *Beck, G., J. Kiwi, D. Lindenau* und *W. Schnabel,* Eur. Polym. J. **10**, 1069 (1974).

2) *Golemba, F. J.* und *J. E. Guillet,* Macromolecules **5**, 212 (1972).

3) *Lukáč, L., P. Hrdlovič, Z. Manasek* und *D. Belluš*, J. Polymer Sci. Part A-1 **9**, 69 (1971).
4) *David, C., W. Demarteau* und *G. Geuskens*, Eur. Polym. J. **6**, 1405 (1970).
5) *Beck, G., G. Dobrowolski, J. Kiwi* und *W. Schnabel*, Macromolecules **8**, 9 (1975).
6) *Henglein, A.* und *C. Schneider*, Z. Phys. Chem. NF **19**, 367 (1959).
7) *Beck, G., D. Lindenau* und *W. Schnabel*, Eur. Polym. J., zur Veröffentlichung eingereicht.
8) *Kunst, E. D.*, Rec. Trav. Chim. **69**, 125 (1950).

Adresse der Autoren:

G. Beck, J. Kiwi, D. Lindenau und *W. Schnabel*
Hahn-Meitner-Institut für Kernforschung
Berlin GmbH, Bereich Strahlenchemie
1000 Berlin 39 (Germany)

Colloid & Polymer Sci. **254**, 168–169 (1976)

Vorgetragen auf der Frühjahrstagung des Fachausschusses Physik der Hochpolymeren in der Deutschen Physikalischen Gesellschaft in Münster 17.–22. März 1975

Institut für Makromolekulare Chemie der Universität Freiburg

Untersuchungen der ^{13}C Spin Gitter Relaxation zur Kettenbeweglichkeit von Polybutadienen unterschiedlichen Sequenzaufbaus*)

W. Gronski und *N. Murayama*

Mit 1 Abbildung

(Eingegangen am 11. Mai 1975)

Aus partiell relaxierten Puls Fourier Transform ^{13}C-Kernresonanzspektren von cis-1,4-Polybutadien sowie äquimolaren cis-trans-1,4- und cis-1,4-1,2-Polybutadienen regellosen Sequenzaufbaus wurden die Spin Gitter Relaxationszeiten einzelner C-Kerne unterschiedlicher chemischer Verschiebung bestimmt. Bei cis-1,4-PB wurden zusätzlich aus Linienbreiten T_2-Werte ermittelt und Kernoverhauserfaktoren gemessen.

Messungen bei 54 °C an cis-1,4-PB ergaben ein relativ hohes T_1/T_2 Verhältnis von ca. 11, das sich beim Übergang vom festen Zustand zur 20%igen $CDCl_3$ Lösung nicht ändert. Desgleichen ist nur eine geringfügige Erhöhung des Kernoverhauserfaktors festzustellen, der einen gegenüber dem Maximalwert reduzierten Wert von ca. 2,4 hat. Parallel dazu wurde ein nahezu konzentrationsunabhängiges und im Bereich zwischen 30 °C und 94 °C temperaturunabhängiges $T_1(CH)T_1(CH_2)$ Verhältnis von 1,4 für die T_1-Werte der Methin- und Methylen-C gefunden. Die darin zum Ausdruck kommende Anisotropie der Bewegung der cis-1,4-Grundeinheiten wird als Wirkung kooperativer $s^+ts^- \rightleftharpoons s^-ts^+$ Konformationsübergänge des zwischen zwei Doppelbindungen gelegenen Bindungstripletts gedeutet. Das hohe T_1/T_2 Verhältnis und der reduzierte Kernoverhauserfaktor sind auf Überlagerung langsamer T_2-Prozesse und schneller T_1-wirksamer Rotationsübergänge vor allem um Kettenbindungen zwischen Methin-C und Methylen-C in der Nachbarschaft relaxierender Kerne zurückzuführen. Die Daten können durch eine breite Korrelationszeitverteilung beschrieben werden.

Die T_1-Werte der Methin- und Methylen-C in cis-1,4- und cis-trans-1,4-PB zeigen für eine bestimmte Struktureinheit zwischen 30 °C und 94 °C das gleiche Temperaturverhalten. Jedoch wird für cis- und trans-Einheiten in cis-trans-PB eine unterschiedliche Temperaturabhängigkeit gefunden. Für die Bewegung der trans-Einheiten ergibt sich eine Aktivierungsenergie von 5 kcal/Mol, für die cis-Einheiten erhält man 6 kcal/Mol. Für reines cis-1,4-PB ergeben sich ebenfalls 5 kcal/Mol. Die Ergebnisse zeigen also, daß unter Hochauflösungsbedingungen mit Hilfe der ^{13}C-Kernresonanzspektroskopie verschiedene, vom Sequenzaufbau des Polybutadiens abhängige Bewegungsprozesse unterschieden werden können. Die Konzentrationsabhängigkeit der T_1-Werte in cis-trans-PB bei 54 °C (s. Abb. 1) bestätigt dies weiter. Während sich die T_1-Werte entsprechender C-Kerne in cis- und trans-Einheiten bis zur Verdünnung von ca. 50 Gew. % nicht nennenswert unterscheiden, ist bei weiterer Verdünnung ein relativ schwächeres Ansteigen der Methylen-Kurve der trans-Einheiten festzustellen. Das $T_1(CH)/T_1(CH_2)$ Verhältnis der trans-Einheiten nähert sich dabei dem Wert 2,0, der sich bei isotroper Bewegung dieser Einheit ergeben würde. Demgegenüber bleibt das Verhältnis der T_1-Werte der cis-Einheiten konstant und hat den gleichen Wert wie bei reinen cis-1,4-PB. Als Ursache des unterschiedlichen Relaxationsverhaltens der cis- und trans-Einheiten wird die erhöhte rotatorische Beweglichkeit der CH_2-Gruppen der cis-Einheit infolge der geringeren Rotationsbarriere für $s^+ \rightleftharpoons s^-$ Konformationsübergänge der auf die Doppelbindung folgenden C—C-Bindung angesehen. Dies führt bei Vermin-

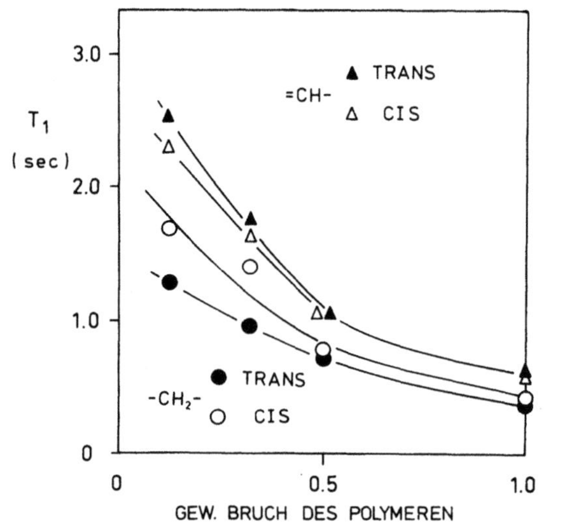

Abb. 1. Konzentrationsabhängigkeit der ^{13}C Spin Gitter Relaxationszeiten von äquimolarem, statistischem cis-trans-1,4-Polybutadien in $CDCl_3$ bei 54 °C

*) Eine erweiterte Fassung des Vortrags erscheint in Makromol. Chemie (1976).

derung der Restriktionen der Kettenbewegung zu scheinbar isotroper Bewegung der trans-Einheiten.

Die Bedeutung strukturabhängiger interner Rotationen in Polybutadien konnte durch Messungen der Spin Gitter Relaxationszeiten einzelner, verschiedenen Sequenzen zuzuordnender Signale des ^{13}C-Spektrums von cis-1,4-1,2-PB erhärtet werden. Sowohl für die im Aliphaten- als auch im Olefinbereich beobachteten Sequenzen gilt, daß der Austausch einer cis-Einheit durch eine 1,2-Einheit in der Nachbarschaft des beobachteten C-Kerns zur Verkürzung der Relaxationszeiten bis zu 0,5 sec führt. Die Größe dieses Effekts nimmt mit der Zahl der Bindungslängen zwischen Relaxationszentrum und dem C-Atom ab, das seinen Bindungscharakter beim Austausch ändert. Dabei reicht der nachweisbare Einfluß längs der Hauptkette über drei Bindungslängen. Die T_1-Unterschiede können durch strukturabhängige Barrieren für behinderte Rotationen um C—C-Bindungen der Hauptkette in der Nachbarschaft des Relaxationszentrums erklärt werden.

Zusammenfassung

Das Verhältnis der ^{13}C Spin Gitter Relaxationszeiten der Methin- und Methylen-Kohlenstoffatome in cis-1,4-Polybutadien weicht vom isotropen Wert ab und ändert sich nicht mit der Verdünnung. Die Konzentrationsabhängigkeit dieses Verhältnisses und das Temperaturverhalten von T_1 sind in cis-trans-Einheiten verschieden. In cis-1,4—1,2-Polybutadien hängen die T_1-Werte gegebener C-Atome in Sequenzen unterschiedlicher Struktur von der Anordnung der strukturellen Einheiten ab. Die Ergebnisse werden durch strukturabhängige interne Rotationen um C—C-Bindungen der Hauptkette in der Umgebung des Relaxationszentrums gedeutet.

Summary

The ratio of ^{13}C spin lattice relaxation times of methine and methylene carbons in cis-1 4-polybutadiene deviates from the isotropic value and does not change with dilution. The concentration dependence of this ratio as well as the temperature behaviour of T_1 are different for cis and trans units in cis-trans-1,4-polybutadiene. The T_1 values of given carbon nuclei in sequences of different structure in cis-1,4-1,2-polybutadiene depend on the arrangement of structural units in these sequences. The results are interpreted in terms of structure dependent internal rotations about C—C-bonds of the main chain in the neighbourhood of the relaxation center.

Adresse der Autoren:

Wolfram Gronski und *Nobumichi Murayama*
Institut für Makromolekulare Chemie
der Universität Freiburg
7800 Freiburg i. Brsg.

Colloid & Polymer Sci. **254**, 170–189 (1976)

Vorgetragen auf der Frühjahrstagung des Fachausschusses Physik der Hochpolymeren in der Deutschen Physikalischen Gesellschaft in Münster 17.–22. März 1975

Institut für Physikalische Chemie der Universität Mainz

Die molekularen Grundlagen der anisotropen thermischen Ausdehnung von Paraffinen und Polyäthylen. Eine ramanspektroskopische Untersuchung am Beispiel des N-Tritriacontans.

G. R. Strobl

Mit 6 Abbildungen und 2 Tabellen

(Eingegangen am 1. August 1975)

1. Einleitung

Die an Paraffinen und Polyäthylen zu beobachtende thermische Ausdehnung erfolgt auf charakteristisch anisotrope Art und Weise. So wird zum einen festgestellt, und dies ist aufgrund der Bindungsverhältnisse im Kristall nicht weiter überraschend, daß die thermische Ausdehnung in Kettenrichtung wesentlich geringer als in der dazu senkrechten, lateralen Ebene ist. Des weiteren zeigt sie jedoch auch innerhalb der lateralen Ebene eine sehr deutliche Richtungsabhängigkeit. Bestimmt man röntgenographisch gesondert die Ausdehnungskoeffizienten längs der *a*- und der *b*-Achse der orthorhombischen Zelle, so findet man, daß sie sich um etwa eine Größenordnung unterscheiden und die Ausdehnung in erster Linie längs der *a*-Achse erfolgt. Diese Besonderheit im Festkörperverhalten paraffinartiger Moleküle ist schon seit den ersten Arbeiten von *Müller* in den dreißiger Jahren (1, 2) bekannt. Sie wird allgemein angesehen als Ausdruck eines Trends in der lateralen Kettenpackung, sich mit steigender Temperatur einer hexagonalen Zylinderpackung anzunähern.

Bezüglich der molekularen Grundlagen der thermischen Ausdehnung sind in jüngerer Zeit eine Reihe von Arbeiten weitgehend theoretischer Natur verfaßt worden, in denen die Frage der Richtungsabhängigkeit jedoch entweder überhaupt nicht oder aber im Ergebnis nur unbefriedigend behandelt wird. Alle gründen auf geeigneten Verallgemeinerungen der Grüneisen-Theorie (3), welche die thermische Ausdehnung eines Kristalls mit seinen elastischen Konstanten und anharmonischen Eigenschaften seiner Gitterschwingungen verknüpft. Letztere finden ihren Ausdruck im Wert der „Grüneisenkonstanten", welche die Abhängigkeit der Schwingungsfrequenzen von den Gitterkonstanten beschreiben. In den bisherigen Arbeiten wird bei der Anwendung dieser Theorie und zur Ermittlung der benötigten Grüneisenkonstanten von Potentialansätzen ausgegangen, welche an bekannte elastische Eigenschaften und Schwingungsfrequenzen der Kristalle angepaßt wurden. *Pastine* (4) und *Broadhurst* und *Mopsik* (5) errechneten so den Volumausdehnungskoeffizienten und gelangten annähernd zum richtigen Wert. *Odajima et al.* (6) und *Hayakawa* und *Wada* (7) leiteten die Einzelkoeffizienten α_a und α_b ab. Das Ergebnis gibt die Anisotropie im Ausdehnungsverhalten zwar qualitativ richtig wieder, ist jedoch von den genauen Meßwerten, insbesonders was die Verhältnisse bei Raumtemperatur angeht, noch recht weit entfernt.

In dieser Arbeit soll nun über Untersuchungen berichtet werden, welche am Beispiel des *n*-Tritriacontans ($C_{33}H_{68}$) vorgenommen wurden, und zwar im Temperaturbereich zwischen 10 °C und 50 °C. $C_{33}H_{68}$ liegt hier in der orthorhombischen Modifikation vor (bei höheren Temperaturen werden Modifikationsumwandlungen beobachtet, vgl. (8), (9), (10)). Einer röntgenographischen, temperaturabhängig durchgeführten Bestimmung der Gitterkonstanten *a*, *b* und *c* konnten bezüglich der Ausdehnungskoeffizienten α_a, α_b und α_c die folgenden Werte entnommen werden (11):

$$\alpha_a = \frac{1}{a_0} \frac{da}{dT} = 3{,}9 \cdot 10^{-4}\,^{\circ}\mathrm{C}^{-1};$$

$$\alpha_b = \frac{1}{b_0} \frac{db}{dT} = 0{,}2 \cdot 10^{-4}\,^{\circ}\mathrm{C}^{-1};$$

$$\alpha_c = \frac{1}{c_0} \frac{dc}{dT} = 0{,}2 \cdot 10^{-4}\,^{\circ}\mathrm{C}^{-1}.$$

Es wurde nun der Versuch unternommen, diese Werte auf einer molekularen Basis verstehen zu lernen. Dabei wurde erneut von einer verallgemeinerten Form der Grüneisen-Theorie ausgegangen, die bisher übliche indirekte Ermittlung von Grüneisenkonstanten aus angepaßten Potentialansätzen jedoch zumindest teilweise durch eine direkte Messung ersetzt. Dies gelingt mit Hilfe der Ramanspektroskopie über eine Bestimmung der Temperaturabhängigkeit der Frequenzen einiger ausgezeichneter Gitterschwingungen. Unter Hinzuziehung der gemessenen Ausdehnungskoeffizienten lassen sich daraus die den verschiedenen Zweigen des Gitterschwingungsspektrums zuzuordnenden Grüneisenkonstanten ableiten. Ihre Kenntnis macht es dann möglich, mit Hilfe der Grüneisen-Theorie unter Einbeziehung der elastischen Konstanten für alle drei Richtungen im Gitter gesondert die thermischen Ausdehnungskoeffizienten zu berechnen. Stimmen die dabei erhaltenen Werte mit den experimentell bestimmten überein, so ist die zu Grunde gelegte Theorie verifiziert und die molekulare Ursache der thermischen Ausdehnung aufgeklärt.

Im folgenden werden als erstes (Abschn. 2) noch einmal die Grundlagen der verallgemeinerten Grüneisen-Theorie, der sogenannten „quasiharmonischen Theorie der thermischen Ausdehnung", genannt und die für orthorhombische Kristalle gültigen Beziehungen formuliert. Für ihre Anwendung müssen einmal die elastischen Konstanten und zum anderen der durch die Grüneisenkonstanten bestimmte thermische Druck bekannt sein. In den Abschnitten 3 und 4 werden deshalb die Eigenschaften dieser Einflußgrößen, welche beide richtungsabhängig sind, im einzelnen untersucht. Dabei wird insbesondere aufgezeigt, daß der thermische Druck auf die Grüneisenkonstanten einiger ausgezeichneter Schwingungen zurückgeführt werden kann. Diese werden dann mit Hilfe temperaturabhängiger Ramanstreuexperimente ermittelt. Der abschließende Abschnitt 5 enthält dann die Diskussion der Ergebnisse.

2. Quasiharmonische Theorie der thermischen Ausdehnung

Die molare freie Energie eines orthorhombischen *n*-Alkankristalls mit den Gitterkonstanten a, b und c kann allgemein in zwei Bestandteile zerlegt werden:

$$F(a, b, c, T) = U_0(a, b, c) + F_s(a, b, c, T). \qquad [1]$$

Dabei ist U_0 die Energie, die der Kristall hat, wenn sich alle Ketten in ihren Gleichgewichtslagen in Ruhe befinden. F_s entspricht dem von der thermischen Bewegung aufgenommenen Betrag an freier Energie.

Gl. [1] beschreibt die Abhängigkeit der freien Energie von der Temperatur T und den Gitterkonstanten a, b, und c, welche hier zunächst als unabhängige Variable aufgefaßt werden. Alle anderen Strukturparameter, wie beispielsweise der Einstellwinkel der Zickzack-Ebene, werden als abhängige Größen behandelt, welche ihre Gleichgewichtswerte annehmen.

Wenn keine äußeren Kräfte wirken, werden die Gitterkonstanten diejenigen Werte annehmen, welche auf ein Minimum der Freien Energie führen, was bei Erfüllung der drei Bedingungen

$$\frac{\partial F}{\partial a} = \frac{\partial F}{\partial b} = \frac{\partial F}{\partial c} = 0 \qquad [2]$$

der Fall ist.

Führt man anstelle von a, b, c die entsprechenden Dehnungen

$$e_a = \frac{a - a_0}{a_0}, \quad e_b = \frac{b - b_0}{b_0}, \quad e_c = \frac{c - c_0}{c_0}$$

ein, wo a_0, b_0, c_0 geeignete Bezugswerte bezeichnen, und dividiert Gl. [2] durch das Molvolumen V_0

$$V_0 = \frac{a_0 \cdot b_0 \cdot c_0 \cdot N_L}{2}$$

wo N_L die Loschmidtsche Zahl bedeutet, so gelangt man zu Beziehungen, welche jeweils ein Gleichgewicht zwischen zwei Spannungen ausdrücken, nämlich zu

$$\sigma_a^{in} + \sigma_a^{th} = 0$$
$$\sigma_b^{in} + \sigma_b^{th} = 0$$
$$\sigma_c^{in} + \sigma_c^{th} = 0\,, \qquad [3]$$

mit

$$\sigma_i^{in} = -\frac{1}{V_0}\frac{\partial U_0}{\partial e_i}$$
$$\sigma_i^{th} = -\frac{1}{V_0}\frac{\partial F_s}{\partial e_i}\,. \qquad [4]$$

Die Größen σ_i^{in} haben die Bedeutung einer „inneren Spannung"; die Größen σ_i^{th} beschreiben einen „thermischen Druck" (der Index i steht hier und im folgenden für a, b, c). Man kann deshalb sagen, daß der Gleichgewichtszustand eines orthorhombischen Kristalls dadurch ausgezeichnet ist, daß sich in allen drei Richtungen innere Spannung und thermischer Druck jeweils die Waage halten.

Es ist nicht schwer, ausgehend von dieser Gleichgewichtsbeziehung, die Ursache der thermischen Ausdehnung zu erkennen. Im allgemeinen wächst mit der Temperatur auch der thermische Druck. Das Gleichgewicht kann nur erhalten bleiben, wenn sich gleichzeitig, durch eine weitere Ausdehnung des Kristalls, die innere Spannung erhöht.

Allgemein tragen zum thermischen Druck sowohl Gitterschwingungen wie auch molekulare Umlagerungsprozesse bei. Im Rahmen der quasiharmonischen Theorie wird allein der Beitrag der Gitterschwingungen berücksichtigt, und zwar in „quasiharmonischer Näherung" (vgl. z. B. (12)). Dies geschieht so, daß zunächst die freie Energie der Gitterschwingungen in harmonischer Näherung angesetzt wird. Der bekannte Ausdruck lautet:

$$F_s = \sum_n kT\,ln\left(1 - \exp - \frac{\hbar\omega_n}{kT}\right) + \frac{\hbar\omega_n}{2}, \qquad [5]$$

wobei die Summation über alle Eigenschwingungen des Kristalls läuft. Führt man die Ableitung gemäß Gl. [4] aus, so gelangt man bezüglich des thermischen Drucks nach einer einfachen Umformung auf den Ausdruck

$$\sigma_i^{th} = -\sum_n \frac{1}{V_0}\frac{\partial\, ln\,\omega_n}{\partial e_i}\cdot u_n$$
$$= \frac{1}{V_0}\sum_n \gamma_i^n \cdot u_n\,. \qquad [6]$$

Hierbei bezeichnet u_n die von der n-ten Eigenschwingung aufgenommene Energie, welche im klassischen Grenzfall gleich kT ist. Die Konstanten

$$\gamma_i^n = -\frac{ln\omega_n}{\partial e_i} \qquad [7]$$

heißen „spezielle Grüneisenkonstanten".

Wie man sieht, tragen all jene Gitterschwingungen zum thermischen Druck und somit zur thermischen Ausdehnung bei, deren Frequenz sich mit den Gitterdimensionen ändert. Eine solche Änderung ist allein eine Folge der anharmonischen Wechselwirkungen im Kristall. Gl. [6] macht deutlich, daß der von einer anharmonischen Schwingung ausgehende thermische Druck selbst am absoluten Nullpunkt nicht verschwindet. Im klassischen Grenzfall erfolgt ein Anstieg proportional zu T.

Die inneren Spannungen σ_i^{in} können mit den elastischen Konstanten des Kristalls in Verbindung gebracht werden. Dies folgt aus der Definition der Elastizitätsmoduln C_{ij} als

$$C_{ij} = \frac{1}{V_0}\frac{\partial^2 F}{\partial e_j\,\partial e_i}\,, \qquad [8]$$

was mit den Gleichungen [1] und [4] auf die Beziehung

$$C_{ij} = -\frac{\partial\sigma_i^{in}}{\partial e_j} - \frac{\partial\sigma_i^{th}}{\partial e_j} \qquad [9]$$

führt.

Allgemein wird festgestellt, daß der erste Beitrag, $\frac{\partial\sigma_i^{in}}{\partial e_j}$, welcher allein von den Gitterkonstanten und nicht von der Temperatur abhängt, bei weitem überwiegt. Der zweite Term, $\frac{\partial\sigma_i^{th}}{\partial e_j}$, beinhaltet eine explizite Temperaturabhängigkeit der Elastizitätsmoduln, welche normalerweise nur sehr schwach ausgeprägt ist. Dies gilt, einer Analyse von *Broadhurst* und *Mopsik* zufolge (13), auch für n-Alkane und

Polyäthylen. Die analysierten Kompressibilitätsdaten zeigten keinerlei Anzeichen einer expliziten Temperaturabhängigkeit. Es gilt also in guter Näherung

$$C_{ij} \approx -\frac{\partial \sigma_i^{in}}{\partial e_j} \quad [10]$$

bzw. umgekehrt bei Verwendung der elastischen Koeffizienten S_{ij}

$$S_{ij} \approx -\frac{\partial e_i}{\partial \sigma_j^{in}}. \quad [11]$$

Der gesuchte Ausdruck für die thermischen Ausdehnungskoeffizienten folgt nun durch Differentiation der Gleichungen [3] nach der Temperatur:

$$\frac{d\sigma_i^{in}}{dT} = -\frac{d\sigma_i^{th}}{dT} \quad [12]$$

oder

$$\sum_j \frac{\partial \sigma_i^{in}}{\partial e_j} \cdot \frac{de_j}{dT} = -\frac{d\sigma_i^{th}}{dT}. \quad [13]$$

Einsetzen der Gleichungen [10] und [6] ergibt dann

$$\sum_j C_{ij} \cdot \frac{de_j}{dT} = \sum_n \gamma_i^n \cdot \frac{1}{V_0} \cdot c_n. \quad [14]$$

wo $c_n = \frac{du_n}{dT}$ den Beitrag zur spezifischen Wärme von seiten der *n*-ten Schwingung beschreibt. Dabei wird von der Berücksichtigung einer möglicherweise vorhandenen, jedoch im allgemeinen nur langsam erfolgenden Änderung von γ_i^n mit den Gitterkonstanten und der Temperatur abgesehen. Auflösen von Gl. [14] nach den interessierenden Ausdehnungskoeffizienten führt schließlich unter Verwendung der Elastizitätskoeffizienten auf die Beziehung

$$\alpha_i = \frac{de_i}{dT} = \sum_j S_{ij} \cdot \sum_n \gamma_j^n \cdot c_n \cdot \frac{1}{V_0}. \quad [15]$$

Gl. [15] macht deutlich, daß die thermische Ausdehnung die Reaktion des Kristallgitters auf das Anwachsen des thermischen Drucks darstellt. Die Ausdehnungskoeffizienten wachsen zusammen mit der elastischen Nachgiebigkeit des Kristalls, beschrieben durch die Elastizitätskoeffizienten S_{ij}, und den Temperaturkoeffizienten des thermischen Drucks

$$\frac{d\sigma_i^{th}}{dT} = \sum_n \gamma_i^n \cdot c_n \cdot \frac{1}{V_0},$$

welche durch die Grüneisenkonstanten bestimmt sind.

3. Elastische Konstanten

3.1 Die lateralen Elastizitätskoeffizienten S_{aa}, S_{bb}, S_{ab}

Die Elastizitätskoeffizienten S_{aa}, S_{bb} und S_{ab} bestimmen die lateralen Dehnungen e_a und e_b, welche ein orthorhombischer Paraffinkristall, der gleichzeitig den äußeren Spannungen σ_a in *a*-Richtung und σ_b in *b*-Richtung ausgesetzt wird, erfährt. Es gilt

$$e_a = S_{aa} \cdot \sigma_a + S_{ab} \cdot \sigma_b$$
$$e_b = S_{ab} \cdot \sigma_a + S_{bb} \cdot \sigma_b. \quad [16]$$

Führt man anstelle der Elastizitätskoeffizienten die linearen Elastizitätsmoduln E_a, E_b und die laterale Poissonkonstante μ_{ab} ein, so lautet diese Beziehung

$$e_a = \frac{1}{E_a} \cdot \sigma_a - \frac{\mu_{ab}}{E_b} \cdot \sigma_b$$
$$e_b = \frac{-\mu_{ab}}{E_a} \cdot \sigma_a + \frac{1}{E_b} \cdot \sigma_b. \quad [17]$$

Eine genaue Bestimmung aller 3 Koeffizienten, S_{aa}, S_{bb} und S_{ab} bzw. E_a, E_b und μ_{ab}, gleichzeitig an einer Probe ist bisher noch nicht unternommen worden. Es ist jedoch möglich, aus den unterschiedlich angelegten Messungen von *Müller* (14), *Weir* und *Hoffman* (15) und *Sakurada et al.* (16) diese Größen näherungsweise abzuleiten.

Müller hat an $C_{23}H_{48}$ und $C_{29}H_{60}$ röntgenographisch die Änderung der Gitterkonstanten *a* und *b* beim Anlegen eines allseitigen Drucks $p = -\sigma_a = -\sigma_b$ bestimmt. Die erhaltenen Werte

$$\frac{de_a}{dp} = -(S_{aa} + S_{ab})$$

und

$$\frac{de_b}{dp} = -(S_{bb} + S_{ab}) \qquad [18]$$

unterschieden sich stark bei den beiden untersuchten Proben und erscheinen wenig zuverlässig. Wichtig und verwendbar ist jedoch *Müllers* Feststellung, daß die Kompressionen von *a*- und *b*-Achse in etwa gleich waren. Dies bedeutet, daß

$$S_{aa} \approx S_{bb} \qquad [19]$$

gilt. In der Ebene senkrecht zur Kettenachse herrscht somit weitgehend Isotropie.

Weir und *Hoffman* haben an einer Serie von *n*-Alkankristallen Volumkompressibilitäten gemessen. Die Untersuchung ergab ein einheitliches Bild und führte bei Extrapolation auf den drucklosen Zustand auf die Kompressibilität

$$\varkappa = 2{,}94 \cdot 10^{-11} \frac{\mathrm{cm}^2}{\mathrm{dyn}}.$$

Da, wie auch im nächsten Abschnitt noch ausgeführt wird, die Nachgiebigkeit eines Paraffinkristalls in Kettenrichtung etwa eine Größenordnung kleiner ist als diejenige in lateraler Richtung, entspricht die Volumkompressibilität weitgehend der gesamten lateralen Kompressibilität, und es gilt

$$\varkappa \approx -\left(\frac{de_a}{dp} + \frac{de_b}{dp}\right)$$

und damit, wegen der Gln. [18], [19],

$$\varkappa \approx 2\,(S_{aa} + S_{ab})\,. \qquad [20]$$

In Zahlenwerten bedeutet dies

$$S_{aa} + S_{ab} = 1{,}47 \cdot 10^{-11} \frac{\mathrm{cm}^2}{\mathrm{dyn}}.$$

Sakurada hat röntgenographisch bei einseitiger lateraler Belastung an einer durch Verstrecken orientierten Polyäthylenprobe die Elastizitätsmoduln E_a und E_b gemessen. Beide zeigten, in Bestätigung der obengenannten Beobachtung *Müllers*, ähnliche Werte

$$E_b \approx E_a = 3{,}2 \cdot 10^{10} \frac{\mathrm{dyn}}{\mathrm{cm}^2}.$$

Wie ein Vergleich der Gleichungen [16] und [17] zeigt, ist

$$S_{aa} + S_{ab} = \frac{1}{E_a}(1 - \mu_{ab})\,. \qquad [21]$$

was eine Abschätzung von μ_{ab} ermöglicht.

Einsetzen der Zahlenwerte führt auf

$$\mu_{ab} = 0{,}54\,,$$

ein Wert, der, was seine Größenordnung betrifft, richtig erscheint. Er findet eine Stütze in Potentialrechnungen, wie sie von verschiedenen Autoren durchgeführt werden. So gelangten *Wobser* und *Hägele* (17) auf $\mu_{ab} \approx 0{,}56$ und *Odajima et al.* (6) auf $\mu_{ab} \approx 0{,}47$, beides Werte, die dem obigen ähnlich sind (beide Rechnungen beziehen sich allerdings auf die Gitterstruktur bei 100 °K).

Im einzelnen wird somit für die lateralen Elastizitätskoeffizienten der folgende Ansatz nahegelegt:

$$S_{aa} = S_{bb} = \frac{S_{aa} + S_{ab}}{1 - \mu_{ab}} = 3{,}2 \cdot 10^{-11} \frac{\mathrm{dyn}}{\mathrm{cm}^2}$$

$$S_{ab} = -\mu_{ab} \cdot S_{aa} = -1{,}73 \cdot 10^{-11} \frac{\mathrm{dyn}}{\mathrm{cm}^2}.$$

Diese Werte beziehen sich auf einen Paraffin- oder Polyäthylenkristall bei Raumtemperatur, wo für die Gitterkonstanten allgemein Werte um $a = 7{,}44$ Å, $b = 4{,}96$ Å gefunden werden. Allgemein ändern sich alle Werte mit dem Molvolumen V und somit indirekt, wegen der thermischen Ausdehnung, mit der Temperatur. *Broadhurst* und *Mopsik* (13) haben diese Abhängigkeit ausgehend von dem Ansatz

$$\ln B = A - \delta \cdot \ln V \qquad [22]$$

oder

$$B\,(V) = B(V_0) \cdot \left(\frac{V}{V_0}\right)^{-\delta} \qquad [23]$$

analysiert, wo

$$B = \frac{1}{\varkappa} \qquad [24]$$

den Kompressionsmodul bezeichnet und der Exponent δ die „Anderson-Grüneisen-Konstante" ist. Im Falle des hier interessierenden $C_{33}H_{68}$ ergibt sich $\delta \approx 15$.

3.2 Ramanspektroskopische Bestimmung des longitudinalen Elastizitätskoeffizienten S_{cc}

Legt man an einen orthorhombischen Paraffinkristall in Kettenrichtung eine Spannung σ_c an, so führt dies zu einer Verlängerung der c-Achse bzw. der Langperiode L. Zur Beschreibung der Änderung ist es zweckmäßig, L zunächst in zwei Bestandteile zu zerlegen,

$$L = L_0 + l, \qquad [25]$$

wo l die Dicke einer Schicht bezeichnet, welche alle die inneren Grenzflächen aufbauenden Endgruppen der Ketten enthält, und L_0 den Rest darstellt, mit einem Betrag, der etwas unterhalb der Länge der gestreckten Kette liegt. Die Änderung ΔL kann dann aufgeteilt werden in

$$\Delta L = \Delta L_0 + \Delta l. \qquad [26]$$

Für die Dehnung e_c bedeutet dies

$$e_c = \frac{\Delta L}{L} = \frac{\Delta L_0}{L_0} \cdot \frac{L_0}{L} + \frac{\Delta l}{L}. \qquad [27]$$

Es gilt nun erstens

$$\frac{\Delta L_0}{L_0} = S_{cc}^{\infty} \cdot \sigma_c , \qquad [28]$$

wo S_{cc}^{∞} der Elastizitätskoeffizient im Lamelleninnern ist und zweitens für Δl der Ansatz

$$\Delta l = s_{cc} \cdot \sigma_c . \qquad [29]$$

Die Proportionalitätskonstante s_{cc} ist hierbei die Nachgiebigkeit der Grenzschicht. Einsetzen der Gln. [28], [29] in Gl. [27] führt auf

$$e_c = \left(S_{cc}^{\infty} \cdot \frac{L_0}{L} + \frac{s_{cc}}{L}\right) \cdot \sigma_c , \qquad [30]$$

und somit, da andererseits S_{cc} durch die Gleichung

$$e_c = S_{cc} \cdot \sigma_c \qquad [31]$$

definiert ist, auf

$$S_{cc} = S_{cc}^{\infty} \cdot \frac{L_0}{L} + \frac{s_{cc}}{L}. \qquad [32]$$

Da $L_0 \approx L$, gilt in guter Näherung die Beziehung

$$S_{cc} \approx S_{cc}^{\infty} + \frac{s_{cc}}{L}, \qquad [33]$$

welche L_0 nicht mehr enthält und damit zeigt, daß die Art der Aufteilung nach Gl. [25] weitgehend bedeutungslos ist.

Die beiden Nachgiebigkeiten S_{cc}^{∞} und s_{cc} lassen sich ramanspektroskopisch ermitteln, und zwar durch eine genaue Messung der Frequenzen der im Ramanspektrum aller Paraffinkristalle auftauchenden Folge der „longitudinal akustischen Schwingungen“ (Kürzel LAM) (18). Über die Grundlagen des Verfahrens und die Resultate einer diesbezüglichen Messung an einer Serie verschiedener n-Alkane wird ausführlich in einer separaten Veröffentlichung berichtet werden (19). An dieser Stelle sollen nur die wichtigsten Beziehungen, soweit sie benötigt werden, ohne Nachweis genannt und die erhaltenen Ergebnisse mitgeteilt werden.

Betrachtet man eine Einzellamelle eines Paraffinkristalls, so handelt es sich bei den LAM-Schwingungen um stehende Wellen mit Knotenflächen parallel zu den Lamellenoberflächen. Die Auslenkung erfolgt dabei in Kettenrichtung. Für freie Oberflächen, d.h. verschwindende zwischenlamellare Wechselwirkung, treten Eigenschwingungen dieses Typs bei den folgenden Frequenzen (cm^{-1}) auf (18):

$$\tilde{\nu}_f(L_{eff}, m) = \beta \cdot \frac{\pi}{L_{eff}} \cdot m , \quad m = 1,2,3,\ldots \qquad [34]$$

mit

$$\beta = \frac{1}{2\pi c_L \sqrt{S_{cc}^{\infty} \cdot \varrho}} . \qquad [35]$$

Dabei bezeichnet c_L die Lichtgeschwindigkeit und ϱ die Dichte im Lamelleninnern. Die effektive Lamellendicke L_{eff} stimmt weitgehend mit der Langperiode überein

$$L_{eff} \approx L .$$

Neben der Grundschwingung mit $m = 1$, welche in Abb. 1a schematisch skizziert ist, sind zudem alle Schwingungen mit ungeradzahligem m ramanaktiv. Die Formel Gl. [34] gilt nur im Bereich niedriger Frequenzen $\tilde{\nu} \lesssim 120\ cm^{-1}$.

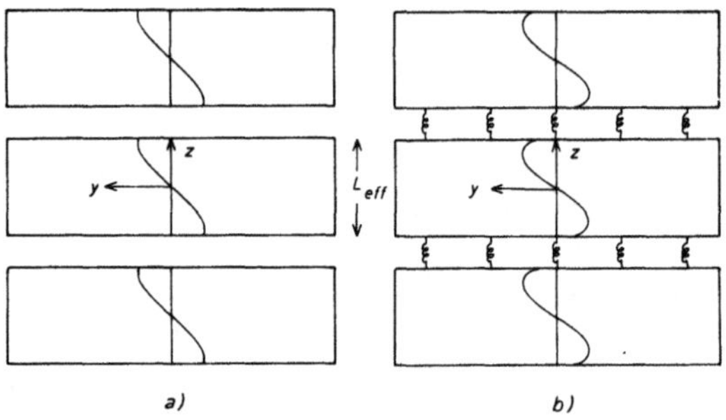

Abb. 1. Form der LAM-Grundschwingung (y ist die Auslenkung in z-Richtung). a) völlig freie Lamellen. b) Wirkung einer schwachen zwischenlamellaren Kraft (hier durch die eingezeichneten Federn dargestellt).

Tatsächlich können die Lamellenoberflächen nicht als völlig frei angesehen werden. Es existieren zwischenlamellare Wechselwirkungen. Sie lassen sich in ihrer Größe durch den oben eingeführten Parameter s_{cc} beschreiben und führen allgemein zu einer Frequenzerhöhung (Abb. 1b sucht diesen Effekt zu veranschaulichen). Diese Frequenzerhöhung, $\Delta\bar{\nu}$, erweist sich als allein von der Schwingungsordnung m abhängig, und zwar gilt

$$\Delta\bar{\nu}(m) = \beta \cdot \frac{2S_{cc}^{\infty}}{s_{cc}\Pi} \cdot \frac{1}{m}\,. \qquad [36]$$

Die Gln. [34], [35] und [36] können als Grundlage einer Analyse der LAM-Frequenzen von n-Alkanen dienen und so zur Bestimmung von S_{cc}^{∞} und s_{cc} herangezogen werden. Die bei Raumtemperatur durchgeführten Messungen führten dabei auf das folgende Ergebnis:

$$S_{cc}^{\infty} = 3{,}45 \cdot 10^{-13}\,\frac{\mathrm{cm}^2}{\mathrm{dyn}}$$

$$s_{cc} = 0{,}9 \cdot 10^{-18}\,\frac{\mathrm{cm}^3}{\mathrm{dyn}}\,.$$

Für den gesuchten Elastizitätskoeffizienten S_{cc} erhält man daraus mittels Gl. [33] den Wert

$$S_{cc} = 2{,}40 \cdot 10^{-12}\,\frac{\mathrm{cm}^2}{\mathrm{dyn}}\,.$$

Wie kürzlich auch von *Khoury et al.* berichtet wurde (20), zeigen die LAM-Frequenzen eine schwache Temperaturabhängigkeit. Wertet man die Daten aus, gelangt man zu dem Schluß, daß dies in erster Linie eine Folge der Abnahme von s_{cc} mit wachsender Temperatur ist; S_{cc}^{∞} erweist sich als weitgehend konstant. Letzteres liefert einen Hinweis bezüglich der Größenordnung der bisher noch unerwähnt gebliebenen Elastizitätskoeffizienten S_{ac} und S_{bc}. Errechnet man diese Größen aus den von *Wobser* und *Hägele* (17) aus Potentialrechnungen für Polyäthylen abgeleiteten Elastizitätsmoduln C_{ij}, so ergeben sich Werte, die im Mittel etwa eine Größenordnung unterhalb von S_{cc} liegen. Die Feststellung, daß $\bar{\nu}_f$ und somit S_{cc}^{∞} weitgehend temperaturunabhängig sind, weist in dieselbe Richtung und veranlaßt dazu, in Unkenntnis der exakten Werte S_{ac} und S_{bc} als vernachlässigbar klein

$$S_{ac} \approx S_{bc} \approx 0$$

anzusehen.

3.3 Der Tensor der Elastizitätskoeffizienten

Faßt man die Ergebnisse der Abschnitte 3.1 und 3.2 zusammen, so legen diese nahe, für den Tensor der Elastizitätskoeffizienten, der allgemein bei einem orthorhombischen Kristall die folgende Form hat

$$(S_{ij}) = \begin{Vmatrix} S_{aa} & S_{ab} & S_{ac} & 0 & 0 & 0 \\ S_{ab} & S_{bb} & S_{bc} & 0 & 0 & 0 \\ S_{ac} & S_{bc} & S_{cc} & 0 & 0 & 0 \\ 0 & 0 & 0 & S_{44} & & \\ 0 & 0 & 0 & 0 & S_{55} & 0 \\ 0 & 0 & 0 & 0 & 0 & S_{66} \end{Vmatrix}$$

im Falle des $C_{33}H_{68}$ bei Raumtemperatur näherungsweise die folgenden Werte, in Einheiten (10^{-11} cm²/dyn), anzusetzen:

$$(S_{ij}) = \begin{Vmatrix} 3{,}2 & -1{,}73 & 0 & 0 & 0 & 0 \\ -1{,}73 & 3{,}2 & 0 & 0 & 0 & 0 \\ 0 & 0 & 0{,}24 & 0 & 0 & 0 \\ 0 & 0 & 0 & (S_{44}) & 0 & 0 \\ 0 & 0 & 0 & 0 & (S_{55}) & 0 \\ 0 & 0 & 0 & 0 & 0 & (S_{66}) \end{Vmatrix}$$

Die nicht spezifizierten Größen S_{44}, S_{55}, S_{66} stellen Schernachgiebigkeiten dar und sind für die vorliegende Arbeit ohne Bedeutung.

Der hier gewählte Ansatz stützt sich, wie beschrieben, wesentlich auf die Kompressionsdaten von *Weir* und *Hoffman*. Allgemein ist festzustellen, daß bezüglich der Kompressibilität die Angaben in der Literatur wenig einheitlich sind. So ist beispielsweise der von *Schuyer* (21) angegebene Wert nur etwa halb so groß wie der von *Weir* und *Hoffman* genannte. Der getroffenen Wahl haftet deshalb zunächst eine gewisse Willkür an. Ihre Rechtfertigung soll sie nicht zuletzt in den Ergebnissen dieser Arbeit finden.

4. Der richtungsabhängige thermische Druck

4.1 Molekulare Ursachen des anisotropen thermischen Drucks in Paraffinkristallen

Ein thermischer Druck geht, wie eingangs erwähnt, nur von solchen Schwingungen im Kristall aus, deren Frequenz sich mit den Gitterkonstanten ändert. Dies ist natürlich nur dann der Fall, wenn an der Schwingung zwischenmolekulare Kräfte wesentlich teilhaben, denn nur diese werden im Unterschied zu den innermolekularen Kräften eine Änderung erfahren. Man kann sich deshalb bei einer Diskussion des thermischen Drucks auf eine Untersuchung der anharmonischen Eigenschaften der sogenannten „Gitterschwingungen" beschränken, d.h. der Schwingungen, die eine Verschiebung weitgehend undeformierter Methylengruppen beinhalten, und von einer Berücksichtigung der „Gruppenschwingungen", deren Frequenzen in erster Linie durch intramolekulare Kräfte geprägt sind, absehen. Diese beiden Hauptgruppen erscheinen im Schwingungsspektrum von Polyäthylen und den *n*-Alkanen klar voneinander getrennt; die „Gitterschwingungen" liegen mit ihren Frequenzen unterhalb, die „Gruppenschwingungen" oberhalb von $\bar{\nu} \approx 700$ cm^{-1} (22, 23, 24).

Tasumi, *Shimanouchi* und *Krimm* (23, 24) haben ausgehend von geeignet gewählten Potentialansätzen das Spektrum der „Gitterschwingungen" von Polyäthylen errechnet. Es zerfällt in verschiedene Äste mit zugeordneten Dispersionskurven $\omega(k_a, k_b, k_c)$. Allgemein ist die Abhängigkeit von den Wellenvektorkomponenten k_a, k_b nur schwach, diejenige von k_c, als Folge der starken Kräfte längs der Kette, hingegen stark ausgeprägt. Diese Abhängigkeit von k_c, für $k_a = k_b = 0$, erscheint in der Arbeit von *Tasumi* und *Krimm* (24) und ist hier in Abb. 2 noch einmal wiedergegeben.

Die durchgezogenen Linien stellen die vier Äste des Gitterschwingungsspektrums dar.

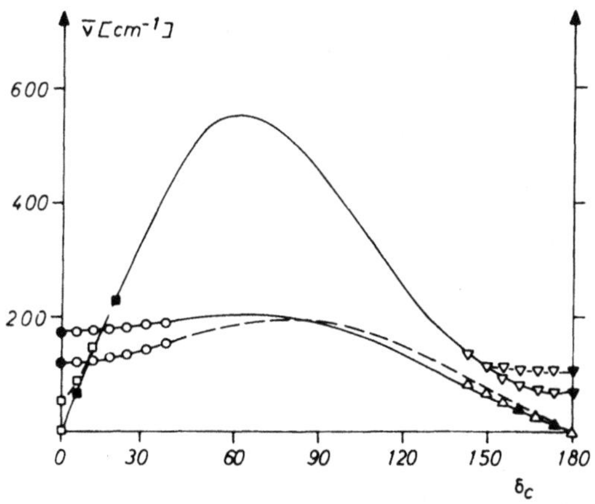

Abb. 2. Gitterschwingungsspektrum von Polyäthylen (durchgezogene Linien) nach *Tasumi* und *Krimm* (24) und verschiedene Gruppen von Eigenschwingungen einer $C_{33}H_{68}$-Lamelle. Die ausgefüllten Symbole kennzeichnen IR- oder ramanspektroskopisch beobachtbare Schwingungen.

Anstelle von k_c ist längs der Abszisse der Phasenunterschied δ_c zwischen den Auslenkungen benachbarter Methylengruppen aufgetragen.

Geht man von Polyäthylen zu einer einzelnen Lamelle eines Paraffinkristalls über, können sich nur noch diskrete Phasenunterschiede δ_c einstellen, deren genauer Wert von den an der Lamellenoberfläche herrschenden Bedingungen abhängt. In Abb. 2 sind für den Fall des $C_{33}H_{68}$ einige Eigenschwingungen eingetragen, wie sie nahe an den Grenzen $\delta_c = 0°$ und $180°$ bei einer freien Oberfläche auftreten würden ($\delta_c = (180/32) \cdot m$, $m = 0, 1, \ldots, 32$).

Für eine Diskussion des thermischen Drucks ist es sinnvoll, diese Eigenschwingungen in 4 Gruppen zu unterteilen, welche in der Zeichnung durch unterschiedliche Symbole gekennzeichnet sind. Mit den beiden Dreieck-Symbolen sind Schwingungen erfaßt, die in erster Linie eine laterale Verschiebung der Methylengruppen mit sich bringen. Die aufrechtstehenden Dreiecke kennzeichnen dabei Schwingungen von der Art einer transversalen akustischen Welle in *c*-Richtung, die umgekehrten Dreiecke gehören zum „optischen Zweig" mit einer gegenphasigen Bewegung der beiden Methyleneinheiten. Bei den durch Kreis-Symbole wiedergegebenen Schwingungen findet eine Rotation der Methyleneinheiten um die Kettenlängsachse statt. Die durch Vierecke symbolisierten Schwingungen schließlich beinhalten eine Translationsbewegung der CH_2-Gruppen in Kettenlängsrichtung. Für jede der genannten Gruppen wird, insbesonders in der Nähe von $\delta_c = 0°$ und 180°, eine Aufspaltung in 2 Äste sichtbar. Im Falle der Schwingungen mit lateraler Translation sind diese jeweils einer Auslenkung in *a*- oder *b*-Richtung zuzuordnen, im Falle der Rotation und longitudinalen Translation einer gleich- oder gegenphasigen Bewegung der beiden Ketten in einer Zelle.

Diese vier Gruppen unterscheiden sich sehr wesentlich in den Richtungseigenschaften des von ihnen jeweils ausgehenden thermischen Drucks. Von den beiden Schwingungstypen mit lateraler Auslenkung (△, ▽) kann erwartet werden, daß sie insgesamt einen in *a*- und *b*-Richtung etwa gleich großen thermischen Druck ausüben. Er wird im folgenden p_{tr} genannt und beträgt, verwendet man Gl. [6] und setzt

$$u_n = k_B T,$$

$$p_{tr} = \frac{T}{V_0} \sum_{(\triangle,\,\triangledown)} \gamma_a^n \cdot k_B \approx \frac{T}{V_0} \sum_{(\triangle,\,\triangledown)} \gamma_b^n \, k_B , \quad [37]$$

wo die Summe alle Schwingungen *n* dieser beiden Gruppen umfaßt. Der zugeordnete Temperaturkoeffizient

$$\tau_{tr} = \frac{dp_{tr}}{dT} , \quad [38]$$

welcher für die thermische Ausdehnung von Bedeutung ist, folgt als

$$\tau_{tr} = \frac{1}{V_0} \sum_{(\triangle,\,\triangledown)} \gamma_a^n \, k_B \approx \frac{1}{V_0} \sum_{(\triangle,\,\triangledown)} \gamma_b^n \, k_B . \quad [39]$$

Allgemein kann davon ausgegangen werden, daß die Grüneisenkonstanten γ_i^n mit zunehmender Entfernung von den Rändern $\delta_c = 0°$ und 180° schnell abnehmen, da dabei immer stärker die von den Gitterkonstanten unabhängigen Kräfte innerhalb des C-C-Skelettes wirksam werden. Praktisch tragen deshalb zur Summe nur die Schwingungen nahe an den Rändern wesentlich bei.

Im Gegensatz zu den Schwingungen mit lateraler Translation geht, wie anschließend noch näher erläutert wird, von den Rotationsschwingungen (*o*) ein weitgehend einseitiger thermischer Druck allein in *a*-Richtung aus. Er beträgt, nennt man ihn p_{rot},

$$p_{rot} = \frac{T}{V_0} \sum_{(\circ)} \gamma_a^n \cdot k_B , \quad [40]$$

und der zugehörige Temperaturkoeffizient ist

$$\tau_{rot} = \frac{1}{V_0} \sum_{(\circ)} \gamma_a^n \cdot k_B . \quad [41]$$

In Kettenrichtung schließlich wirken allein die longitudinalen Schwingungen (□). Der ausgeübte Druck, p_{lg} genannt, ist

$$p_{lg} = \frac{T}{V_0} \sum_{(\square)} \gamma_c^n \cdot k_B , \quad [42]$$

mit einem Temperaturkoeffizienten

$$\tau_{lg} = \frac{1}{V_0} \sum_{(\square)} \gamma_c^n \cdot k_B . \quad [43]$$

Faßt man alle Beiträge zusammen, so ergibt sich für den richtungsabhängigen thermischen Druck das folgende Bild

$$\sigma_a^{th} = p_{tr} + p_{rot} \quad [44]$$

$$\sigma_b^{th} = p_{tr} \quad [45]$$

$$\sigma_c^{th} = p_{lg} . \quad [46]$$

Zur Beschreibung der anisotropen thermischen Ausdehnung hat man die Temperaturkoeffizienten $\tau_{tr}, \tau_{rot}, \tau_{lg}$ heranzuziehen. Gl. [15] geht dann über in

$$\alpha_a = S_{aa} \cdot (\tau_{tr} + \tau_{rot}) + S_{ab} \cdot \tau_{tr} \quad [47]$$

$$\alpha_b = S_{bb} \cdot \tau_{tr} + S_{ab}(\tau_{tr} + \tau_{rot}) \quad [48]$$

$$\alpha_c = S_{cc} \cdot \tau_{lg} . \quad [49]$$

Daraus folgt insbesonders bezüglich der Differenz $\alpha_a - \alpha_b$, berücksichtigt man noch Gl. [19], der Ausdruck

$$\alpha_a - \alpha_b = (S_{aa} - S_{ab}) \cdot \tau_{rot} . \quad [50]$$

Der thermische Druck und die thermische Ausdehnung werden also durch die Größen p_{tr}, p_{rot}, p_{lg} bzw. τ_{tr}, τ_{rot}, τ_{lg} bestimmt. Es stellt sich als möglich heraus, diese auf die Grüneisenkonstanten allein einiger ausgezeichneter Schwingungen zurückzuführen, welche ramanspektroskopisch ermittelt werden können. Die folgenden Abschnitte sollen dies klar machen.

4.2 *Der thermische Druck von seiten der Rotations- und Torsionsschwingungen*

Eine einzelne, gestreckte Polyäthylenkette kann zu Torsionsschwingungen angeregt werden. Hierbei vollführen die Methylengruppen Schwingungsbewegungen innerhalb von Ebenen senkrecht zur Kettenachse. *Szigeti* hat sich mit diesem Schwingungstyp befaßt (25) und die zugehörige Dispersionsrelation $\omega(k)$ abgeleitet.

Sie lautet

$$\omega^2 = \Omega^2 \sin^2 \frac{c_s k}{2} \cdot \left(1 + \cos \frac{c_s k}{2}\right). \qquad [51]$$

wobei k auf den Bereich

$$0 \leq k \leq \frac{\pi}{c_s}$$

beschränkt bleibt ($c_s = 2{,}545$ Å) und der Wert von Ω etwa

$$\Omega \gtrapprox 170 \text{ cm}^{-1}$$

beträgt.

Geht man zu einer einzelnen Paraffinkette über, so nimmt k diskrete Werte an, und zwar im Falle des $C_{33}H_{68}$, bei freien Enden, die Eigenwerte

$$k_m = \frac{\pi}{16\, c_s} \cdot m, \quad m = 0, 1, \ldots, 16\,. \qquad [52]$$

Ist die Kette Bestandteil einer Lamelle, so ist sie während der Schwingung dem Feld der Nachbarmoleküle ausgesetzt, was zu einer Erhöhung aller Schwingungsfrequenzen führt und insbesonders zur Folge hat, daß auch für $k = 0$, also eine reine Rotation ohne Torsion, die Schwingungsfrequenz von Null verschieden ist. Dies zeigt sich auch in Abb. 2, wo die Rotations- und Torsionsschwingungen als ein in zwei Komponenten aufgespaltener Ast des Gitterschwingungsspektrums in Erscheinung treten.

Detaillierte, auf den Strukturdaten der orthorhombischen Subzelle basierende Gitterschwingungsberechnungen, wie sie von *Tasumi* und *Krimm* durchgeführt wurden, sind für unsere Zwecke nicht erforderlich. Hier erscheint es voll ausreichend, den Einfluß der Umgebung im Sinne einer Molekularfeld-Näherung zu erfassen und anzunehmen, daß sich jede Einzelkette unabhängig von den anderen in einem mittleren Kraftfeld bewegt. Dieses Umgebungsfeld legt unmittelbar die Frequenz der Rotationsschwingung ($k = 0$) fest. Nennt man die Frequenz dieser Grundschwingung ω_0, dann lautet, wie man sich leicht überlegen kann, die gesamte Dispersionsbeziehung, welche auch die Torsionsschwingungen einschließt,

$$\omega_m^2 = \Omega^2 \sin^2 \frac{c_s k_m}{2} \cdot \left(1 + \cos \frac{c_s k_m}{2}\right) + \omega_0^2. \qquad [53]$$

Eine Änderung der Gitterkonstanten wirkt sich natürlich nur auf ω_0 aus. Für eine Beurteilung des von dieser Schwingungsgruppe ausgehenden thermischen Drucks hat man deshalb zu untersuchen, wie sich ω_0 mit den Gitterkonstanten ändert. Führt man Schwingungsberechnungen durch, so stellt man fest, daß ω_0 auf eine Änderung von a empfindlich, auf eine Änderung von b hingegen nur schwach anspricht. Dies zeigt sich beispielsweise, wenn man, unter Heranziehung der von *Williams* vorgeschlagenen H-H-Wechselwirkungspotentiale (26), für eine Kette, die im orthorhombischen Gitter im Felde ihrer sechs Nachbarn, welche in ihren Gleichgewichtspositionen festgehalten werden, Rotationsschwingungen vollführt, die Frequenz als Funktion von a und b errechnet. Abb. 3 zeigt als Ergebnis einer solchen Rechnung ω_0 einmal in Abhängigkeit von der Dehnung $\Delta a/a_0$ bei

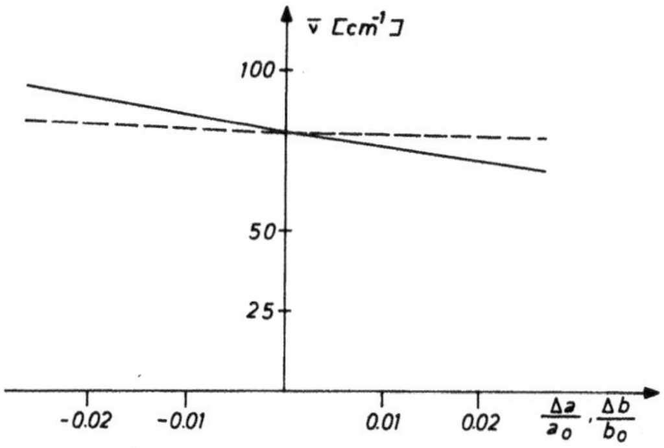

Abb. 3. Frequenz der Rotatorschwingung in Abhängigkeit von den Dehnungen e_a (durchgezogene Linie) und e_b (gestrichelte Linie).

unverändertem $b = b_0$ (a_0, b_0 bezeichnen Raumtemperaturwerte) und zum anderen als Funktion der Dehnung $\Delta b/b_0$ bei konstantem $a = a_0$.

Die Einzelergebnisse der Rechnung, wie z.B. die erhaltene Frequenz, sollen hier nicht weiter erörtert werden. Sie hängen sehr empfindlich von den gewählten Potentialansätzen ab. Es kommt hier allein auf den sicher richtigen, qualitativen Befund an, nämlich die Feststellung, daß ω_0 in erster Linie durch die Gitterkonstante a bestimmt ist und von b weitgehend unabhängig ist. Genau dieses Verhalten hat einen stark anisotropen, praktisch allein längs der a-Achse gerichteten thermischen Druck zur Folge. Er hat, faßt man alle Rotations- und Torsionsschwingungen zusammen, gemäß Gl. [40] den Wert

$$p_{rot} = \frac{T}{V_0} \cdot \sum_{m=0}^{16} \gamma_a^m \cdot R \, .$$

Die spezielle Grüneisenkonstante der m-ten Eigenschwingung kann nun geschrieben werden als

$$-\gamma_a^m = \frac{\partial \ln \omega_m}{\partial e_a} = \frac{1}{2} \cdot \frac{\partial \ln \omega_m^2}{\partial e_a} \, ,$$

und wegen Gl. [53] auch als

$$-\gamma_a^m = \frac{1}{2} \cdot \frac{1}{\omega_m^2} \cdot \frac{\partial \omega_0^2}{\partial e_a} = -\frac{\omega_0^2}{\omega_m^2} \cdot \gamma^{rot}$$

mit

$$\gamma_a^{rot} = -\frac{\partial \ln \omega_0}{\partial e_a} \, . \qquad [54]$$

Man erhält somit für p_{rot} den Ausdruck

$$p_{rot} = \frac{RT}{V_0} \cdot \gamma_a^{rot} \cdot \sum_{m=0}^{16} \frac{\omega_0^2}{\omega_m^2} \, . \qquad [55]$$

Wie schon erwähnt wurde, treten im Paraffingitter 2 verschiedene Rotatorschwingungen auf, welche, wie Abb. 2 andeutet, unterschiedliche Frequenzen haben. Den Rechnungen von *Tasumi* und *Krimm* (24) zufolge gehört die höherfrequente Schwingung zur Spezies A_g, die andere zu B_{3g}, beide sind somit ramanaktiv. *Harley*, *Hayes* und *Twisleton* (27) konnten bei tiefen Temperaturen an Polyäthylen beide beobachten. Sie liegen bei 200 °K bei 121 cm^{-1} und 103 cm^{-1}. Mit wachsender Temperatur nimmt die Breite der Banden schnell zu, was zur Folge hat, daß bei Raumtemperatur nur noch die intensitätsstärkere A_g-Komponente beobachtbar ist. Sie hat dann eine Frequenz $\bar{\nu} \approx 100$ cm^{-1}. Unterstellt man, daß das Frequenzverhältnis der beiden Komponenten gleich geblieben ist, so wird ω_0, wofür sinnvollerweise der Mittelwert anzusetzen ist, zu

$$\omega_0 \approx 93 \text{ cm}^{-1} \, .$$

Errechnet man für diesen Wert numerisch die in Gl. [55] auftretende Summe, so gelangt man für p_{rot} zu dem Ausdruck

$$p_{rot} \approx RT \cdot \gamma_a^{rot} \cdot 6{,}2 \cdot \frac{1}{V_0} \qquad [56]$$

und für τ_{rot} gleichzeitig auf

$$\tau_{rot} \approx R \cdot \gamma_a^{rot} \cdot 6{,}2 \cdot \frac{1}{V_0} \, . \qquad [57]$$

p_{rot} bzw. τ_{rot} lassen sich somit auf γ_a^{rot} zurückführen. Unter γ_a^{rot} kann dabei die spezielle Grüneisenkonstante der beobachtbaren A_g-Schwingung verstanden werden, da man annehmen kann, daß sich A_g- und B_{3g}-Komponente bezüglich der Grüneisenkonstante weitgehend gleichen.

4.3 Der thermische Druck von seiten der Lateralschwingungen

Die Behandlung der Rotations- und Torsionsschwingungen im Rahmen der Molekularfeld-Näherung führte bezüglich der Größe p_{rot} auf den Ausdruck [55] bzw. [56], welcher die allgemeine Form

$$p = T \cdot R \cdot \gamma \cdot n_{eff} \cdot \frac{1}{V_0} \qquad [58]$$

hat. Der thermische Druck, welcher von der Schwingungsgruppe ausgeht, ist somit proportional zur absoluten Temperatur, zur Grüneisenkonstanten γ der allein von zwischenmolekularen Kräften beeinflußten Grundschwingung und zur Anzahl n_{eff} der effektiv wirksamen Schwingungen der Gruppe, welche als Folge des Wirkens auch intramolekularer Kräfte immer nur einen Bruchteil der Gesamtzahl der Schwingungen in der Gruppe darstellt.

Ein gleichartiger Ausdruck wird natürlich auch für p_{tr}, den von den Schwingungen mit lateraler Auslenkung ausgehenden thermischen Druck, gelten. Für die Grüneisenkonstante hat man hier einen Wert einzusetzen, wie er für Lateralschwingungen starrer oder nur schwach gebogener Ketten typisch ist, also für alle Schwingungen nahe oder genau an der Stelle $\delta_c = 180°$ (Abb. 2).

Einige Schwingungen dieser Art wurden an verschiedenen Paraffinen und Polyäthylen schon beobachtet. Von den beiden „optischen" Schwingungen an der Stelle $\delta_c = 180°$ wurde die niederfrequentere, mit der Symmetrie B_{1u}, im IR-Spektrum bei 72 cm^{-1} gefunden (28). Von ihr ist auch bekannt, daß ihre Frequenz mit abnehmender Temperatur ansteigt (29). Leider liegen noch keine genauen Messungen vor, die auch den hier interessierenden Temperaturbereich 0°–50 °C erfassen.

Schwingungen, die dem „transversalen akustischen Zweig" (∇-Symbole in Abb. 2, Kürzel TAM) zuzuordnen sind, wurden vor kurzem im Ramanspektrum verschiedener Paraffine sowohl von *Olf* und *Fanconi* (30) wie auch von *Vergoten et al.* (31) beobachtet. Diese Schwingungen beinhalten wellenförmige Scherdeformationen der Einzellamellen, wobei die laterale Verschiebung entweder in *a*- oder *b*-Richtung erfolgen kann. Es treten wie im Falle der bekannten „longitudinal akustischen Schwingungen" Schwingungen verschiedener Ordnung auf. In den niedrigsten Ordnungen sind ihre Frequenzen überwiegend durch die zwischenmolekularen Kräfte bestimmt. Dies eröffnet die Möglichkeit, die zugeordneten Grüneisenkonstanten zur Abschätzung von p_{tr} heranzuziehen.

Die zweite Größe, welche auf p_{tr} Einfluß nimmt, die effektive Zahl lateraler Schwingungen n_{eff}^{tr}, ist schwer zu ermitteln und muß zunächst unbestimmt bleiben.

4.4 Der thermische Druck von seiten der Longitudinalschwingungen

Der stärkste Druck in *c*-Richtung geht von den Longitudinalschwingungen steifer Ketten aus. Zwei ausgezeichnete Schwingungen dieser Art sind diejenigen, welche in Abb. 2 unter Verwendung von Viereck-Symbolen am linken Rand, $\delta_c = 0$, eingezeichnet sind. Die entartete Schwingung mit verschwindender Frequenz entspricht einer gleichphasigen Längsverschiebung aller Ketten, die andere, für welche die Rechnung eine Frequenz in der Größenordnung von etwa 50 cm^{-1} ergibt, beinhaltet eine gegenphasige Bewegung der beiden Ketten in der Einheitszelle. Die Longitudinalschwingungen allgemeiner Art liegen zwischen diesen beiden Extremfällen. Sie lassen sich auf besonders einfache Art charakterisieren, indem erstens die Schwingungsphasendifferenz δ_1 für 2 Nachbarn in 110-Richtung und zweitens diejenige für Nachbarn in $1\bar{1}0$-Richtung, δ_2, angegeben wird, und es ist nicht schwer, die Dispersionsrelation $\omega(\delta_1, \delta_2)$ abzuleiten. Beschränkt man sich auf die Wechselwirkung zwischen diesen unmittelbaren Nachbarn und löst die entsprechende Bewegungsgleichung, so erhält man auf direktem Weg

$$\omega^2(\delta_1, \delta_2) = \frac{\Omega^2}{4}(2 - \cos\delta_1 - \cos\delta_2) \qquad [59]$$

(vgl. beispielsweise (32)). Die obengenannten Extremfälle ergeben sich für

$$\delta_1 = \delta_2 = 0 \quad : \quad \omega = 0$$

und

$$\delta_1 = \delta_2 = \pm\pi \quad : \quad \omega = \Omega\,.$$

Allgemein liegen alle Werte δ_1, δ_2 innerhalb der 1. Brillouinzone

$$-\pi \leq \delta_1, \delta_2 \leq +\pi$$

Für eine Lamelle aus N_L Ketten existieren ebensoviele Eigenwertpaare $(\delta_1, \delta_2)_m$.

In einem Paraffinkristall greift, wie in Abschn. 3.2 ausgeführt wurde, an den Endgruppen der Ketten von den Nachbarlamellen her eine zusätzliche Kraft an. Ihrer Wirkung kann, wieder im Sinne einer Molekularfeld-Näherung, Rechnung getragen werden, indem in die Dispersionsrelation ein additiver Term, ω_0^2, zusätzlich eingeführt wird:

$$\omega^2(\delta_1, \delta_2) = \frac{\Omega^2}{4}(2 - \cos\delta_1 - \cos\delta_2) + \omega_0^2 \qquad [60]$$

ω_0^2 beschreibt hier die Frequenz, mit welcher eine in sich steife Lamelle ($\delta_1 = \delta_2 = 0$) im mittleren Kraftfeld ihrer zwei Nachbarn oszilliert. Diese beträgt, zieht man die in Abschnitt 3.2 eingeführte Nachgiebigkeit s_{cc} heran,

$$\omega_0^2 = \frac{2}{s_{cc} \cdot \varrho \cdot L}, \qquad [61]$$

was beim Einsetzen der Zahlenwerte auf

$$\omega_0 = 12 \text{ cm}^{-1}$$

führt.

Diese Longitudinalschwingungen liefern den Hauptbeitrag zu p_{lg}. Er beträgt mit $c_m = k_B$

$$\Delta p_{lg} = T \cdot \sum_{m=1}^{N_L} \gamma_c^m \cdot k_B \cdot \frac{1}{V_0}.$$

Da eine Änderung von c bzw. L allein ω_0 ändert, gilt, analog zu Abschnitt 4.2,

$$\gamma_c^m = \frac{\omega_0^2}{\omega_m^2} \cdot \gamma_c^{lg} \qquad [62]$$

mit

$$\gamma_c^{lg} = -\frac{\partial \ln \omega_0}{\partial e_c} \qquad [63]$$

und somit

$$\Delta p_{lg} = \frac{T}{V_0} \cdot \sum_{m=1}^{N_L} \gamma_c^m \cdot k_B$$

$$= \frac{T}{V_0} \cdot k_B \cdot \gamma_c^{lg} \cdot \sum_{m=1}^{N_L} \frac{\omega_0^2}{\omega_m^2}. \qquad [64]$$

Der Wert der Summe auf der rechten Gleichungsseite kann numerisch ermittelt werden, vorausgesetzt man kennt Ω^2 und ω_0^2. Folgt man, da experimentelle Daten bezüglich Ω nicht vorliegen, der Rechnung von *Tasumi* und *Krimm* (24) und setzt

$$\Omega \approx 50 \text{ cm}^{-1}$$

und $\omega_0 \approx 12$ cm^{-1}, so führt die Auswertung der Summe auf

$$\sum_{m=1}^{N_L} \frac{\omega_0^2}{\omega_m^2} \approx N_L \cdot 0{,}12. \qquad [65]$$

Man erhält somit

$$\Delta p_{lg} = \frac{T}{V_0} \sum_{m=1}^{N_L} \gamma_c^m k_B = \frac{T}{V_0} \cdot R \cdot \gamma_c^{lg} \cdot 0{,}12. \qquad [66]$$

Die Grüneisenkonstante γ_c^{lg} kann angegeben werden, wenn bekannt ist, wie sich die Nachgiebigkeit s_{cc} bei einer Änderung von c bzw. L ändert. Aus den Gln. [63], [61] folgt

$$\gamma_c^{lg} = -\frac{1}{2} \cdot \frac{1}{\omega_0^2} \cdot \frac{\partial \omega_0^2}{\partial e_c} = \frac{1}{2 s_{cc}} \cdot \frac{\partial s_{cc}}{\partial e_c} \qquad [67]$$

In Abschn. 3.2 war ausgeführt worden, daß die Nachgiebigkeit s_{cc} einer Messung der LAM-Frequenzen entnommen werden kann. Da eine Änderung der Gitterkonstanten c, solange sie genügend klein bleibt, in erster Linie über eine Änderung der Packungsdichte der Methylgruppen erfolgt und somit allein s_{cc} beeinflußt und S_{cc}^{∞} unberührt läßt, kann die spezielle Grüneisenkonstante der LAM-Grundschwingung

$$\gamma_c(\text{LAM}_1) = -\frac{\partial \ln \bar{\nu}_1}{\partial e_c} \qquad [68]$$

aufgrund von Gl. [36] wie folgt ausgedrückt werden

$$\gamma_c(\text{LAM}_1) = \frac{1}{\bar{\nu}_1} \cdot \frac{2\beta S_{cc}^{\infty}}{\pi \cdot s_{cc}} \cdot \frac{1}{s_{cc}} \cdot \frac{\partial s_{cc}}{\partial e_c} \qquad [69]$$

oder mit

$$\bar{\nu}_1 \approx \beta \cdot \frac{\pi}{L_{eff}}$$

in der Form

$$\gamma_c(\text{LAM}_1) = \frac{2 L_{eff}}{\pi^2} \cdot \frac{S_{cc}^{\infty}}{s_{cc}} \cdot \frac{1}{s_{cc}} \cdot \frac{\partial s_{cc}}{\partial e_c}. \qquad [70]$$

Vergleicht man die Gln. [67] und [70], so erkennt man die Beziehung

$$\gamma_c^{lg} = \frac{\pi^2}{4 L_{eff}} \cdot \frac{s_{cc}}{S_{cc}^{\infty}} \cdot \gamma_c(\text{LAM}_1), \qquad [71]$$

welche die interessierende Grüneisenkonstante γ_c^{lg} mit der Grüneisenkonstanten der LAM-

Grundschwingung verknüpft. Setzt man für den Fall des $C_{33}H_{68}$ die Zahlenwerte von Abschn. 3.2 ein, so wird aus Gl. [71]

$$\gamma_c^{lg} \approx 16 \cdot \gamma_c\,(\mathrm{LAM}_1)\,. \qquad [72]$$

Zusätzlich zu den Longitudinalschwingungen der gestreckten Ketten üben natürlich auch die LAM-Schwingungen einen thermischen Druck in Richtung c aus. Sein Betrag ist allerdings deutlich geringer, und es genügt dabei, allein die Grundschwingung zu berücksichtigen. Für diese beträgt die Druckerhöhung pro Grad einfach

$$\Delta p_{lg} = \frac{T}{V_0} R \cdot \gamma_c\,(\mathrm{LAM}_1)\,. \qquad [73]$$

Insgesamt folgt somit für den thermischen Druck in Kettenrichtung p_{lg}, fügt man beide Beiträge zusammen,

$$p_{lg} = \frac{T}{V_0} \cdot R \cdot \gamma_c^{lg} \cdot 0{,}12 + \frac{T}{V_0} R \cdot \gamma_c\,(\mathrm{LAM}_1) \qquad [74]$$

oder, benutzt man Gl. [72], schließlich

$$p_{lg} = \frac{T}{V_0} R \cdot \gamma_c\,(\mathrm{LAM}_1)\,(16 \cdot 0{,}12 + 1).$$
$$= \frac{T}{V_0} R \cdot \gamma_c\,(\mathrm{LAM}_1) \cdot 3{,}0\,. \qquad [75]$$

p_{lg} kann somit allein auf die Grüneisenkonstante der LAM-Grundschwingung zurückgeführt werden. Für den zugeordneten Temperaturkoeffizienten τ_{lg} ergibt sich

$$\tau_{lg} = \frac{1}{V_0} \cdot R \cdot \gamma_c\,(\mathrm{LAM}_1) \cdot 3{,}0\,. \qquad [76]$$

Als Ergebnis der Abschn. 4.2–4.4 kann somit festgestellt werden, daß man für ein Kennenlernen des anisotropen thermischen Drucks in Paraffinkristallen versuchen muß, die speziellen Grüneisenkonstanten einiger ausgezeichneter Schwingungen, nämlich der A_g-Rotatorschwingung, der TAM-Schwingungen niedriger Ordnung und der LAM-Grundschwingung, zu ermitteln. Als möglicher Weg bietet sich eine Messung der Temperaturabhängigkeit der Frequenzen dieser Schwingungen an.

4.5 Bestimmung spezieller Grüneisenkonstanten aus der Temperaturabhängigkeit von Schwingungsfrequenzen

Die Temperaturabhängigkeit der Frequenz einer Schwingung $\bar{\nu}^n$ wird durch die zugeordneten speziellen Grüneisenkonstanten und die thermischen Ausdehnungskoeffizienten festgelegt. So gilt im Falle eines orthorhombischen Kristalls

$$\frac{d \ln \bar{\nu}^n}{dT} = \frac{\partial \ln \bar{\nu}^n}{\partial e_a} \cdot \frac{de_a}{dT} + \frac{\partial \ln \bar{\nu}^n}{\partial e_b} \cdot \frac{de_b}{dT} + \frac{\partial \ln \bar{\nu}^n}{\partial e_c} \cdot \frac{de_c}{dT}$$
$$= \gamma_a^n \cdot \alpha_a + \gamma_b^n \cdot \alpha_b + \gamma_c^n \cdot \alpha_c\,. \qquad [77]$$

Dieser Zusammenhang eröffnet die Möglichkeit, bei Kenntnis der Ausdehnungskoeffizienten in günstig gelagerten Fällen aus der Temperaturabhängigkeit von Schwingungsfrequenzen auf die zugeordnete Grüneisenkonstanten zu schließen. Ein solch günstiger Fall ist bei $C_{33}H_{68}$ gegeben. Wie man den in Abschn. 1 angegebenen Werten entnehmen kann, ist hier der Ausdehnungskoeffizient α_b vernachlässigbar klein gegenüber α_a. Die Folge ist, daß Gl. [77] näherungsweise durch die einfachere Beziehung

$$\frac{d \ln \bar{\nu}^n}{dT} = \gamma_a^n \cdot \alpha_a + \gamma_c^n \cdot \alpha_c \qquad [78]$$

ersetzt werden kann. Eine Frequenzverschiebung mit wachsender Temperatur kann also zum einen die Folge einer Änderung der lateralen Packungsdichte längs a und zum anderen die Folge einer Änderung der Packungsdichte im Bereich der inneren Grenzflächen sein. Es ist nun möglich, bei allen Schwingungen von Interesse von vornherein einen der beiden Einflußfaktoren auszuschließen. Im Falle der A_g-Rotatorschwingung und der TAM-Schwingungen kann unterstellt werden, daß allein die lateralen Packungsverhältnisse einwirken und deshalb die Näherungsbeziehung

$$\frac{d \ln \bar{\nu}^n}{dT} \approx \gamma_a^n \cdot \alpha_a \qquad [79]$$

gilt. So ist die Frequenz der A_g-Rotatorschwingung von der Kettenlänge völlig unabhängig (30), was nur möglich ist, wenn die inneren Oberflächen ohne Einfluß bleiben. Im Gegensatz dazu sind im Falle der LAM-Grundschwingung, wie in Abschn. 3.2 ausgeführt wurde, Frequenzverschiebungen in erster Linie eine Folge einer Änderung der zwischenlamellaren Kräfte. Hier gilt somit

$$\frac{d \ln \bar{\nu}^n}{dT} \approx \gamma_c^n \cdot \alpha_c. \qquad [80]$$

Die genannten Schwingungen sind alle ramanaktiv. Zur Ermittlung der ihnen zugeordneten Grüneisenkonstanten kann also ein temperaturabhängiges Ramanstreuexperiment dienen.

In Gl. [77] und den nachfolgenden wird, ganz im Sinne der quasiharmonischen Theorie, unterstellt, daß die Schwingungsfrequenzen im wesentlichen allein von den Gitterkonstanten abhängen und eine zusätzliche explizite Temperaturabhängigkeit, wenn vorhanden, so nur von untergeordneter Bedeutung ist. Wir halten eine solche Annahme für zumindest näherungsweise richtig, obwohl ihr eine kürzlich erschienene Arbeit von *Wu* (33) zunächst zu widersprechen scheint. In der genannten Arbeit werden die längs einer Isobaren und einer Isothermen gemessenen Frequenzen der A_g-Rotatorschwingung miteinander verglichen. Es wird festgestellt, und dies bildet die Basis für den Schluß auf eine angeblich vorhandene, deutliche explizite Temperaturabhängigkeit, daß sich bei gleicher Volumabnahme die Frequenz längs einer Isobaren merklich schneller erhöht als längs einer Isothermen. Tatsächlich ist dieser Schluß nicht zwingend und das unterschiedliche Verhalten verständlich, wenn man bedenkt, daß, im Gegensatz zur lateral isotropen Kompression des Kristalls beim Anlegen eines allseitigen Drucks, die durch eine Abkühlung bewirkte Volumänderung weitgehend allein auf einer Verkürzung der *a*-Achse basiert, was notwendig im Falle der Rotatorschwingung, deren Frequenz ja alleine von der Länge der *a*-Achse abhängt, zu einem wesentlich stärkeren Frequenzanstieg führen muß.

4.6 *Temperaturabhängige Ramanstreuexperimente*

Unsere Untersuchungen galten dem Temperaturbereich zwischen 10 °C und 50 °C, in welchem $C_{33}H_{68}$ in der orthorhombischen Modifikation *A* auftritt. Hier sind die Ausdehnungskoeffizienten α_a, α_b, α_c bekannt (Abschn. 1) und die interessierenden Grüneisenkonstanten somit bestimmbar.

Die Aufnahme der Spektren erfolgte mit Hilfe des mit einem Tripelmonochromator ausgestatteten Ramanspektrometers Coderg T 800. Als Lichtquelle diente ein Argon-Ionenlaser (Spectra Physics Model 165), wobei sowohl die grüne 5145 Å-Linie als auch die blaue 4880 Å-Linie zur Messung herangezogen wurden. Es war mit dieser Anordnung möglich, das Ramanspektrum bis zu 5 cm^{-1} an die Erregerlinie heran zu registrieren. Die Frequenzen der Ramanlinien wurden nach Eichung des Geräts aus der Aufzeichnung bestimmt; ihr Absolutwert hat eine Genauigkeit von etwa $\pm 0{,}5$ cm^{-1}. Frequenzverschiebungen konnten mit höherer Genauigkeit, etwa $\pm 0{,}3$ cm^{-1}, erkannt werden. Um ein Aufheizen der Probe zu vermeiden, wurde bei nur geringen Lichtleistungen unterhalb von 100 mW gearbeitet.

Abb. 4 zeigt das Ramanspektrum einer lösungskristallisierten Probe von $C_{33}H_{68}$, wie es bei Raumtemperatur im Wellenzahlbereich $\bar{\nu} < 150$ cm^{-1} beobachtet wird. Es können sieben Linien unterschieden werden, deren Frequenzen in Tab. 1 zusammengestellt sind.

Die dominierende intensitätsstarke Linie bei 73,5 cm^{-1} stellt die LAM-Grundschwingung dar. Die verschiedenen Linien auf ihrer niederfrequenten Seite gehören zu transversal akustischen Schwingungen. Wie die Banden im einzelnen zuzuordnen sind, ist bisher noch nicht

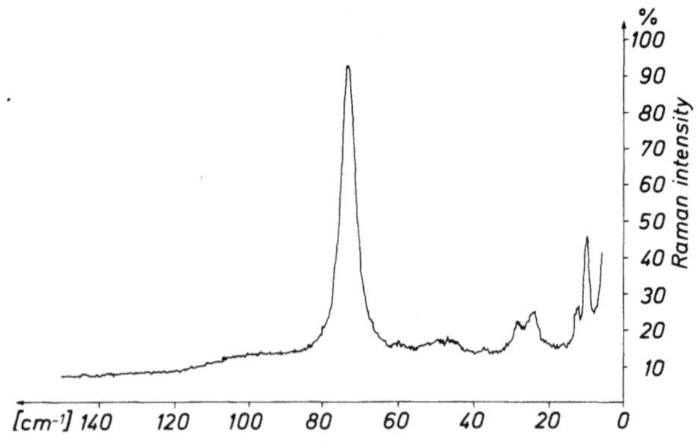

Abb. 4. Niederfrequentes Ramanspektrum von $C_{33}H_{68}$ bei Raumtemperatur, aufgenommen bei einer Spaltbreite $\delta\bar{\nu} = 1{,}5$ cm^{-1}.

Tab. 1. Frequenzen (cm^{-1}) verschiedener ramanaktiver Gitterschwingungen des $C_{33}H_{68}$ im Bereich $\bar{\nu} < 150$ cm^{-1}, gemessen bei 25 °C.

TAM_1	TAM_2	TAM_3	TAM_4	TAM_5	LAM_1	ROT
9,5	12,2	24,0	27,8	48	73,5	100

eindeutig geklärt ((30) und (31) enthalten verschiedene Vorschläge). Den Indices 1–5 am Symbol TAM in Tab. 1 kommt deshalb keine tiefere Bedeutung zu. Es liegt jedoch nahe anzunehmen, daß TAM_1, TAM_2 einerseits und TAM_3, TAM_4 andererseits jeweils zur selben Schwingungsordnung gehören, sich jedoch in der Polarisationsrichtung unterscheiden. TAM_5 ist eine breite Bande, und es kann vermutet werden, daß sie aus zwei überlappenden Einzelkomponenten zusammengesetzt ist. Auf der höherfrequenten Seite von LAM_1 erscheint die A_g-Rotatorlinie. Sie ist sehr breit und liegt mit ihrem Zentrum bei etwa 100 cm^{-1}.

Bei all diesen niederfrequenten Schwingungen werden bei Temperaturänderungen deutliche Frequenzverschiebungen beobachtet. Die Abb. 5 und 6 machen dies für die Schwingungen TAM_{1-4} und die Rotatorschwingung deutlich.

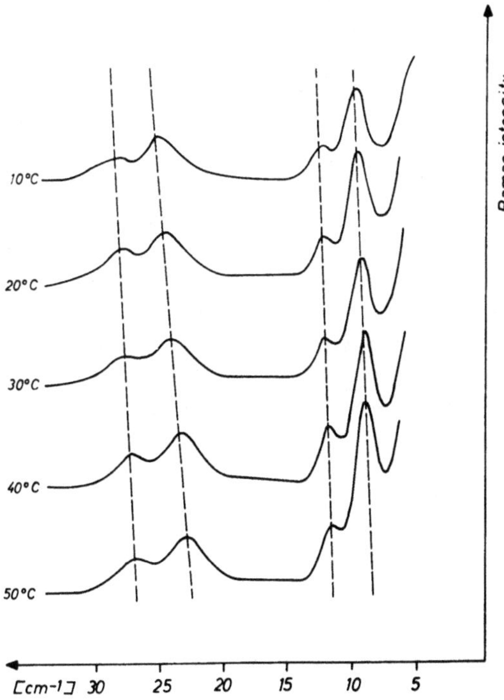

Abb. 5. Temperaturabhängigkeit des Ramanspektrums von $C_{33}H_{68}$ im Bereich der Linien TAM_{1-4}.

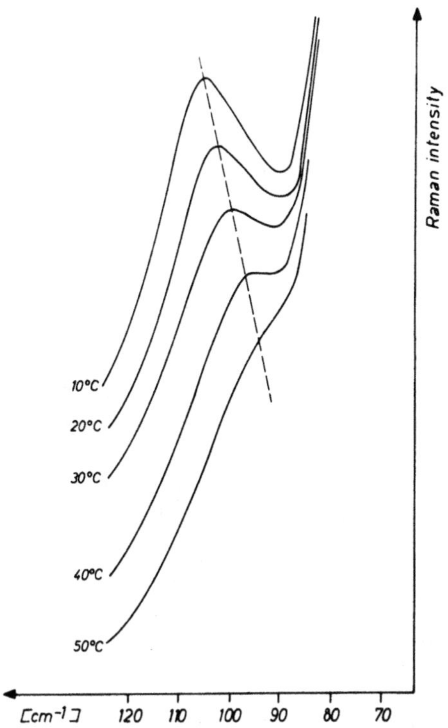

Abb. 6. Temperaturabhängigkeit der A_g-Rotator-Schwingungsbande von $C_{33}H_{68}$. Auf der niederfrequenten Seite erfolgt der Anstieg zur LAM-Grundschwingung.

Auch für die Schwingungen LAM_1 und TAM_5 wurden Frequenzverschiebungen festgestellt.

Die Auswertung der temperaturabhängigen Messungen lieferte die in Tab. 2 zusammengestellten Werte. Die Temperaturkoeffizienten in der obersten Reihe stellen das unmittelbare Meßergebnis dar. Darunter erscheinen dann die mittels Gl. [79] bzw. Gl. [80] für die Schwingungen TAM_{1-5} und ROT bzw. LAM_1 abgeleiteten speziellen Grüneisenkonstanten. Hinzugezogen wurden die Ausdehnungskoeffizienten $\alpha_a = 3{,}9 \cdot 10^{-4}\,°C^{-1}$, $\alpha_c = 2{,}1 \cdot 10^{-5}\,°C^{-1}$ aus Abschn. 1.

5. Ergebnis der Analyse

Nach der Erfassung und Ermittlung aller benötigten Größen wird es nun möglich, zu entscheiden, ob die quasiharmonische Theorie in Form der Gln. [47], [48] und [49] imstande ist, die anisotrope thermische Ausdehnung,

Tab. 2. Temperaturkoeffizienten der Frequenzen ramanaktiver Gitterschwingungen von $C_{33}H_{68}$ (Meßbereich 10 °C–50 °C) und abgeleitete spezielle Grüneisenkonstanten

	TAM_1	TAM_2	TAM_3	TAM_4	TAM_5	LAM_1	ROT
$\frac{d \ln \bar{\nu}}{dT}$ (10^{-3} °C^{-1})	$2{,}8 \pm 0{,}5$	$1{,}9 \pm 0{,}5$	$2{,}6 \pm 0{,}4$	$1{,}2 \pm 0{,}4$	$1{,}2 \pm 0{,}6$	$0{,}31 \pm 0{,}06$	$2{,}7 \pm 0{,}7$
γ_a	$7{,}1 \pm 1{,}3$	$4{,}9 \pm 1{,}3$	$6{,}7 \pm 1$	$3{,}1 \pm 1$	$3{,}1 \pm 1{,}5$	–	$7 \pm 1{,}7$
γ_c	–	–	–	–	–	15 ± 3	–

wie sie in der orthorhombischen Modifikation von $C_{33}H_{68}$ beobachtet wird, zufriedenstellend zu erklären.

Als erstes kann festgestellt werden, daß die Anisotropie im lateralen Ausdehnungsverhalten durch die Gl. [50] richtig beschrieben wird und somit tatsächlich eine Folge des von Rotations- und Torsionsschwingungen ausgehenden thermischen Drucks ist. Mit dem experimentell erhaltenen Wert für γ_a^{rot} folgt zunächst aus Gl. [57] (mit $V_0 = 487$ cm³/Mol, vgl. (8))

$$\tau_{rot} = 7{,}4 \cdot 10^6 \frac{\text{dyn}}{\text{cm}^2 \cdot {}^\circ\text{C}}$$

und damit, setzt man diesen Wert zusammen mit den elastischen Koeffizienten von Abschn. 3.1 in Gl. [50] ein, für die Differenz der lateralen Ausdehnungskoeffizienten

$$\alpha_a - \alpha_b = 7{,}4 \cdot 10^6 \cdot 4{,}93 \cdot 10^{-11}\ {}^\circ\text{C}^{-1} = 3{,}65 \cdot 10^{-4}\ {}^\circ\text{C}^{-1},$$

was fast exakt dem gemessenen Wert

$$\alpha_a - \alpha_b = 3{,}7 \cdot 10^{-4}\ {}^\circ\text{C}^{-1}$$

entspricht. Wenn dieser hohe Grad an Übereinstimmung angesichts der Unsicherheit in der Kenntnis der elastischen Konstanten und des Näherungsverfahrens bei der Abschätzung von n_{eff} auch als etwas glücklich angesehen werden muß, so sagt das erhaltene Ergebnis doch mit Sicherheit aus, daß die charakteristische Anisotropie der lateralen thermischen Ausdehnung nicht etwa, wie von *Müller* ursprünglich vorgeschlagen, die Folge einer zunehmenden Besetzung von Nebenminima durch Rotationssprünge der Ketten um ihre Längsachse ist, sondern in erster Linie durch den von Rotations- und Torsionsschwingungen ausgehenden einseitigen thermischen Druck bewirkt wird. Dieser Befund wird anschaulich verständlich, wenn man bedenkt, daß eine wachsende Anregung von Rotations- und Torsionsschwingungen eine Annäherung der zeitlich gemittelten Elektronendichteverteilung an eine Zylinderform nach sich zieht. Dies muß notwendig eine anisotrope laterale Ausdehnung mit Trend zur hexagonalen Symmetrie hin zur Folge haben.

Die temperaturabhängigen Ramanstreuexperimente ermöglichen eine Abschätzung der für die Diskussion der Einzelwerte α_a, α_b benötigten Grüneisenkonstanten γ_a^{tr}. Wie schon in Abschn. 4.6 ausgeführt wurde, liegt es nahe, die Schwingungen TAM_1, TAM_2 einerseits und TAM_3, TAM_4 andererseits als jeweils zur selben Ordnung gehörig anzusehen. Des weiteren deuten die abgeleiteten Grüneisenkonstanten darauf hin, daß die Schwingungen TAM_1, TAM_3, denen die jeweils größeren Grüneisenkonstanten zukommen, in *a*-Richtung, die Schwingungen TAM_2, TAM_4 hingegen in *b*-Richtung polarisiert sind. Der Mittelwert der Grüneisenkonstanten gleicher Ordnung nimmt, wie aufgrund der zunehmenden Einflußnahme zwischenmolekularer Kräfte zu erwarten ist, mit abnehmender Schwingungsordnung zu, von 3,1 (TAM_5) über 4,9 (TAM_3, TAM_4) auf 6 (TAM_1, TAM_2), und scheint gegen einen Grenzwert von etwa 6,5 zu streben. Dieser Grenzwert entspricht der gesuchten Grüneisenkonstanten γ_a^{tr}. Wir erhalten also

$$\gamma_a^{tr} \approx 6{,}5.$$

Dieser Wert befindet sich in recht guter Übereinstimmung mit den Ergebnissen von Messungen anderer Autoren. So konnten *Wada et al.* aus druckabhängigen Schallgeschwindigkeitsmessungen an Polyäthylen auf

$\gamma \approx 5{,}5$ $(\gamma_a^{tr} \approx \gamma_b^{tr} \approx \gamma)$ schließen (34). Folgt man andererseits *Broadhurst* und *Mopsik* (13) und bestimmt γ aus der die Volumabhängigkeit des Kompressionsmoduls charakterisierenden „Anderson-Grüneisen-Konstanten" δ (vgl. Abschn. 3.1, $\delta \approx 15$) über die Beziehung

$$\gamma \approx \frac{\delta}{2}$$

so ergibt sich

$$\gamma \approx \frac{15}{2} = 7{,}5 \,.$$

Die Anzahl n_{eff}^{tr} der effektiv wirksamen Schwingungen mit lateraler Auslenkung war in Abschn. 4.3 unbestimmt geblieben. Dieser Parameter kann nun zunächst angepaßt und so gewählt werden, daß sich α_a und α_b richtig ergeben.
Dies ist der Fall für

$$n_{eff}^{tr} = 9{,}1 \,.$$

Ein solcher Wert führt bezüglich des Temperaturkoeffizienten τ_{tr} mit Gl. [58] auf

$$\tau_{tr} = 1{,}01 \cdot 10^7 \frac{\text{dyn}}{\text{cm}^2 \cdot {}^\circ\text{C}^{-1}} \,,$$

und bei Hinzunahme der elastischen Koeffizienten (Abschn. 3.1), setzt man alle Größen in die Gln. [47], [48] ein, auf

$$\alpha_a = 3{,}9 \cdot 10^{-4}\ {}^\circ\text{C}^{-1} \,,$$

$$\alpha_b = 0{,}2 \cdot 10^{-4}\ {}^\circ\text{C}^{-1} \,,$$

was den Meßwerten entspricht.

Ein Wert $n_{eff}^{tr} = 9{,}1$, wie er aus der Anpassung folgte, ist im Einklang mit den Ergebnissen kalorimetrischer Messungen, wie sie von *Wunderlich* vorgenommen wurden (35). Ein Bezug läßt sich wie folgt herstellen (4). Aus den Ausführungen in Abschn. 4.3 ergibt sich, daß der Temperaturkoeffizient des von einer Schwingungsgruppe s ausgehenden thermischen Drucks allgemein in der folgenden Form darstellbar ist:

$$\tau_s = \frac{1}{V_0} \cdot \gamma_s \cdot R \cdot n_{eff}^s \,. \qquad [81]$$

In einer etwas anderen Schreibweise, wie sie von *Wada et al.* (35) eingeführt wurde, lautet dieser Ausdruck

$$\tau_s = \frac{1}{V_0} \cdot \gamma_s \cdot c_{inter}^s \,. \qquad [82]$$

Hierdurch wird verdeutlicht, daß das Produkt

$$c_{inter}^s = R \cdot n_{eff}^s \qquad [83]$$

den Anteil der zwischenmolekularen Wechselwirkungsenergie am Beitrag der Schwingungsgruppe s zur spezifischen Wärme des Kristalls beschreibt. Faßt man $c_{inter}^{rot} = R \cdot 6{,}2$ (Gl. [57]) und $c_{inter}^{tr} = R \cdot 9{,}1$ zusammen, so erhält man den Gesamtanteil der zwischenmolekularen Energie an der spezifischen Wärme:

$$c_{inter} = c_{inter}^{tr} + c_{inter}^{rot} = 15{,}3 \cdot R \,.$$

Dieser Wert kann aber auch, dies hat *Wunderlich* gezeigt, aus einer Analyse der Temperaturabhängigkeit der spezifischen Wärme von Polyäthylen gewonnen werden. Er entspricht dem Beitrag Debye-artiger Schwingungen zur spezifischen Wärme, welcher im Falle des $C_{33}H_{68}$

$$c_{inter} = 33 \cdot 0{,}456 \cdot R = 15 \cdot R$$

beträgt.

Wie man sieht, stimmen beide Werte praktisch überein, was einer nachträglichen Rechtfertigung unserer Wahl für n_{eff}^{tr} gleichkommt.

Auch der Ansatz Gl. [49] zur Beschreibung der thermischen Ausdehnung α_c in Kettenrichtung erweist sich als richtig. Aus der erhaltenen Grüneisenkonstanten γ_c (LAM 1) kann über Gl. [76] auf τ_{lg} geschlossen werden:

$$\tau_{lg} = 7{,}7 \cdot 10^6 \frac{\text{dyn}}{\text{cm}^2 \cdot {}^\circ\text{C}} \,.$$

Setzt man diesen Wert zusammen mit dem ebenfalls ramanspektroskopisch ermittelten Elastizitätskoeffizienten S_{cc} in Gl. [49] ein, so folgt für α_c

$$\alpha_c = 1{,}8 \cdot 10^{-5}\ {}^\circ\text{C}^{-1},$$

was recht genau den Meßwert

$$\alpha_c = 2{,}1 \cdot 10^{-5}\ {}^\circ\text{C}^{-1}$$

wiedergibt.

Es ist jetzt auch möglich, das Druckgleichgewicht (vgl. Abschn. 2), wie es bei Raumtemperatur im Kristall herrscht, genauer zu beschreiben. Mit Hilfe der Gln. [44], [45], [46] kann für alle 3 Richtungen der thermische Druck, dem jeweils eine gleich große „innere Spannung" entgegenwirkt, errechnet werden. Es werden so die folgenden Werte erhalten

$$\sigma_a^{th} = 5{,}0 \cdot 10^9 \frac{\text{dyn}}{\text{cm}^2} = -\sigma_a^{in}$$

$$\sigma_b^{th} = 2{,}81 \cdot 10^9 \frac{\text{dyn}}{\text{cm}^2} = -\sigma_b^{in}$$

$$\sigma_c^{th} = 2{,}3 \cdot 10^9 \frac{\text{dyn}}{\text{cm}^2} = -\sigma_c^{in} .$$

Zusammenfassend kann also festgestellt werden, daß die anisotrope thermische Ausdehnung in der orthorhombischen Modifikation von $C_{33}H_{68}$ durch die quasiharmonische Theorie erfaßbar ist. Die Gln. [47], [48], [49] geben alle Ausdehnungskoeffizienten richtig wieder. Es ist somit gelungen, die anisotrope thermische Ausdehnung von $C_{33}H_{68}$ auf den von drei verschiedenen Gruppen von Gitterschwingungen ausgeübten thermischen Druck zurückzuführen und sie so auf molekularer Ebene verständlich zu machen.

Die vorliegende Arbeit wurde im Rahmen des Sonderforschungsbereichs 41 („Chemie und Physik der Makromoleküle") von der Deutschen Forschungsgemeinschaft gefördert.

Zusammenfassung

Es wurde am Beispiel des n-$C_{33}H_{68}$ der Frage nach der molekularen Ursache der stark anisotropen thermischen Ausdehnung nachgegangen, wie sie bei kristallinen n-Alkanen und Polyäthylen allgemein beobachtet wird. Die Untersuchung stützte sich auf die Grüneisen-Theorie. Diese ursprünglich für isotrope Festkörper entwickelte Theorie läßt sich an die Bindungsverhältnisse, wie sie in n-Alkanen anzutreffen sind, anpassen und verknüpft dann die Ausdehnungskoeffizienten längs der a-, b- und c-Achse mit den Elastizitätskoeffizienten des Kristalls und mit den Temperaturkoeffizienten des von einigen ausgezeichneten Schwingungsgruppen ausgehenden thermischen Drucks. Alle benötigten Parameter können mittels ramanspektroskopischer Messungen erhalten werden. So folgte der longitudinale Elastizitätskoeffizient S_{cc}, welcher im Unterschied zu den lateralen Elastizitätskoeffizienten zunächst unbekannt war, aus einer genauen Bestimmung der Frequenzen der longitudinalen akustischen Schwingungen. Die benötigten Temperaturkoeffizienten des thermischen Drucks lassen sich auf die Grüneisen-Konstanten einiger ausgezeichneter ramanaktiver Gitterschwingungen zurückführen. Es handelt sich dabei um die longitudinalen und transversalen akustischen Schwingungen sowie die A_g-Rotatorschwingung. Die zugeordneten Grüneisen-Konstanten können jeweils durch eine Messung der Temperaturabhängigkeit der Schwingungsfrequenzen ermittelt werden. Als Ergebnis der Untersuchung wurde festgestellt, daß die Grüneisen-Theorie imstande ist, alle Ausdehnungskoeffizienten richtig wiederzugeben. Insbesonders wurde dabei deutlich, daß die Anisotropie im lateralen Ausdehnungsverhalten eine Folge der einseitigen Ausrichtung des von Rotations- und Torsionsschwingungen ausgehenden thermischen Drucks ist.

Summary

The molecular background of the anisotropic thermal expansion generally observed for paraffins and polyethylene was explored in a study on n-$C_{33}H_{68}$ in the temperature range between 10 °C and 50 °C. The analysis was based on a generalized Grüneisen-theory, which connects the expansion coefficients along the a-, b- and c-axis of an orthorhombic crystal with its elastic constants and with the temperature coefficients of the anisotropic thermal pressure originating from the different groups of lattice vibrations. All necessary parameters can be derived from raman spectroscopic measurements. The compliance constant in chain direction S_{cc}, needed in addition to the known lateral compliance constants, followed from a precise determination of the frequencies of the longitudinal acoustical modes. The temperature coefficients of the thermal pressure can be related to the Grüneisen constants of the longitudinal and transverse acoustical modes and of the A_g-rotatory mode. Their values were obtained by a measurement of the temperature dependence of the respective frequencies. The investigation results in the conclusion, that the Grüneisen-theory is able to account correctly for the measured expansion coefficients. In particular it becomes clear, that the anisotropy in the lateral expansion coefficients ($\alpha_a \gg \alpha_b$) is a consequence of the essentially uniaxial orientation of the thermal pressure associated with the rotational and torsional chain vibrations.

Literatur

1) *Müller, A.*, Proc. Roy. Soc. A **127**, 417 (1930).
2) *Müller, A.*, Proc. Roy. Soc. A **138**, 514 (1932).
3) *Grüneisen, E.*, Handbuch der Physik, Bd. 10, 1–59. (Berlin 1926).
4) *Pastine, D. J.*, J. Chem. Phys. **49**, 3012 (1968).
5) *Broadhurst, M.* and *F. I. Mopsik*, J. Chem. Phys. **54**, 4239 (1971).
6) *Odajima, A., T. Maeda, M. Sato, T. Kitagawa* and *T. Miyazawa*, Rep. Progr. Polym. Phys. Japan **11**, 209 (1968).
7) *Hayakawa, R.* and *Y. Wada*, Rep. Progr. Polym. Phys. Japan **11**, 215 (1968).
8) *Piesczek, W., G. Strobl* and *K. Malzahn*, Acta Cryst. B **30**, 1278 (1974).
9) *Strobl, G., B. Ewen, E. W. Fischer* and *W. Piesczek*, J. Chem. Phys. 5257 (1974).

10) *Ewen, B., E. W. Fischer, W. Piesczek* and *G. Strobl*, J. Chem. Phys. 5265 (1974).
11) *Malzahn, K.*, Diplomarbeit, Mainz 1970.
12) *Ludwig, W.*, Springer Tracts in Modern Physics **43**, Ch. V (Berlin - Heidelberg - New York 1967).
13) *Broadhurst, M.* and *F. I. Mopsik*, J. Chem. Phys. **52**, 3634 (1970).
14) *Müller, A.*, Proc. Roy, Soc. A **178**, 227 (1941).
15) *Weir, C. E.* and *J. D. Hoffman*, J. Res. NBS **55**, 307 (1955).
16) *Sakurada, I., T. Ito* and *K. Nakama*, J. Polym. Sci. C **15**, 75 (1966).
17) *Wobser, G.* und *P. C. Hägele*, Ber. Bunsenges. Phys. Chem. **74**, 896 (1970).
18) *Schaufele, R. F.* and *T. Shimanouchi*, J. Chem. Phys. **47**, 3605 (1967).
19) *Strobl, G.* und *R. Eckel*, in Vorbereitung.
20) *Khoury, F., B. Fanconi, J. D. Barnes* and *L. H. Bolz*, J. Chem. Phys. **59**, 5849 (1973).
21) *Schuyer, J.*, J. Polym. Sci. **36**, 475 (1959).
22) *Snyder, R. G.*, J. Mol. Spectr. **7**, 116 (1961).
23) *Tasumi, M.* and *T. Shimanouchi*, J. Chem. Phys. **43**, 1245 (1965).
24) *Tasumi, M.* and *S. Krimm*, J. Chem. Phys. **46**, 755 (1967).
25) *Szigeti, B.*, Proc. Roy. Soc. A **264**, 198 (1961).
26) *Williams, D. E.*, J. Chem. Phys. **47**, 4680 (1967).
27) *Harley, R. T., W. Hayes* and *J. F. Twisleton*, J. Phys. Lett. C **6**, 167 (1973).
28) *Frenzel, A. O.* and *J. P. Butler*, J. Opt. Soc. Am. **54**, 1059 (1964).
29) *Bertie, J. E.* and *E. Whalley*, J. Chem. Phys. **41**, 575 (1964).
30) *Olf, H.* and *B. Fanconi*, J. Chem. Phys. **59**, 534 (1973).
31) *Vergoten, G., G. Fleury, M. Tasumi* and *T. Shimanouchi*, Chem. Phys. Lett. **19**, 191 (1973).
32) *Kittel, C.*, Einführung in die Festkörperphysik, S. 203 (München 1969).
33) *Wu, C.*, J. Polym. Sci., Polym. Phys. Ed., **13**, 387 (1975).
34) *Wada, Y., A. Itani, T. Nishi* and *S. Nagai*, J. Polym. Sci. A-2, **7**, 201 (1969).
35) *Wunderlich, B.*, J. Chem. Phys. **37**, 1207 (1962).

Adresse des Autors:

G. R. Strobl
Institut für Physikalische Chemie
der Universität Mainz
6500 Mainz

Colloid & Polymer Sci. **254**, 190–197 (1976)

Vorgetragen auf der Frühjahrstagung des Fachausschusses Physik der Hochpolymeren in der Deutschen Physikalischen Gesellschaft in Münster 17.–22. März 1975

Institut für Organische Werkstoffe, Berlin

IR-spektroskopische Untersuchungen über Wasserstoffbrücken in N-Methylacetamid

W. Rutenkolk und *R. Bonart*

Mit 10 Abbildungen und 2 Tabellen

(Eingegangen am 20. Mai 1975)

1. Problemstellung

Segmentierte Urethan-Elastomere sind Block-Copolymere, bestehend aus sogen. harten und weichen Segmenten (1).

Letztere werden im allgemeinen aus linearen Polyäther- oder Polyesterketten mit einer durchschnittlichen Länge von 100–200 Å gebildet. Sie verleihen dem Polymeren seine Dehnbarkeit.

Chemische Bindungen zwischen Diisocyanaten und Kettenverlängerern (Diol, Diamin, etc.) führen zu harten Segmenten, die Urethan- oder Harnstoffgruppen enthalten.

Nach den heutigen Modellvorstellungen ergibt sich eine Domänenstruktur, in der harte Segmente segregiert in der weichen Segmentmatrix vorliegen. Diese Segregation wird in Verbindung gebracht mit einer physikalischen Vernetzung über Nebenvalenzen, wobei, wie *Bonart et al.* (2, 3) aufgrund röntgenographischer Befunde zeigen konnten, statistisch definierte Systeme von Wasserstoffbrücken im Segregationsgebiet vorliegen. Aus dieser physikalischen Vernetzung resultiert die Elastizität des Materials.

Innerhalb der harten Segmente bilden sich H-Brücken zwischen den NH-Protonendonatorgruppen und den C=O-Protonenakzeptorgruppen der Urethaneinheiten aus. Bei dem Modell über die physikalische Vernetzung in segmentierten Urethan-Elastomeren taucht beim Einsatz von Diaminen und Hydrozin als Kettenverlängerer das Problem auf, ob noch freie NH-Gruppen vorliegen oder alle

Tab. 1. Nichtassoziierte NH-Gruppen in N-Methylacetamid/CCl_4-Lösungen

Konzentration c (mol/l)	Absorption*) $A_f d$ (cm^{-2})	scheinbarer molarer Absorptionskoeffizient B' (l/mol × cm^2) × 10^{-3}	freier NH-Anteil α (%)
0.003	9.2	3.02	93.5
0.007	18.4	2.72	84.4
0.01	24.2	2.55	77.8
0.02	32.2	1.98	61.5
0.03	50.7	1.59	49.4
0.04	50.7	1.27	39.3
0.05	50.7	1.04	32.3
0.06	50.7	0.86	26.7
0.07	50.7	0.72	22.4
0.08	50.7	0.61	19.0
0.09	50.7	0.55	17.1
0.10	50.7	0.49	15.2
0.14	57.6	0.40	12.4
0.18	57.6	0.33	10.2
0.24	57.6	0.23	7.1
0.28	54.8	0.17	5.4

$\lim_{c \to 0} B' = B = 3{,}22 \times 10^2$ l/Mol × cm^2

*) = auf die Schichtdicke normierte Bandenfläche

Tab. 2. Nichtassoziierte C=O-Gruppen in N-Methylacetamid/CCl_4-Lösungen

Konzentration c (mol/l)	Absorption*) A_f/d (cm^{-2})	scheinbarer molarer Absorptionskoeffizient B' (l/mol × cm^2) × 10^{-3}	freier C=O-Anteil α (%)
0.02	418	2.09	62.6
0.03	460	1.64	50.8
0.04	524	1.28	39.8
0.05	533	1.08	33.5
0.06	530	0.91	28.3
0.07	520	0.74	22.9
0.08	550	0.66	20.4
0.09	592	0.56	17.4
0.10	524	0.51	16.1
0.14	382	0.29	9.0

$\lim_{c \to 0} B' = B = 3{,}22 \times 10^4$ l/Mol × cm^2

*) = auf die Schichtdicke normierte Bandenfläche

über H-Brücken an Carbonylgruppen gebunden sind (4). Eine Assoziationsmöglichkeit könnte auch in Form einer sogen. gespaltenen H-Brücke diskutiert werden; entweder als gleichzeitige Anziehung eines H-Atoms durch zwei O-Atome, wie sie u.a. beim Glycin gefunden wurde (5, 6) oder indem ein O-Atom als Akzeptor für zwei H-Brücken wirkt, wie es beim 1.8-Dihydroxyanthrachinon zu erwarten ist (7). Wasserstoffbrücken zu den Polyäther- bzw. Polyestergruppierungen in den Weichsegmenten treten mit Sicherheit auf.

Aus der Literatur sind einige IR-spektroskopische Arbeiten über das Ausmaß und die Natur der H-Brückenbindungen in segmentierten Urethan-Elastomeren bekannt (8–11). Die Autoren greifen dabei z.T. auch auf Modellsubstanzen in Lösungen zurück, da hierbei unter vereinfachten und kontrollierten Bedingungen wichtige Erkenntnisse über durch H-Brücken gebildete Assoziate gewonnen werden können.

IR-Untersuchungen an N-Methylacetamid in CCl_4-Lösung gestalten sich besonders übersichtlich, da dieses Molekül nur eine NH-Gruppe als Protonendonator sowie eine C=O-Gruppe als Akzeptor besitzt (12–16). Durch den Zusatz weiterer Protonenakzeptoren, z.B. verschiedener Äther und Ester, sowie Untersuchungen an Harnstoffen und niedermolekularen Urethanen lassen sich die Verhältnisse in Polyurethanen annähernd simulieren. Die gewonnenen Erfahrungen sollten die Interpretation der IR-Spektren von festen Urethan-Elastomeren erleichtern.

In dieser Arbeit wollen wir bekannte Untersuchungen über Wasserstoffbrücken in N-Methylacetamid in CCl_4-Lösung, soweit sie auf Messungen im NH-Streckschwingungsbereich beruhen, erweitern und quantitativ fassen. Eine vergleichbare Auswertung im C=O-Bereich ist nicht bekannt und soll hier versucht werden. Ein Vergleich der Ergebnisse im NH- und C=O-Bereich sollte Aussagen über die Art der H-Brückenkomplexe in diesem Amid ermöglichen. Über weitere Untersuchungen an Harnstoffen und Urethanen sowie an festen Elastomeren wird in späteren Arbeiten zu berichten sein.

2. Experimentelles

Unsere IR-spektroskopischen Messungen wurden mit einem IR-Spektrophotometer UNICAM SP 1000 durchgeführt. N-Methylacetamid rein und Tetrachlorkohlenstoff für die Spektroskopie wurden von der Fa. Merck, Darmstadt, bezogen.

Für die Aufnahme der IR-Spektren wurde eine zerlegbare Flüssigkeitsküvette mit NaCl-Fenstern verwendet. Die Schichtdicke wurde mit Teflondistanzringen unterschiedlicher Stärke variiert und nach der interferometrischen Methode überprüft (17). Die Kompensation des Lösungsmittels wurde mit einer Küvette kontinuierlich veränderlicher Schichtdicke durchgeführt. Für Messungen bei verschiedenen Temperaturen stand eine Temperiereinheit der Fa. Specac zur Verfügung. Mit einem DU PONT 310 Curve Resolver wurden überlagerte Banden aufgelöst.

3. Ergebnisse

Ein erstes Teilziel unserer Untersuchungen war, mit einem einfachen Verfahren eine

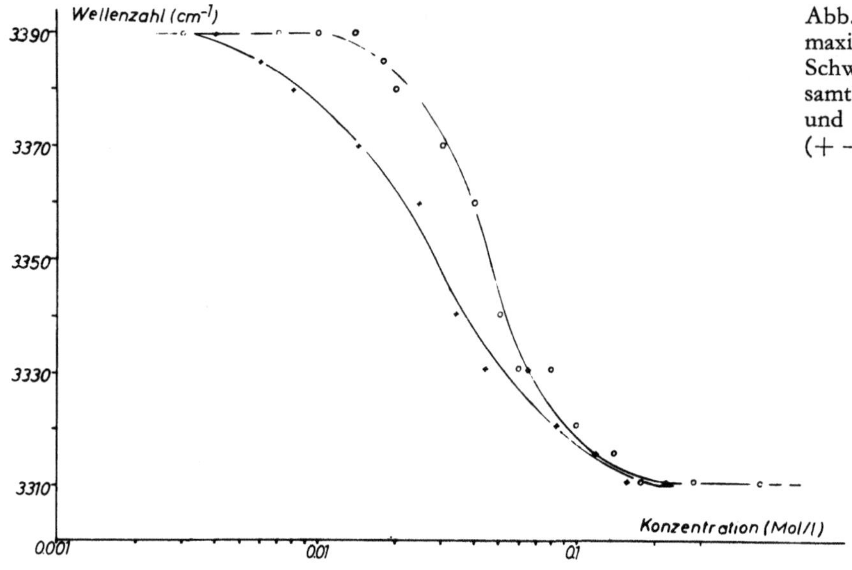

Abb. 1. Verschiebung des Bandenmaximums der assoziierten $\tilde{\nu}_{NH}$-Schwingung als Funktion der Gesamtkonzentration (○ – ○ – ○) und der Assoziatkonzentration (+ – + – +)

quantitative Bestimmung des Assoziatanteils durchzuführen. Dazu wurden Spektren einer Konzentrationsreihe von 0.0025–0.3 mol/l N-Methylacetamid in Tetrachlorkohlenstoff aufgenommen. Für die Auswertung wurden die NH-Streckschwingungen im Wellenzahlenbereich 3500–3300 cm^{-1} und die Amidbande I im Bereich 1700–1600 cm^{-1} zugrunde gelegt. An diesen Banden macht sich die konzentrationsabhängige Assoziatbildung am deutlichsten bemerkbar. Sie lassen sich daher auch quantitativ am besten auswerten. Nach *Mizushima et al.* (18) befinden sich bei einer Konzentration von etwa 0.002 mol/l praktisch alle Moleküle in nichtassoziiertem Zustand. Wir finden bei 0.0025 mol/l einen sehr geringen, nicht quantifizierbaren Anteil an assoziierten Molkülen, den wir jedoch einfachheitshalber vernachlässigen.

Die Bande bei 3480 cm^{-1} wird der NH-Streckschwingung freier, nichtassoziierter NH-Gruppen zugeordnet. Assoziierte NH-Gruppen zeigen eine Absorptionsbande im Bereich von 3390–3310 cm^{-1}.

Bis ca. 0.01 mol/l hat die Bande der NH-Assoziate ihr Maximum bei 3390 cm^{-1}, wahrscheinlich dem linearen Dimeren zuzuordnen. Man findet dann eine sukzessive Verschiebung des Wellenzahlmaximums, und ab ca. 0.3 mol/l bleibt die Wellenzahl bei 3310 cm^{-1} konstant. Dieser Befund steht in voller Übereinstimmung mit Untersuchungen von *McLachlan* und *Nyquist* (16).

Unsere eigenen Untersuchungen konzentrierten sich auf dieses Übergangsgebiet (0.01–0.3 mol/l), in dem sich offenbar eine Assoziatbildung zu unterschiedlich langen Molekülketten vollzieht.

Für den Bereich der NH-Schwingungen läßt sich der prozentuale Anteil assoziierter NH-Gruppen an der Gesamtkonzentration relativ einfach bestimmen.

Die integrale oder Gesamtabsorption einer Bande ist mathematisch formuliert durch:

$$A = \int ln \frac{I_0}{I} d\tilde{\nu} = B' \times c \times d\,.$$

Es bedeuten

A = Bandenfläche (cm^{-1})
I_0 = Strahlungsintensität vor der Probe
I = Strahlungsintensität nach Durchsetzen der Probe
$\tilde{\nu}$ = Wellenzahl (cm^{-1})
B' = scheinbarer molekularer Absorptionskoeffizient ($1/mol \times cm^2$)
c = Konzentration der Lösung (mol/l)
d = Schichtdicke (cm)

Nachdem die beobachtete (scheinbare) integrale Absorption der Bande der freien NH-Streckschwingung bei $\tilde{\nu}_{max} = 3480$ cm^{-1} bestimmt worden ist, die Bandenfläche wurde planimetriert, erhält man die wahre integrale Absorption durch Extrapolation auf die Konzentration Null. Zur Durchführung des Verfahrens wurde B' über verschiedene Konzentrationen aufgetragen. $\lim_{c \to 0} B' = B$ ergibt dann

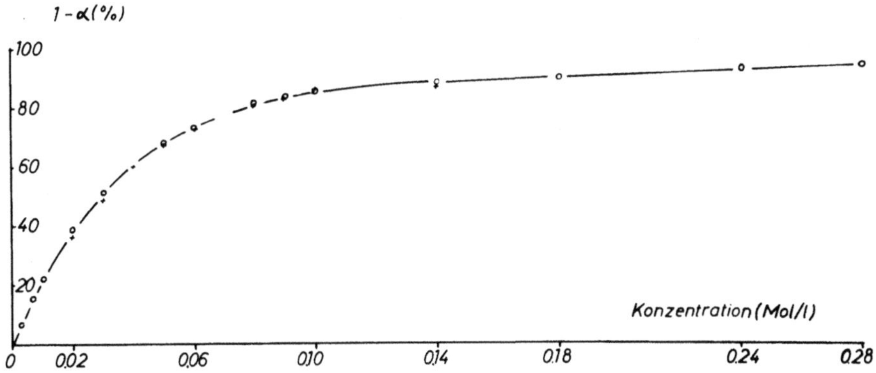

Abb. 2. Abhängigkeit des prozentualen Anteils assoziierter NH-Gruppen (○ – ○ – ○) und C=O-Gruppen (+ – + – +) als Funktion der Gesamtkonzentration bei $T = 22\,°C$

den wahren molaren Absorptionskoeffizienten. Der gefundene numerische Wert stimmt gut mit Literaturangaben überein (10, 16).

Den prozentualen Anteil freier NH-Gruppen erhält man nach

$$B'/B \times 100 = \alpha\,(\%)\,.$$

Der Assoziationsanteil 1—α ergibt sich dann durch Subtraktion von der Gesamtkonzentration.

Als Partner für die Wasserstoffbrückenbildung steht der NH-Gruppe nur die Carbonylgruppe zur Verfügung. Es sollten also ähnliche Verhältnisse in deren Schwingungsbereich, normalerweise als Amidbande I bezeichnet, auftreten. Nach *Miyazawa et al.* (12) wurden insgesamt sechs Schwingungen der sekundären Amidgruppe ermittelt und mit römischen Zahlen bezeichnet. Die Amidbande I wird bei ca. 1650 cm^{-1} beobachtet und der C=O-Streckschwingung sowie der antisymmetrischen O=C—N Gerüstschwingung zugeordnet. *Miyazawa* konnte aufgrund seiner Berechnungen zeigen, daß der Anteil der Gerüstschwingung vernachlässigbar gering ist, so daß die Amidbande I als C=O-Streckschwingungen angesehen werden kann.

Für Konzentrationen unter 0.02 mol/l wird im Spektrum nur eine Bande bei 1683 cm^{-1} registriert. Mit steigender Konzentration bildet sich an der niederfrequenten Flanke eine Schulter aus, die sich zu einer eigenständigen Bande bei 1650 cm^{-1} entwickelt. Gleichzeitig wird die ursprüngliche Hauptbande sukzessiv zu einer Schulter abgeschwächt und geht endlich in der 1650er Bande auf. Nach unserer Modellvorstellung haben wir die Bande bei 1683 cm^{-1} freien, nichtassoziierten C=O-Gruppen zugeordnet, die zweite Bande bei 1650 cm^{-1} den assoziierten Carbonylschwin-

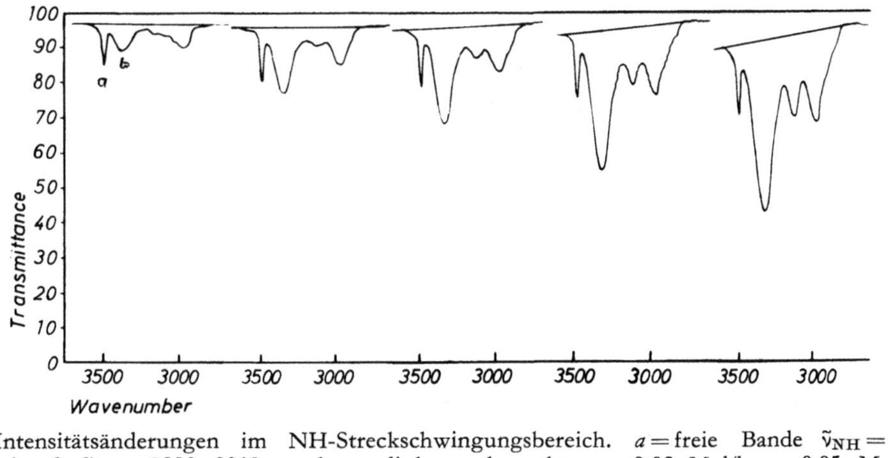

Abb. 3. Intensitätsänderungen im NH-Streckschwingungsbereich. a = freie Bande $\tilde{\nu}_{NH} = 3480$ cm^{-1}, b = Assoziatbande $\tilde{\nu}_{NH} = 3390$–3310 cm^{-1} von links nach rechts: $c = 0.03$ Mol/l, $c = 0.05$ Mol/l, $c = 0.07$ Mol/l, $c = 0.10$ Mol/l, $c = 0.14$ Mol/l, $d = 0.023$ cm

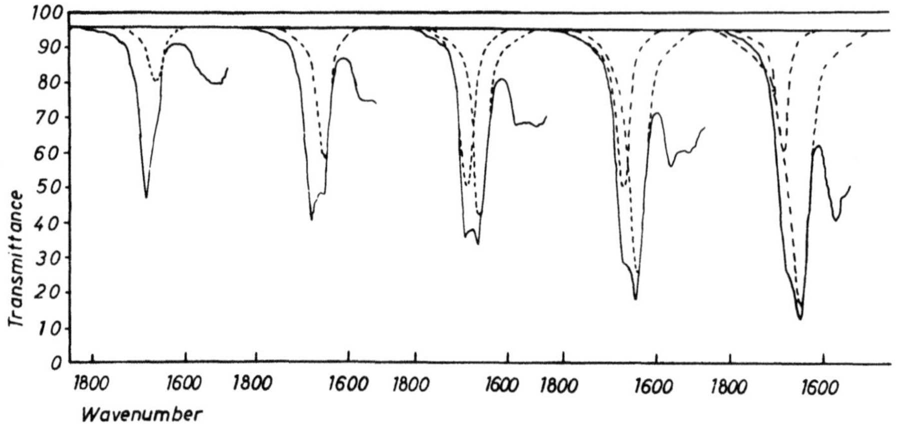

Abb. 4. Intensitätsänderungen im C=O-Streckschwingungsbereich, Konzentrationen *c* wie in Abb. 3

gungen. Mit Hilfe eines Kurvenanalysators war es uns möglich, die sich stark überlagernden Banden aufzulösen, wobei Lorentzkurven zugrundegelegt wurden.

In gleicher Weise, wie bereits für den NH-Bereich erläutert, wurden die Assoziatanteile berechnet. Wir konnten nur Aussagen über den schmalen Konzentrationsbereich von 0.02–0.14 Mol/l machen, da die Banden außerhalb dieser Grenzen keinerlei Anhaltspunkte mehr über die Lage der zweiten Bande lieferten.

Für erste Untersuchungen über die Temperaturabhängigkeit der Assoziatbildung wurden Spektren bei 25, 40 und 60 °C aufgenommen. Über 70 °C wurde die Heizküvette undicht und entleerte sich teilweise.

Wie Abb. 5 zeigt, führen diese geringfügigen Temperaturerhöhungen schon zu einem deutlichen Absinken des Assoziatanteils. Die Übereinstimmung der Ergebnisse aus den NH- und C=O-Bereichen weist darauf hin, daß es sich auch bei erhöhter Temperatur um 1:1 Wasserstoffbrückenkomplexe handelt.

4. Diskussion

Die quantitative Bestimmung der Assoziatanteile basiert auf der Auswertung freier NH-Gruppen.

Bestimmt man neben der integralen Absorption von $\tilde{\nu}_{NH}$ (frei) auch die der NH-Assoziatbande und trägt beide über der Gesamtkonzeption auf, dann zeigt sich an Hand des Absorptionsverlaufes, wie sich die Erhöhung der Gesamtkonzentration auf die Anteile der freien und assoziierten NH-Gruppen auswirkt (Abb. 6).

Für den untersuchten Konzentrationsbereich läßt sich feststellen: Oberhalb 0.03 mol/l

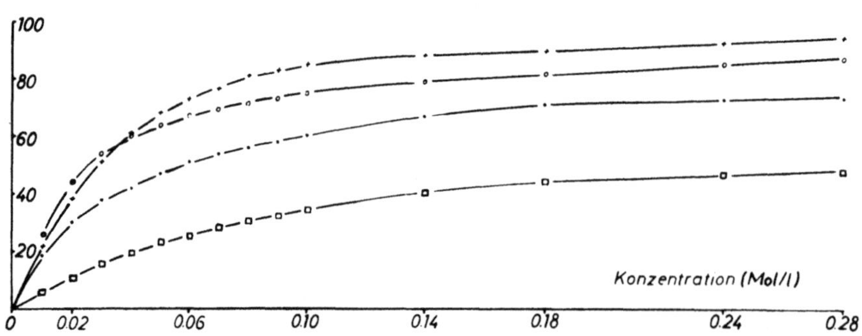

Abb. 5. Abhängigkeit des prozentualen Anteils assoziierter NH-Gruppen als Funktion der Gesamtkonzentration bei verschiedenen Temperaturen, 22 °C = (+ – + – +), 25 °C = (○ – ○ – ○), 40 °C = (● – ● – ●), 60 °C = (□ – □ – □)

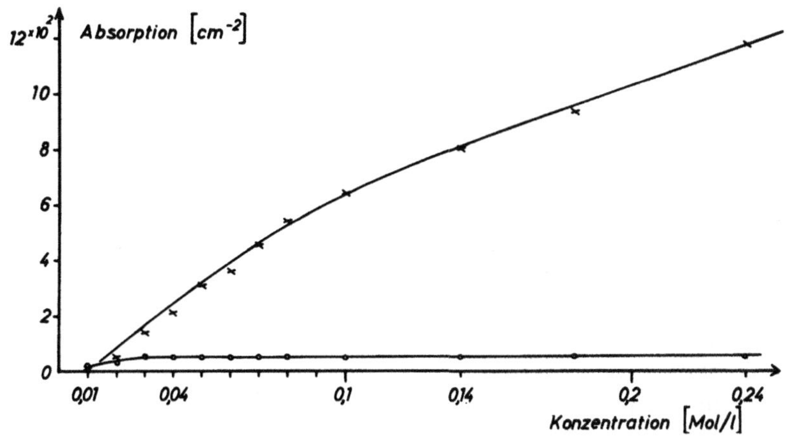

Abb. 6. Abhängigkeit der Absorption von der Gesamtkonzentration, Freie NH-Gruppen (○ – ○ – ○), assoz. NH-Gruppen (× – × – ×)

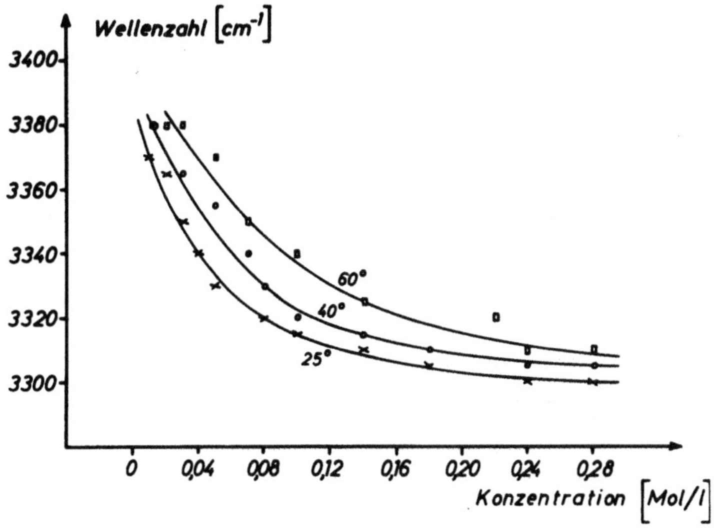

Abb. 7. Wellenzahlverschiebung der Assoziatbande als Funktion der Gesamtkonzentration bei verschiedenen Temperaturen

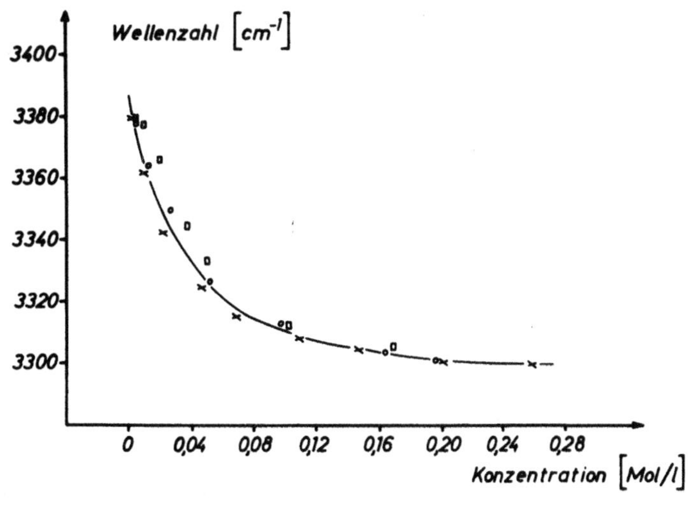

Abb. 8. Wellenzahlverschiebung der Assoziatbande als Funktion der Assoziatkonzentration. 25 °C = (× – × – ×), 40 °C = (○ – ○ – ○), 60 °C = (□ – □ – □)

wird jedes weitere Molekül in den Assoziatverband eingegliedert und erhöht die Zahl bzw. die relative Konzentration der gebundenen NH-Gruppen. Die Zahl der freien NH-Gruppen bleibt also konstant, so daß ihre relative Konzentration mit zunehmender Gesamtkonzentration gegen Null strebt.

Die Wellenzahlverschiebung der Assoziatbande macht sich auch bei höheren Temperaturen bemerkbar. In Abb. 7 ist diese Verschiebung als Funktion der Gesamtkonzentration aufgetragen. Man erhält drei verschiedene Kurven, entsprechend der jeweiligen Temperatur.

Trägt man, wie in Abb. 8 gezeigt, anstelle der Gesamtkonzentration die Assoziatkonzentration auf der Abszisse auf, so erhält man für alle drei untersuchten Temperaturen nur eine einzige Kurve. Die Verschiebung des Wellenzahlmaximums hängt somit nur von dem erreichten Assoziationsgrad ab. Wegen der auftretenden Mesomerie,

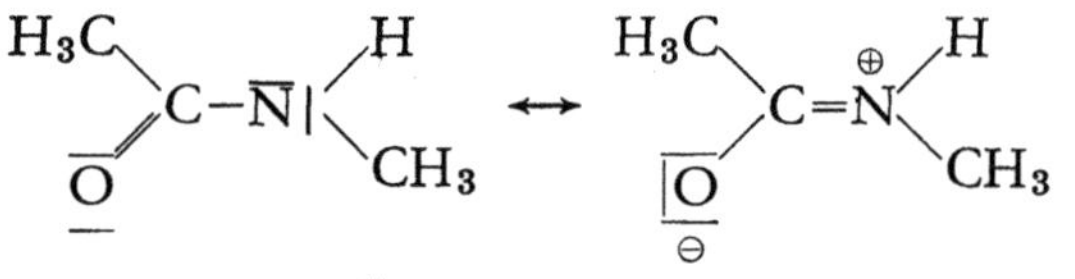

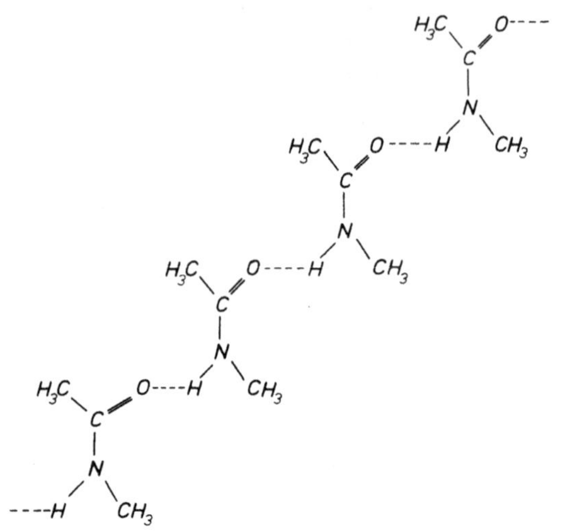

Abb. 9. Assoziierte Moleküle des N-Methylacetamid nach *Mizushima* (13)

durch die die freie Drehbarkeit der C–N-Bindung aufgehoben wird, und der trans-Konfiguration des N-Methylacetamidmoleküls ist die Bildung von Ringdimeren sehr unwahrscheinlich. Nach *Mizushima* (13) vollzieht sich die Bildung der Assoziate in Form linearer Ketten unterschiedlicher Länge. Die Wellen-

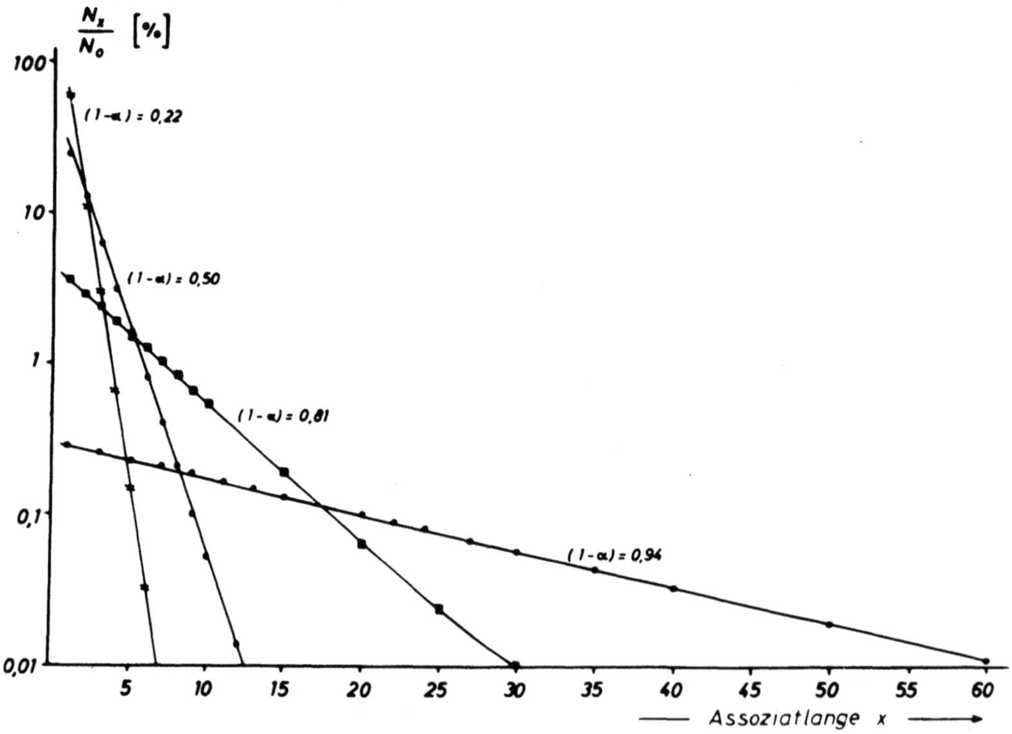

Abb. 10. Häufigkeitsverteilung bei verschiedenen Assoziationsgraden (1 – α)

zahlverschiebung der Assoziatbande wird auf diese verschieden langen Assoziatketten zurückgeführt.

Für Polykondensate (u.a. Polyamide) läßt sich unter der Annahme linearer Kettenmoleküle und konstanter Reaktivität der funktionellen Gruppen während der Kondensation eine Verteilung der Monomeren auf die verschiedenen Polymeren nach *Flory—Schulz* berechnen (19, 20).

Die Verteilungsfunktion wird nur noch durch das Ausmaß der Polykondensation (Umsatz der funktionellen Gruppen) bestimmt. Die mathematische Behandlung wurde auf das vorliegende Problem, nämlich die physikalische Vernetzung von Amidmolekülen über Wasserstoffbrücken, übertragen, um eine Abschätzung der Assoziatlängenverteilung zu ermöglichen. Der experimentelle Befund, daß die Wellenzahlverschiebung der Assoziatbande nur eine Funktion des Assoziationsgrades ist, erfüllt die Voraussetzungen für eine Flory-Schulz-Verteilung und weist auf die Bildung linearer Kettenassoziate hin.

Diese Untersuchung wurde mit Mitteln der Deutschen Forschungsgemeinschaft (DFG) gefördert.

Zusammenfassung

Es wurden IR-spektroskopische Untersuchungen an N-Methylacetamid in CCl_4-Lösungen durchgeführt. Der durch Wasserstoffbrücken assoziierte Molekülanteil konnte in einem Konzentrationsbereich von 0.01—0.3 Mol/l durch Messungen der integralen Absorption quantitativ bestimmt werden. Eine Auflösung und Zuordnung der Banden im C=O-Streckschwingungsbereich (1683—1650 cm^{-1}) war möglich. Eine Korrelation mit den Ergebnissen im NH-Bereich weist auf 1:1 H-Brückenkomplexe hin. Die beobachtete Wellenzahlverschiebung der NH-Assoziatbande (3390—3310 cm^{-1}) wird ausschließlich auf den insgesamt erreichten Assoziationsgrad zurückgeführt, in Übereinstimmung mit *Flory—Schulz*. Der Temperatureinfluß auf die Assoziatbildung wird diskutiert.

Summary

The infrared spectra of N-Methylacetamide in CCl_4 solution have been studied. A quantitative determination of the species associated by hydrogen bonding has been carried out by measuring the absorbance in the NH stretching region. Separation and assignment of bands in the carbonyl stretching region (1683—1650 cm^{-1}) could be accomplished. A correlation of the formation of 1:1 complexes of hydrogen bonds. The frequency of the absorption maximum of the bonded NH band (3390—3310 cm^{-1}) with increasing concentration and this shift is exclusively attributable to the degree of association. The effect of temperature on the hydrogen bonded species has been examined.

Literatur

1) *Rinke, H.*, Chimia **22**, 164 (1968).

2) *Bonart, R., L. Morbitzer* und *G. Hentze*, J. Macromol. Sci.-Phys. **B 3(2)**, 337 (1969).

3) *Bonart, R.*, ibid. **B 2**, 115 (1968).

4) *Bonart, R., L. Morbitzer* und *E. H. Müller*, ibid., **B 9**, 447 (1974).

5) *Albrecht, G. A.* und *R. B. Corey*, J. Am. Chem. Soc. **61**, 1087 (1939).

6) *Ham, J. T.* und *D. G. Williams*, Acta Cryst. **B 26**, 1373 (1970).

7) *Pauling, L.*, The Nature of the Chemical Bond, 496 (1960).

8) *Seymour, R. W., G. M. Estes* und *S. L. Cooper*, Macromolecules **Vol. 3**, 579 (1970).

9) *Boyarchuk, Yu. M., L. Ya. Rappaport, V. N. Nikitin* und *N. P. Apukhtin*, Polym. Sci. UdSSR **7**, 859 (1965).

10) *Tanaka, T., T. Yokoyama* und *Y. Yamaguchi*, J. Polym. Sci., Part A-1, Vol. **6**, 2137 (1968).

11) *Sung, C. S. P.* und *N. S. Schneider*, Macromolecules, Vol. **3**, 68 (1975).

12) *Miyazawa, T., T. Shimanouchi* und *S. Mizushima*, J. Chem. Phys. **Vol. 29**, 611 (1958).

13) *Mizushima, S.*, in ‚Advances in Protein Chemistry', Vol. 9, (1954).

14) *Jones, R. L.*, Spectrochimica Acta, **Vol. 22**, 1555 (1966).

15) *Jones, R. L.*, ibid., **Vol. 30A**, 1320 (1974).

16) *McLachlan, R. D.* und *R. A. Nyquist*, ibid. **Vol. 20**, 1397 (1964).

17) *Brügel, N.*, Einführung in die Ultrarotspektroskopie 183 (Darmstadt 1969).

18) *Mizushima, S., M. Tsuboi, T. Shimanouchi* und *Y. Tsudo*, Spectrochimica Acta, Vol. **7**, 100 (1955).

19) *Vieweg/Müller*, Kunststoff-Handbuch Bd. VI, 22ff. (1966).

20) *Flory, P. J.*, Principles of Polymer Chemistry, (1971).

Anschrift des Verfassers:

Dipl-Ing. *W. Rutenkolk*
Inst. für Organische Werkstoffe
Englische Str. 20
1000 Berlin 12

Colloid & Polymer Sci. **254**, 198 (1976)

Vorgetragen auf der Frühjahrstagung des Fachausschusses Physik der Hochpolymeren in der Deutschen Physikalischen Gesellschaft in Münster 17.–22. März 1975

Forschungslaboratorien der Siemens AG., Erlangen

Isotherme und thermisch stimulierte Depolarisation in Polyäthylen*)

P. Fischer und *P. Röhl*

(Eingegangen am 20. Mai 1975)

Zusammenfassung

An verschiedenen Modifikationen eines Polyäthylens niederer Dichte wurden thermisch stimulierte Ströme (TSC) und isotherme Depolarisationsströme gemessen. Die thermisch stimulierten Ströme zeigen Maxima im Bereich der β- und γ-Relaxationen der molekularen Beweglichkeit des Materials und weitgehende Übereinstimmung mit mechanischen und dielektrischen Verlustfaktormessungen. Die Zeitabhängigkeit isothermer Depolarisationsströme folgt im untersuchten Temperaturbereich 80 bis 320 K einem Potenzgesetz $j \sim t^{-n}$ mit $n \approx 1$. Die gesamten Depolarisationserscheinungen sind auf die Relaxation in die Polyäthylenkette eingebauter Dipole zurückzuführen und die Ergebnisse können mit Hilfe des Fröhlich-Modells der Dipolorientierung durch ein kontinuierliches Relaxationszeitspektrum beschrieben werden. Die Messung thermisch stimulierter Ströme erweist sich als einfaches Hilfsmittel das Spektrum der molekularen Beweglichkeit abzutasten.

*) Die diesem Vortrag zugrunde liegenden Arbeiten werden mit Mitteln des Bundesministers für Forschung und Technologie im Rahmen des Technologieprogramms gefördert. Die Verantwortung für den Inhalt liegt jedoch allein bei den Autoren.

Anschrift der Verfasser:

Peter Fischer Ph. D. und Dipl. Phys. *Peter Röhl*
Forschungslaboratorien der Siemens AG.,
Postfach 325
8520 Erlangen

Colloid & Polymer Sci. **254**, 199–204 (1976)

Vorgetragen auf der Frühjahrstagung des Fachausschusses Physik der Hochpolymeren in der Deutschen Physikalischen Gesellschaft in Münster 17.–22. März 1975

Fritz-Haber-Institut der Max-Planck-Gesellschaft, Berlin

Kristallitgrößen, Gitterstörungen und Langperioden von säurehydrolysierten, regenerierten Zellulosen

J. Haase, R. Hosemann und *B. Renwanz*

Mit 4 Abbildungen und 3 Tabellen

(Eingegangen am 6. Mai 1975)

Einleitung

Für die Aufklärung der Zellulosestruktur sind Hydrolyseversuche von großer Bedeutung. Eine Fülle von Beobachtungsmaterial läßt den Schluß zu, daß die für Wasser „zugänglichen" Bereiche der Zellulosestruktur die „amorphen" Bereiche sind. So führt auch die Hydrolyse mit verdünnten Säuren zu einem Abbau der Zelluloseketten, der im Anfangsstadium der Hydrolyse ausschließlich in den schlecht geordneten Bereichen erfolgt. Erst bei langandauernder Hydrolyse werden auch die Kristallite angegriffen, wobei die Abbaugeschwindigkeit, gemessen am Gewichtsverlust, in dieser späteren Phase der Hydrolyse um etwa zwei Größenordnungen kleiner als im Anfangsstadium ist (1).

Im Gegensatz zu Polyäthylen ist der Elektronendichteunterschied zwischen „amorphen" und „kristallinen" Bereichen in Zellulose so gering, daß im unbehandelten Zustand bisher nur von einigen regenerierten Zellulosefasern sehr schwache Meridianreflexe im Röntgenkleinwinkeldiagramm beobachtet wurden (2, 3). Das erklären wir dadurch, daß im Gegensatz zu Polyäthylen und auch im Gegensatz zu Triacetylzellulose (4) Kettenrückfaltungen bei nativen und regenerierten Zellulosefasern praktisch nicht vorkommen und daß der Elektronendichteunterschied durch Kettenaufbauschungen in den „amorphen" Bereichen zustandekommt.

Durch den Abbau der Zellulose in den „amorphen" Bereichen und das gleichzeitige Herauslösen entstandener Kettensegmente während der Hydrolyse wird die Elektronendichtedifferenz zwischen „amorphen" und „kristallinen" Bereichen vergrößert. Das hat bei regenerierten Zellulosefasern zur Folge, daß nach säurehydrolytischer Behandlung nun deutliche Meridianreflexe auftreten (5, 6). Erst die Analyse derselben liefert die zur vollständigen Beschreibung der Struktur erforderlichen Parameter.

So ergaben erste Röntgenkleinwinkelmessungen an mit Phosphorwolframsäure hydrolysierten, regenerierten Zellulosefasern (Tufcel, Fortisan) durch zweidimensionale Analyse der Meridianreflexe statistische Langperiodenschwankungen von 30–40% und nematischartige Längsschwankungen seitlicher Nachbarkristallite von etwa 25% (6).

Das letzte Ergebnis ist nun insofern bemerkenswert, als es zeigt, daß in benachbarten Fibrillen die „kristallinen" und „amorphen" Bereiche, obwohl sie etwa gleiche Ausdehnung besitzen, sich nicht schachbrettartig aneinanderlagern, wie es nach dem „string model" von *Statton* (7) mit stark aufgebauschten „amorphen" Bereichen erwartet würde und ein Vierpunktdiagramm zur Folge hätte (8), was nicht beobachtet wird. Statt dessen gleicht die Struktur eher einer parakristallinen Schichtstruktur (9). Die Kettenaufbauschungen können also nicht erheblich sein.

Bei den ersten Messungen an säurehydrolysierten Zellulosefasern wurde eine Abhängigkeit der Langperiode von der Hydrolysedauer festgestellt. Die vorliegenden systematischen Untersuchungen an einer polynosischen Viskosefaser (Tufcel) sollten nun diesen Zusammenhang prüfen, wobei mittels Röntgenweitwinkelstreuung gleichzeitig die Kristalllitgrößen und Gitterstörungen in Kettenrichtung, die bereits früher als parakristalline Störungen erkannt worden waren (3), bestimmt wurden.

Experimentelles

Die polynosische Viskosefaser Tufcel wurde in 2*n* HCl bei 80 °C verschieden lange hydrolysiert. Die hydrolysierten Proben wurden mehrfach mit destilliertem Wasser gewaschen und im Vakuum getrocknet.

Die Röntgenweitwinkeldiagramme wurden in Guinier-Präzisionskammern der Fa. AEG (Pulverkammer) bzw. der Fa. Huber (Einkristallkammer) mit Johansson-Monochromator unter Verwendung von $CuK_{\alpha 1}$-Strahlung, die Kleinwinkeldiagramme in Kammern mit Punktfokussierung nach *Kiessig* unter Verwendung von gefilterter Cu-Strahlung aufgenommen.

Im Falle der Weitwinkelstreuung waren die verwendeten Präparate stets so dünn, daß eine Präparatdickenkorrektur nicht durchgeführt zu werden brauchte. Die angegebenen integralen Linienbreiten sind stets Mittelwerte aus mindestens 4 Filmmessungen.

Meßergebnisse und Diskussion

Weitwinkelmessungen

a) Kristallitgrößen und Gitterstörungen in Kettenrichtung

Die gemessenen integralen Linienbreiten der Meridianreflexe 0k0 – bei Zellulose ist die *b*-Richtung die Ketten- bzw. Faserrichtung – und die daraus sich ergebenden Kristallitgrößen $\bar{D}_{020}$ und g_{020}-Werte der parakristallinen Störungen in Faserrichtung sind in Tab. 1 zusammengestellt. Der Meßfehler für die Linienbreite beträgt $\pm 4\%$.

Nach der Reflexbreitenmethode, die beim Vorliegen von 3 Reflexordnungen ein und derselben Netzebenenschar zu entscheiden gestattet, welcher Art die auftretenden Gitterstörungen sind, wurde bereits früher für die unbehandelte Tufcel-Faser unter Auswertung der in der Pulverkammer gemessenen Reflexe 020, 040 und 091 gezeigt, daß es sich um parakristalline Gitterstörungen mit einem g_{020}-Wert von 1,5% handelt (3).

Tab. 1. Linienbreiten $\delta\beta_{0k0}$, Kristallitgrößen $\bar{D}_{020}$ und parakristalline Gitterstörungen g_{020} in Faserrichtung von säurehydrolysierten Tufcel-Fasern als Funktion der Hydrolysezeit t_H in 2*n* HCl bei 80 °C

t_H/min	$\delta\beta_{020}$/ 10^{-3}Å^{-1}	$\delta\beta_{040}$/ 10^{-3}Å^{-1}	$\bar{D}_{020}$/Å	g_{020}/%
0	8,84	9,76	118	1,5
5		9,82	118	
240	8,55	9,57	122	1,6
480		9,97	115	
1440		10,6	106	

Die Linienbreiten der Meridianreflexe 020 und 040 der unbehandelten Faser wurden für die vorliegenden Untersuchungen in der für orientierte Präparate geeigneteren Einkristallkammer erneut gemessen, woraus sich unter der Annahme parakristalliner Störungen in Übereinstimmung mit den früheren Messungen ebenfalls ein g_{020}-Wert von 1,5% ergibt (vgl. Tab. 1, Zeile 2).

Bei den parakristallinen Störungen handelt es sich um statistisch in den Kristall eingebaute Gitterstörungen. Bleibt bei säurehydrolytischer Behandlung der Faser die mittlere Kristallitgröße konstant, so muß auch der *g*-Wert konstant bleiben. Das wird durch die Messungen an einer 4h hydrolysierten Probe bestätigt (vgl. Tab. 1, Zeile 3). Dabei ist zu berücksichtigen, daß der Fehler für den *g*-

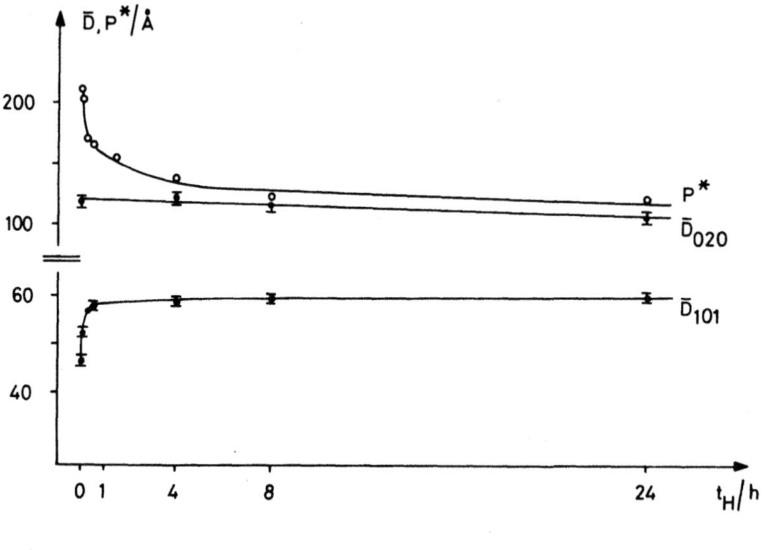

Abb. 1. Laterale Kristallitgrößen $\bar{D}_{101}$, axiale Kristallitgrößen $\bar{D}_{020}$ und scheinbare Langperioden $P^* = 1/b_{I\max}$ von säurehydrolysierten Tufcel-Fasern als Funktion der Hydrolysezeit t_H in 2*n* HCl bei 80 °C

Wert aufgrund der relativ geringen Unterschiede in den Linienbreiten der 020- und 040-Reflexe weit über $\pm 10\%$ liegt.

In allen anderen Fällen wurde daher nur noch die Breite des 040-Reflexes gemessen und daraus unter der Annahme parakristalliner Störungen mit einem g_{020}-Wert von 1,5% die Kristallitgröße in Kettenrichtung, $\bar{D}_{020}$, berechnet (vgl. Tab. 1, Spalte 4). Diese ist in Abb. 1 (mittlere Kurve) als Funktion der Hydrolysezeit t_H aufgetragen.

Es ergibt sich eine nur geringfügige Abnahme der Kristallitgröße in Kettenrichtung mit wachsender Hydrolysezeit, die nach 24h etwa 10% beträgt. Das stimmt überein mit Messungen von *Schönfeld et al.* (10) an Polyäthyleneinkristallen, die mit Salpetersäure abgebaut wurden. Dabei zeigte es sich, daß der Abbau im wesentlichen von den lateralen Korngrenzen her erfolgt, während die Kristallitgröße in Kettenrichtung nur geringfügig abnimmt.

b) Laterale Kristallitgrößen

Die als Funktion der Hydrolysezeit gemessenen integralen Breiten des Äquatorreflexes 101 und die daraus berechneten lateralen Kristallitgrößen in der Richtung senkrecht zur Netzebene (101), $\bar{D}_{101}$, sind in Tab. 2, Spalte 2 und 3 aufgeführt. Bei der Berechnung der Kristallitgröße wurden dabei eventuell vorhandene Gitterstörungen in lateraler Richtung, über deren Existenz wegen des Auftretens nur eines Reflexes 1. Ordnung keine Aussagen gemacht werden können, nicht berücksichtigt, die jedoch, falls sie vorhanden und parakristalliner Natur sind, den Meßwert um höchstens 10% nach oben verschieben (3).

Wie die Tabelle 2 und Abb. 1 (mittlere Kurve) zeigen, nimmt die laterale Kristallitgröße $\bar{D}_{101}$ nach 24h Hydrolyse um 28% zu, wobei die Zunahme praktisch bereits in den ersten 30 Minuten erfolgt, $\bar{D}_{101}$ danach praktisch konstant bleibt.

Tab. 2. Linienbreiten $\delta\beta_{101}$ und laterale Kristallitgrößen $\bar{D}_{101}$ von säurehydrolysierten Tufcel-Fasern als Funktion der Hydrolysezeit t_H in 2*n* HCl bei 80 °C

t_H/min	$\delta\beta_{101}/10^{-3}$Å^{-1}	$\bar{D}_{101}$/Å
0	21,4	47
5	19,0	53
15	17,5	57
30	17,3	58
240	17,0	59
480	16,8	60
1440	16,7	60

Die Zunahme wird in Übereinstimmung mit Messungen von *Hermans* und *Weidinger* (11), die an säurehydrolysierten Viskosefasern eine Zunahme des Kristallinitätsgrades feststellten, wie folgt gedeutet: Durch den Abbau der Zelluloseketten in den zwischen zwei aufeinanderfolgenden „kristallinen“ Bereichen in Kettenrichtung existierenden „amorphen“ Bereichen wird die Beweglichkeit der zwischen seitlich benachbarten Kristalliten bzw. auf ihren seitlichen Oberflächen befindlichen „amorphen“ Ketten erhöht, so daß sie sich reorientieren und an die Kristallite seitlich ankristallisieren können. Damit wird die gemessene Kristallinitätszunahme erklärt. Weiter haben wir früher bereits gesehen (3, 12), daß sich benachbarte Fibrillen so aneinanderlagern können, daß sich dickere Einheiten konstanter Elektronendichte bilden, deren Durchmesser sich wie 1:2:4 verhalten, ohne daß sie im Weitwinkelgebiet in nennens-

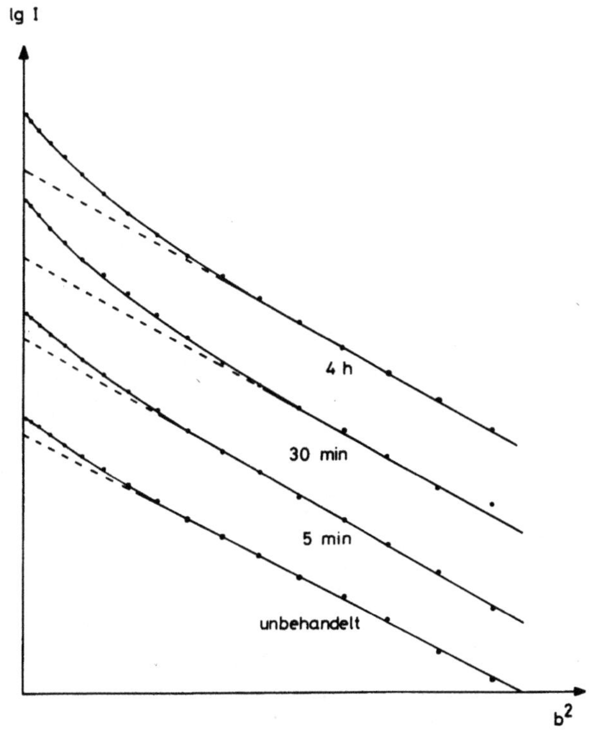

Abb. 2. Guiniersche Darstellung der Intensität des 101-Reflexes von säurehydrolysierten Tufcel-Fasern. Parameter ist die Hydrolysezeit in 2*n* HCl bei 80 °C

wertem Umfang kohärent streuen. Durch die Reorientierung der „amorphen" Ketten zwischen den Fibrillen wird letzteres nun eher möglich sein. Durch diesen Effekt, den wir Rekristallisation nennen wollen, muß aber die Polydispersität der Kristallitgrößenverteilung zunehmen, was man in der Guinierschen Auftragung der Weitwinkelreflexintensität, $lg I$ über b^2 ($b = 2 \sin \vartheta / \lambda$), an einer stärker gekrümmten Meßkurve erkennen kann.

In Abb. 2 sind nun für verschiedene Hydrolysezeiten die Guinierschen Darstellungen der Intensität des 101-Reflexes übereinander gezeichnet. Man erkennt, daß die Krümmung der Meßkurven bis zu einer Hydrolysezeit von 30 min zunimmt, um dann konstant zu bleiben in Übereinstimmung mit dem gemessenen Verlauf von $\bar{D}_{101}$ als Funktion von t_H.

In allen Fällen konnte die Meßkurve in zwei Gaußkomponenten aufgespalten werden, wovon in Abb. 2 nur die erste Komponente eingezeichnet ist, deren zugehörige Kristallitgrößen sich wie 1:2 verhalten in Übereinstimmung mit den bereits früher gefundenen Fibrillendurchmessern, die sich wie 1:2:4 verhielten. Dabei ist daran zu erinnern, daß die Fibrillen in erster Näherung eine zylindrische Gestalt haben und daß die Zunahme der Kristallitgröße lateral isotrop ist (12).

Für die Zunahme der lateralen Kristallitgröße infolge Hydrolyse ist also sowohl reines Kristallwachstum auf Kosten der „amorphen" Bereiche als auch dadurch mögliche Rekristallisation verantwortlich. Die innerhalb der Meßgenauigkeit festgestellte Parallelität der Kurven in Abb. 2 deutet darauf hin, daß dabei die Rekristallisation der überwiegende Effekt ist.

Kleinwinkelmessungen

Ein typisches Röntgenkleinwinkeldiagramm einer hydrolysierten Tufcel-Faser zeigt Abb. 3. Die Faser war dabei senkrecht orientiert. Derartige Faserdiagramme konnten von allen untersuchten Proben erhalten werden, was für die lange hydrolysierten Fasern bei der Präparierung besondere Vorsichtsmaßnahmen erforderte, da diese stark abgebauten Fasern bei Berührung zerfallen.

Aus dem Abstand des Maximums des Meridianreflexes vom Primärstrahl kann durch Anwendung der Bragg-Gleichung eine scheinbare Langperiode $P^* = 1/b_{I\max}$ berechnet werden. Diese ist um etwa 14% größer als die aus dem Maximum des Gitterfaktors bestimmte Langperiode (6), was mit Messungen am Polyäthylen übereinstimmt, wo ebenfalls das Maximum des Gitterfaktors um mehr als 10% zu größeren b-Werten hin verschoben ist. Diese Differenz erklärt sich daraus, daß nach der Theorie (13) die Intensität längs des Meridians gegeben ist durch das Produkt aus Baustein- und Gitterfaktor, ihr Maximum also gegenüber dem Maximum des Gitterfaktors verschoben wird, wenn an dieser Stelle der Bausteinfaktor mit steiler Flanke zu größeren b-Werten hin abfällt.

Die Meßwerte für die scheinbare Langperiode P^* als Funktion der Hydrolysezeit

Abb. 3. Röntgenkleinwinkeldiagramm einer säurehydrolysierten Tufcel-Faser mit senkrecht orientierter Faserachse.

Tab. 3. Scheinbare Langperioden $P^* = 1/b_{I\max}$ von säurehydrolysierten Tufcel-Fasern als Funktion der Hydrolysezeit t_H in 2*n* HCl bei 80 °C

t_H/min	0	5	15	30	90	240	480	1440
P^*/Å	211	203	170	165	155	138	122	121

sind in Tabelle 3 zusammengestellt und in Abb. 1 graphisch dargestellt (obere Kurve).

Die scheinbare Langperiode nimmt mit steigender Hydrolysezeit ab und verläuft für $t_H \geqslant 4$h praktisch parallel zur Kristallitgröße in Kettenrichtung. Für die 3 Hydrolysezeiten t_H = 4h, 8h, 24h liegt $\bar{D}_{020}$ im Mittel um 10% niedriger als P^*, was bedeutet, daß die wahre Langperiode P innerhalb der Meßgenauigkeit mit der mittleren Kristallitgröße in Kettenrichtung übereinstimmt. Das wird dadurch erklärt, daß durch das teilweise Herauslösen des amorphen Materials die Struktur kollabiert, bis schließlich die einzelnen Kristallite nach Entfernen sämtlichen amorphen Materials direkt aufeinander liegen. Die Messungen zeigen daher in ausgezeichneter Weise die Konsistenz der Röntgenweit- und Röntgenkleinwinkelergebnisse.

In Abb. 4 sind unsere Vorstellungen schematisch dargestellt. Im linken Teil der Abbildung ist eine Zellulosefibrille skizziert, wie sie in der unbehandelten Faser vorliegt. Da es für die Existenz von Kettenrückfaltungen in nennenswertem Umfang in Zellulosefasern keine Anzeichen gibt, denken wir uns die

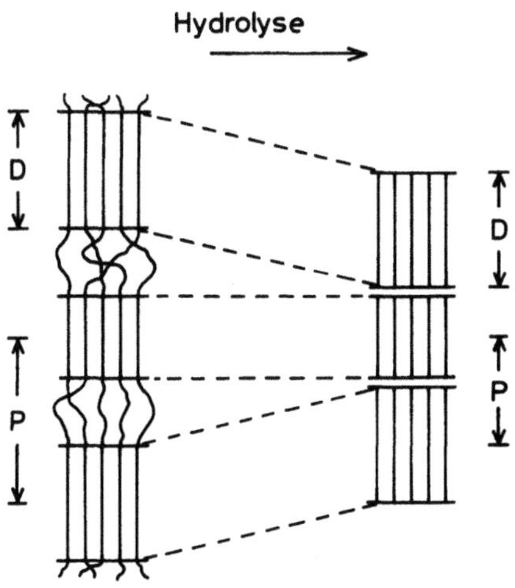

Abb. 4. Schematisierte Darstellung einer Tufcel-Fibrille im unbehandelten und säurehydrolysierten Zustand (Anfangsstadium)

Elektronendichtedifferenz zwischen „amorphen" und „kristallinen" Bereichen durch leichte Kettenaufbauschungen in den „amorphen" Bereichen entstanden. Wenn durch Hydrolyse schließlich alles „amorphe" Material entfernt worden ist, ergibt sich das im rechten Teil der Abbildung skizzierte Bild mit den direkt übereinander liegenden Kristalliten, wodurch die Langperiode praktisch bis auf die mittlere Kristallitgröße in Kettenrichtung abgenommen hat.

Ähnliche Ergebnisse sind übrigens auch für ein mit Salpetersäure sukzessive abgebautes schmelzkristallisiertes Polyäthylen erhalten worden (14). Auch hier nimmt die Langperiode mit wachsender Abbauzeit ab, bis schließlich nur noch die einzelnen Kristallite übereinander liegen.

Zusammenfassung

Durch Röntgenweit- und Röntgenkleinwinkelmessungen an verschieden langen in 2*n* HCl bei 80 °C hydrolysierten Viskosefasern (Tufcel) wurde gezeigt, daß die Langperiode mit steigender Hydrolysezeit abnimmt und schließlich gleich der mittleren Kristallitgröße in Kettenrichtung wird, die in dieser Anfangsphase der Hydrolyse praktisch konstant bleibt. Die Abnahme der Langperiode wird auf die Entfernung „amorphen" Materials zurückgeführt, wodurch die Struktur kollabiert. Durch den Abbau der Zelluloseketten in den „amorphen" Bereichen werden die in den lateralen Korngrenzen der Mikroparakristallite liegenden Kettensegmente beweglicher und können an die Parakristallite ankristallisieren. Das hat offensichtlich zur Folge, daß sich ein gewisser Anteil benachbarter Mikroparakristallite zu kohärent streuenden größeren Einheiten zusammenschließen kann. Die mittlere laterale Kristallitgröße wächst deshalb anfänglich sehr rasch um 28%, um dann konstant zu bleiben.

Summary

X-ray wide angle and small angle measurements on viscose fibres (Tufcel), hydrolysed in 2*n* HCl at 80 °C for different times, show a decrease of the long period with increasing time of hydrolysis, which finally approaches the mean crystallite size in chain direction, the latter being constant during these early stages of hydrolysis. The decrease of the long period is explained by the removal of "amorphous" material followed by a collapse of the structure. The degradation of the cellulose chains in the "amorphous" regions increases the mobility of chain segments in the grain boundaries of neighbouring paracrystallites, so that they may crystallize. This crystallization obviously results in a partial coherent scattering of neighbouring paracrystallites. Therefore the mean lateral crystallite size increases by 28% in the very early stages of hydrolysis, remaining constant afterwards.

Literatur

1) *Sharples, A.*, Degradation of cellulose and its derivatives, in: *Bikales, N. M.* and *L. Segal*, Cellulose and Cellulose Derivatives (1971).

2) *Statton, W. O.*, J. Polymer Sci. **22**, 385 (1956).

3) *Haase, J., R. Hosemann* und *B. Renwanz*, Kolloid-Z. u. Z. Polymere **251**, 871 (1973).

4) *Manley, R. St. J.*, J. Polymer Sci. **A 1**, 1875 (1963).

5) *Kiessig, H.*, Kolloid-Z. **152**, 62 (1957).

6) *Haase, J., R. Hosemann* und *B. Renwanz*, Cellulose Chemistry and Technology, im Druck.

7) *Statton, W. O.*, J. Polymer Sci. **41**, 143 (1959).

8) *Bonart, R.* und *R. Hosemann*, Kolloid-Z. u. Z. Polymere **186**, 16 (1962).

9) *Bonart, R.* und *R. Hosemann*, Z. Elektrochemie 64, 314 (1960), Makromol. Chem. **34**, 105 (1960).

10) *Schönfeld, A., W. Wilke, G. Höhne* und *R. Hosemann*, Kolloid-Z. u. Z. Polymere **250**, 102 (1972).

11) *Hermans, P. H.* und *A. Weidinger*, J. Polymer Sci. **4**, 317 (1949).

12) *Haase, J., R. Hosemann* und *B. Renwanz*, Colloid & Polymer Sci. **252**, 712 (1974).

13) *Hosemann, R.* and *S. N. Bagchi*, Direct Analysis of Diffraction by Matter, (Amsterdam 1962).

14) *Balta-Calleja, F. J.*, private Mitteilung.

Adresse der Autoren:

J. Haase, R. Hosemann und *B. Renwanz*
Fritz-Haber-Institut der Max-Planck-Gesellschaft
Faradayweg 4–6
1000 Berlin 33

Colloid & Polymer Sci. **254**, 205–214 (1976)

Vorgetragen auf der Frühjahrstagung des Fachausschusses Physik der Hochpolymeren in der Deutschen Physikalischen Gesellschaft in Münster 17.–22. März 1975

Fraunhofer-Gesellschaft, Institut für Festkörpermechanik, Freiburg i. Br.

Interferenzoptische Vermessung der Craze-Zone vor der Rißspitze in PMMA unterschiedlichen Molekulargewichtes

G. W. Weidmann und *W. Döll*

Mit 10 Abbildungen und 1 Tabelle

(Eingegangen am 12. August 1975)

1. Einleitung

Es ist bekannt, daß in glasartigen Thermoplasten, die unter Zugspannungen stehen, rißähnliche Zonen beobachtet werden können, die jedoch im Gegensatz zu echten Rissen noch Last tragen.

Diese Zonen bestehen aus in Hauptzugspannungsrichtung verstreckten Molekülkettenbündeln, die von Hohlräumen umgeben sind, und werden als Craze*)-Zonen bezeichnet. Infolge der an der Spitze eines belasteten Risses herrschenden Spannungsüberhöhungen kann in glasartigen Thermoplasten auch dort eine Craze-Zone entstehen. Beim Bruchvorgang gleiten die Molekülketten zunächst aneinander ab, bis Rißerweiterung dadurch eintritt, daß die Molekülketten an der Rißspitze auseinandergerissen bzw. zerrissen werden; gleichzeitig ist damit eine Ausbreitung der Craze-Zone verbunden, indem bisher unverstrecktes Polymermaterial verstreckt wird.

Mit diesen Vorgängen ist eine Energieumsetzung verbunden, und zwar zeigt es sich, daß in glasartigen Thermoplasten die zum Bruchvorgang angelieferte Energie hauptsächlich zur Entstehung und Dehnung des Craze-Materials aufgewendet werden muß. Aus Untersuchungen der maximal möglichen Breite der Craze-Zone vor der Rißspitze, gerade bevor langsame Rißerweiterung beginnt, sind deshalb Aufschlüsse über den Craze- und Bruchvorgang zu erwarten, insbesondere wenn der Einfluß von Molekülketten unterschiedlicher Länge berücksichtigt wird.

Entsprechend ihrer Struktur haben Crazes eine geringere Dichte und daher einen geringeren Brechungsindex als das umgebende Grundmaterial. Diese Eigenschaft kann, wenn die Craze-Dicke von der gleichen Größenordnung wie die Wellenlänge des Lichtes ist, dazu benutzt werden, um mit Hilfe der Interferenz des an den Grenzflächen Craze/Grundmaterial reflektierten Lichtes die Dimensionen der Craze-Zone zu messen.

Kambour (1) und *Bessonov* und *Kuvshinskii* (2) haben auf diese Art die Größe und Form der Craze-Zone an der Rißspitze von Polymethylmethacrylat und Polystyrol gemessen. In einer neueren Arbeit haben *Brown* und *Ward* (3) an PMMA den Einfluß der Spannung auf die Craze-Zone untersucht. Sie verglichen ihre experimentellen Ergebnisse mit den Vorhersagen des *Dugdale*-Modells (4), das für ein ideal elastisch-plastisches Material die plastische Zone an der Rißspitze beschreibt, und fanden eine gute quantitative Übereinstimmung.

In dieser Arbeit werden mit Hilfe der Interferenzoptik die Form und Größe der Craze-Zone sowie die Rißöffnung in PMMA-Materialien unterschiedlichen Molekulargewichtes vermessen, um den Einfluß unterschiedlicher Molekülkettenlängen zu erfassen. Dazu werden die Änderungen in der Größe der Craze-Zone und Rißöffnung mit dem Molekulargewicht und mit der Spannung bis zum Beginn der langsamen Bruchausbreitung untersucht.

---

*) Der im Deutschen verschiedentlich vorgeschlagene Begriff „Fließzone" anstelle von „Craze-Zone" kann zu Irreführungen Anlaß lassen, da in der Werkstoffkunde im allgemeinen unter dem speziellen Begriff „Fließen" ein plastischer Vorgang, ausgelöst durch Schubspannungen, verstanden wird, während das Verstrecken der Molekülbündel hier – das Crazing – durch Normalspannungen verursacht wird, wie *Sternstein et al.* (5) gezeigt haben.

2. Zur analytischen Beschreibung von Rissen

Die Spannungsverteilungen nahe der Rißspitze in einem belasteten Körper können mit Hilfe des Spannungs(intensitäts)faktors K beschrieben werden. Für einen Riß in einem unendlich ausgedehnten, ideal elastischen Körper sind die Spannungen σ_{ij} in einem Aufpunkt (r, φ) vor der Rißspitze gegeben durch

$$\sigma_{ij} = \frac{K}{\sqrt{2\pi r}} \cdot f_{ij}(\varphi); \quad i,j = x, y, z. \qquad [1]$$

Für eine normal zur Ebene $\varphi = 0$, in einer in y-Richtung unter Zugspannung σ stehenden unendlichen Platte mit Mittelriß (Modus-I-Belastung) reduziert sich Gleichung [1] auf

$$\sigma_{yy} = \frac{K_I}{\sqrt{2\pi r}}; \qquad [2]$$

der Verlauf ist in Abb. 1 qualitativ dargestellt.

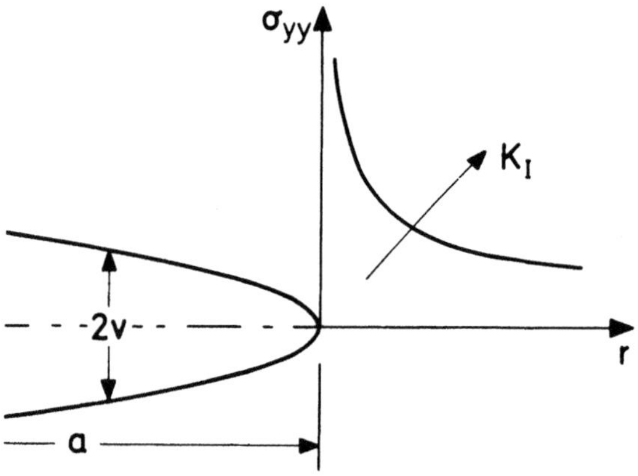

Abb. 1. Verlauf von Spannung σ_{yy} und Rißöffnung $2v$ in einem ideal elastischen Material

Ausdrücke für K_I sind für eine Anzahl von Probenkonfigurationen und verschiedene Verhältnisse von Rißlänge zu Probenbreite berechnet worden; sie können allgemein in der Form

$$K_I = Y\sigma\sqrt{a} \qquad [3]$$

dargestellt werden, d. h. der Spannungsfaktor K_I ist eine Funktion der angelegten Spannung σ, der Rißlänge a und eines Korrekturfaktors Y, der die Proben- und Rißgeometrie berücksichtigt.

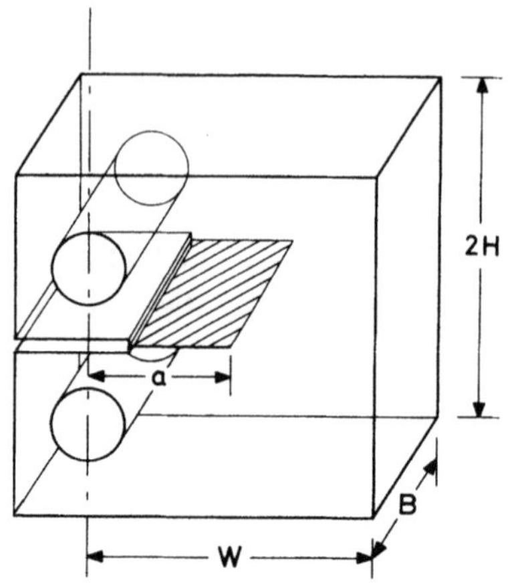

Abb. 2. Dimensionen der Kompakt-Zugprobe

Für eine spezielle Probengeometrie, die Kompakt-Zugprobe (s. Abb. 2), die in dieser Arbeit benutzt wird, lautet der K_I-Faktor:

$$K_I = \frac{\bar{Y}\, P\, (2W + a)}{B\, (W - a)^{3/2}}, \qquad [4]$$

wobei P die anliegende Last ist; die Größen a, B, W sind der Zeichnung Abb. 2 zu entnehmen. Der Randkorrekturfaktor $\bar{Y}$, der eine Funktion von $(a/W, H/W)$ ist, wurde von *Srawley* und *Gross* (6) berechnet.

Die Öffnung eines Risses $2v$ in einem idealelastischen Material beträgt:

$$2v = \frac{8\, K_I}{E}\sqrt{\frac{r}{2\pi}} \quad \text{ebener Spannungszustand}, \qquad [5]$$

d. h. nach diesem Modell öffnet sich der Riß an der Spitze parabelförmig (s. Abb. 1). Die Weite der Öffnung $2v$ hängt außer von Materialeigenschaften (E = Elastizitätsmodul) wesentlich vom Spannungsfaktor K_I ab.

In realen Materialien sind jedoch plastische Deformationen zu berücksichtigen, die ausgelöst werden, wenn die Spannung vor der Rißspitze die Fließspannung erreicht. Dadurch wird eine plastische Zone gebildet, von der in erster Annäherung angenommen werden kann, daß in ihr die Fließspannung konstant bleibt.

Im plastischen Zonen-Modell nach *Dugdale-Muskhelishvili* (4, 7) wird angenommen, daß das plastisch deformierte Material den Riß um die Länge der plastischen Zone s verlängert (s. Abb. 3). Innerhalb der Zone wirken die Zugspannungen so, daß die Spannungssingu-

Abb. 3. Zum Dugdale-Muskhelishvili-Modell: normierte Verschiebungen in Abhängigkeit von der normierten Länge der plastischen Zone

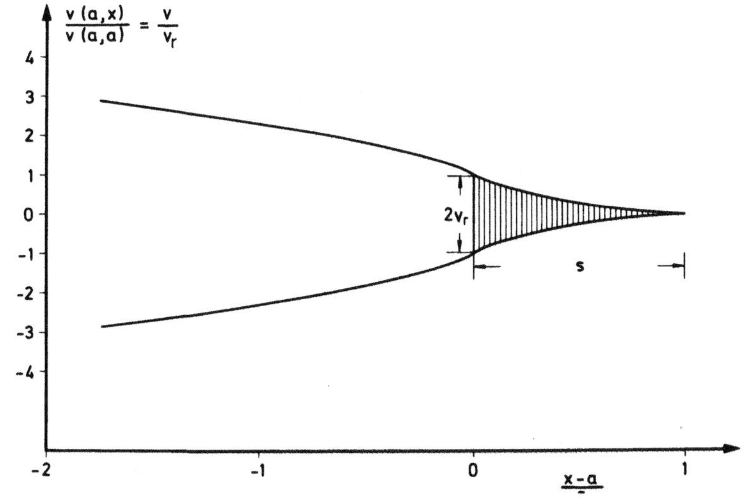

larität an der fiktiven Rißspitze (= Spitze der plastischen Zone) aufgehoben wird, wobei die Spannungen der Fließspannung σ_F des Materials entsprechen. Die Länge s der so bestimmten plastischen Zone beträgt ($\sigma \ll \sigma_F$):

$$s \approx \frac{\pi}{8} \frac{K_I^2}{\sigma_F^2} \quad \text{ebener Spannungszustand.} \quad [6]$$

Der Verlauf der Rißöffnung $2v$ wurde von *Goodier* und *Field* (8) berechnet und in Abb. 3 für den Fall $\sigma = 0{,}1\sigma_F$ eingezeichnet.

Man erkennt, daß sich der Riß in größerem Abstand hinter der Rißspitze näherungsweise parabelförmig öffnet und daß auch direkt an der Rißspitze – im Gegensatz zum idealelastischen Modell – eine Öffnung $2v_r$ vorhanden ist; diese beträgt ($\sigma \ll \sigma_F$)

$$2v_r \approx \frac{K_I^2}{\sigma_F E} \quad \text{ebener Spannungszustand} \quad [7]$$

und wird neben den Materialeigenschaften, charakterisiert durch Fließspannung σ_F und Elastizitätsmodul E, in besonders starkem Maße durch den Spannungsfaktor K_I bestimmt.

Diese theoretischen Vorbetrachtungen zeigen, daß für die Auswertung der interferenzoptisch vermessenen Craze-Zone und Rißöffnung die Kenntnis des Spannungsfaktors K_I erforderlich ist, um zwischen einem spannungsbedingten und einem materialspezifischen Einfluß auf die Meßgrößen unterscheiden zu können.

3. Experimente

3.1. Material und Probenvorbereitung

Die Messungen wurden an PMMA mit sieben verschiedenen gewichtsmittleren Molekulargewichten M_w im Bereich $110\,000 \leq M_w \leq 8\,000\,000$ durchgeführt. Die zugehörigen Molekulargewichtsverteilungen, die mit Hilfe der Gelpermeatographie bestimmt wurden, sind in Abb. 4 dargestellt. Alle Materialien waren in Plattenform gegossen und mit Ausnahme des Materials $M_w = 2\,200\,000$, eine handelsübliche Sorte (Plexiglas, Fa. Röhm), speziell für die Untersuchungen frei von Weichmachern polymerisiert worden.

In den Experimenten wurden Kompakt-Zugproben benutzt, deren Dimensionen $W = 2H = 8$ mm betrugen, mit Materialdicken B zwischen 3,5 und 4,5 mm. Diese Probenform (s. Abb. 2) hat den Vorteil, daß keine Seitenfurchen benötigt werden, um die Bruchebene genau in der Probenmitte zu halten. Bestimmend für die Probengröße war der Arbeitsabstand des zur Craze-Beobachtung benutzten Mikroskops, jedoch wurden die Dimensionsverhältnisse in Anlehnung an ASTM (9) gewählt. Nach Herstellung der Proben wurde eine der Seitenflächen, die parallel zur späteren Rißebene lag, so poliert, daß die optischen Beobachtungen gut vorgenommen werden konnten. Eine 0,5 mm breite Anfangskerbe wurde längs der Mittelebene der Probe bis ungefähr 1,5 mm tief hinter den Lastangriffspunkten eingesägt. Von dieser Kerbe wurde sodann mit einer Rasierklinge, die impulsartig mittels einer stoßenden Stahlkugel belastet wurde, ein scharfer Riß gestartet. Die Länge des so erzeugten Risses konnte durch Einstellung einer unterschiedlichen Kugelfallhöhe kontrolliert variiert werden. Während mit Hilfe dieser Methode in den Materialien höheren Molekulargewichtes ebene und glatte Risse zufriedenstellender Qualität erzeugt werden konnten, war es für die drei Materialien mit niederem Molekulargewicht, um Rauhigkeit an der Rißfront zu vermeiden, notwendig, die Risse mittels langsamer Belastung zu erzeugen.

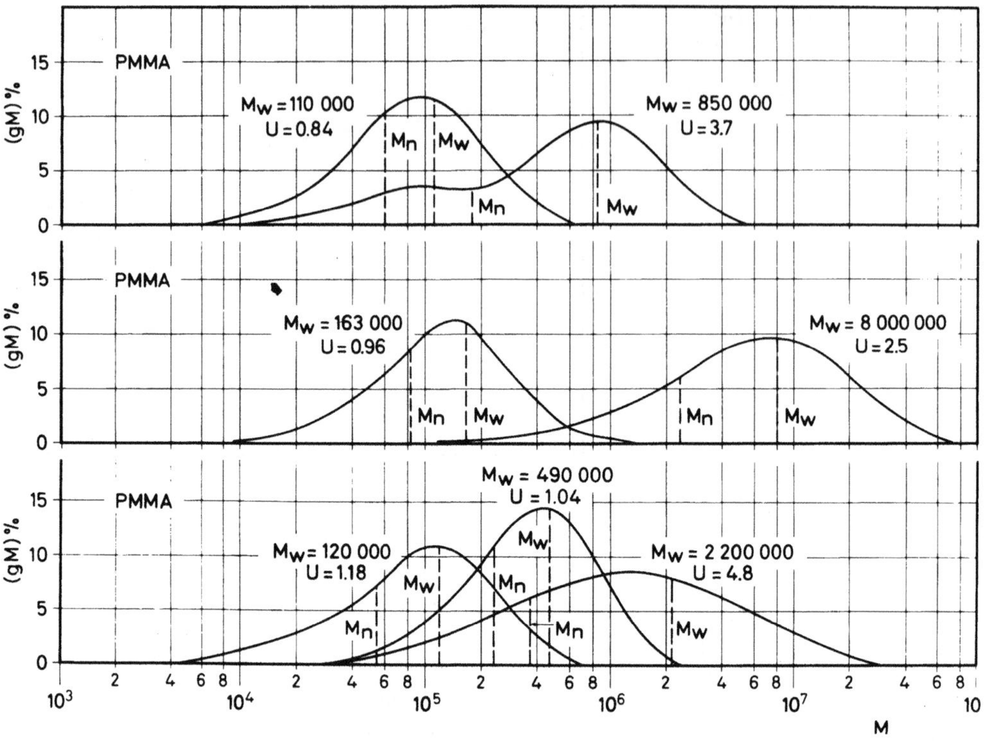

Abb. 4. Molekulargewichtsverteilungen der untersuchten PMMA-Materialien

3.2. Durchführung und Auswertung der Messungen

Zur Durchführung der Experimente wurden die Proben in eine Miniaturzugprüfmaschine eingespannt, die speziell für diese Untersuchungen gebaut und mit einer sehr empfindlichen Lastregulierung und Lastmeßdose ausgestattet wurde. Diese Belastungseinrichtung war auf den Tisch eines umgekehrten Mikroskopes (Leitz Epivert) montiert. Die optische Anordnung zur Beobachtung der von Rißöffnung

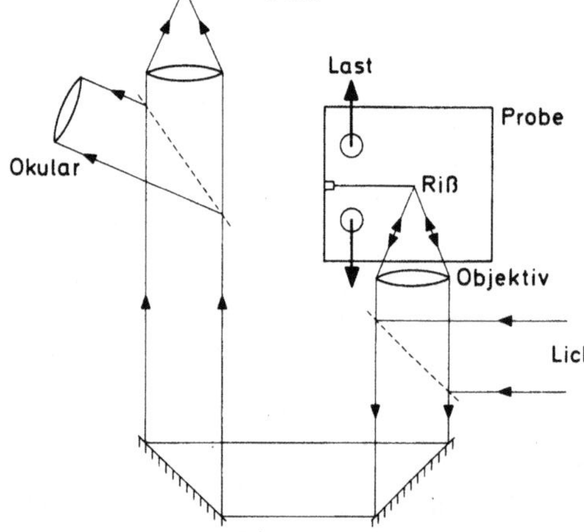

Abb. 5. Optische Anordnung zur Beobachtung der Interferenzen an der Rißspitze

und Craze-Zone hervorgerufenen Interferenzstreifen ist mit dem Strahlengang schematisch in Abb. 5 wiedergegeben. Zur Beleuchtung wurde entweder monochromatisches (grünes, $\lambda = 546$ nm) oder weißes Licht benutzt. Die beobachteten Interferenzstreifen wurden mit einer automatischen Mikroskopkamera (Leitz Orthomat) fotografiert; es wurden Aufnahmen bei verschiedenen Lasthöhen gemacht, die von der Last Null bis zu derjenigen Last reichten, bei der langsame ($\sim 10^{-5}$ mm/s) Bruchausbreitung eintrat. Der zu jeder Fotografie und Belastung zugehörige K_I-Faktor wurde aus Gl. [4] unter Berücksichtigung von Last, Rißlänge und Probendimensionen berechnet.

Um die Rißöffnung und die Dimensionen der Craze-Zone aus den Interferenzaufnahmen, von denen in Abb. 6a ein Beispiel gezeigt ist, berechnen zu können, wurden zunächst zur genauen Lokalisierung der Interferenzstreifen Mikrodensitometeraufnahmen gemacht. Abb. 6b gibt den mit Hilfe des Mikrodensitometers ermittelten Streifenverlauf aus Abb. 6a wieder. Auf beiden Aufnahmen sind deutlich zwei unterschiedliche Streifensysteme zu erkennen, und zwar links im Bild das von der Rißöffnung hervorgerufene Streifensystem und rechts dasjenige von der Craze-Zone.

Zur Berechnung der Form der Craze-Zone ist die Kenntnis des Brechungsindexes der Craze-Zone und dessen Änderung mit der Dehnung erforderlich, wobei letztere bisher noch nicht experimentell bestimmt wurde. Jedoch kann ein solcher dehnungsabhängiger Brechungsindex abgeschätzt werden, indem man dem von *Kambour* (1) sowie von *Brown* und *Ward* (3)

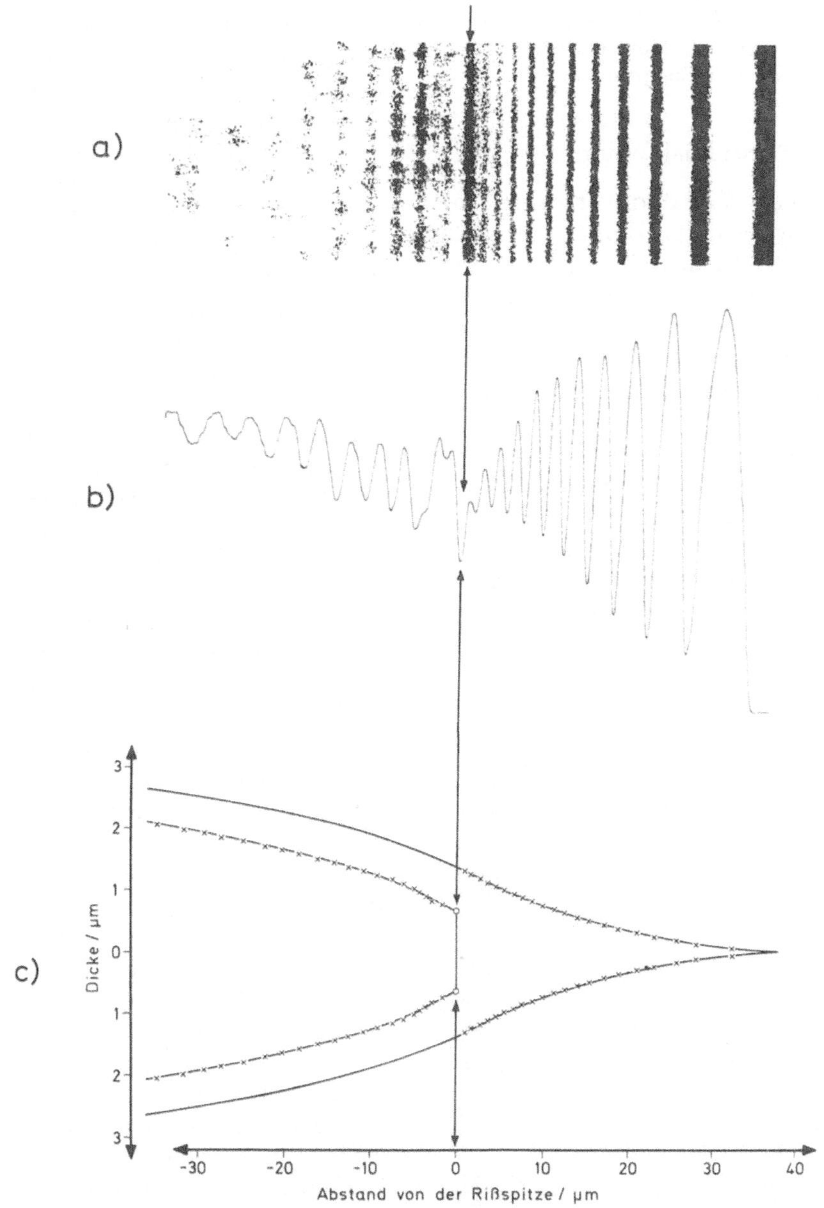

Abb. 6. Zur Auswertung der Interferenzstreifen an der Rißspitze; a) Verlauf der Interferenzstreifen; b) Densitogramm von a); c) ausgewerteter Verlauf von Rißöffnung und Craze-Zone

bereits beschrittenen Weg folgt. Dies geschieht mit Hilfe der Lorentz-Lorenz-Gleichung, die den Brechungsindex eines Materials mit dessen spezifischer Polarisierbarkeit verknüpft, und der gemessenen Änderung der Interferenzstreifenzahl bei Belastung sowie unter Benutzung des von *Kambour* (10) gemessenen Brechungsindexes des unbelasteten Craze $n = 1{,}32$, der hier für alle Molekulargewichte benutzt wurde. Abb. 6c zeigt die nach dieser Methode aus Abb. 6b berechnete Form der Craze-Zone für das Molekulargewicht $M_w = 2\,200\,000$. Es sei angemerkt, daß der Brechungsindex mit steigender Last absinkt, und zwar bei Bruchbeginn bis auf etwa $n = 1{,}17$ bei niederen Molekulargewichten und auf $n = 1{,}09$ bei höheren Molekulargewichten.

Die Rißöffnung wurde mit Hilfe der bekannten Interferenzgleichung aus der Ordnung der Interferenzstreifen berechnet; dazu wurden, wenn die Last von Null aus erhöht wurde, die an einem festen Punkt des Okulars vorbeilaufenden Streifen ausgezählt. Zusätzlich konnte für hochmolekulare Materialien die Dicke der Craze-Schicht auf den Bruchflächen unmittelbar hinter der Rißspitze mit Hilfe der bei Benutzung von Weißlicht auftretenden Interferenzfarbe dieser Schicht abgeschätzt werden. Damit ergab sich die Möglichkeit, aus der Summe von doppelter

Schichtdicke und gemessener Rißöffnung an der Rißspitze die oben genannte Messung der maximalen Breite der Craze-Zone zu überprüfen.

4. Ergebnisse und Diskussion

Bei gleichem K_I-Faktor erzeugte Interferenzstreifensysteme für Proben mit hohem (M_w=2200000) und niedrigem (M_w=110000) Molekulargewicht sind zum Vergleich in Abb. 7a und 7b bei gleicher Vergrößerung wiedergegeben. Die Länge der Craze-Zone beträgt in Abb. 7a etwa 38 μm und in Abb. 7b etwa 20 μm.

Darüber hinaus zeigt Abb. 7b ein an den Materialien M_w = 110 000 und 120 000 zusätzlich zu den Interferenzstreifen auftretendes Streifensystem. Dieses wird verursacht, wie eine Inspektion der Bruchflächen zeigt, von einer streifenförmigen Rauhigkeit der Bruchflächen selber, welche bei der für die Erzeugung gerader Rißfronten notwendigen sehr langsamen Bruchausbreitung entstanden ist.

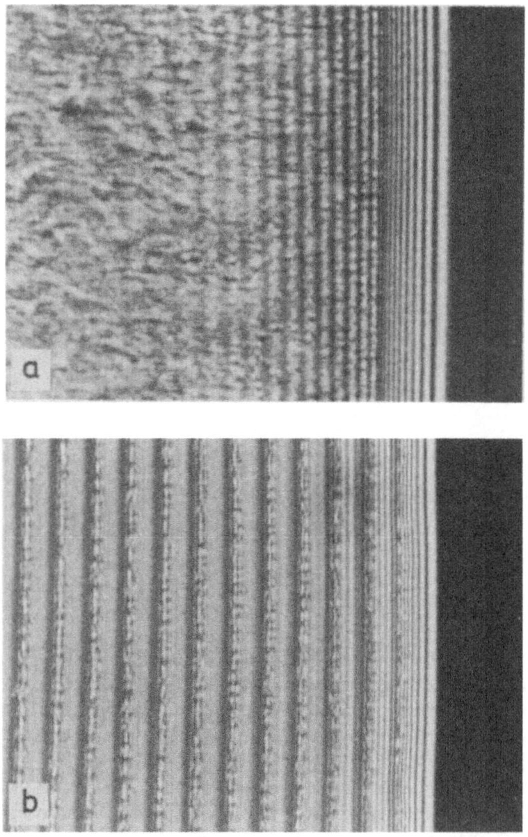

Abb. 7. Interferenzstreifensysteme an der Rißspitze in PMMA: a) hohes und b) niederes Molekulargewicht (s. Text)

Die sich gerade vor Einsatz der langsamen Bruchausbreitung ergebenden Formen der Craze-Zone und der Rißöffnung sind in Abb. 8 für drei verschiedene Molekulargewichte dargestellt. Es kann nicht nur ein signifikanter Zuwachs in der Länge der Craze-Zone, sondern auch in der maximalen Breite der Craze-Zone mit zunehmendem Molekulargewicht (besonders zwischen 120 000 und 163 000) festgestellt werden. In den Darstellungen der Abb. 8 ist der unterschiedliche Maßstab für Länge und Breite der Craze-Zone zu beachten; im Mittel ergibt sich hier ein Verhältnis von Länge zu Breite der Craze-Zone wie etwa 15:1! Ferner sei schon an dieser Stelle darauf hingewiesen, daß auch der Spannungsfaktor bei Bruchbeginn K_{I_0} mit dem Molekulargewicht zunimmt.

In Abb. 9 sind die charakteristischen Dimensionen von Craze-Zone und Rißöffnung, wie sie gerade vor Beginn der langsamen Bruchausbreitung ($\sim 10^{-5}$ mm/s) beobachtet wurden, in Abhängigkeit vom gewichtsmittleren Molekulargewicht sowie der entsprechenden Länge der gestreckten Molekülketten dargestellt. Man erkennt, daß mit zunehmendem Molekulargewicht die kritische Rißöffnung an der Rißspitze $2v_r$, die maximale Breite der Craze-Zone $2v_c$, sowie die Länge der Craze-Zone s ansteigen, und zwar zunächst steil bis zu einem Molekulargewicht M_w von etwa 200000; oberhalb davon nehmen Craze-Länge s, kritische Rißöffnung $2v_r$ und maximale Craze-Breite $2v_c$ nur noch geringfügig zu. Es sei angemerkt, daß die Länge der Craze-Zone s vor stehenden Rissen keine meßbare Verlängerung mit steigendem K_I-Faktor aufwies. Hingegen steigen kritische Rißöffnung $2v_r$ und maximale Breite der Craze-Zone $2v_c$ mit steigendem K_I-Faktor an, so daß geprüft werden muß, ob nicht die in Abb. 9 festgestellten Unterschiede mit dem Molekulargewicht nur eine Folge des Zuwachses in den zugehörigen K_{I_0}-Werten sind. Diese Überprüfung ist wegen der Rauhigkeit der Bruchflächen bei niedrigen Molekulargewichten nicht für die Rißöffnung, sondern nur für die Craze-Breite möglich.

In Abb. 10 ist die Änderung der maximalen Craze-Breite $2v_c$ mit dem K_I-Faktor bis zum Erreichen des jeweiligen K_{I_0}-Wertes für Proben mit dem Molekulargewicht $M_w =$

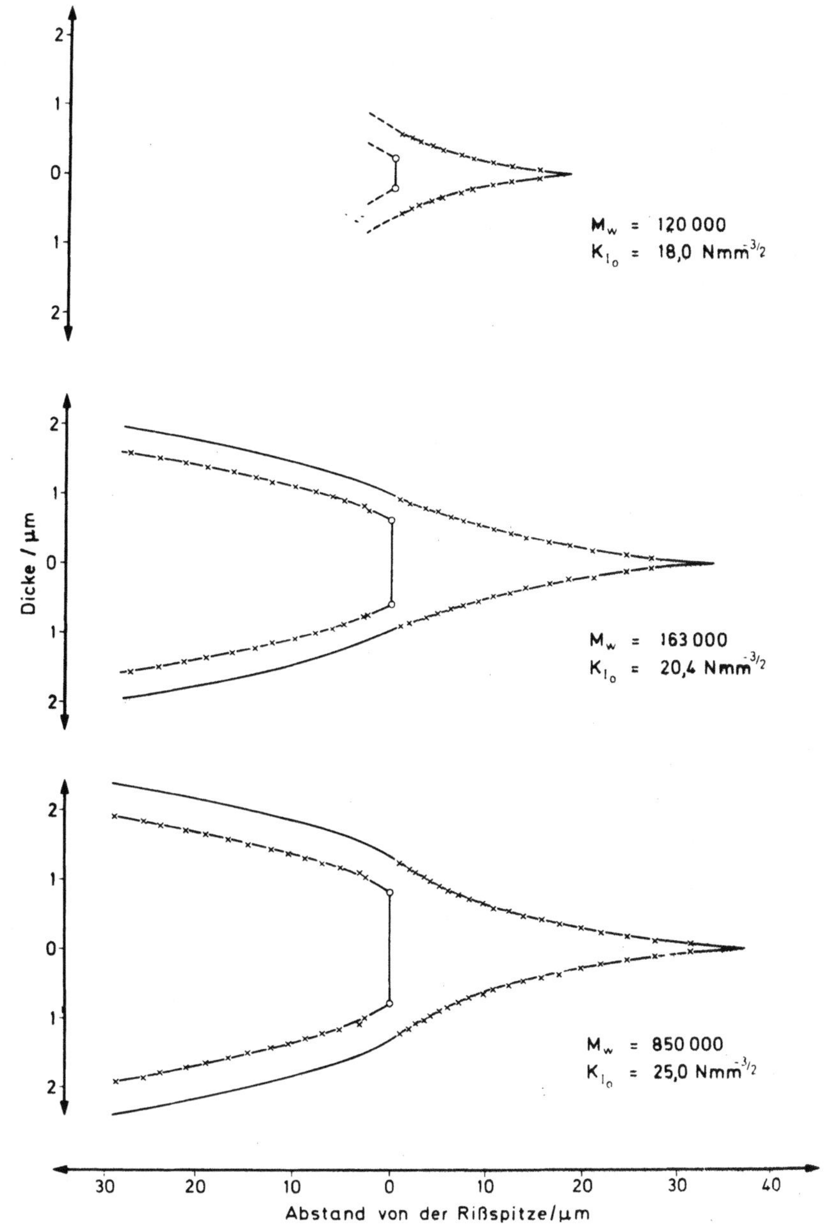

Abb. 8. Verlauf von Rißöffnung und Craze-Zone bei Bruchbeginn für verschiedene Molekulargewichte

120000 und 850000 dargestellt, deren Verhalten als typisch für niedrige und hohe Molekulargewichte betrachtet werden kann. Man erkennt, daß die beiden Kurven – maximale Craze-Breite $2v_c$ in Abhängigkeit vom K_I-Faktor –, beginnend beim Wert $K_I = 0$ mit einer bereits vorhandenen Craze-Zone, getrennt verlaufen und daß die Unterschiede in der maximalen Craze-Breite $2v_c$ mit steigendem K_I-Wert stark zunehmen. So liegt, wenn für die Kurve mit $M_w = 120\,000$ der K_{I_0}-Wert erreicht wird, für das Molekulargewicht $M_w = 850\,000$ beim gleichen K_I-Wert die Craze-Breite $2v_c$ um etwa 75 % höher als diejenige des Molekulargewichtes $M_w = 120\,000$, was als ein materialspezifischer Unterschied anzusehen ist. Vergleicht man dagegen die Craze-Breiten der beiden Molekulargewichte bei den beiden verschiedenen K_{I_0}-Werten, so erhöht sich der Unterschied zwischen den Craze-Breiten nur um zusätzlich etwa 25 %.

Dieses Ergebnis, das für die größte Differenz zweier K_{I_0}-Werte festgestellt wurde (s. Tab. 1), bedeutet für die in Abb. 9 dargestellten Resul-

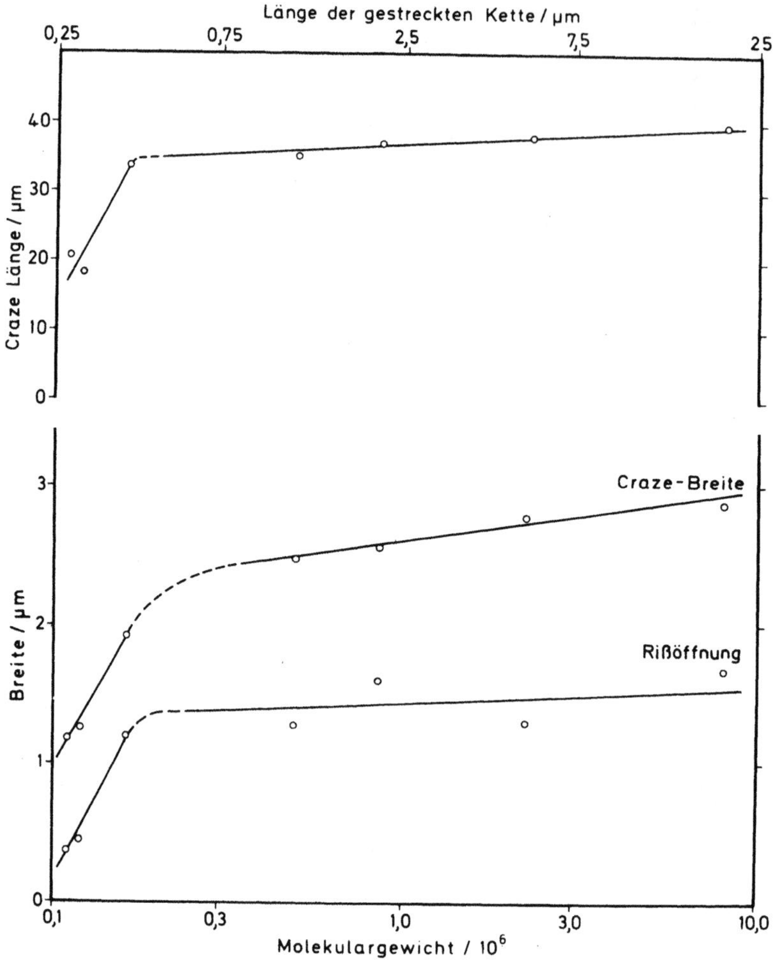

Abb. 9. Kritische Rißöffnung $2v_r$, maximale Breite der Craze-Zone $2v_c$ und Länge der Craze-Zone s in Abhängigkeit vom Molekulargewicht M_w

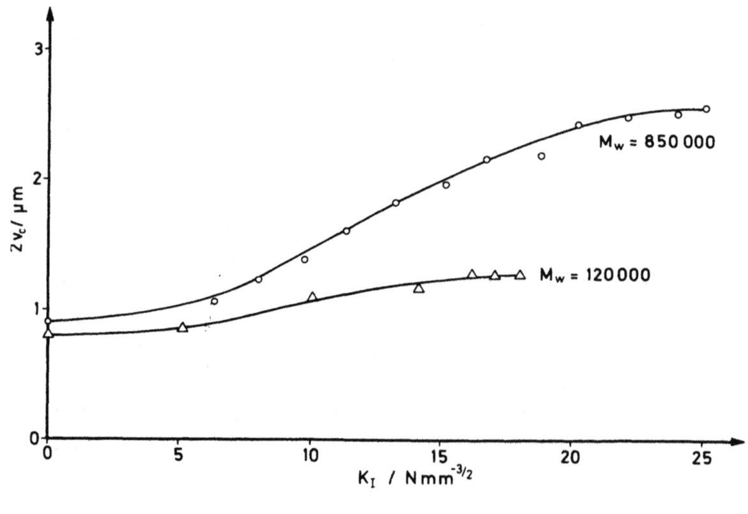

Abb. 10. Maximale Craze-Breite $2v_c$ in Abhängigkeit vom K_I-Faktor gemessen an PMMA mit niederem und hohem Molekulargewicht

Tabelle 1

Molekulargewicht	$\frac{K_{I_0}}{\text{Nmm}^{-3/2}}$	$\frac{2v_r}{\mu\text{m}}$	$\frac{2v_c}{\mu\text{m}}$	gestreckte Kettenlänge l/μm	$\frac{2v_r}{l}$	$\frac{2\,v_c}{l}$
110 000	18,3	0,4	1,2	0,28	1,4	4,3
120 000	18,0	0,5	1,3	0,30	1,7	4,3
163 000	20,4	1,2	1,9	0,41	2,7	4,6
490 000	23,6	1,3	2,5	1,23	1,1	2,0
850 000	25,0	1,6	2,6	2,14	0,7	1,2
2 200 000	24,9	1,3	2,8	5,52	0,3	0,5
8 000 000	24,0	1,7	2,9	20,08	0,1	0,1

tate, daß die für den langsamen Bruchbeginn gemessenen Unterschiede in der maximalen Breite der Craze-Zone $2v_c$ nur zu einem geringen Teil auf dem Zuwachs im K_I-Faktor beruhen und im wesentlichen durch einen materialspezifischen Effekt, nämlich durch das Molekulargewicht bedingt sind.

Da die maximale Breite der Craze-Zone derjenige Ort ist, an dem die Molekülkettenbündel ebenfalls maximal verstreckt werden, ist ein Vergleich mit der Länge eines gestreckten Einzelmoleküls von Interesse. In Tabelle 1 sind zusätzlich zu den Meßdaten die mittleren Längen l der gestreckten Valenzwinkelketten, berechnet aus den gewichtsmittleren Molekulargewichten M_w unter Berücksichtigung eines Abstandes der C—C-Bindung von $1{,}54 \cdot 10^{-4}$ μm, angegeben zusammen mit den Verhältnissen sowohl von maximaler Craze-Breite $2v_c$ als auch von kritischer Rißöffnung $2v_c$ zu gestreckter Einzelkettenlänge l. Bei der Diskussion dieser Zahlen muß im Auge behalten werden, daß aufgrund der Breite der Molekulargewichtsverteilungen (s. Abb. 4) die Längen der zu einer Molekulargewichtsverteilung gehörenden Einzelketten stark variieren können. Jedoch kann man feststellen, daß bis zum Bruchbeginn die Molekülkettenbündel der niederen Molekulargewichte bis etwa zum Vierfachen der möglichen Länge einer Einzelkette verstreckt werden, während für höhere Molekulargewichte dieser Anteil mit zunehmender Kettenlänge stark abnimmt und für das Molekulargewicht $M_w = 8\,000\,000$ nur noch etwa 0,1 beträgt. Das Verhältnis von kritischer Rißöffnung $2v_c$ zu gestreckter Kettenlänge l nimmt ebenfalls mit dem Molekulargewicht ab; während bei niedrigen Molekulargewichten die kritische Rißöffnung von solchen Kettenbündeln überspannt wird, deren Länge mindestens etwa das Zweifache der möglichen Länge einer verstreckten Einzelkette beträgt, reicht bei hohen Molekulargewichten schon ein Teil der Länge der verstreckten Einzelkette aus, um die kritische Rißöffnung zu überspannen. Insgesamt geben diese Zahlen einen Hinweis darauf, daß bei den niederen Molekulargewichten nach Verstrecken der Kettenbündel der eigentliche Bruch durch Zerreißen von vorwiegend Nebenvalenzen (van-der-Waals-Bindungen) eintritt, während bei den höheren Molekulargewichten, bei denen nur ein Teil der gesamten Kettenlänge verstreckt wird, der Bruch durch Zerreißen von vorwiegend Hauptvalenzen geschieht.

In diesem Zusammenhang mag die folgende Anmerkung von Interesse sein: in Abb. 10 flachen die Kurven – maximale Craze-Breite $2v_c$ in Abhängigkeit vom K_I-Faktor – unmittelbar vor Erreichen der jeweiligen K_{I_0}-Werte ab; der nach Erreichen der maximalen Craze-Breite noch geringfügige weitere Anstieg im K_I-Faktor erscheint als ein zum Brechen von Bindungen benötigter Energieanteil interpretierbar.

Danksagung

Für die spezielle Polymerisation der PMMA-Materialien und die Molekulargewichtsbestimmungen sei der Firma Röhm, Darmstadt, besonders gedankt.

Die vorliegende Arbeit wurde mit Mitteln der Deutschen Forschungsgemeinschaft durchgeführt, wofür auch an dieser Stelle gedankt sei.

Zusammenfassung

Beim Bruchvorgang in glasartigen Thermoplasten wird durch die erhöhten Spannungen vor der Rißspitze eine Craze-Zone gebildet, die aus verstreckten Molekülbündeln besteht. Die Größe der Craze-Zone wird neben makroskopischen Parametern auch durch die Mikrostruktur beeinflußt. In einigen Thermoplasten wie z. B. PMMA, kann die Größe der Rißöffnung und auch der Craze-Zone mit Hilfe von interferenzoptischen Messungen bestimmt werden. In dieser Arbeit wurden an PMMA die Einflüsse des Molekulargewichtes und der bruchmechanischen Parameter auf die maximale Verstreckung der Kettenbündel beim Bruchbeginn untersucht. Es wurde festgestellt, daß bei Bruchbeginn die gemessene Länge der gestreckten Kettenbündel (von 1,2 μm bis 2,9 μm) und die Rißöffnung (von 0,4 μm bis 1,4 μm) mit dem Molekulargewicht M_w ($110\,000 \leq M_w \leq 8\,000\,000$) ansteigt, wobei dieser Anstieg nur im Bereich der niederen Molekulargewichte (von 110 000 bis etwa 200 000) stark ist.

Summary

A precursor to the process of fracture in glassy thermoplastics is the formation of a region of crazed material, consisting of bundles of stretched molecules, ahead of the crack tip. The size of such craze zones is influenced not only by macroscopic parameters, such as applied stress, but also by the microstructure of the material. In certain thermoplastics (e. g. PMMA) the size and shape of the craze zone and the crack opening can be measured using optical interference techniques. In this work the effects of both molecular weight and the fracture mechanics parameter, K, on the length of the stretched molecular bundles in the craze zone, and, in particular, the maximum length at the onset of crack propagation, were investigated in PMMA. It is shown that this maximum length increases from 1,2 μm to 2,9 μm and the crack tip crack opening from 0,4 μm to 1,4 μm with increasing molecular weight, M_w ($110\,000 \leq M_w \leq 8\,000\,000$) although the rate of increase is only large at lower molecular weights (between 110 000 and about 200 000).

Literatur

1) *Kambour, R. P.*, J. Polym. Sci. A-2, **4**, 349 (1966).

2) *Bessonov, M. I.* und *E. V. Kuvshinskii*, Soviet Phys. Solid St. **3**, 950 (1961).

3) *Brown, H. R.* und *I. M. Ward*, Polymer **14**, 469 (1973).

4) *Dugdale, D. S.*, J. Mech. Phys. Solids **8**, 100 (1960).

5) *Sternstein, S. S., J. Paterno* und *L. Ongchin*, Vortrag in Conference on Yield, Deformation and Fracture of Polymers, Cambridge (UK).

6) *Srawley, J. E.* and *B. Gross*, Engng. Fracture Mech. **4**, 587 (1972).

7) *Muskhelishvili, N. J.*, Some Basic Problems of the Mathematical Theory of Elasticity, S. 340 (Groningen 1953).

8) *Goodier, J. N.* und *F. A. Field*, Fracture of Solids, S. 103 (New York–London 1963).

9) ASTM STP 381, Fracture Toughness Testing and its Application, American Society for Testing and Materials (Philadelphia 1965).

10) *Kambour, R. P.*, Polymer **5**, 143 (1964).

Anschrift der Verfasser:

Dr. *G. W. Weidmann* und Dr. *W. Döll*
Institut für Festkörpermechanik der
Fraunhofer-Gesellschaft e. V.
Rosastr. 9
7800 Freiburg/Br.

Colloid & Polymer Sci. **254**, 215–216 (1976)

Vorgetragen auf der Frühjahrstagung des Fachausschusses Physik der Hochpolymeren in der Deutschen Physikalischen Gesellschaft in Münster 17.–22. März 1975

Universität Saarbrücken, Fachbereich Werkstoffphysik

Direkte Beobachtung der Morphologie teilkristalliner Polymere durch Defokussierungskontraste (1)

J. Petermann und *H. Gleiter*

Mit 2 Abbildungen

(Eingegangen am 20. April 1975)

Zusammenfassung

Die elektronenmikroskopischen Kontraste an zweiphasigen Polymeren (z. B. teilkristalline Polymere) sind nur sehr schwach, da sich „Absorption" bzw. Streuung der Elektronen an den Atomen in den beiden Phasen kaum unterscheiden. Kontrastierverfahren, die auf einem Einbau von stärker „absorbierenden" bzw. streuenden Atomen (z. B. Schwermetallatome) in eine der beiden Phasen beruhen, haben bisher die morphologischen Untersuchungen ermöglicht (2–4). Diese Verfahren haben jedoch den schwerwiegenden Nachteil, daß die molekulare Struktur und damit die thermischen und mechanischen Eigenschaften des Polymers verändert werden. Direkte Beobachtungen von Wachstumsprozessen der Rekristallisation oder von Strukturveränderungen während einer mechanischen Beanspruchung sind somit durch Kontrastieren nicht möglich.

Es erscheint daher wünschenswert, eine elektronenoptische Beobachtungsmethode zur Verfügung zu haben, die ohne Kontrastierbehandlung des Objekts auskommt. Eine solche Beobachtungsmethode wurde entwickelt durch die Anwendung des elektronenmikroskopischen Defokussierungskontrastes auf Polymere (5, 6). Beim Durchgang einer ebenen Elektronenwelle durch ein geeignet orientiertes zweiphasiges Polymer ist die Amplitude der durchgehenden Welle näherungsweise überall die gleiche. Die durchtretende Elektronenwelle erleidet jedoch lokal unterschiedliche Phasenverschiebungen auf Grund des unterschiedlichen inneren Potentials in den amorphen und kristallinen Gebieten. Durch geringe Defokussierung der Objektivlinse des Elektronenmikroskopes ($\approx 10\,000$ Å) können diese Phasenverschiebungen ohne merkliche Verluste des Auflösungsvermögens sichtbar gemacht und zur direkten Abbildung der amorphen und kristallinen Bereiche verwendet werden (1, 5, 6). Der Defokussierungskontrast hat den Vorteil gegenüber den herkömmlichen Kontrastiermethoden, daß das Polymer vor der Beobachtung keiner chemischen Veränderung ausgesetzt wird. Diese Methode, speziell in Verbindung mit Braggkontrasten (7), erlaubt es, die Änderung der Morphologie von teilkristallinen Polymeren während der Rekristallisation und der Verformung zu beobachten (8, 9). Abb. 1 und 2 sind Beispiele von Defokussierungskontrasten an Polyäthylen und isotaktischem Polystyrol.

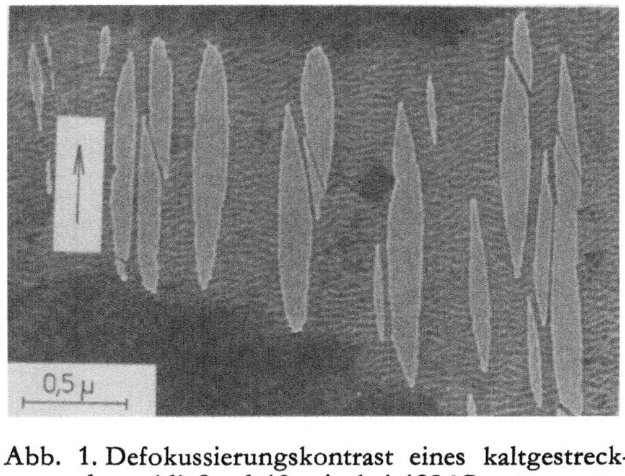

Abb. 1. Defokussierungskontrast eines kaltgestreckten und anschließend 10 min bei 128 °C getemperten Polyäthylenfilmes. Die Zugrichtung ist durch einen Pfeil markiert. Die hellen Streifen sind amorphe Gebiete, die grauen Gebiete Kristallamellen. Die schwarzen Flecken in Kristallamellen sind Kristallite, deren Kristallgitter zum Elektronenstrahl so orientiert ist, daß Braggreflexion erfolgt.

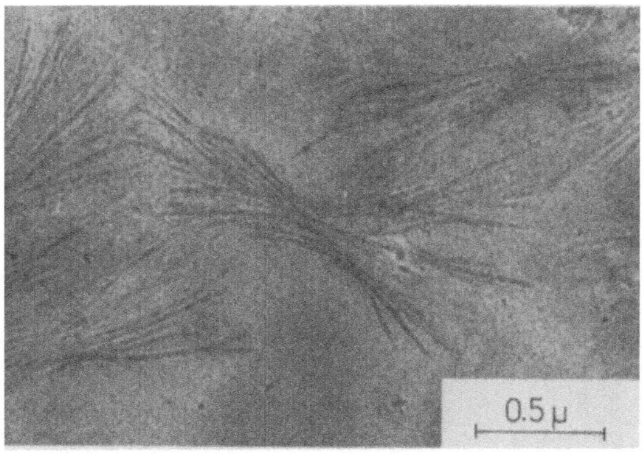

Abb. 2. Defokussierungskontrast von Kristallbüscheln in isotaktischem Polystyrol.

Literatur

1) *Petermann, J.* und *H. Gleiter*, Phil. Mag. **31**, 929 (1975).

2) *Hock, C. W.*, J. Polymer Sci. **A-2, 5,** 471 (1967)

3) *Kay, D.*, Techniques for Electron Microscopy S. 285 (Oxford, 1967).

4) *Kanig, H.*, Kolloid-Z. und Z. Polymere **251**, 783 (1973).

5) *Hanszen, K.-J.*, Advances in Optical and Electron Microscopy (London) Vol. **4**, S. 1 (1971).

6) *Rühle, M.* und *M. Wilkens*, Proc. Fifth Europ. Congress on Electron Microscopy, Vol. **1**, S. 416 (1972).

7) *Hirsch, P. B., A. Howie, R. B. Nicholson, D. W. Pashley* und *M. J. Whelan*, in Electron Microscopy of Thin Crystals (London, 1965).

8) *Petermann, J.* und *H. Gleiter*, eingereicht in J. Macromol. Sci.-Phys.

9) *Cayrol, B.* und *J. Petermann*, Colloid and Polymer Sci., im Druck.

Adresse der Autoren:

J. Petermann und *H. Gleiter*
Universität Saarbrücken
Fachbereich 12.1 Werkstofftechnik
6600 Saarbrücken

Colloid & Polymer Sci. **254**, 217–227 (1976)

Vorgetragen auf der Frühjahrstagung des Fachausschusses Physik der Hochpolymeren in der Deutschen Physikalischen Gesellschaft in Münster 17.–22. März 1975

Meß- und Prüflaboratorium der BASF Aktiengesellschaft, Ludwigshafen am Rhein

Wärmekapazität einer Mischung von rotationsisomeren Kettenmolekülen im Gleichgewicht*)

H. Baur

Mit 10 Abbildungen

(Eingegangen am 9. Juni 1975)

1. Ideales 2-Niveau System

Betrachten wir ein System von linearen C–C-Kettenmolekülen als eine wechselwirkungsfreie Mischung von verschiedenen, aus trans-gauche-Folgen aufgebauten Rotationsisomeren, so stellt dieses System thermodynamisch ein ideales 2-Niveau-System dar.

Allgemein ist das ein System aus voneinander unabhängigen Individuen, die zwei energetisch verschiedene Zustände einnehmen können. Bekannte Beispiele außerhalb der Polymer-Physik sind: ein System von wechselwirkungsfreien Spins in einem äußeren Magnetfeld oder ein System von Valenzelektronen mit Dublett-Grundzustand in einem elektrischen Isolator.

Beschränken wir uns auf den Fall von Individuen, deren Zustände energetisch nicht entartet sind, so lautet die Gibbssche Grundgleichung des Gesamtsystems in der F-Darstellung

$$F = -\mathcal{N}RT\,ln\left(e^{-\frac{\Delta u}{RT}} + 1\right) \qquad [1]$$

(F: Freie Energie; $\mathcal{N}$: Anzahl der Individuen; R: Gaskonstante; T: absolute Temperatur; Δu: energetischer Abstand der beiden Zustände der Individuen; die Abhängigkeit vom Volumen bzw. dem Deformationszustand ist implizite über Δu gegeben).

Wesentliches Merkmal des 2-Niveau-Systems ist, daß die Energie seiner möglichen Zustände eine endliche obere Grenze besitzt. Infolgedessen strebt die Innere Energie

$$U = F - T(\partial F/\partial T)$$

mit steigender Temperatur einem Sättigungswert zu und die Wärmekapazität

$$C_V = -T(\partial^2 F/\partial T^2)$$

durchläuft als Funktion der Temperatur ein Maximum (sog. Schottky-Anomalie; vgl. Abb.

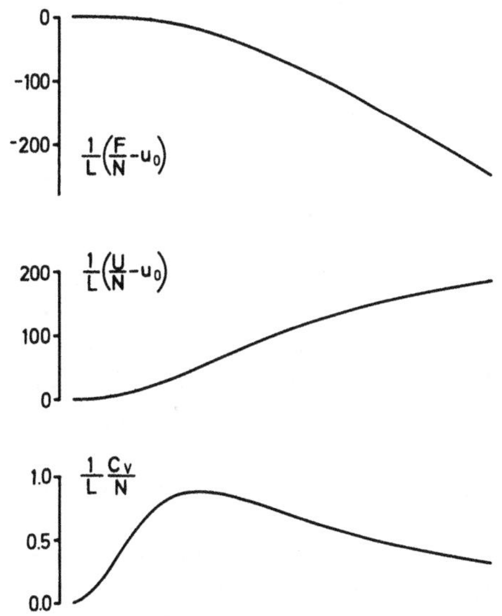

Abb. 1. Freie Energie F/NL, Innere Energie U/NL und Wärmekapazität C_V/NL pro Kettensegment des 2-Niveau-Systems [3–4] mit $\Delta u = 610$ cal/Mol. Das Schottky-Maximum liegt nach [2] bei $T_A = 127.9$ K. Mit $\mathcal{N} = NL$ sind die Kurven bis auf die additive Konstante u_0/L identisch mit der Freien Energie, Inneren Energie und Wärmekapazität pro Individuum des 2-Niveau-Systems [1]. Energieeinheit der Ordinate: cal/Mol

*) Abschnitte 1 bis 4 vorgetragen auf der Frühjahrstagung des Fachausschusses Physik der Hochpolymeren der Deutschen Physikalischen Gesellschaft in Münster/W. vom 17. bis 22. März 1975.

1). Im Falle des Systems [1] ist die Temperaturlage T_A des Maximums durch

$$T_A = \frac{\Delta u}{R\eta} \quad [2]$$

mit

$$e^{-\eta} = \frac{\eta - 2}{\eta + 2} \text{ bzw. } \eta \approx 2.40$$

bestimmt.

Die Mischung aus Rotationsisomeren genügt ebenfalls der speziellen Gl. [1], wenn wir die folgenden Voraussetzungen treffen:

1. Die Kettenmoleküle sind gleich lang.
2. Jedes Kettenmolekül läßt sich in L fest vorgegebene, gleiche Segmente einteilen, von denen jedes mit einer gauche-Bindung besetzt werden kann.
3. Es bestehen keine ausgezeichneten geometrischen Lagen der gauche-Bindungen, die zu einer energetischen Entartung führen.

Die Gibbssche Grundgleichung der Mischung lautet dann [vgl. (1)]

$$F = Nu_O + NRT \ln x_O, \quad [3]$$

wobei

$$x_O = \left(e^{-\frac{\Delta u}{RT}} + 1\right)^{-L} \quad [4]$$

die Gleichgewichtskonzentration der Ketten in all-trans-Konformation bezeichnet (N: Anzahl der Kettenmoleküle; u_O: Innere Energie einer einzelnen gestreckten Kette; Δu: Exzeßenergie einer gauche-Bindung gegenüber einer trans-Bindung). [3–4] unterscheidet sich von [1] lediglich in der additiven Energiekonstanten Nu_O. Als Individuen fungieren die $\mathcal{N} = NL$ mit gauche-Bindungen besetzbaren Kettensegmente.

Von [3–4] ausgehend, soll im folgenden der Einfluß der zwischenmolekularen Wechselwirkung auf die Gleichgewichtsthermodynamik, speziell auf die Wärmekapazität der Mischung untersucht werden.

2. Kooperatives Viel-Komponenten-System (1)

Da die Lagekorrelation der Segmente zweier benachbarter Kettenmoleküle von der Konformation der Ketten abhängt, sind bei Berücksichtigung der zwischenmolekularen Wechselwirkung nicht die einzelnen Kettensegmente, sondern die Kettenmoleküle als Ganzes als Individuen anzusehen (2). Die Mischung aus Rotationsisomeren entspricht dann einem kooperativen Viel-Komponenten-System, dessen Komponenten sich nach Maßgabe der thermischen Agitation ineinander umwandeln können.

Die Aufstellung der Gibbsschen Grundgleichung des Viel-Komponenten-Systems unter Berücksichtigung der zwischenmolekularen Wechselwirkung führt auf ein mehrdimensionales Ising-Problem mit „äußerem Feld", ist also exakt nicht möglich. Um einen ersten Eindruck von den Verhaltensmöglichkeiten der kooperativen Mischung zu erhalten, beschränken wir uns auf ein bereits in einem vorangegangenen Artikel (1) beschriebenes Modell, dem im wesentlichen die folgenden Annahmen unterliegen:

a) Die *Struktur* des Systems ist durch eine mittlere Koordinationszahl q charakterisierbar.
b) Die *Nahordnung* ist im Mittel durch eine statistische Verteilung der Komponenten gegeben (sog. Bragg-Williams-Näherung).
c) Die *zwischenmolekulare Wechselwirkung* ist im Mittel durch drei Parameter beschreibbar: w_{OO} für die Wechselwirkung zwischen zwei benachbarten all-trans-Ketten, w_{DO} für die Wechselwirkung zwischen einer all-trans-Kette und einer benachbarten, mit gauche-Bindungen behafteten Kette und w_{DD} für die Wechselwirkung zwischen zwei benachbarten Ketten, die beide gauche-Bindungen enthalten.

Mit der Berücksichtigung von nur drei Wechselwirkungsparametern wird das Viel-Komponenten-System energetisch auf ein Zwei-Komponenten-System reduziert. Es ist von vornherein klar, daß damit die Verhaltensmöglichkeiten des Systems eingeschränkt werden (vgl. Abschn. 6). Außerdem legen die vereinfachenden Bedingungen (a–c) es nahe, als Einheitsdefekte, mit denen die Segmente der gestreckten Ketten belegt werden können, nicht gauche-Bindungen, sondern 2g1-Kinken (3–4) in Betracht zu ziehen, denn einzelne gauche-Bindungen rufen unter Umständen eine erhebliche Störung der räumlichen Koordination der Moleküle hervor und erfordern letztlich eine differenziertere Beschreibung der Wechselwirkung. Mit 2g1-Kinken als Einheitsdefekte (Δu: Exzeßenergie zweier gauche-Bindungen; L: Anzahl der Segmente entlang einer Kette, die mit 2g1-Kinken besetzt werden können) erfassen wir natürlich nicht mehr alle Typen der Rotationsisomeren, jedoch scheint diese Einschränkung gegenüber den in (a—c) gestellten Forderungen belanglos[1]). Die im Gegensatz zur Bedingung 2 in Abschnitt 1 mögliche Überlappung der potentiellen, mit 2g1-Kinken belegbaren Segmente führt allerdings auch schon zu einer Abweichung von [1]: bei gleichem Δu nimmt das Schottky-Maximum des idealen Systems höhere Werte an und wird zu tieferen Temperaturen hin verschoben. Bei Anpassung an das Experiment ist daher damit zu rechnen, daß die Wechselwirkungsparameter diesen Unterschied kompensieren und somit etwas zu groß ausfallen.

Die vereinfachte kooperative Mischung folgt der *Gibbs*schen Grundgleichung

$$F = Nu_O + \frac{qN}{2} w_{OO} + NRT \ln x_O + \frac{qN}{2} \Delta w (1 - x_O)^2 \qquad [5]$$

mit

$$\Delta w \equiv 2w_{DO} - w_{DD} - w_{OO}$$

($qN/2$: Anzahl der Paare benachbarter Kettenmoleküle; $1\text{-}x_O$: Gleichgewichtskonzentration der mit gauche-Bindungen behafteten Ketten). Hierin ist $qN\Delta w(1 - x_O)^2/2$ die Freie Mischungsenergie, die im Falle $\Delta w < 0$ der Solvatation negativ, im Falle $\Delta w > 0$ der Aggregation positiv wird und im athermischen Fall $\Delta w = 0$ verschwindet.

Die Gleichgewichtskonzentration $x_O(T)$ der all-trans-Ketten ist dabei nicht mehr durch [4] gegeben, sondern aus der Gleichung

$$RT \ln\left(\frac{1 - x_O}{x_O}\right) + q\Delta w x_O = RT \ln\left[\left(e^{-\frac{\Delta u}{RT}} + 1\right)^L - 1\right] - q(w_{DD} - w_{DO}) \qquad [6]$$

zu entnehmen. [5—6] führt auf den Fall des idealen 2-Niveau-Systems [3—4] nur dann zurück, wenn

$$w_{DD} = w_{DO} = w_{OO}$$

oder $T \to \infty$ gilt. Im Grenzübergang $T \to \infty$ folgt aus [6] für das Verhältnis der Konzentration der nicht-gestreckten Ketten zur Konzentration der gestreckten Ketten

$$\lim_{T\to\infty} \frac{1 - x_O}{x_O} = 2^L - 1$$

und für die Konzentration der gestreckten Ketten

$$\lim_{T\to\infty} x_O = \frac{1}{2^L}. \qquad [7]$$

[7] entspricht der Gleichverteilung der mit Kinken besetzten und nicht-besetzten Segmente.

Zwischen x_O und den Konzentrationen x_{OO}, x_{DO}, x_{DD} der den Wechselwirkungsparametern w_{OO}, w_{DO}, w_{DD} zuzuordnenden Paar-Typen $(O; O)$, $(D; O)$, $(D; D)$ bestehen auf Grund der Annahme (b) die Beziehungen

$$\left.\begin{aligned} x_{OO} &= x_O^2 \\ x_{DO} &= 2x_O(1 - x_O) \\ x_{DD} &= (1 - x_O)^2 \end{aligned}\right\} \qquad [8]$$

(vgl. Abb. 2).

Potentiell ist das kooperative System [5 — 6] einer diskontinuierlichen Umwandlung fähig. Die in [8] enthaltene Symmetrie zieht nach sich, daß die Umwandlungstemperatur T_U durch den (bei einer tatsächlich einsetzenden Umwandlung allerdings nur noch fiktiven) Gleichgewichtswert

$$x_O = 1 - x_O = 1/2$$

gegeben ist. Aus [6] folgt damit als Bestimmungsgleichung für die Umwandlungstemperatur

$$RT_U \ln\left[\left(e^{-\frac{\Delta u}{RT_u}} + 1\right)^L - 1\right] = \frac{q}{2}(w_{DD} - w_{OO}). \qquad [9]$$

1) Die Annahme, die Thermodynamik des Systems lasse sich auf die Thermodynamik einer einzelnen Segmentschicht und mit einer zusätzlichen Aufspaltung in die verschiedenen Koordinationsrichtungen sogar nur auf die Thermodynamik einer einzelnen linearen Segmentzeile reduzieren (3—4), bedeutet m. E. eine weit stärkere Einschränkung.

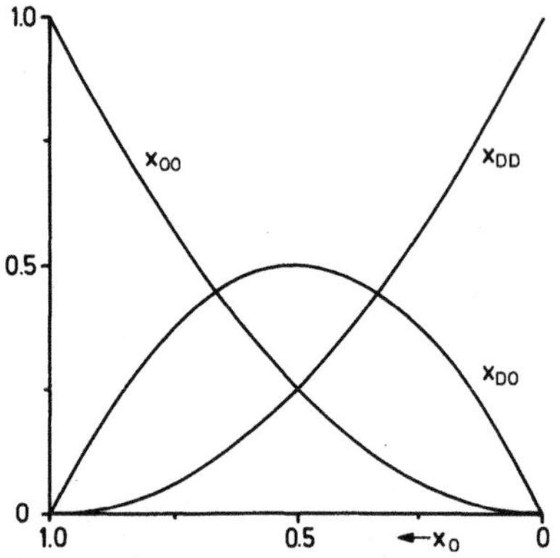

Abb. 2. Konzentrationen x_{OO} der Paare aus all-trans-Ketten, x_{DO} der Paare aus einer all-trans-Kette und einer mit gauche-Bindungen behafteten Kette und x_{DD} der Paare aus Ketten, die beide gauche-Bindungen enthalten, als Funktion der Konzentration x_O der all-trans-Ketten, nach [8]. Abnehmendes x_O bedeutet im Gleichgewicht gewöhnlich zunehmende Temperatur

Bei der hierdurch festgelegten Temperatur tritt aber nur dann eine Umwandlung auf, wenn zusätzlich die Ungleichung

$$\frac{q}{2}\Delta w > 2RT_U \qquad [10]$$

erfüllt ist. Setzen wir $T_U > 0$ voraus[2]), so setzt eine Umwandlung nur dann ein, wenn eine Aggregationstendenz besteht und diese Aggregationstendenz den kritischen Wert

$$\Delta w_{\text{krit}} = 4RT_U/q > 0 \qquad [11]$$

überschreitet.

Die Aggregationstendenz ist vergleichbar mit der von *Pechhold* und *Blasenbrey* (3–4) konstatierten Neigung zur Kinkblockbildung. Zu bemerken ist jedoch, daß sich in unserem Modell-System eine räumlich ausgedehnte ideale Kinkblockstruktur (mit geordneter, idealer Passung der Kinken) nicht ausbilden kann, da das kooperative System im Bereich $x_O \ll 1$ sich praktisch wie das ideale 2-Niveau-System verhält, bei dem die Kinken längs der Ketten statistisch verteilt sind. Die quasichemische Näherung (6) zeigt darüber hinaus, daß die Umwandlung zu einer idealen Kinkblockstruktur, wie sie z. B. auch von *Lagaly*, *Fitz* und *Weiss* (7) angenommen wird, wegen zu geringen Entropiegewinns nur bei unwahrscheinlich hohen Temperaturen möglich ist[3]).

Die Abhängigkeit der potentiellen Umwandlungstemperatur von der Differenz $w_{DD} - w_{OO}$ mit der „Kettenlänge" $3L$ als Parameter nach [9] ist in Abb. 3 dargestellt.

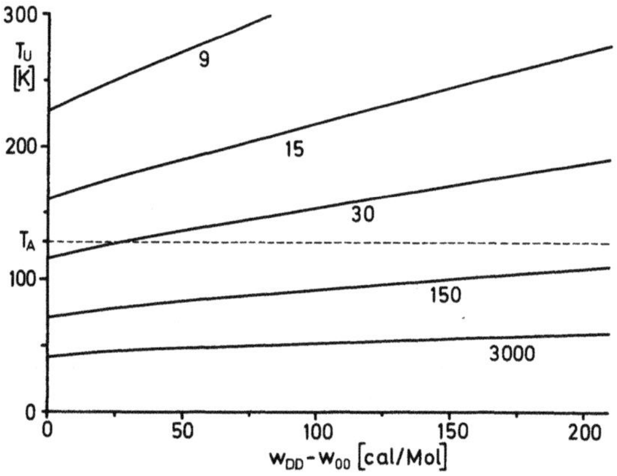

Abb. 3. Potentielle Umwandlungstemperatur T_U in Abhängigkeit von der Differenz der Bindungsenergien w_{DD} zweier nicht-gestreckter Ketten und w_{OO} zweier gestreckter Ketten nach [9] mit $q = 6$ und $\Delta u = 610$ cal/Mol. Parameter ist die „Kettenlänge" $3L$. T_A gibt die Lage der Schottky-Anomalie des zugeordneten idealen Systems nach [2] an

Allgemein kann die Umwandlung bei kürzeren Kettenmolekülen ($L < 8$) nur oberhalb der Schottky-Anomalie auftreten. Bei langen Kettenmolekülen ist dagegen, sofern die Differenz

---

[2]) Die Bedingung $T_U > 0$ ist nicht selbstverständlich. Die Energie eines isolierten Systems von Rotationsisomeren besitzt stets eine endliche obere Grenze. Das System ist daher (zumindest solange die Wechselwirkung mit den Phononen außer acht bleibt) auch negativer absoluter Temperaturen fähig. Die Zustände negativer Temperaturen schließen an $T = +\infty$ an (5).

Im Falle des idealen Systems [3–4] erhält man auf Grund der Gleichverteilung als Grenzwert der Inneren Energie

$$\lim_{T\to\infty} U = Nu_O + LN\frac{\Delta u}{2}.$$

Die Energie der Zustände mit negativer absoluter Temperatur liegt also im Intervall

$$Nu_O + LN\frac{\Delta u}{2} \leqslant U \leqslant Nu_O + LN\Delta u\,.$$

Man erkennt daraus, daß die Kettenmoleküle bei negativen Temperaturen stärker „geknäuelt" sind als bei positiven Temperaturen.

[3]) Einen Hinweis auf dieses Faktum verdanke ich Herrn Dr. *G. Strobl* (Mainz).

$w_{DD} - w_{OO}$ klein ist, eine Umwandlung auch unterhalb der Schottky-Anomalie möglich. Verursacht wird dieser Effekt dadurch, daß mit wachsender Kettenlänge die Anzahl der möglichen Rotationsisomeren und damit auch die Entropie zunehmen. Dies wird besonders deutlich in dem Grenzfall

$$\lim_{\substack{w_{DD} \to w_{OO} \\ w_{DO} \neq w_{OO}}} T_U = \frac{\Delta u}{R \ln \frac{1}{2^{1/L} - 1}},$$

der für $L \to 1$ auf $T_U \to \infty$ und für $L \to \infty$ auf $T_U \to 0$ führt. Entsprechend haben wir im folgenden die Fälle $T_A \ll T_U$, $T_A \approx T_U$ und $T_A \gg T_U$ zu unterscheiden.

3. Wärmekapazität eines Systems mit $T_A \ll T_U$.

Als erstes Beispiel untersuchen wir die Wärmekapazität eines Systems [5–6] aus kurzen Kettenmolekülen mit $q = 6$, $L = 11$ und $\Delta u = 610$ cal/Mol.

Zunächst beschränken wir uns auf den athermischen Fall

$$\Delta w = 0 .$$

Ist dann auch

$$w_{DD} - w_{OO} = 0 ,$$

so erhält man den Fall des idealen 2-Niveau-Systems [3–4] mit einem Schottky-Maximum

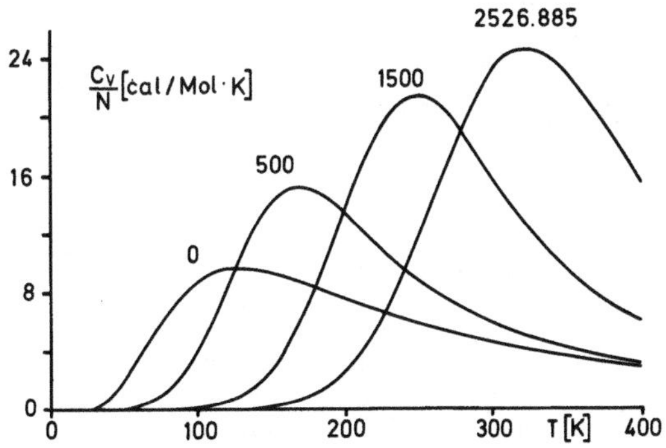

Abb. 4. Wärmekapazität C_V/N pro Kette des kooperativen Systems [5–6] als Funktion der Temperatur im athermischen Fall $\Delta w = 0$. Parameter ist $3(w_{DD} - w_{OO})$ in cal/Mol. $q = 6$, $L = 11$, $\Delta u = 610$ cal/Mol. Die erste Kurve von links entspricht dem idealen 2-Niveau-System [3–4]

bei $T_A = 127.9$ K (vgl. Abb. 4, links). Mit ansteigender Differenz[4])

$$w_{DD} - w_{OO} > 0$$

nimmt der Maximalwert der Wärmekapazität zu, und seine Lage wird zu höheren Temperaturen hin verschoben (Abb. 4). Das liegt daran, daß die zwischenmolekularen Wechselwirkungskräfte die Bildung von Kinken zunächst erschweren, dann aber, wenn das Energieäquivalent der Temperatur einen genügend hohen Wert erreicht, dem System eine Energieaufnahmefähigkeit pro Grad verschaffen, die größer ist als die des idealen Systems.

Nun halten wir die Differenz der Wechselwirkungsenergien w_{DD} und w_{OO} bei

$$3(w_{DD} - w_{OO}) = 2526.885 \text{ cal/Mol} \qquad [12]$$

fest (Abb. 4, rechts und Abb. 5, oben) und schalten zusätzlich sukzessive ein anwachsendes Aggregationsfeld

$$\Delta w > 0$$

ein. Mit [12] besitzt das System nach [9] eine potentielle Umwandlungstemperatur bei

$$T_U = 341 \text{ K}$$

und damit nach [11] einen kritischen Wert der Aggregation von

$$\Delta w_{\text{krit}} = 451.8 \text{ cal/Mol} . \qquad [13]$$

Mit steigender Aggregation wird das Schottky-Maximum weiter zu höheren Temperaturen hin verschoben. Dabei werden seine Flanken steiler und seine Höhe größer, bis kurz vor dem kritischen Wert [13] eine Kurve entsteht, die vom Typ her der Wärmekapazität einer *diffusen Umwandlung* um T_U gleicht (Abb. 5, unten und Abb. 6, oben). Die Ursache für diese Entwicklung ist darin zu sehen, daß mit steigender Aggregation die Bildung von

---

[4]) Intramolekulare gauche-Bindungen wirken auf die intermolekulare Bindung lockernd. Es ist daher

$$0 \geqslant w_{DD}, w_{DO} \geqslant w_{OO}$$

anzunehmen, wobei das Gleichheitszeichen nur im bindungsfreien Zustand gilt.

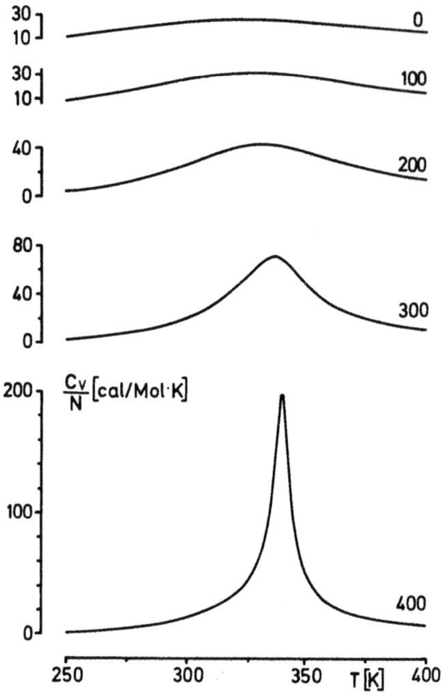

Abb. 5. Wärmekapazität C_V/N pro Kette des kooperativen Systems [5–6] als Funktion der Temperatur bei verschieden starker Aggregationstendenz unterhalb des kritischen Wertes [13]. Parameter ist Δw in cal/Mol. $q = 6$, $L = 11$, $\Delta u = 610$ cal/Mol, $3(w_{DD} - w_{OO}) = 2526.885$ cal/Mol. Die obere Kurve ist identisch mit der letzten Kurve rechts in Abb. 4. Die untere Kurve entspricht einer diffusen Umwandlung, die experimentell, sofern die Meßpunkte nicht genügend dicht liegen, wohl auch mit einer Umwandlung zweiter Ordnung verwechselt werden kann

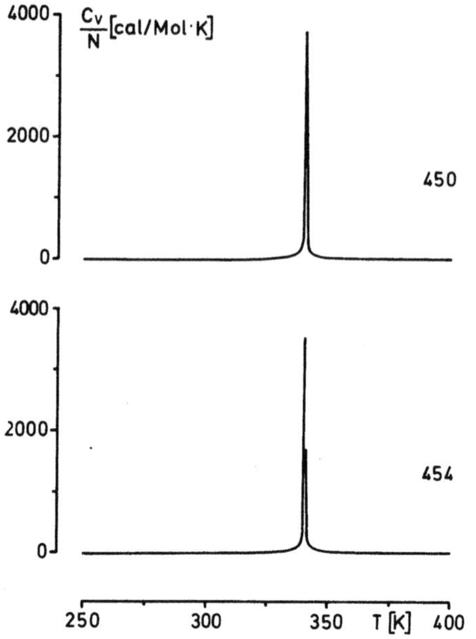

Abb. 6. Wärmekapazität C_V/N pro Kette des kooperativen Systems [5–6] als Funktion der Temperatur kurz unterhalb und kurz oberhalb des kritischen Aggregationswertes [13]. Parameterwerte wie in Abb. 5. Die obere Kurve entspricht einer zwar sehr scharfen, aber doch noch völlig kontinuierlich verlaufenden Umwandlung. Die untere Kurve entspricht einer diskontinuierlichen Umwandlung erster Ordnung bei $T_U = 341$ K, die mit einer latenten Wärme verbunden ist (nicht eingezeichnet!)

$(D; O)$-Paaren, die notwendig am Beginn jeder kontinuierlich verlaufenden Kinken-Erzeugung steht, energetisch immer ungünstiger wird, daß aber, solange Δw unterhalb der kritischen Aggregation bleibt, der nach [8] maximal mögliche Wert $x_{DO} = 1/2$ bei T_U doch noch erreicht werden kann (vgl. Abb. 7, links).

Wird dann der kritische Wert [13] überschritten, so ist die Erzeugung von $(D; O)$-Paaren derart erschwert, daß sich die maximal mögliche Konzentration $x_{DO} = 1/2$ nicht mehr voll ausbilden kann. Die dem Gleichgewicht entsprechende Anzahl von Kinken kann nunmehr nur durch einen diskontinuierlichen Sprung unter der Bildung von mehr oder minder ausgedehnten $(D; D)$-Aggregaten mit einer verminderten Anzahl von $(D; O)$-Paaren an ihrer Oberfläche entstehen (vgl. Abb. 7, rechts). Das inzwischen stark deformierte Schottky-Maximum reißt an seiner Hoch-

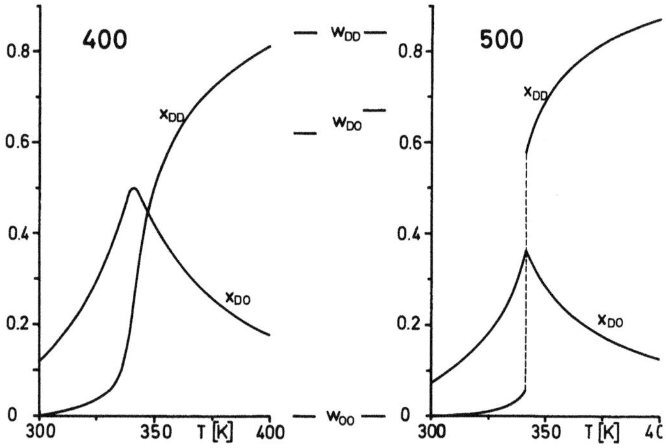

Abb. 7. Gleichgewichtskonzentrationen x_{DO} der Paare aus einer all-trans-Kette und einer mit gauche-Bindungen behafteten Kette und x_{DD} der Paare aus zwei mit gauche-Bindungen behafteten Ketten als Funktion der Temperatur nach [6] und [8] mit $q = 6$, $L = 11$, $\Delta u = 610$ cal/Mol und $3(w_{DD} - w_{OO}) = 2526.885$ cal/Mol (wie in Abb. 5–6 und 8–9). Links: $\Delta w = 400$ cal/Mol, rechts: $\Delta w = 500$ cal/Mol. Das Energieniveauschema in der Mitte gibt die relative Lage der Wechselwirkungsparameter für den linken bzw. rechten Teil der Abbildung wieder

temperaturflanke bei T_U auf und geht in eine durch die endliche Differenz

$$\Delta C_V \equiv \lim_{\delta \to 0} [C_V(T_U - \delta) - C_V(T_U + \delta)] \qquad [14]$$

gekennzeichnete, echte Umwandlungserscheinung über (Abb. 6, unten).

Es handelt sich dabei um eine *Umwandlung erster Ordnung* im Sinne des Ehrenfestschen Schemas, d. h. für

$$\Delta w > \Delta w_{\text{krit}}$$

erleidet bei T_U die Freie Energie [5] einen Knick und die Innere Energie einen Sprung (1). Die Umwandlung ist mit einer latenten Wärme verbunden. Obwohl der Grenzwert [14] stets endlich bleibt oder verschwindet, wird die Wärmekapazität bei T_U selbst unendlich groß (in Abb. 6 und den folgenden Abbildungen nicht eingezeichnet!).

Mit weiter steigender Aggregation nimmt der Maximalwert, der von x_{DO} bei T_U erreicht wird, ab (vgl. [22] in Abschn. 5), und die Kinkenerzeugung in Form von $(D; D)$-Paaren konzentriert sich immer mehr auf den singulären Punkt T_U. Infolgedessen nehmen mit weiter steigender Aggregation das allgemeine Niveau der Wärmekapazität und speziell der Sprung [14] ab. Der im Bereich

$$w_{DO} \lesssim w_{DD}$$

gegebene λ-förmige Verlauf der Wärmekapazität, mit einer durchaus noch vorhandenen Kinkenbildung vor der Umwandlung, geht im Bereich

$$w_{DO} \gtrsim w_{DD}$$

in einen stufenförmigen Verlauf, mit immer geringerer Kinkenbildung vor der Umwandlung, über. Dazwischen liegt im Bereich

$$w_{DO} \approx w_{DD}$$

eine Stelle, bei der die Wärmekapazität (wenn man von der Unendlichkeitsstelle absieht), wie bei einer Umwandlung dritter Ordnung, nur einen Knick aufweist (Abb. 8 und 9).

Erreicht die Aggregation schließlich sehr hohe Werte, so entstehen fast keine $(D; O)$-Paare mehr. Die Umwandlung verläuft praktisch in der reinen Stufenform

$$(O; O) \xrightarrow[T_U]{} (D; D) \,. \qquad [15]$$

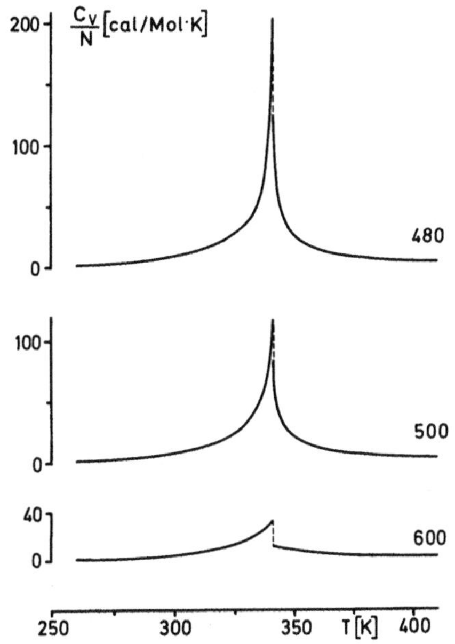

Abb. 8. Umwandlungstypen des Systems [5—6] bei mittlerer Aggregationstendenz. Parameter ist Δw in cal/Mol; sonstige Parameterwerte wie in Abb. 5

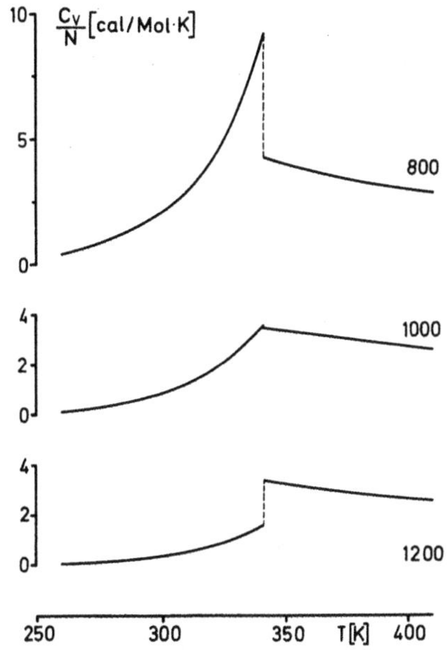

Abb. 9. Umwandlungstypen des Systems [5—6] bei hoher Aggregationstendenz. Parameter ist Δw in cal/Mol; sonstige Parameterwerte wie in Abb. 5

Die Schottky-Anomalie degeneriert in einem weiten Bereich um T_U zu einer Diracschen Deltafunktion

$$C_V \sim \delta(T - T_U) \,.$$

Da bei einer solchen Transformation der Grenzwert [7] unterschritten wird, müssen sich allerdings bei hohen Temperaturen, wenn RT den Aggregationswert übertrifft, notwendig einige Kinken wieder zurückbilden.

Es scheint möglich, daß der in den Abbn. 5–6 und 8–9 dargestellte Effekt bei den Umwandlungserscheinungen der *n*-Alkane eine Rolle spielt. Deutet man die Umwandlungen der *n*-Alkane als Übergang von einem Zustand geringer Kinkenkonzentration in einen Zustand hoher Kinkenkonzentration (3) und nimmt an, daß die Wechselwirkungsparameter w_{OO}, w_{DO} und w_{DD} linear mit der Kettenlänge anwachsen (1–2), so ergibt sich mit Linearkoeffizienten, welche die Umwandlungstemperaturen bis auf 0.2% genau zu reproduzieren gestatten, das folgende Bild: bei den ungeraden *n*-Alkanen sollte die Wärmekapazität von C_9–C_{15} einen λ-förmigen Verlauf und von C_{17} an einen stufenförmigen Verlauf nehmen; bei den geraden *n*-Alkanen sollten C_{18} und C_{20} eine diffuse Umwandlung, C_{22} bis etwa C_{30} eine λ-förmige Umwandlung und C_{32} und die höheren geradzahligen *n*-Alkane wieder eine stufenförmige Umwandlung aufweisen. Eine Rotationsumwandlung, die in nicht zu großem Abstand bei höheren Temperaturen von einer Defektumwandlung gefolgt wird (8–9), sollte, da sie doch wohl eine Mehrheit von all-trans-Ketten voraussetzt, nur bei den höheren *n*-Alkanen mit stufenförmiger Defektumwandlung möglich sein.

Die in den Abbn. 5–6 und 8–9 dargestellten Umwandlungstypen wurden nun zwar bei *n*-Alkyl-Kristallen alle schon einmal aufgefunden, ein systematischer Trend in der angegebenen Art läßt sich aber in den bisher vorliegenden Meßergebnissen nicht erkennen. Vielmehr besteht in der Literatur in bezug auf die thermischen Daten der Umwandlungserscheinungen in *n*-Alkanen eine „beträchtliche Konfusion" (10). Möglicherweise kann das Kinken-Modell gerade für diese Konfusion eine Erklärung liefern, wenn man berücksichtigt, daß der Umwandlungstyp ganz empfindlich von der Wahl der Wechselwirkungsparameter (d.h. real auch von Störungen) abhängt[5]).

[5]) Auf die in Münster vorgetragenen Ergebnisse bezüglich der Umwandlungserscheinungen in *n*-Alkyl-Lamellen wird an anderer Stelle näher eingegangen.

4. Wärmekapazität eines Systems mit $T_A \gg T_U$

Bei dem in Abschnitt 3 behandelten System, dessen potentielle Umwandlungstemperatur oberhalb des Schottky-Maximums lag, entwickelte sich die Umwandlung mit steigender Aggregationstendenz aus dem Schottky-Maximum heraus. Qualitativ ganz ähnliche Verhältnisse trifft man an, wenn $T_U \approx T_A$ gilt. Anders liegen dagegen die Verhältnisse, wenn $T_A \gg T_U$ ist. Nach Abb. 3 kann dieser Fall in Systemen aus langen Kettenmolekülen auftreten, wenn die Differenz $w_{DD} - w_{OO}$ klein ist.

Als Beispiel untersuchen wir die Wärmekapazität eines Systems mit $q = 6$, $L = 1000$, $\Delta u = 610$ cal/Mol und

$$3(w_{DD} - w_{OO}) = 201.783 \text{ cal/Mol}\,.$$

Das Schottky-Maximum des zugeordneten idealen Systems liegt nach [2] wieder bei

$$T_A = 127.9 \text{ K}\,,$$

die potentielle Umwandlungstemperatur nach [9] bei

$$T_U = 50 \text{ K}$$

und der kritische Wert der Aggregation nach [11] bei

$$\Delta w_{\text{krit}} = 66.24 \text{ cal/Mol}\,.$$

Schon im athermischen Fall erscheint hier auf der Tieftemperaturflanke des Schottky-Maximums, etwas oberhalb von T_U eine zusätzliche Anomalie (Abb. 10, links). Sie wird hervorgerufen durch die hemmende Wirkung der zwischenmolekularen Wechselwirkung auf die Kinkenerzeugung, die jedoch, wegen der Kleinheit der Differenz $w_{DD} - w_{OO}$ schon vor Erreichen des Schottky-Maximums von der thermischen Agitation wieder aufgehoben wird.

Läßt man eine Aggregation zu, so konzentriert sich die zusätzliche Anomalie mit steigender Aggregationstendenz mehr und mehr um T_U, bis nach Überschreiten des kritischen Wertes wieder eine Umwandlung erster Ordnung entsteht (Abb. 10). Bei stärkerer Aggregation erscheint der Tieftemperaturteil der Schottky-Kurve (wenn man von der Unendlichkeitsstelle von C_V bei T_U absieht) wie abgeschnitten (Abb. 10, rechts).

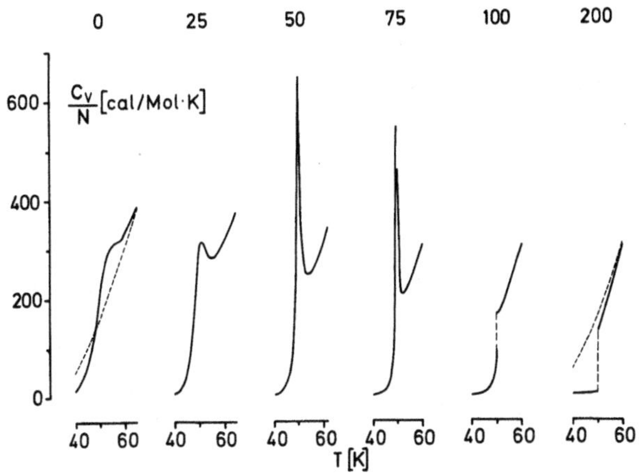

Abb. 10. Wärmekapazität $C_V(T)/N$ eines kooperativen Systems [5—6] dessen potentielle Umwandlungstemperatur $T_U = 50$ K unterhalb des Schottky-Maximums $T_A = 127.9$ K liegt; mit $q = 6$, $L = 1000$, $\Delta u = 610$ cal/Mol und $3(w_{DD} - w_{OO}) = 201.783$ cal/Mol. Dargestellt ist der Temperaturbereich um T_U für verschiedene Aggregationsstärken Δw. Die gestrichelten Kurven links und rechts geben die Wärmekapazität des zugeordneten idealen 2-Niveau-Systems [3—4] wieder

Im Falle $T_A \gg T_U$ entwickelt sich die Umwandlung also nicht aus dem Schottky-Maximum, sondern entsteht davon separiert auf der Tieftemperaturflanke des Maximums. Ihre Lage kann mit $L \to \infty$ und $(w_{DD} - w_{OO}) \to 0$ bis $T_U \to 0$ verschoben werden. Voraussetzung für das Erscheinen dieser zusätzlichen Anomalie ist allerdings, daß die Kettenmoleküle längs ihrer gesamten Länge kooperieren. Andernfalls ist der Entropiegewinn zu klein, und T_U wird zu höheren Temperaturen verschoben.

Die Frage, ob ähnliche Effekte bei den diversen Tieftemperatur-Anomalien der amorphen Bereiche in hochpolymeren Substanzen eine Rolle spielen, ist derzeit nicht zu beantworten. Auf jeden Fall wird jedoch deutlich, daß ganz allgemein zwischenmolekulare Wechselwirkungskräfte (auch wenn sie schwach sind) die Thermodynamik eines 2-Niveau-Systems in großer Variationsbreite verändern können.

5. Exkurs zur Frage der „chemischen" Stabilität

In diesem Abschnitt soll, in Ergänzung zu (1) und zu den Abschnitten 2—4 des vorliegenden Artikels, explizite gezeigt werden, daß die Umwandlung erster Ordnung auf einer „chemischen" Instabilität beruht, die von

$$\Delta w \equiv 2w_{DO} - w_{DD} - w_{OO} > \Delta w_{\text{krit}} = 4RT_U/q$$

an eintritt, sobald die Konzentration x_{DO} der $(D;O)$-Paare einen bestimmten Wert übersteigt. Wir gewinnen damit zugleich eine Antwort auf die Frage, ob eine hohe Aggregationstendenz nicht der vorausgesetzten statistischen Verteilung der Komponenten widerspricht.

Zuvor sei bemerkt, daß die Bedingung der thermischen Stabilität

$$\frac{\partial U}{\partial T} \equiv C_V > 0$$

in allen bisher behandelten Fällen stets erfüllt war.

Bei der Untersuchung der „chemischen" Stabilität haben wir von den ursprünglichen Variablen auszugehen, deren Variation auf die nur noch von x_O abhängigen Grundgleichungen [5—6] führte. Das waren die Konzentrationen x_j der mit j Kinken behafteten Kettenmoleküle, von denen x_j mit $j = 1 \ldots L$ als unabhängige Variablen und

$$x_O = 1 - \sum_{j=1}^{L} x_j \qquad [16]$$

als abhängige Variable betrachtet wurden (vgl. (1)). Als Affinität ergab sich mit diesen Variablen $(j \neq 0)$[6])

$$\begin{aligned} A_j = RT \ln \left[\binom{L}{j} \frac{x_O}{x_j} \right] - j\Delta u \\ - q[(w_{DO} - w_{OO})x_O \\ + (w_{DD} - w_{DO})(1 - x_O)] \end{aligned} \qquad [17]$$

[$\binom{L}{j}$: Anzahl der unterscheidbaren Isomeren einer mit j Kinken behafteten Kette].

„Chemische" Stabilität ist gegeben (vgl. z.B. (11)), wenn die Matrix

$$\left(\frac{\partial A_j}{\partial x_k} \right) \text{mit } j = 1 \ldots L,\ k = 1 \ldots L$$

[6]) In [17] beziehen sich die Konzentrationen x_j $(j = 0 \ldots L)$ nicht notwendig auf das Gleichgewicht. Die Gleichgewichtswerte folgen vielmehr aus den Bedingungen

$A_j = 0$ $(j = 1 \ldots L)$.

In (1) wurde aus Versehen $-A_j$ als Affinität bezeichnet. Hieraus entstand jedoch kein Fehler, da nur Gleichgewichte betrachtet wurden.

negativ definit ist, d.h. wenn in der Determinante D der Matrix alle Hauptminoren ungerader Ordnung negativ und alle Hauptminoren gerader Ordnung positiv sind. Da nach [16] und [17]

$$\frac{\partial A_j}{\partial x_k} = q\Delta w - RT\left(\frac{1}{x_O} + \frac{\delta_{jk}}{x_k}\right) \qquad [18]$$

(δ_{jk}: Kronecker-Symbol) eine symmetrische Matrix bildet, bedeutet dies, daß bei „chemischer" Stabilität

$$\frac{\partial A_j}{\partial x_j} < 0$$

$$\frac{\partial A_j}{\partial x_j}\frac{\partial A_k}{\partial x_k} - \left(\frac{\partial A_j}{\partial x_k}\right)^2 > 0$$

$$\cdots\cdots\cdots\cdots$$

$$(-1)^L D > 0 \qquad [19]$$

gelten muß.

Als Determinante der Matrix erhält man mit [18]

$$D = \frac{(-RT)^L}{x_1 x_2 \ldots x_L}\left[1 - \left(\frac{q}{RT}\Delta w - \frac{1}{x_O}\right) \times (x_1 + x_2 + \ldots + x_L)\right]$$

und an Stelle von [19] die *Stabilitätsbedingungen*

$$q\Delta w < RT\left(\frac{1}{x_O} + \frac{1}{x_j}\right)$$

$$q\Delta w < RT\left(\frac{1}{x_O} + \frac{1}{x_j + x_k}\right)$$

$$q\Delta w < RT\left(\frac{1}{x_O} + \frac{1}{x_j + x_k + x_l}\right)$$

$$\cdots\cdots\cdots\cdots$$

$$q\Delta w < RT\left(\frac{1}{x_O} + \frac{1}{x_1 + x_2 + \ldots + x_L}\right). \qquad [20]$$

Für die letzte der Gln. [20] können wir nach [16] auch

$$q\Delta w < RT\left(\frac{1}{x_O} + \frac{1}{1 - x_O}\right) \qquad [21]$$

schreiben. Hieraus folgt unmittelbar, daß an der für T_U bestimmenden Stelle $x_O = 1/2$ eine Instabilität auftritt, sobald die Aggregationstendenz den kritischen Wert [11] überschreitet. Formt man [21] mit [8] um zu

$$\frac{q}{2}\Delta w < RT\frac{1}{x_{DO}}, \qquad [22]$$

so läßt ein Vergleich mit [10] und [11] erkennen, daß nach Erreichen des kritischen Wertes der Aggregation das System nur dann stabil bleibt, wenn x_{DO} unterhalb seines maximal möglichen Wertes $x_{DO} = 1/2$ liegt (vgl. Abb. 7). Mit steigender Aggregation über den kritischen Wert hinaus wird der Bereich von x_{DO}, für den Stabilität besteht, auf immer kleinere Werte eingeschränkt. Der stufenförmige Übergang [15] bei sehr hoher Aggregation folgt also direkt aus der Forderung der Stabilität. Isolierte $(D;D)$-Aggregate, mit zu großer Anzahl von $(D;O)$-Paaren an ihrer Oberfläche, sind bei stärkerer Aggregation oberhalb T_U instabil bzw. labil.

Da eine starke Aggregation nach [20] und [10] vor der Umwandlung die Kinkenerzeugung fast völlig unterbindet [$x_O \approx 1$; $x_j \approx 0$ $(j \neq 0)$] und nach der Umwandlung kaum noch all-trans-Ketten zuläßt [$x_O \approx 0$; $x_1 + x_2 + \ldots + x_L = 1 - x_O \approx 1$], entsteht, sofern stabile Zustände durchlaufen werden, kein Widerspruch zu der Annahme einer statistischen Verteilung der Ketten.

6. Folgen der Bedingungen (b) und (c)

Wie bereits bemerkt, setzt die Bedingung (*c*) in Abschnitt 2 voraus, daß das System sich im Mittel energetisch wie ein 2-Komponenten-System verhält. Das hat vor allem zur Folge, daß das System nur einer einzigen Umwandlung erster Ordnung fähig ist. Das $(L+1)$-Komponenten-System kann dagegen im allgemeinen unter bestimmten Verhältnissen der Wechselwirkungskräfte bis zu L Umwandlungen durchlaufen (6). Zwischen diesen beiden Extremfällen sind alle Übergänge möglich.

Die in den Abbn. 5–6 und 8–9 dargestellten Resultate sind sehr ähnlich denen, die man in der quasi-chemischen Näherung (unter Voraussetzung einer statistischen Verteilung der Ketten*paare*) erhält, wenn man höchstens eine Kinke pro Kette zuläßt (6). In Systemen mit mehreren Kinken pro Kette können dagegen, bei expliziter Berücksichtigung der entsprechenden Wechselwirkungsgrößen, Umwandlungen unter Umständen auch mit einer Solvatation (Bildung von Überstrukturen) verbunden sein.

Die Bedingungen (*b*) und (*c*) zusammen haben zur Folge, daß den bestimmenden Größen des Systems gewisse Symmetrieeigenschaften auferlegt werden (unter anderem z. B. die in Abb. 2 zur Geltung kommende Symmetrie). Diese Symmetrieeigenschaften ziehen nach sich, daß am Umwandlungspunkt gerade so viele $(D;D)$-Paare entstehen, wie $(O;\, O)$-Paare vorhanden waren, während die Anzahl der $(D;O)$-Paare unverändert bleibt. Läßt man die Einschränkung (*c*) fallen, so bestehen diese Symmetrien nicht mehr.

Eine Mischung aus Rotationsisomeren besitzt also tatsächlich eine noch weit größere Verhaltensmannigfaltigkeit, als hier an Hand des einfachen Systems [5–6] aufgezeigt werden konnte.

Zusammenfassung

Ausgehend von einer idealen Mischung aus rotationsisomeren Kettenmolekülen, die mit dem bekannten 2-Niveau-System übereinstimmt, wird an Hand einfacher Modell-Bedingungen der Einfluß der zwischenmolekularen Wechselwirkungskräfte auf die Wärmekapazität des Systems untersucht. Bei größeren Unterschieden zwischen den Wechselwirkungskräften entwickeln sich mit steigender Aggregationstendenz aus der Schottky-Anomalie des 2-Niveau-Systems zunächst eine diffuse Umwandlung und dann Umwandlungen erster Ordnung verschiedenen Typs. Bei langen Kettenmolekülen und kleinen Unterschieden zwischen den Wechselwirkungskräften kann auf der Tieftemperaturflanke der Schottky-Anomalie eine zusätzliche Anomalie entstehen, die mit zunehmender Aggregationstendenz ebenfalls in eine Umwandlung erster Ordnung übergeht.

Summary

Based on an ideal mixture of rotation isomeric chain molecules, which corresponds to the known 2-level-system, there is examined the influence of the intermolecular interaction forces on the heat capacity of the system. With greater differences between the interaction forces and a growing tendency to aggregation there develops from the Schottky anomaly of the 2-level-system at first a diffuse transition and then first order transitions of various types. With long chain molecules and small differences between the interaction forces an additional anomaly may arise on the low temperature side of the Schottky anomaly which, with growing tendency to aggregation, turns into a transition of the first order as well.

Literatur

1) *Baur, H.*, Colloid and Polymer Sci. **252**, 899 (1974).

2) *Baur, H.*, Colloid and Polymer Sci. **252**, 641 (1974).

3) *Blasenbrey, S., W. Pechhold*, Rheol. Acta **6**, 174 (1967).

4) *Pechhold, W., S. Blasenbrey*, Kolloid-Z. u. Z. Polymere **216/217**, 235 (1967).

5) *Ramsey, N. F.*, Phys. Rev. **103**, 20 (1956).

6) *Baur, H.*, Progr. Colloid and Polymer Sci. **58**, 1 (1975).

7) *Lagaly, G., S. Fitz, A. Weiss*, Progr. Colloid and Polymer Sci. **57**, 54 (1975).

8) *Strobl, G., B. Ewen, E. W. Fischer, W. Piesczek*, J. Chem. Phys. **61**, 5257 (1974).

9) *Ewen, B., E. W. Fischer, W. Piesczek, G. Strobl*, J. Chem. Phys. **61**, 5265 (1974).

10) *McClure, D. W.*, J. Chem. Phys. **49**, 1830 (1968).

11) *Haase, R.*, Thermodynamik der Mischphasen, (Berlin–Göttingen–Heidelberg, 1956).

Anschrift des Verfassers:

Dr. *H. Baur*
WHM – G 201
BASF-Aktiengesellschaft
D-6700 Ludwigshafen am Rhein

Colloid & Polymer Sci. **254**, 228–236 (1976)

Vorgetragen auf der Frühjahrstagung des Fachausschusses Physik der Hochpolymeren in der Deutschen Physikalischen Gesellschaft in Münster 17.–22. März 1975

Abteilung Experimentelle Physik II der Universität Ulm/Donau (Germany)

Semiempirical atomistic calculations of kink isomers in the isotactic polystyrene chain

L. Beck and *P. C. Hägele*

With 9 figures and 4 tables

(Received July 25, 1975)

1. Introduction

Semiempirical atomistic calculations are a powerful tool to investigate ideal- and defective structures (rotational isomers) of polymer chains.

Stable ideal and defective structures are obtained by minimizing the total energy with respect to the variables describing the geometry of the chain molecule. A set of semiempirical potentials has been used successfully to calculate the total energy of polyolefines (1, 2, 3, 4).

In this paper the application of these potentials has been extended to investigate rotational isomers of the isotactic polystyrene chain.

2. Method of calculation and approximations

In order to determine minima of the total energy the algorithm of *Fletcher* and *Powell* (5) has been used. The total energy and its gradient have been calculated by a new effective matrix algorithm which allows a fast computation of the gradient with minimal computer core storage (6).

The accuracy of the calculated energy is influenced by the chosen number of variables, describing the geometry of the molecule, by the number of flexible monomers (representative chain segment), and by the number of adjacent monomers.

Two cases are distinguished:

a) Calculation of ideal structures (translational invariance). The representative chain segment consists of one monomer. 5...7 adjacent monomers at both sides are also flexible. All monomers are described by an identical set of 13 variables. The interaction between the representative chain segment and adjacent chain segments is weighted by a factor 1/2, thus representing the infinite polymer chain (1, 7).

b) Calculation of defective structures.

The representative chain segment containing the defect consists of 5...7 flexible monomers described by 65...91 variables. The 5...7 adjacent monomers at both sides

Table 1. Benzene ideal crystal. Comparison of experimental and theoretical data

a [Å]	b [Å]	c [Å]	energy [kcal/mole]	
				experimental data:
7.25	9.40	6.68	–	extrapolated to 0 °K (10)
7.46	9.66	7.03	−9.2	*Kitaigorodskii* (11)
–	–	–	−11.7	*Rae* (12)
				theoretical data:
7.33	9.49	6.78	−11.28	this paper
6.68	8.75	6.10	−11.8... −12.2	*Kitaigorodskii* (11)
7.05	9.13	6.50	−10.6... −10.7	*Kitaigorodskii* (11)
–	–	–	−12.3	*Rae* (12)

are fixed to the corresponding ideal structure (calculated according to case a).

The accuracy of the energy is also dependent on the choice of proper potentials.

In this paper we used a set of potentials, fitted to aliphatic hydrocarbons (1, 2, 7, 8), although polystyrene has an aromatic side group (phenyl group). In order to test the accuracy of these potentials in this case, the structure and cohesion energy of the benzene ideal crystal has been calculated (9).

Table 1 shows the obtained results in comparison with other theoretical and experimental data. The discrepancy between our results and extrapolated (to 0°K) experimental data (10) is only about 3%. From this it seems reasonable to use our potentials for polystyrene. The accuracy is expected to be in the same range.

3. Results and discussion

3.1 Ideal structures of isotactic polystyrene

In investigating the energy function of isotactic polystyrene for stable ideal structures several minima have been found. The corresponding conformations are reported in table 2.

The following figures show computer drawings of the first four conformations given in table 2, basing directly on the coordinates resulting from minimizations.

3.1.1 3/1-Helix

This conformation corresponds to the experimentally determined (x-ray) conformation in the polystyrene crystal (13, 21). The small deviations in the identity period ($c_{exp} = 6.65 \pm 0.05$ Å, $c_{calc} = 6.42$ Å) and the number of monomers per turn are in the expected range of accuracy but could also be explained by the not considered crystalline interactions. Contrary to polyethylene (8, 14) here the interchain interactions of the bulky side groups may affect the chain conformation. The further investigation of this point is planned.

3.1.2 3/2- and 2/1-Helices

These two conformations have a remarkably higher energy per monomer than the 3/1-helix. In spite of this, sequences of these conformations may occur in torsional defects. The 3/2-helix as well as the above mentioned 3/1-helix both approximately represent tg-sequences. The 2/1-helix represents approximately a gg-sequence.

3.1.3 26/1-Helix (planar)

This conformation represents approximately a tt-sequence and has a lower energy per monomer than the 3/1-reference conformation. This helix may be regarded as a planar chain, bended by the strong repulsive interaction of the phenyl side groups. This conformation seems not to be able to build up a crystal, because the very large helix radius ($\varrho = 10.9$ Å) would lead to an extremely low density. Moreover the rotational barrier of the phenyl group is much higher compared with that of the phenyl group in the 3/1-helix (cf. item 3.3). This leads to a decrease of entropy in the planar conformation. Thus, at normal temperatures the 3/1-helix seems to be favoured due to its smaller free energy.

Table 2. Ideal structures of isotactic polystyrene

con-formation	dihedral angle CH_2-CHC_6H_5	dihedral angle CHC_6H_5-CH_2	valence angle ∢ CCC (CH_2)	valence angle ∢ CCC (CHC_6H_5)	number of monomers per turn	pitch per monomer [Å]	ΔE per monomer [kcal/mole]
3/1-helix	113.85°	−0.13°	113.86°	112.27°	3.156	2.141	0
3/2-helix	16.75°	114.35°	117.44°	114.02°	1.514	2.295	3.31
2/1-helix	111.51°	127.03°	117.49°	115.09°	2.103	1.944	2.10
26/1-helix	+11.39°	−11.41°	115.43°	110.16°	26.348	~0	−1.48
19/4-helix*)	+73.35°	−73.35°	114.69°	113.74°	4.755	~0	7.08
9/2-helix*)	−96.47°	+99.16°	132.25°	121.65°	4.554	~0	31.70

*) The 19/4-and 9/2-helices are planar, and the chains would close after a small number of monomers. These conformations have been calculated regardless of the interaction of the chain ends, and are therefore correct only for sequences of few monomers.

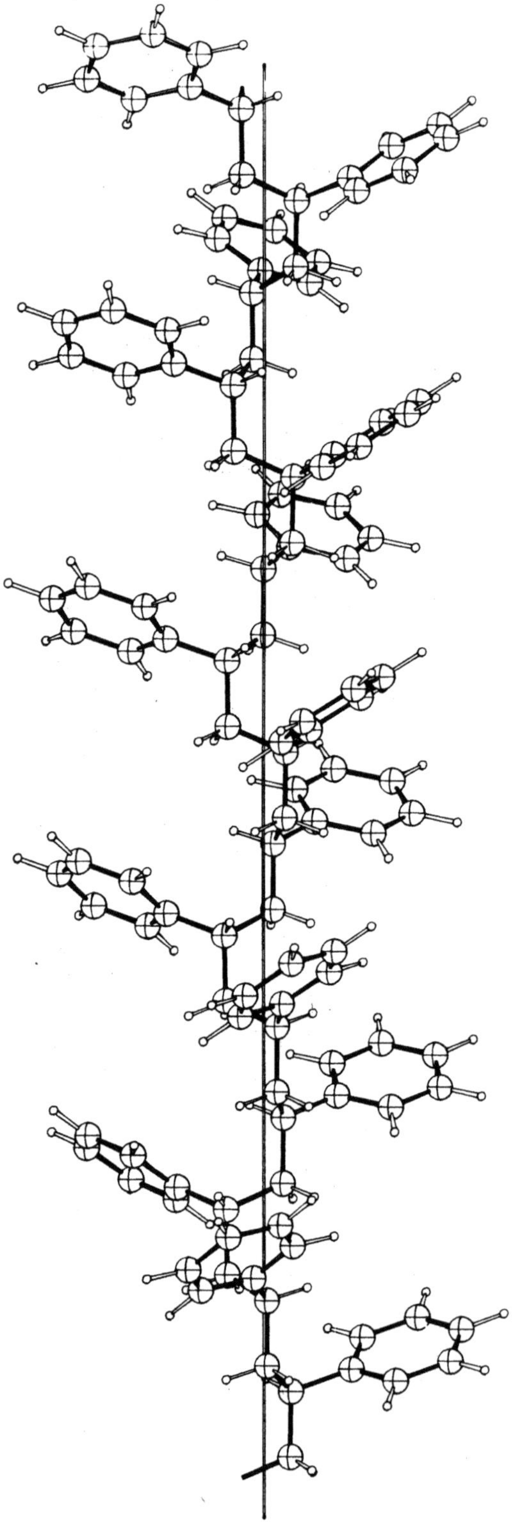

Fig. 1. 3/1-helix of isotactic polystyrene

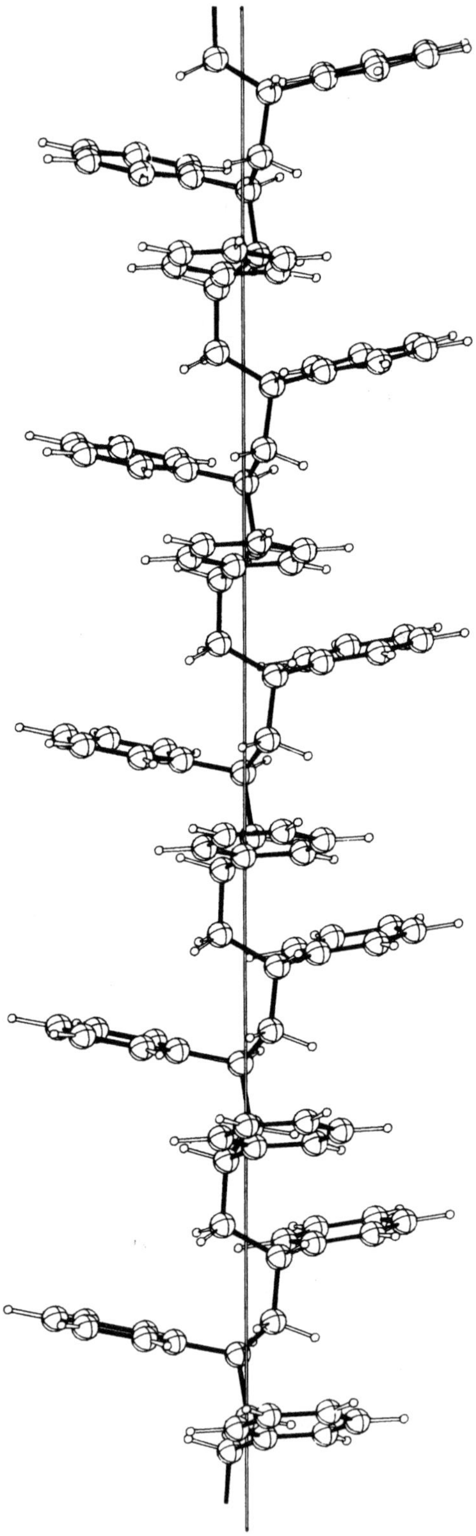

Fig. 2. 3/2-helix of isotactic polystyrene

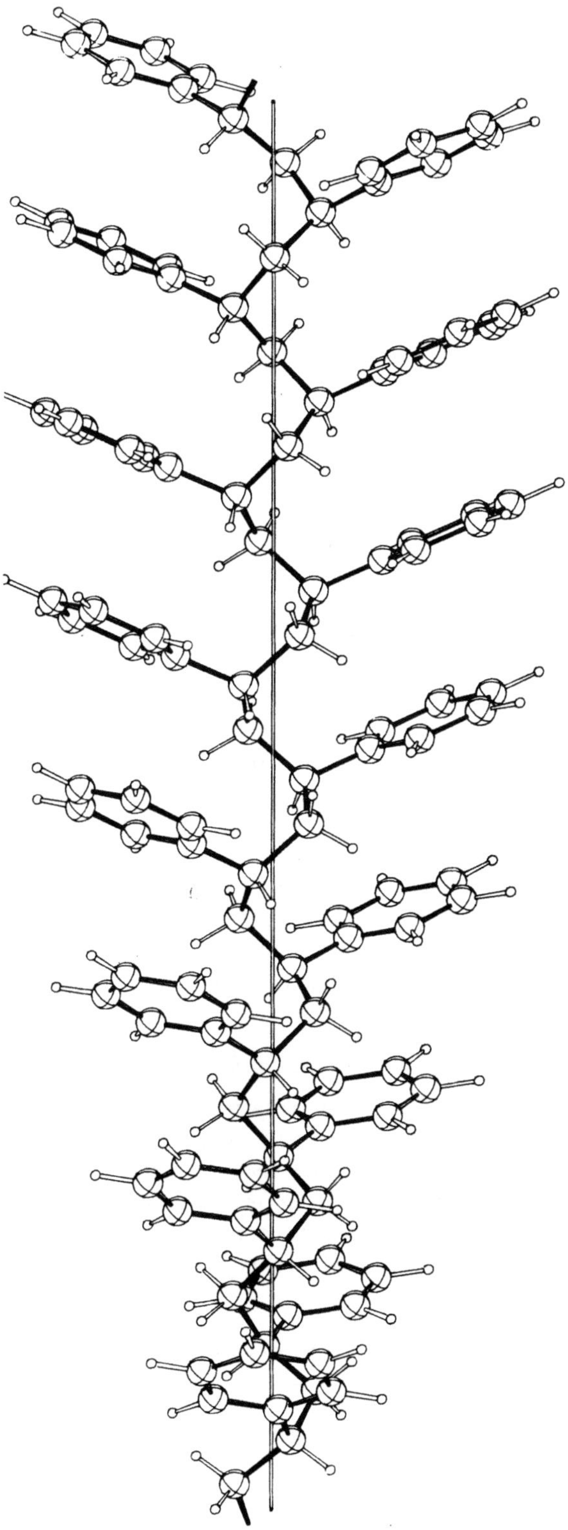

Fig. 3. 2/1-helix of isotactic polystyrene

On the other hand, the existence of tt-sequences in solutions has been demonstrated by investigations using IR-spectroscopy (15); tt-sequences also seem to occur in the amorphous state and in the melt of polystyrene (16).

3.1.4 Comparison with other calculations

Recently *Panov et al.* (22) have reported calculations on short sequences (4 monomers) of isotactic polystyrene using the potentials of *Scott* and *Scheraga* (23). They found three planar structures (tt-sequences), and two 3/1-helices. In order to test the accuracy of these potentials, we also calculated the structure and cohesion energy of the benzene ideal crystal (cf. item 2). No minimum was found in the region of the experimentally known lattice parameters, and the cohesion energy tended to a value of about twice of the experimental one. We therefore believe that these potentials lead to unreliable results in the case of polystyrene.

3.2 Rotational Isomers (Defects)

Out of the large number of possible rotational isomers of polystyrene, some isomers assumed to have low defect energy have been investigated.

Of special interest are isomers not changing the direction of the helix axis considerably (kinks). In a 3/1-helix kinks can be produced by rotations around C–C-bonds parallel to the helix axis as shown schematically in fig. 5.

3.2.1 Rotational Isomers in the 3/1-Helix

The figs. 6, 7, 8 show computer drawings of three important defects in the 3/1-helix. Table 3 gives the defect energies of these and two other defects together with the approximate symbolic characterization of the sequences.

As shown in table 3 tt-sequences are energetically favoured which is expected from

Table 3. Rotational isomers in polystyrene (3/1-helix)

conformation	ΔE [kcal/mole]
... tgtgtgtgtg ...	0
... tgtgt$\bar{g}$tgtg ...	+1.17
... tgtgtttgtg ...	−0.89
... tgt$\bar{g}$tttgtg ...	+0.24
... tgt$\bar{g}$t$\bar{g}$tgtg ...	+4.77
... tgtt$\bar{g}$ttgtg ...	−0.23

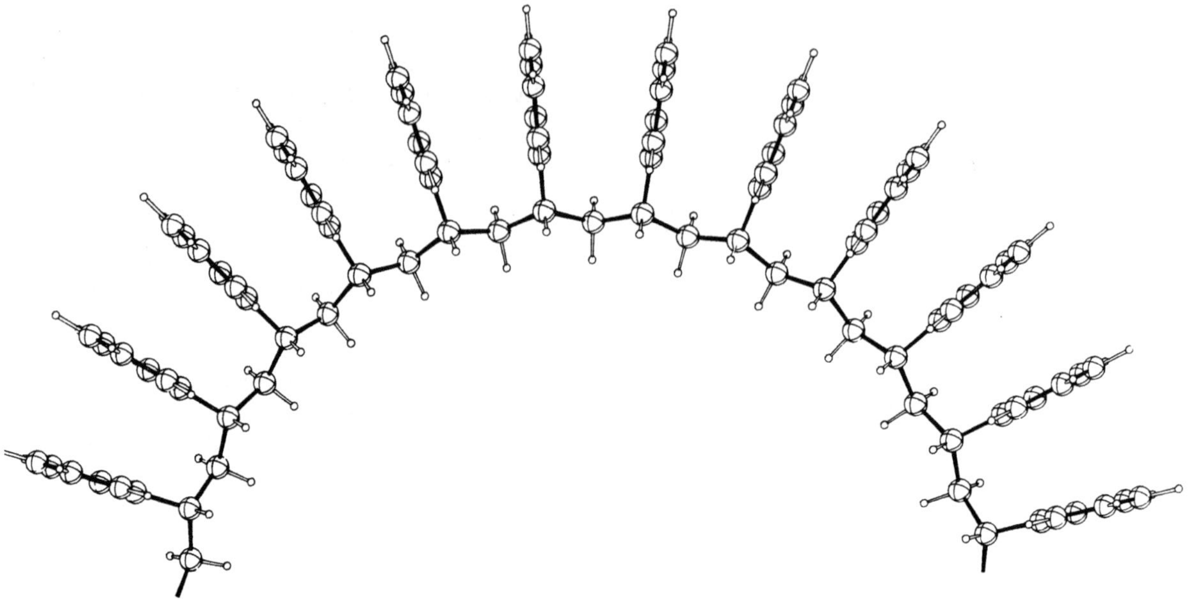

Fig. 4. 26/1-helix (planar) of isotactic polystyrene

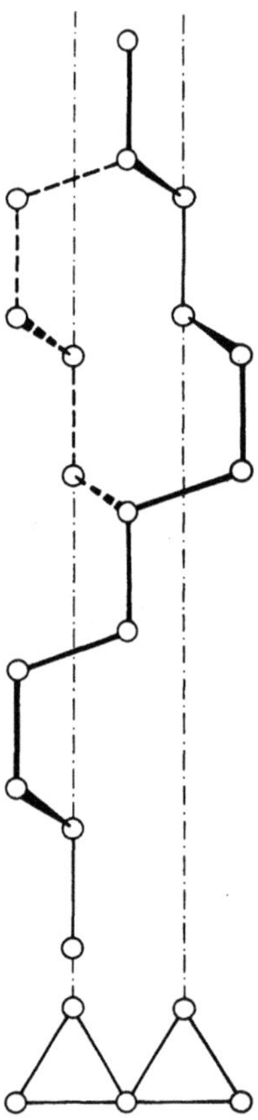

Fig. 5. 3/1-helix and t-kink-conformation (schematically)

the energy of the all-trans conformation. The first two kinks (figs. 6 and 7) are formed by single rotations. Due to this one half of the chain is rotated (if possible). In general, in the condensed polymer only mobility of small chain segments is expected.

Rotation of small segments can be achieved by a series of the two kinks described above. The smallest possible segment (fig. 8, third kink in table 3) is analogous to the well-known 2g1-kink in polyethylene (17). Table 3 shows that in this case the defect energies are approximately additive.

3.3.3 Rotational Isomers in the 26/1-Helix

In addition to the rotational isomers in the 3/1-helix some defects in the planar conformation (26/1-helix) have been calculated. In this case a single rotation (g or ḡ) changes the chain direction and leads to defect energies higher than the energy difference between the ideal 26/1- and 3/1-helices

Table 4. Rotational isomers in polystyrene (26/1-helix)

conformation	ΔE [kcal/mole]
... ttttttttt ...	0
... ttttḡttttt ...	5.04
... ttttgttttt ...	2.02
... tttttgtḡtt ...	4.19
... tttttḡtgtt ...	7.27

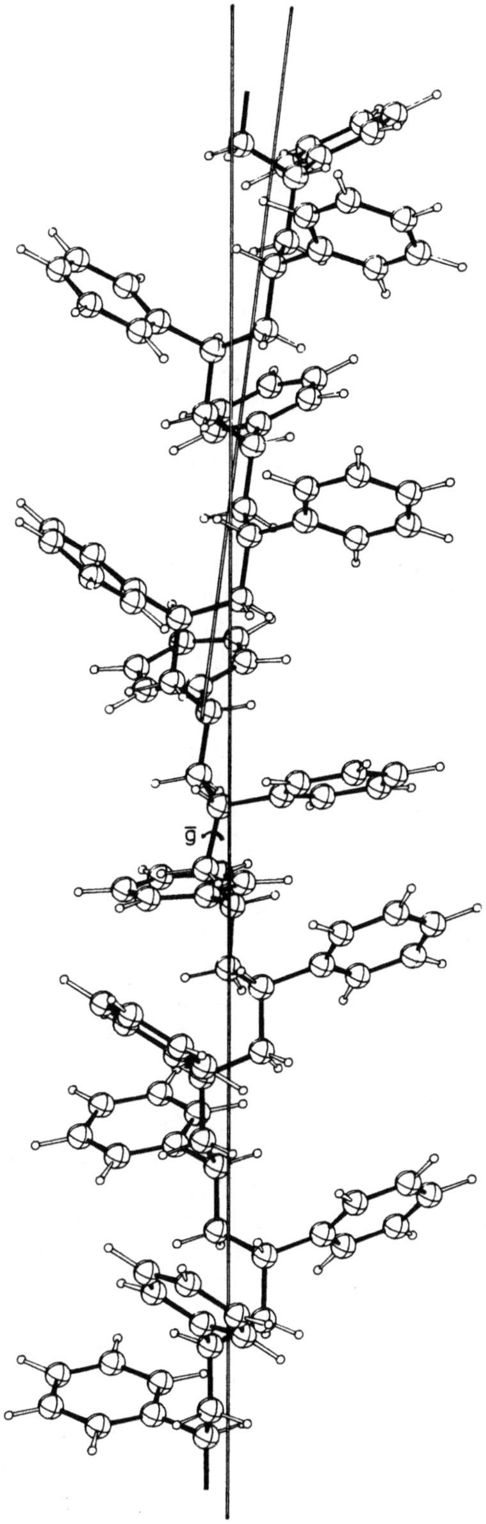

Fig. 6. ḡ-kink (3/1-helix) in polystyrene

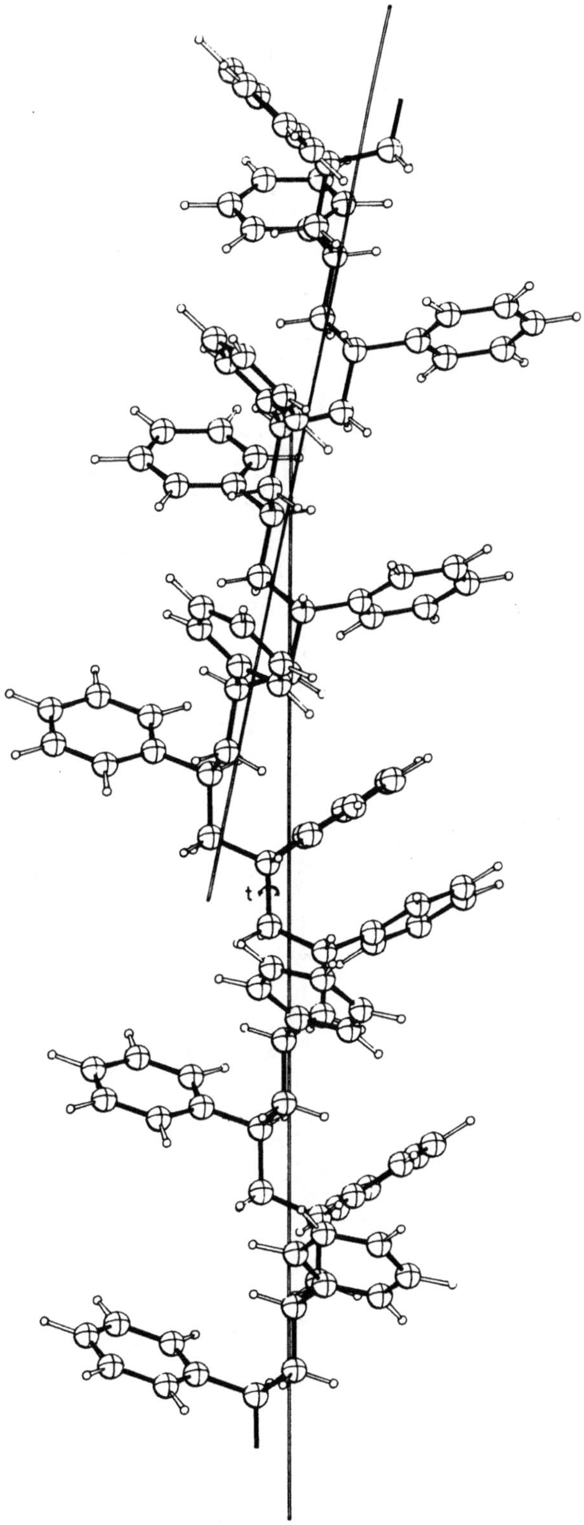

Fig. 7. t-kink (3/1-helix) in polystyrene

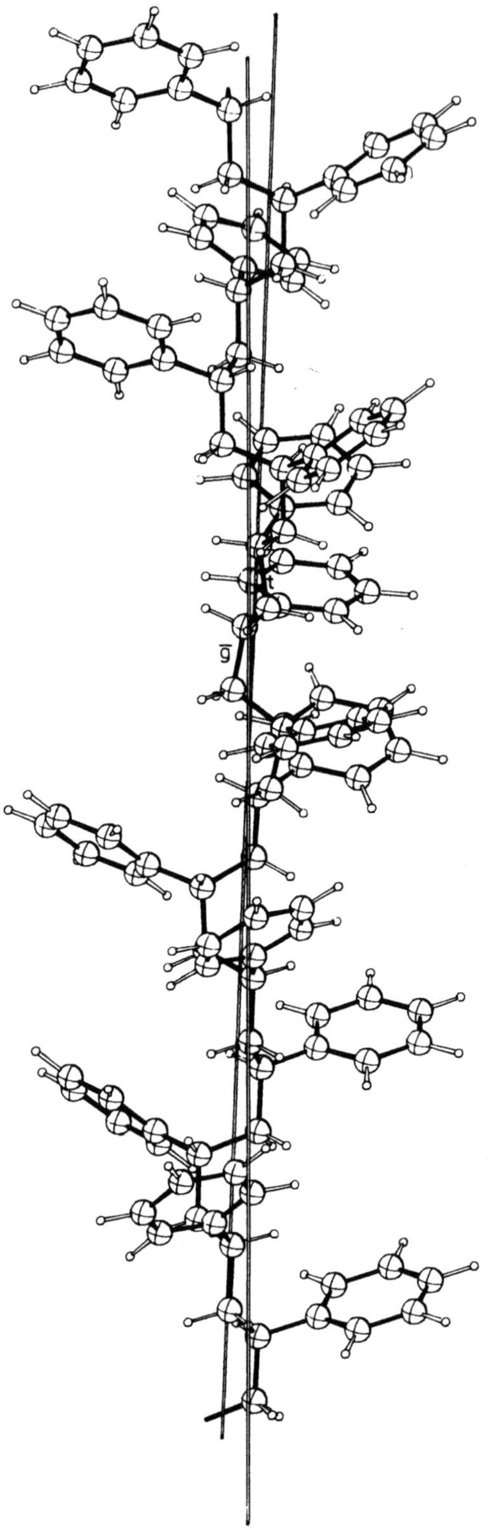

Fig. 8. tḡ-kink (3/1-helix) in polystyrene

(1.48 kcal/mol monomer). The defect energies of long tg-sequences approach to multiples of 1.48 kcal/mole, as is expected.

3.3 Activation Energies

After having investigated some rotational isomers of relatively low defect energy, we calculated some activation barriers, which may be relevant for the interpretation of molecular motions.

3.3.1 Rotation around a single bond in the 3/1-helix

Fig. 9 shows the rotational potential arising from the rotation around a single bond (parallel to the helix axis) in the 3/1-helix (of figures 1, 6, and 7). The curve of fig. 9 is obtained by rotating the considered dihedral angle in steps of 20° and by minimizing the energy with respect to the remaining 90 variables.

The motion of a small segment may be generated by two simultaneous rotations g → t and g → ḡ. The resulting values are: activation barrier $\Delta H = 9.7$ kcal/mole, and defect energy $\Delta E = 0.28$ kcal/mole.

For the smallest possible segment (kink) one gets $\Delta E = 0.24$ kcal/mole (cf. table 3).

The value of $\Delta H = 9.7$ kcal/mole is obtained by simply adding the activation energies of two single rotations. This is an upper limit, which is decreased, because the two processes are not necessary exactly simultaneous. The lower limit is $\Delta H = 6.8$ kcal/mole (rotation g → ḡ). The ultrasonic relaxation measurements in polystyrene solutions of *Hässler* and *Bauer* (18) give $\Delta H = 7.5 \pm 0.4$ kcal/mole. This is in fairly good agreement with our calculations.

The calculated $\Delta E = 0.28$ kcal/mole is lower than the $\Delta E = 0.88 \pm 0.12$ kcal/mole reported by *Hässler* and *Bauer* (18).

This may be due to the neglect of the influence of the solvent in our calculations as well as to some assumptions (no volume relaxation, no correlation between the kinks in a chain) made for the interpretation of the relaxation measurements.

3.3.2 Phenyl group rotation

Besides motions of the backbone also motions of the sidegroup are of interest. The investigation of a single phenyl group rotation yields the following activation energies:

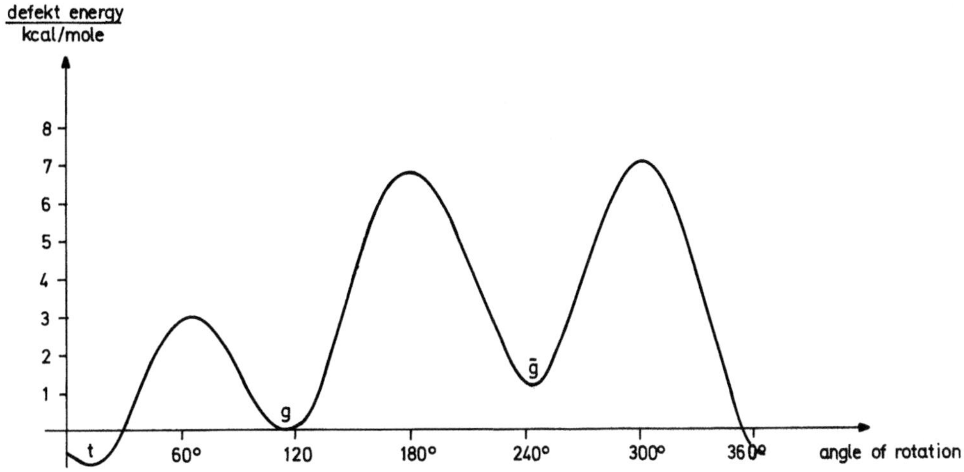

Fig. 9. Rotational potential in polystyrene (rotation of a single bond parallel to the helix axis)

a) 3/1-helix, $\Delta H = 10.3$ kcal/mole

b) 26/1-helix (planar) $\Delta H > 30$ kcal/mole (cf. ch. 3.1.3)

In case b) the value $\Delta H > 30$ kcal/mole is obtained only under the restriction that the planar conformation of the backbone is preserved. If there are no restrictions, the planar conformation disappears in the neighbourhood of the phenyl group during rotation (two adjacent dihedral angles change from t to g). In this case the activation energy is decreased to ≈ 17 kcal/mole.

Extended calculations on phenyl group rotation in isotactic as well as in syndiotactic polystyrene, and comparison with calculations performed by *Tonelli* (19) are being prepared for publication (20).

Acknowledgement

We gratefully acknowledge the financial support by the Deutsche Forschungsgemeinschaft. We also thank Prof. Dr. *W. Pechhold* for his interest and stimulating discussions in the course of this work.

Summary

In this paper conformational energy calculations of ideal- and defective structures as well as activation energy calculations have been carried out on sufficiently long isotactic polystyrene chains. The accuracy of the used set of semiempirical potentials, formerly fitted to polyethylene, was shown by calculations on the benzene ideal crystal. Six stable ideal conformations have been found, with tt- and tg- sequences having lowest energies. Starting with these conformations several kink isomers with low defect energies, as well as phenyl-group rotations, have been investigated. The rotational potential of a C–C-bond in the 3/1-helix parallel to the helix axis has been calculated. Using this result, the interpretation of ultrasonic relaxation in polystyrene solutions by *Hässler* and Bauer could be supported.

Zusammenfassung

In dieser Arbeit wurden Ideal- und Defektstrukturen, sowie Aktivierungsenergien in hinreichend langen isotaktischen Polystyrol-Ketten berechnet. Es konnte die Anwendbarkeit eines für Polyäthylen entwickelten semiempirischen Potentialsatzes durch Berechnung der Gitterkonstanten und Kohäsionsenergie des Benzol-Idealkristalls gezeigt werden. Die Rechnungen ergeben 6 stabile Idealstrukturen. Die niedrigsten Energien haben tt- und tg- Sequenzen.

Ausgehend von diesen Konformationen wurden mehrere Kinkdefekte niedriger Defektenergie, sowie Phenyl-Ring-Drehungen untersucht. Für die 3/1-Helix wurde das Rotationspotential einer achsenparallelen C–C-Bindung berechnet. Damit konnte die von *Häßler* und *Bauer* gegebene Deutung der Ultraschallrelaxation in Polystyrol-Lösungen bestätigt werden.

References

1) *Hägele, P. C.* and *W. Pechhold,* Kolloid-Z. u. Z. Polymere **241,** 977 (1970).

2) *Wobser, G.* and *P. C. Hägele,* Ber. Bunsenges. Physik. Chemie **74,** 896 (1970).

3) *Hägele, P. C., G. Wobser, W. Pechhold* and *S. Blasenbrey,* IUPAC-Symposium (Boston 1971).

4) *Scherr, H., P. C. Hägele* and *H. P. Großmann,* Colloid & Polymer Sci. **252,** 871 (1974).

5) *Fletcher, R.* and *M. J. D. Powell,* Comp. J. **6,** 163 (1963).

6) *Beck, L., P. C. Hägele* and *H. P. Großmann,* to be published.

7) *Hägele, P. C.,* Thesis Ulm (1972).

8) *Wobser, G.,* Thesis Stuttgart (1971).

9) *Beck, L.*, Diplomarbeit Stuttgart (1973).

10) *Cox, E. G.*, Rev. of Modern Physics **30**, 159 (1958); Landoldt-Börnstein, New Series III/5a (1971).

11) *Kitaigarodskii, A. I.* and *K. V. Mirskaya*, Kristallografiya, Vol. **9**, 174 (1964).

12) *Rae, I. M.* and *R. Mason*, Proc. Roy. Soc., **A. 304**, 487 (1968).

13) *Natta, G., P. Corradini* and *I. W. Bassi*, Nuovo Cimento Ser. 10, **15**, Suppl. 68 (1960).

14) *Wobser, G.* and *S. Blasenbrey*, Kolloid-Z. u. Z. Polymere **241**, 985 (1970).

15) *Helms, J. B.* and *G. Challa*, J. Pol. Sci. A-2 **10**, 1447 (1972).

16) *Kausch, H. H.*, private communication.

17) *Pechhold, W.*, Kolloid-Z. u. Z. Polymere **228**, 1 (1968).

18) *Häßler, H.* and *H. J. Bauer*, Kolloid-Z. u. Z. Polymere **230**, 194 (1969).

19) *Tonelli, A. E.*, Macromolecules **6**, 682 (1973).

20) *Hägele, P. C.* and *L. Beck*, to be published.

21) *Miller, R. L.* and *L. E. Nielsen*, J. Pol. Sci. **55**, 643 (1961).

22) *Panov, W. P. et al.*, Высокомолекулярные Соединения, **XVI A**, 2107 (1974).

23) *Scott, R. A.* and *H. A. Scheraga*, J. Chem. Phys. **45**, 2091 (1966).

Authors' address:

Dipl.-Phys. *L. Beck*, Dr. *P. C. Hägele*
University of Ulm
Abteilung Experimentelle Physik II
Oberer Eselsberg
D-7500 Ulm/Donau

Für die Schriftleitung verantwortlich: Für Originalarbeiten Prof. Dr. F. H. Müller, Haselhecke 26, 3550 Marburg-Marbach und Prof. Dr. Armin Weiss, Meiserstr. 1, 8000 München 2
Anzeigenverwaltung und Verlag:
Dr. Dietrich Steinkopff Verlag, Saalbaustraße 12, Postfach 11 10 08, D-6100 Darmstadt 11
Herstellung: Meister Druck, 3500 Kassel

Colloid & Polymer Sci. **254**, 237–246 (1976)

Lectures during the labour conference of the Fachausschuss Physik der Hochpolymeren in the Deutsche Physikalische Gesellschaft in Münster, March 17–22, 1975

Polymer Science · Polymere

Universität Ulm, Abteilung für Experimentelle Physik II

Dilatometric measurements on some polymers: the pressure dependence of thermal properties

U. Leute, W. Dollhopf, and *E. Liska*

With 12 figures

(Received August 15, 1975)

Introduction

Dilatometric measurements at elevated pressure give informations about the temperature and pressure dependence of the specific volume. Secondly, one can calculate the derivatives of the volume and get from these expansivity and compressibility. Thirdly, when a phase transition lies within the measured ranges of temperature and pressure, the temperature of transition, the volume change and the difference in enthalpy and entropy between the two phases may be evaluated. Besides the intention to get more data than available in literature, we had special interest in this work. We want to check the theory of *Blasenbrey* and *Pechhold* (1, 2, 3) which tries to describe phase transitions and properties of the melt by a cooperative statistical treatment based on molecular calculations. These theoretical aspects will be treated elsewhere, this paper will be restricted to experimental results.

Experimental

In this study we used piston-type pressure vessels, which cover different pressure ranges. Most of the measurements were carried out with the apparatus shown in fig. 1. The vessel is made out of hardened steel and has an inner diameter of 6 mm and an outer diameter of 60 mm. The sealing of the piston is of Bridgman-type (4) and made of PTFE. Temperature is measured by a platinum resistor near the sample, volume by the inductive displacement pickup W 10 of Hottinger–Baldwin-Meßtechnik, Darmstadt, FRG, pressure by the pressure gauge EBM 1415-6-1500 of Brosa Meßgeräte, Tettnang, FRG. Fig. 2 shows all components of the measuring system. We achieve constant pressure in the hydraulic system by weights on a pressure piston. This means almost independence of movements of the piston in the vessel.

Samples

In this paper we shall report studies on linear polyethylene (PE), polyethyleneoxide (PEO) and isotactic polypropylene (PP). PE was 'Lupolen 6041 D' from BASF, which has a very broad molecular weight distribution. PEO was 'Polyglykol HM 500' from Farbwerke Hoechst AG ($\overline{M_w} = 35000$, $\overline{M_n} = 23300$). PP was 'Vestolen P 5200' from Chemische Werke Hüls with $\overline{M_n} = 470000$.

The materials were melted under vacuum at low pressure; PEO was dried under vacuum for some days before this preparation.

Results

The figs. 3, 4, 5 show isobaric measurements, which have been carried out by slow cooling from the melt (6 K/h). The slope of these curves

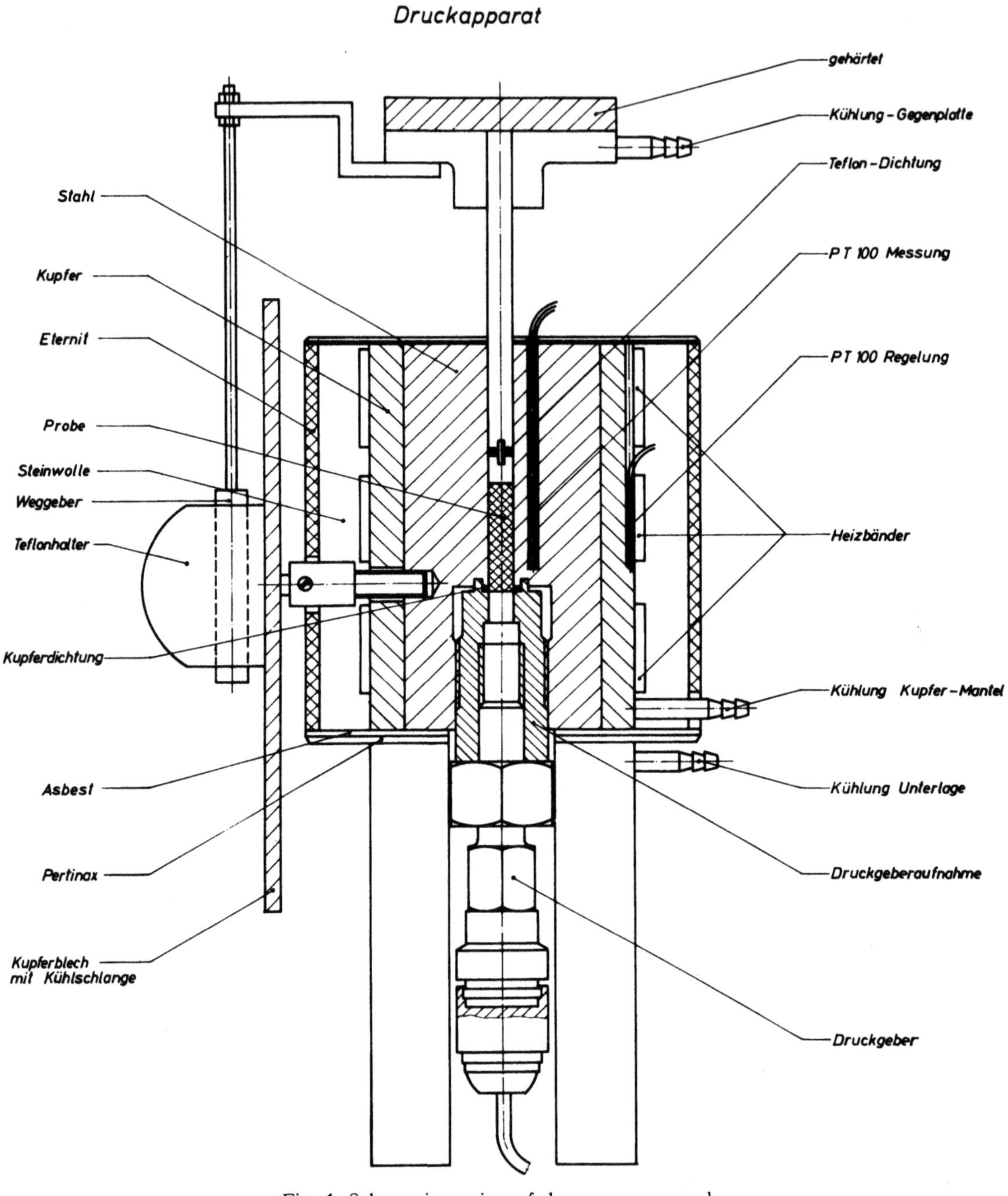

Fig. 1. Schematic section of the pressure vessel

which can be seen to be independent of temperature is plotted in fig. 6.

Complementary to these experiments we have measured the specific volume at a constant temperature. This means a vertical section through fig. 3 for instance, and it is valuable as a control and for higher accuracy. Fig. 7 shows such an isothermal measurement for PE and fig. 8 the slope of these curves. The derivative was computed by fitting successively series of 7 or 9 points by a polynomial. From this method result uncertainties near zero-pressure, where the first series begins and the curvature is considerable. So, for 1 bar data of *Chung* (5) have been taken to fit the curves in fig. 8. From the figs. 3–5

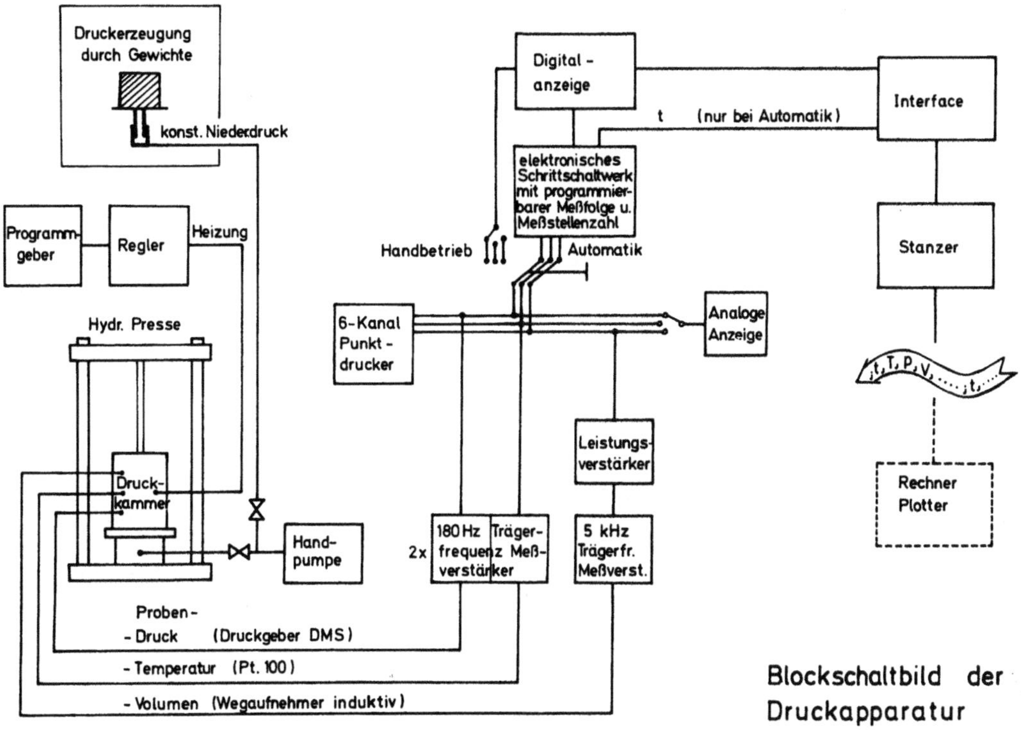

Fig. 2. Block-diagram of the measuring system

we have taken the temperature where the sample begins to crystallize, more precisely the point of intersection of the two tangent lines to the $V(t)$ curve in the melt and during the transition. It is called T_u and it is plotted in fig. 9. Fig. 10 shows our measurement on PE up to 10 kbar. In a following paper (19) we shall discuss the new intermediate phase proposed by *Bassett* and coworkers (6, 7, 8) which can be seen in fig. 10 above 4 kbar interpreting the plot as a phase diagram.

In order to get the enthalpy of fusion (and the entropy of fusion) it will be convenient to use the Clausius-Clapeyron-equation

$$\Delta H_c = \frac{T_m \cdot \Delta V}{dT_m/dp} \,.$$

ΔH_c means here the heat of fusion of the crystalline phase, T_m the equilibrium melting point, $\Delta V = V_m - V_c$ the difference in specific volume between melt (V_m) and crystal (V_c). T_m must be known with good accuracy in dependence of pressure (p); if the other quantities are known for elevated pressure too, one can evaluate the formula in the whole pressure range measured.

In comparison with other methods the advantage is that one can get the enthalpy of fusion of the crystal without knowing the crystallinity of the sample. This is achieved by taking only V_m from the dilatometric experiment, V_c however from other methods, especially WAXS. For PE the specific volume of the crystal has been measured by *Swan* (9), *Kobayashi* and *Keller* (10), *Ito* and *Marui* (11) for a wide range both of temperature and pressure. For PP *Newman* (12) gives values at 1 kbar, for PEO the data are taken from a publication by *Tadokoro et al.* (13).

The figs. 11 and 12 show the relative change of volume and the heat of fusion for PE and PEO approximately calculated taking T_u instead of T_m. For PP we have relinquished the evaluation for elevated pressure for we did not know V_c in dependence of pressure and

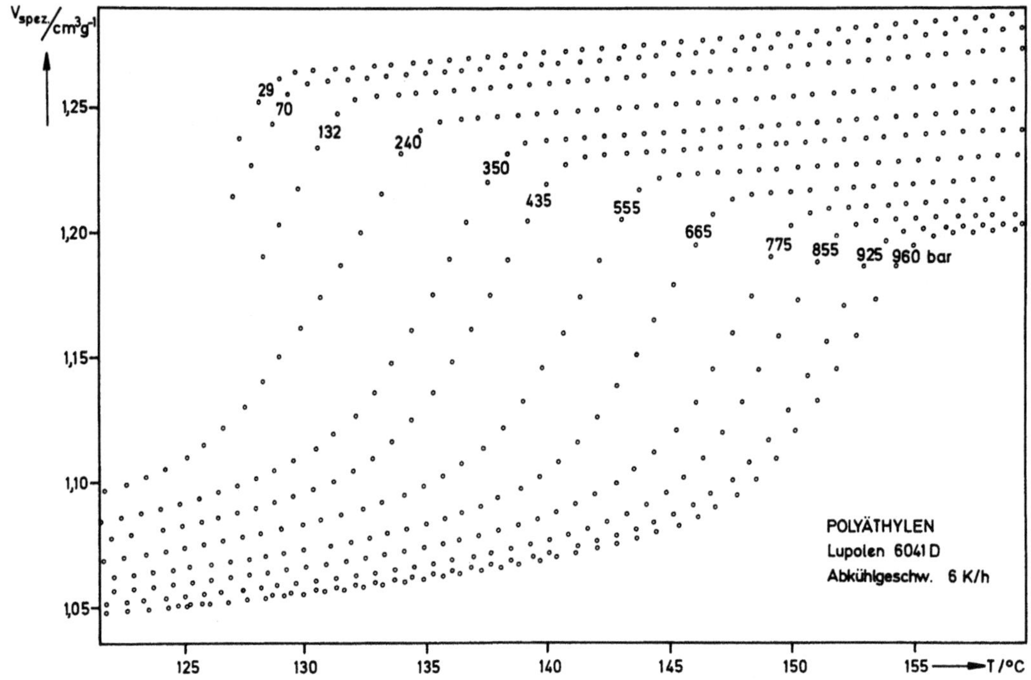

Fig. 3. Isobaric measurement: linear Polyethylene

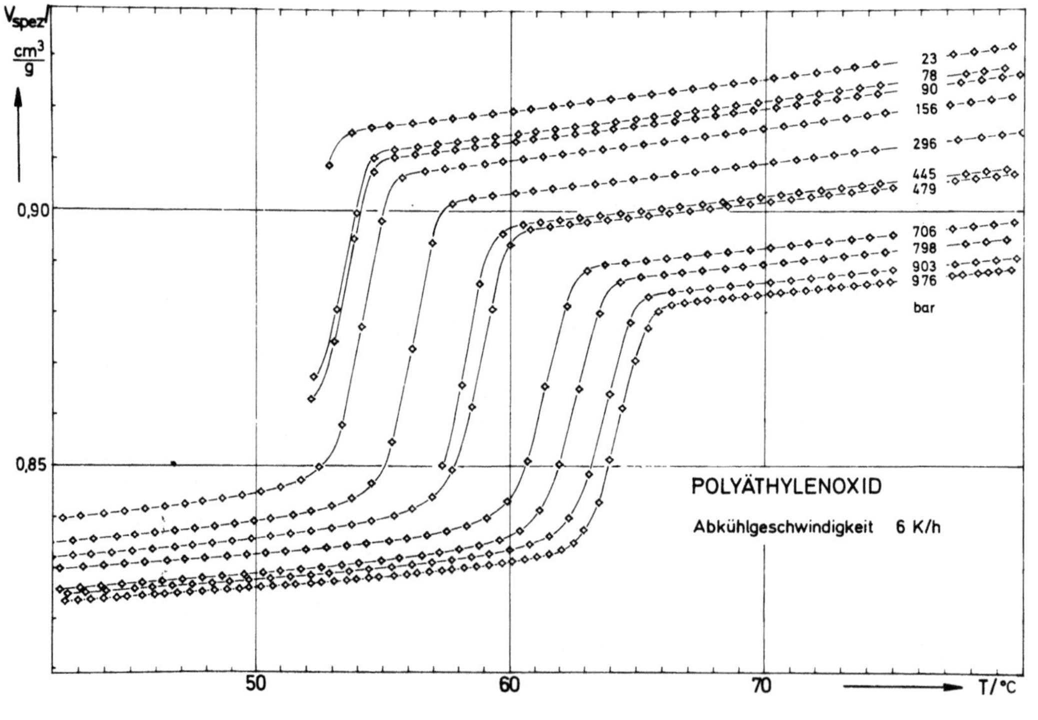

Fig. 4. Isobaric measurement: Polyethyleneoxide

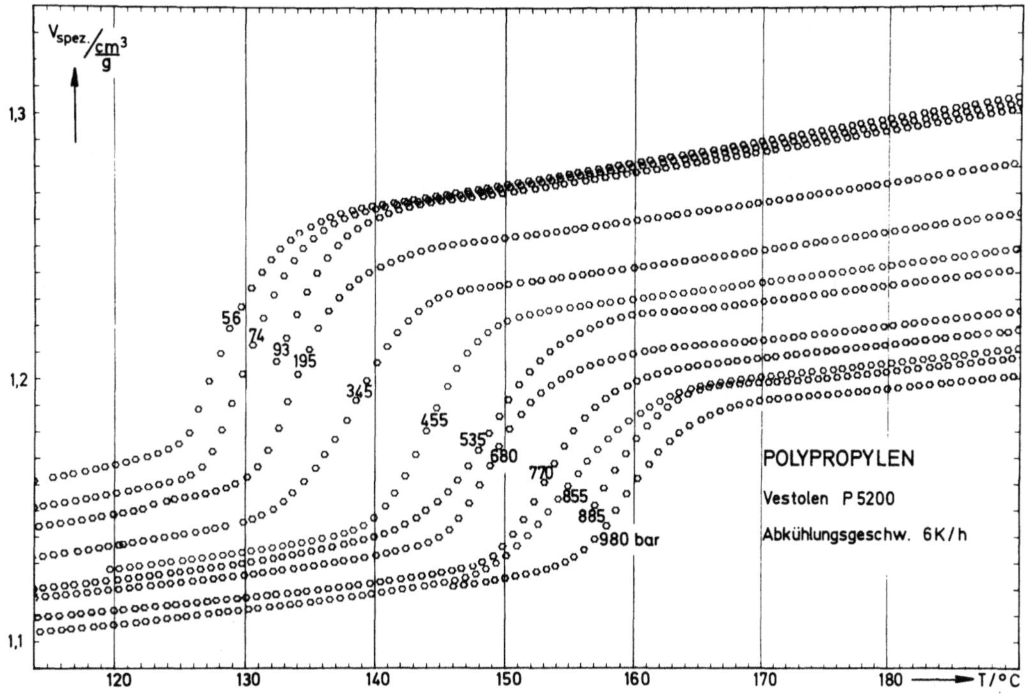

Fig. 5. Isobaric measurement: isotactic polypropylene

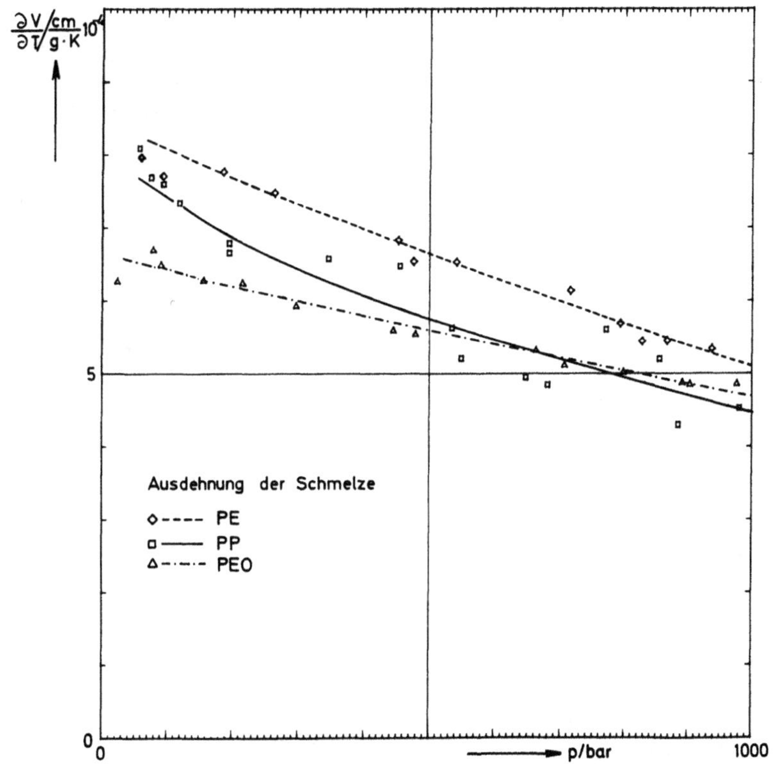

Fig. 6. Expansivity as a function of pressure

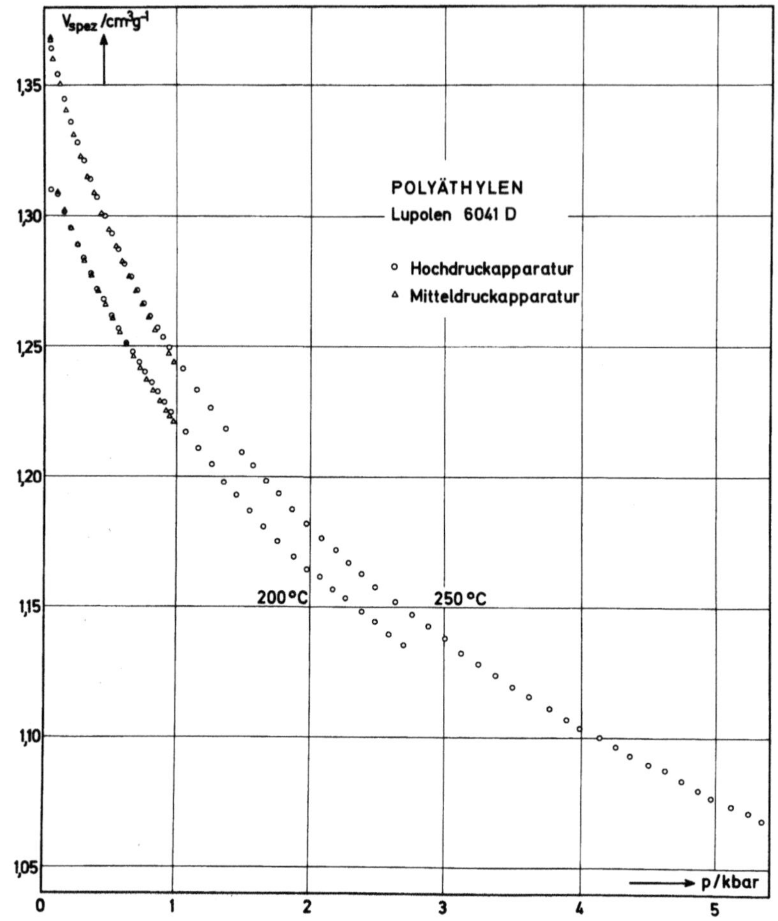

Fig. 7. Isothermal measurement on **linear polyethylene** up to the crystallization pressure; two different pressure vessels

the difference between T_m and T_u is considerably high. At 1 bar and $T = T_u$ we get

$$\text{PP} : \frac{\Delta V}{V_c} = 13.2\% \; (T = T_u)\,,$$

but if we take V_m and V_c at the melting point (176 °C) we get 15%. The calculation of the enthalpy gives

$$\text{PP} : \Delta H_c = 136 \frac{\text{J}}{\text{g}} = 1.36 \frac{\text{kcal}}{\text{Mol Monomer}}$$

$(T = T_u)$.

Assuming the curves $T_m(p)$ and $T_u(p)$ having the same slope, we get $1.71 \frac{\text{kcal}}{\text{Mol}}$ at $T = T_m$.

Neither for PEO did we not know $V_c(p)$, but as T_m and T_u are low and rather adjacent, the assumption $V_c = \text{const}\,(p)$ seemed reasonable.

Additionally the calculations for PE have shown, that the influences of increasing pressure and increasing temperature at the point of transition cancel each other out.

Finally we can obtain from the figs. 11 and 12 together with fig. 9 the behaviour of the entropy of fusion ΔS. For PE *Matsuoka* (14) had calculated a constant entropy up to 3 kbar, whereas *Hatakeyama* and coworkers (15) found ΔS to diminish with pressure. We can clearly see a decrease of ΔS with pressure, from about 2.4 E.U. (1 entropy unit = 1 cal/K·Mol) at 1 bar to 2.2 E.U. at 0.5 kbar and to 2.1 E.U. at 1 kbar. PEO shows a similar behaviour.

Discussion

The main point of discussion must be the applicability of the Clausius-Clapeyron-equa-

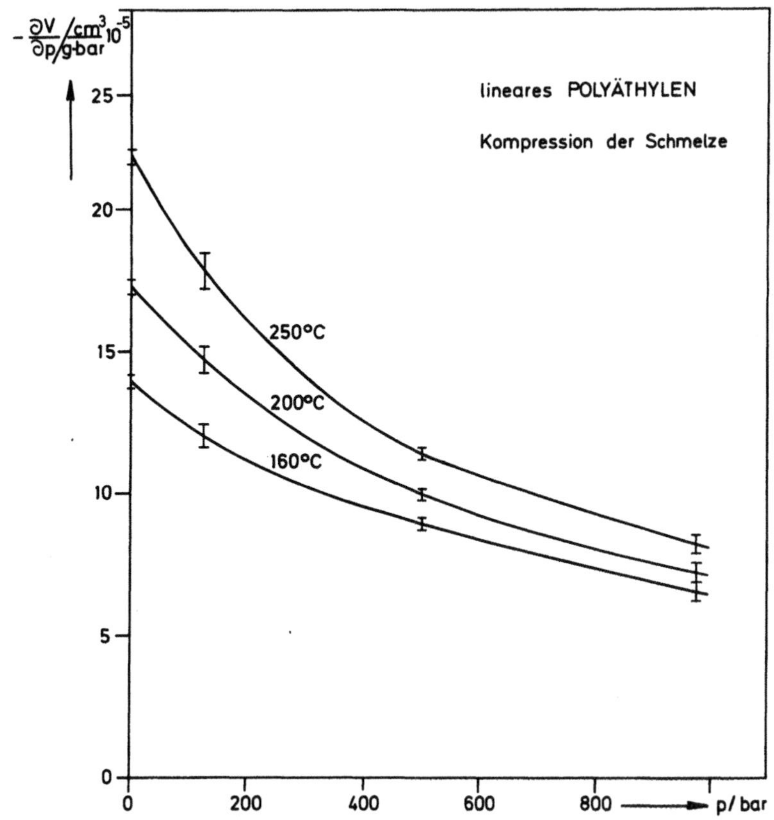

Fig. 8. $\frac{\partial V}{\partial p}$ as a function of pressure

tion on polymeric systems and on cooling-experiments. This equation is deduced for a sharp transition between two infinite phases consisting of particles of one single kind.

Synthetic polymers however have a broad molecular weight distribution. Secondly, there is no large crystalline phase in equilibrium with the melt, here we have the melt and on the other hand the semi-crystalline material, the crystalline material, the crystallites of which may be small enough to influence the melting point too.

Additionally there are experimental difficulties. With the type of dilatometer described in fig. 1 one can get reliable results only by performing cooling experiments. When heating there is an abrupt change in friction, when the polymer film covering the piston up to the sealing is melted. Of course this can only be seen, when pressure is measured within the sample and not only calculated from the force on the piston. This effect has most influence at low pressure up to some hundred bars (for a run with PP e.g., pressure fell to a quarter of its previous value).

We have applied the Clausius-Clapeyron-equation regarding the following assumptions:

1. There is no influence of molecular weight. (For PE we have measured different materials and fractions too. We have found, that T_u decreases with increasing molecular weight, but the slope of T_u (p) changes rather slightly).

2. There is no influence of crystallite-size. (SAXS-determinations[1]) of the long period of PE have shown sufficiently large crystals according to calculations of *Kilian* (16)).

3. There is parallelism between the curves $T_m(p)$ and $T_u(p)$[2]). (We cooled PE just below

[1]) For these measurements and their evaluation we are indebted to Dr. *B. Heise* of the Abteilung für Experimentelle Physik I, Universität Ulm.

[2]) Note added in proof: New measurements on PE with rising temperature have proofed this assumption (20). The friction problem was solved by a siloxane-oil film, whose effect on specific volume can be corrected.

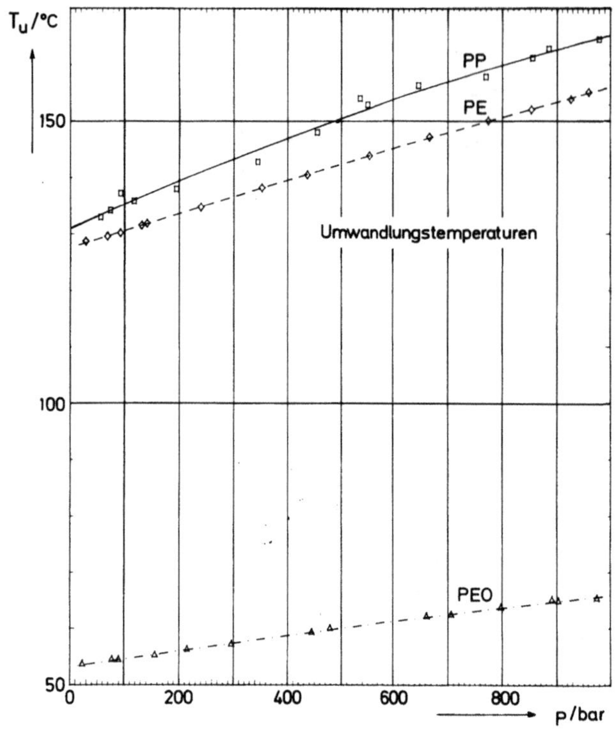

Fig. 9. The crystallization temperature up to 1 kbar

T_u, then the sample was heated, assuming that only a small portion was already crystallized so that there should be no problems with the friction as mentioned above. This gave satisfactory parallelism. For PP and PEO this method was not successfull, pressure did not remain constant at all during 'isobaric' melting. A comparison between our T_u-values and the T_m-values of *Matsuoka* (14) for PE was satisfying too. For PEO there are positive hints in a paper of *Warfield* and *Hartmann* (17).

Summarizing, we can say from our experience and in comparison with the literature (e.g. *van Krevelen* (18)) that for a group of polymers the transition quantities (T_u, ΔV, ΔH, ΔS) can be determined by dilatometry with satisfying precision. These polymers must crystallize well and with small undercooling and the crystal volume must be available in dependence of pressure and temperature. For others such as branched and of very high molecular weight the method fails. This result seems to indicate that kinetics of crystallization is not influenced by the relatively low pressures used in this study — at least for the first group of polymers.

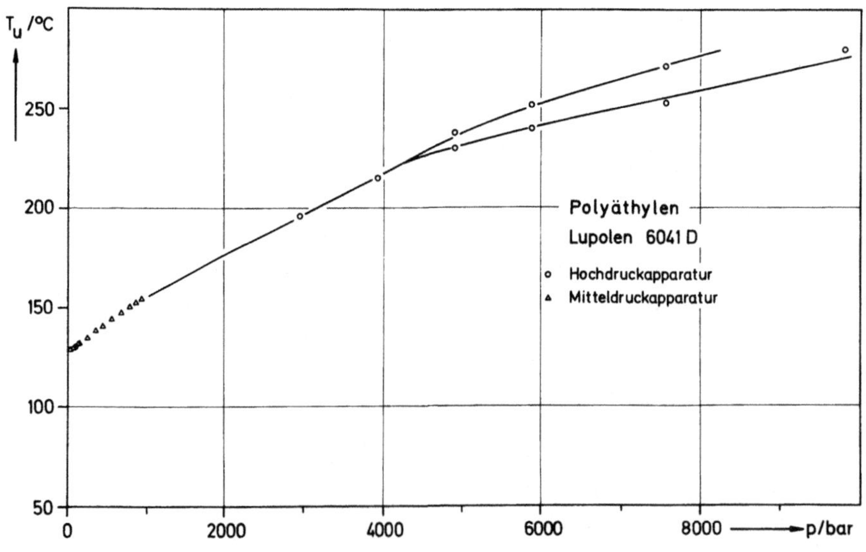

Fig. 10. The crystallization temperature of PE up to 10 kbar; two different pressure vessels

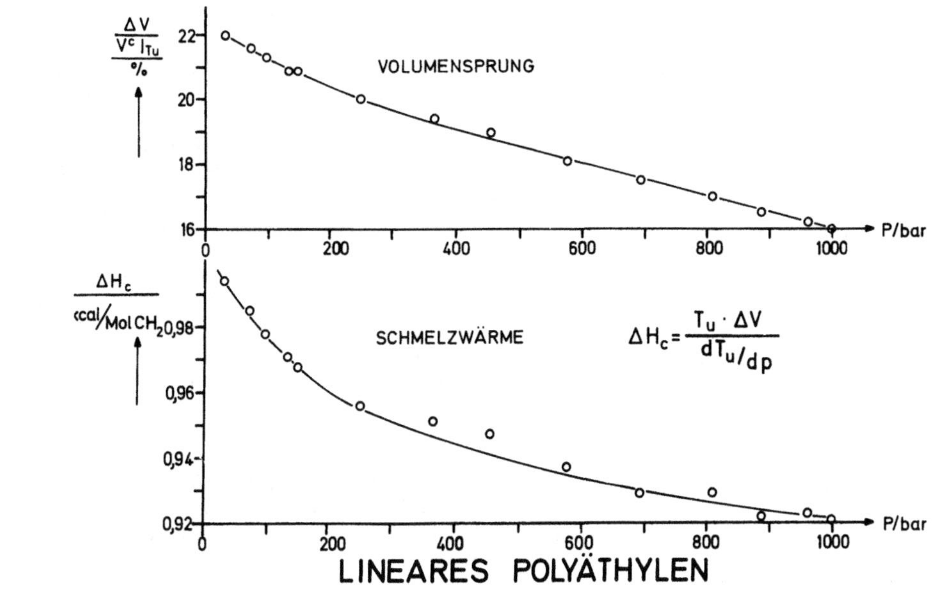

Fig. 11. Relative change of volume and enthalpy of fusion of PE

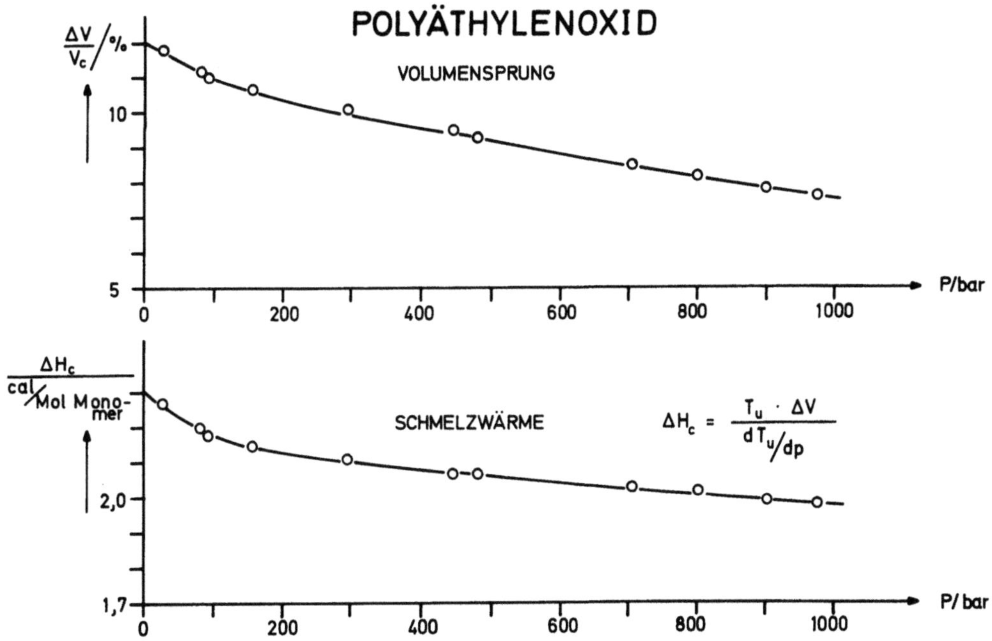

Fig. 12. Relative change of volume and enthalpy of fusion of PEO

Acknowledgement

We are indebted to the Deutsche Forschungsgemeinschaft for financial support and to the BASF, the Farbwerke Hoechst AG and the Chemische Werke Hüls for the materials.

Summary

For linear polyethylene, polyethyleneoxide and isotactic polypropylene we report measurements of the specific volume as a function of temperature and pressure, up to 1 kbar (for PE up to 10 kbar) obtained by slow cooling from the melt (6 K/h). Expansivity and compressibility of the melt and the temperature of crystallization are evaluated. By means of the volume of fusion and the Clausius-Clapeyron equation – the applicability of which is discussed briefly – one gets the enthalpy and the entropy of fusion. For polyethylene and polyethyleneoxide these data are shown to decrease with increasing pressure.

Zusammenfassung

Messungen des spezifischen Volumens als Funktion der Temperatur und des Drucks wurden an linearem Polyäthylen, an Polyäthylenoxid und an isotaktischem Polypropylen durch langsames Abkühlen aus der Schmelze (6 K/h) in einem Bereich bis 1 kbar (PE bis 10 kbar) durchgeführt. Daraus ausgewertet wurden die Ausdehnung und die Kompressibilität der Schmelze, sowie die Kristallisationstemperatur. Der Volumensprung sowie die Schmelzenthalpie und die Schmelzentropie wurden berechnet – die beiden letzteren mit Hilfe der Clausius-Clapeyronschen Gleichung, deren Anwendbarkeit diskutiert wird. Für Polyäthylen und Polyäthylenoxid nehmen diese Werte mit steigendem Druck ab.

Literature

1) *Blasenbrey, S.* and *W. Pechhold*, Ber. Bunsenges. Phys. Chem. **74**, 784 (1970).

2) *Pechhold, W.* and *S. Blasenbrey*, Angew. Makromol. Chem. **22**, 3 (1972).

3) *Pechhold, W., M. E. T. Hauber* and *E. Liska*, Kolloid-Z. u. Z. Polymere **251**, 818 (1973).

4) *Bridgman, P. W.*, The physics of high pressure p. 39 (London 1975).

5) *Chung, J. C.*, J. appl. Polym. Sci. **15**, 1277 (1971).

6) *Bassett, D. C.* and *B. Turner*, Nature Phys. Sci. **240**, 146 (1972).

7) *Bassett, D. C.* and *B. Turner*, Phil. Mag. **29**, 925 (1974).

8) *Bassett, D. C., S. Block* and *G. J. Piermarini*, J. appl. Phys. **45**, 4146 (1974).

9) *Swan, P. R.*, J. Polym. Sci. **56**, 403 (1962).

10) *Kobayashi, Y.* and *A. Keller*, Polymer **11**, 114 (1971).

11) *Ito, T.* and *H. Marui*, Polymer J. **2**, 768 (1971).

12) *Newman, S.*, J. Polymer Sci. **47**, 111 (1960).

13) *Tadokoro, H., Y. Chatani, T. Yoshihara, S. Tahara* and *S. Murahashi*, Makromol. Chem. **73**, 109 (1964).

14) *Matsuoka, S.*, J. Polym. Sci. **57**, 569 (1962).

15) *Hatakeyama, T., T. Hashimoto* and *H. Kanetsuna*, Colloid and Polymer Sci. **252**, 15 (1974).

16) *Kilian, H. G.*, submitted to press.

17) *Warfield, R. W.* and *B. Hartmann*, J. appl. Phys. **44**, 708 (1973).

18) *Van Krevelen, D. W.*, Properties of Polymers (Amsterdam 1972).

19) *Pechhold, W., E. Liska, H. P. Grossmann* and *P. C. Hägele*, Pure and Appl. Chem. in press.

20) *Dollhopf, W.*, Thesis University of Ulm, in preparation.

Authors' address:

U. Leute, W. Dollhopf and *E. Liska*
Universität Ulm
Abteilung für Experimentelle Physik II. FRG
7900 Ulm

Colloid & Polymer Sci. **254**, 247–248 (1976)

Vorgetragen auf der Frühjahrstagung des Fachausschusses Physik der Hochpolymeren in der Deutschen Physikalischen Gesellschaft in Münster 17.–22. März 1975

Universität Saarbrücken, Fachbereich Werkstoffphysik

Elektronenmikroskopische Beobachtung des Dickenwachstums von Lamellen in teilkristallinen Polymeren (1)

J. Petermann und *H. Gleiter*

Mit 4 Abbildungen

(Eingegangen am 20. April 1975)

Zusammenfassung

Der Prozeß des lamellaren Dickenwachstums wurde an orientierten Polyäthylenfilmen mittels Durchstrahlungselektronenmikroskopie verfolgt. In den Ausgangsfilmen ist die Kristallitdicke (sehr) inhomogen; sie schwankt zwischen 100 Å und 300 Å (Abb. 1). Der Schmelzpunkt der einzelnen Kristallite ist daher unterschiedlich (Schmelzpunktdepression durch Oberflächenenergie): Die dünnsten Kristallite haben den niedrigsten Schmelzpunkt. Tempert man den Film 10 min, z. B. bei 125 °C, so schmelzen all diejenigen Kristallite auf, deren Schmelzpunkt unter 125 °C liegt (Abb. 2). Die in den Schmelzzustand übergegangenen Moleküle werden in die nicht geschmolzenen Kristallite an- oder eingelagert, so daß ein Dicken- oder Seitenwachstum dieser Kristallite erfolgt. Nach einer Temperzeit von ca. 12 Stunden bei 125 °C ist dieser Prozeß beendet (Abb. 3). Die Kristalllamellen bis zu einer bestimmten Dicke (die abhängig von der Temperatur ist) haben sich aufgelöst und neue Kristallamellen einer einheitlicheren Dicke gebildet. Unterwirft man diese Probe einer erneuten Wärmebehandlung bei höherer Temperatur (z. B. 128 °C), so läuft der oben beschriebene Vorgang des Aufschmelzens der dünnsten Lamellen und der An- und Einlagerung der Moleküle an dickere Lamellen erneut ab. Aus diesen Beobachtungen folgt, daß das Dickenwachstum der Kristallamellen über folgende Schritte abläuft: Aufschmelzen der dünnen Lamellen (genauer der Lamellen mit der höchsten freien Energie) und anschließender Einbau der im Schmelzzustand befindlichen Moleküle in die dickeren (nicht geschmolzenen) Kristallite. In Abb. 4 ist der Vorgang des Dickenwachstums bei einer Temperatur

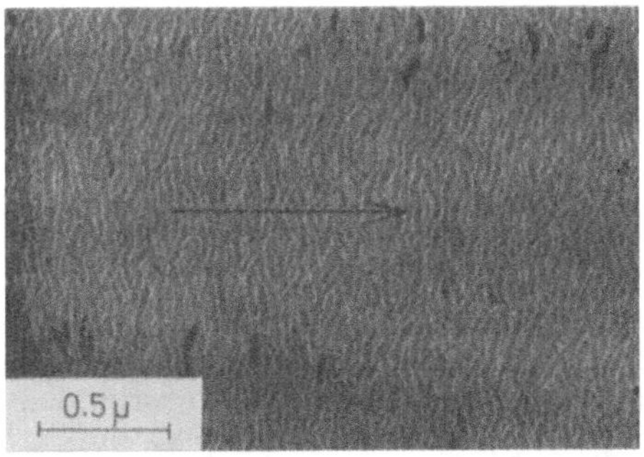

Abb. 1. Elektronenmikroskopischer Defokussierungskontrast eines nicht getemperten Polyäthylenfilmes. Die Molekülrichtung ist parallel zur Pfeilrichtung. Die hellen Streifen sind die amorphen Bereiche, die grauen Streifen die Kristallamellen. Die schwarzen Flecke auf den Kristallamellen sind Kristallite, deren Gitterebenen in Bezug auf den Elektronenstrahl so orientiert sind, daß Braggreflexion auftritt

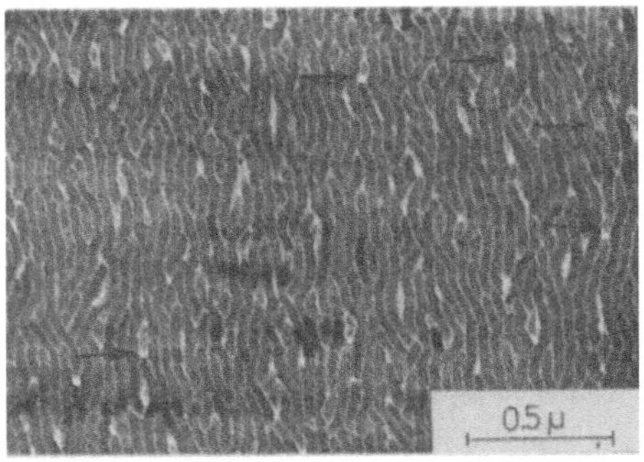

Abb. 2. Polyäthylenfilm, der 10 min. bei 125 °C getempert wurde. Die hellen Flecken, einige durch einen Pfeil gekennzeichnet, sind teilweise aufgeschmolzene Kristallamellen

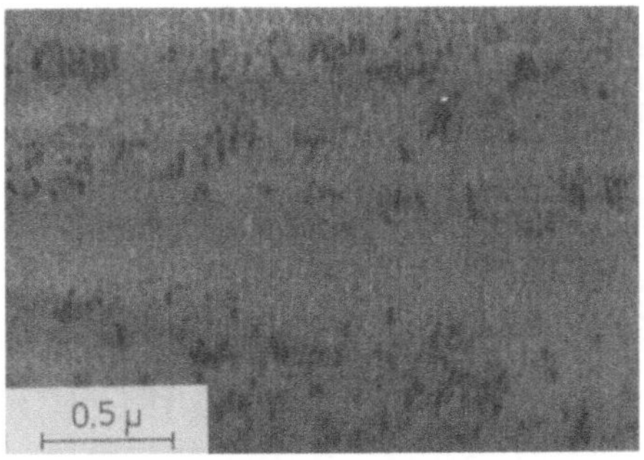

Abb. 3. Polyäthylenfilm, der 12 Stunden bei 125 °C getempert wurde

T_1 ($T_1 <$ Schmelztemperatur T_m) schematisch dargestellt. Diese Interpretation erklärt einige bisher unverstandene Meßergebnisse des lamellaren Dickenwachstums (3).

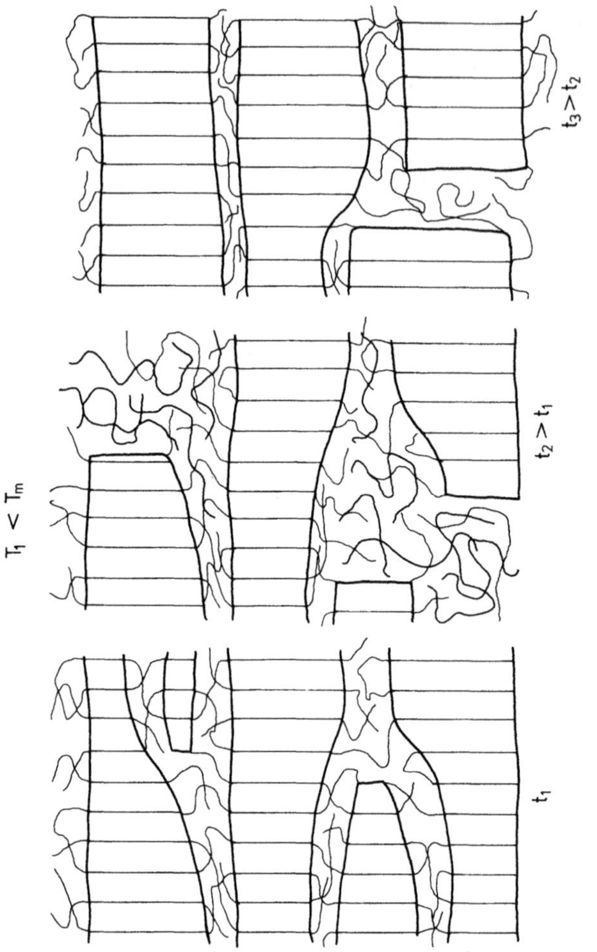

Die Beweglichkeit der Moleküle im Festkörper ist um Größenordnungen geringer als in der Schmelze, entsprechend auch die dadurch bedingte Reaktionsrate. Wachstumsprozesse, die durch Molekülbewegung im Festkörper ablaufen, machen sich deshalb erst nach wesentlich längeren Temperzeiten bemerkbar (4) und wurden im Rahmen dieser Arbeit nicht untersucht.

Literatur

1) *Petermann, J.* und *H. Gleiter*, eingereicht bei J. Macromol. Sci. Phys.

2) *Illers, K.-H.* und *H. Hendus*, Makromol. Chemie **113**, 1 (1968).

3) *Schultz, J. M.*, Polymer Materials Science S. 76 (Englewood Cliffs N. J., 1974).

4) *Hosemann, J. R.* und *J. Loboda–Cackovic*, J. Polymer Sci., im Druck.

Adresse der Autoren:

J. Petermann und *H. Gleiter*
Universität Saarbrücken
Fachbereich 12.1 Werkstoffphysik
6600 Saarbrücken

←

Abb. 4. Schemaskizze zum Prozeß des lamellaren Dickenwachstums bei einer Temperatur $T_1 < T_m$. Zur Zeit t_1 liegt eine inhomogene Dickenverteilung der Kristallamellen vor. Bis zur Zeit t_2 schmelzen Kristallite bis zu einer bestimmten Dicke, die durch die Temperatur T_1 bestimmt ist, auf. Die in den Schmelzzustand übergegangenen Moleküle diffundieren bis zur Zeit t_3 an die ungeschmolzenen Kristallamellen und lagern sich an diese an bzw. werden in diese eingebaut

Colloid & Polymer Sci. **254**, 249–257 (1976)

Lectures during the labour conference of the Fachausschuss Physik der Hochpolymeren in the Deutsche Physikalische Gesellschaft in Münster, March 17–22, 1975

Abteilung für experimentelle Physik der Universität Ulm

The function of twinning during the deformation of partially crystalline polymers

M. Pietralla

With 13 figures

(Received August 9, 1975)

Introduction

The orientation of chain molecules is important for the deformation of polymer systems, especially the orientation of the *c*-axis (chain direction) of the crystallites in partially crystalline polymers. Most of the macroscopic properties are dependent on these orientations and on the interaction between the amorphous and the crystalline phases.

Changes within a phase, e.g. the destruction of the crystal lamellae, play an additional part within the deformation processes.

The crystallinity indicates not only the quantity of the crystallites, it has also the meaning of a structural parameter. In general polymer systems of different crystallinity have a really different superstructure.

Nevertheless there is a typical orientation behaviour as a result of the presence of crystallites. We will point out this for the case of uniaxial extension.

The crystal-typical behavior

The most simple characterization of the orientation is given by the orientation function

$$f_{iv} = \frac{1}{2}\left(3\,\langle\cos^2\vartheta_{iv}\rangle - 1\right)$$

ϑ_{iv} angle between crystal axis i and draw direction v.

$$f_{iv} = \begin{cases} 1 & : \text{parallel to } v \\ 0 & : \text{isotropic} \\ -0.5 & : \text{perpendicular to } v \end{cases}$$

Fig. 1 shows the orientation functions of branched (LDPE) and linear (HDPE) poly-

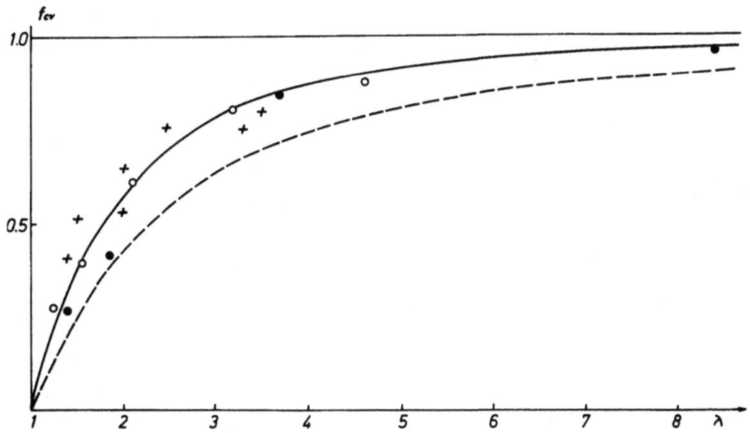

Fig. 1. Orientation functions (*c*-axis; equation 1) of semi-crystalline polymers from X-ray wide angle scattering. ○ Low Density Polyethylene (LDPE) [1] ● High Density Polyethylene (HDPE) [1], + Polyvinylchloride PVC) [2]. Solid curve from measurements of the anisotropy of thermal diffusivity of polyethylenes with different crystallinities [4]. The dotted curve gives the result of the affine deformation model

M 294

ethylene and of polyvinylchloride (PVC) determined by X-ray wide-angle-scattering which in spite of the very different crystallinity of $W_c = 0.1$ for PVC, $W_c = 0.42$ for LDPE and W_c 0.82 for HDPE are very similar. At the same time all values for the crystal orientation are clearly above that of the molecular orientation of amorphous polymers (their approximate position is given by the broken curve for the affine orientation model) (3). The solid curve originates from measurements of the anisotropy of thermal diffusivity at HDPE and LDPE (4). For this measuring method the orientation of crystallites and of the adjacent amorphous layers is determined as an overall parameter. The conformity with the crystallite orientation indicates that the orientation of the amorphous regions essentially is affected by the crystals.

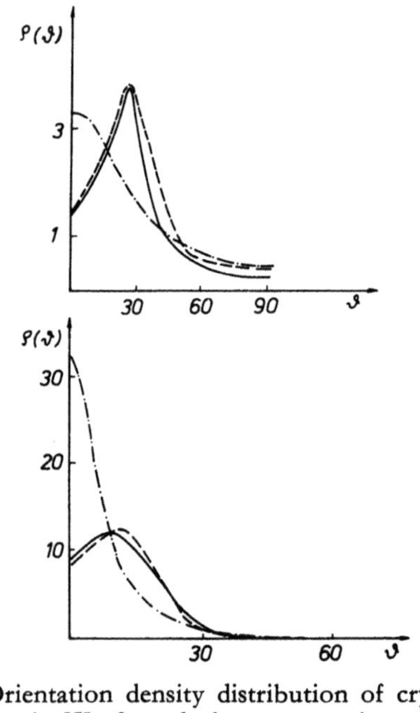

Fig. 2. Orientation density distribution of crystallographic *c*-axis [5]. ϑ angle between *c*-axis and draw direction. —— Low Density Polyethylene (LDPE), ---- High Density Polyethylene (HDPE), –·–·– affine deformation model. Upper curves $\lambda = 1.55$ (LDPE), $\lambda = 1.85$ (HDPE), Lower curves $\lambda = 3.2$ (LDPE), $\lambda = 3.7$ (HDPE)

For HDPE and LDPE *Heise* and *Kilian* (5) showed that the crystal orientation remains the same even in the detail of the orientation process. Fig. 2 shows the orientation density distribution of these two polyethylenes for different draw ratios. They correspond if the draw ratio for LDPE is multiplied by a constant factor $\lambda_R = 1.2$. The main feature of these distribution functions is *a maximum which lies not at $\vartheta_{cv} = 0°$ but at $\vartheta_{cv} \gtrsim 30°$* and goes to smaller angles with increasing extension. This behaviour is also confirmed by qualitative measurements on LDPE by *Gupta* and *Ward* (7). Thus it differs essentially from the orientation distribution function of an affine transformation model which with more or less modifications has always been used for polymeric materials. Also with modifications the affine model obviously is not valid for partially crystalline systems, because it always produces a maximum of the density of the *c*-axis at the angle $\vartheta_{cv} = 0°$. In addition to this behaviour of the crystals *Heise* showed that in PE the orientation distribution of the amorphous regions is coupled to that of neighbouring crystals.

We must conclude that if crystals exist, the orientation behaviour of the whole system is determined by intra-crystalline deformation possibilities and by coupling with the amorphous regions.

When the angle of the maximum of the orientation density distribution differs markedly from $\vartheta_{cv} = 0°$, this gives a strong hint to the possible deformation process.

Requirements of a deformation orientation model

A model explaining the deformation behaviour based on molecular processes has to fulfill several requirements.

a) the form of the orientation density distribution of the crystallites determined by x-ray wide angle scattering must be explained. The orientation behaviour of both *a*- and *b*-axis has to be reproduced, that is the *a*-axis always orientates faster and better than the *b*-axis and also (fig. 3) that the *b*-axis apparently orientates somewhat in the draw direction at the beginning of the deformation.

b) A problem with the use of the small angle X-ray scattering is the persistent scattering maximum at the equator which furthermore indicates a decrease of the long period.

c) here we only want to sketch the qualities and modifications of qualities to follow from a

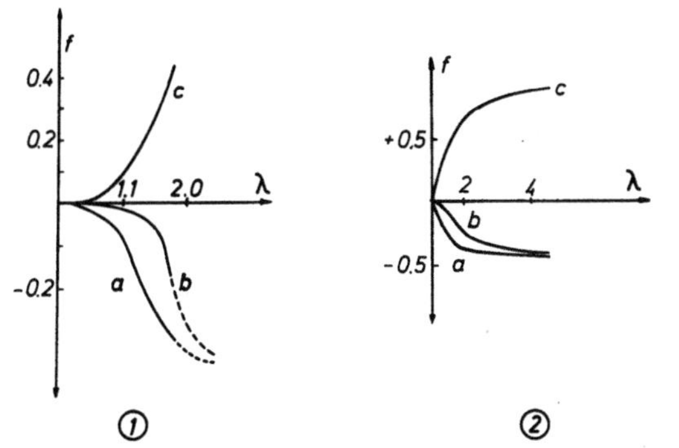

Fig. 3. Orientation function of *a*-, *b*- and *c*-axis of crystallites in uniaxial stretched polyethylene. Left from reference 6) (Note the logarithmic scale.), right from reference 1)

complete model without discussing it further in this paper:

Some of the most important points are: the transformation of the superstructure (e.g. spherolithic into fibrillar) by strongly selective orientation processes (micronecking) as observed by *Hay* and *Keller* (8), the angle dependence of the yield-stress at oriented systems, the characteristic and extension-dependent change of the macroscopic properties as birefringence, thermal conductivity and elastic modulus.

A complete model of course cannot be given. In this work only processes before necking or micronecking are considered. A crystallographic process is proposed — *c*-twinning — which can easily explain the results of X-ray-scattering in co-operation with known processes like *c*-shear and (hk0)-twinning.

Clearly the twinning influences other experimental parameters, which will not be discussed here. Some considerations are given in ref. (9).

Earlier problems

In all polymeric systems the restriction called "chain-molecule" has to be considered. Exceptions to this, such as bond rupture, are only possible for a few tie molecules. In partially crystallized systems the soft coupling between crystals, given by the amorphous regions, prevents bond rupture within the crystals.

A polymeric crystal has not enough independent shear systems to follow an arbitrary deformation. Problematic are crystals, whose *c*-axis is perpendicular to the stretching direction.

If this is not the case, i.e. the *c*-axis forms an angle $\vartheta \leq 60°$ to the stretching direction they are easily incorporated into a fibrillar structure by glide and shear processes. For $\vartheta \gtrsim 60°$ the shear stress is not sufficient. The internal connections of the chain molecule seems to prevent the orientation of these crystallites.

Earlier models for the orientation process

Well known models are those proposed by *Kobayashi* and by *Peterlin* (10) (fig. 4). The first essentially contains melting-recrystallization processes. In the other crystallite blocks

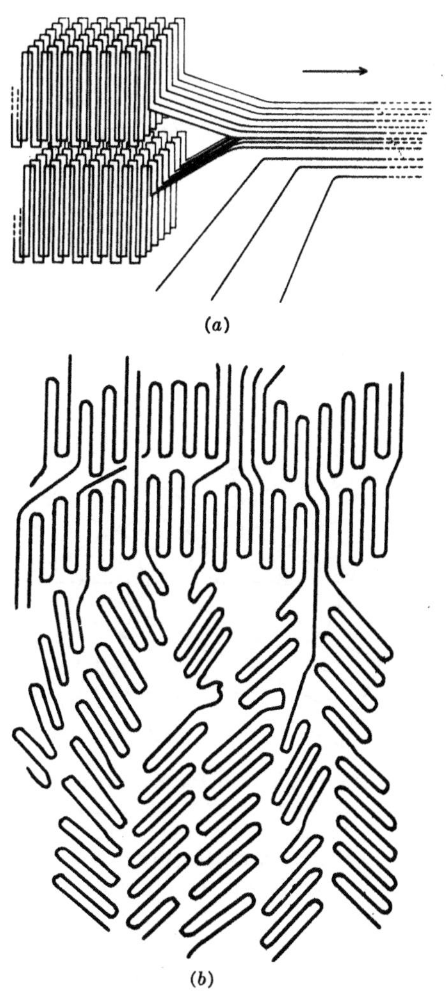

Fig. 4. Often cited models of orientation-deformation mechanisms. a) from *Kobayashi* b) from *Peterlin* (10)

can rotate continuously as a whole. The two models give no aid in the interpretation of details in the X-ray-scattering experiments. *Kobayashi*'s model and that of *Peterlin* which corresponds to a pseudoaffine model give both the maximum for the *c*-axis orientation only at the angle $\vartheta = 0°$. We have to remark that all models considering a continuous rotation of the *c*-axis (with monotonic dependence of ϑ) give a maximum of orientation only at $\vartheta = 0°$ and are therefore of little utility. Because the *c*-axis orientation distribution has its maximum at $\vartheta \gtrsim 30°$ for low draw ratios, a discontinuous orientation process has to be assumed.

Conclusions

Processes satisfying the requirements of the X-ray experiment are

1) Phase transformation of the crystal-lattice
2) Twinning

In the first case *another* crystal lattice is formed at a specific orientation to the parent lattice. In the second case *the lattice is reproduced in a different* (but fixed) *orientation*. Twinning in the *a-b*-plane which leaves the *c*-axis unchanged is well known in polyethylene [(hk0)-twinning] (fig. 5) (Ref. 11, 12, 17).

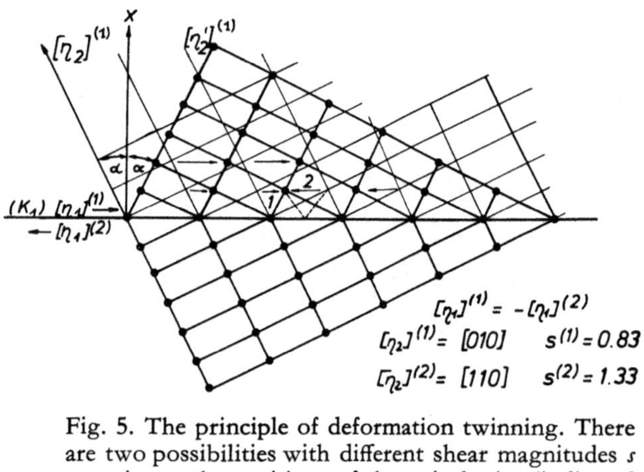

Fig. 5. The principle of deformation twinning. There are two possibilities with different shear magnitudes *s* to arrive at the positions of the twin lattice (indicated arrows). The mode with the lower shear magnitude would be favoured. (η_1, η_2, K_1, K_2, *s* are the twin elements)

The processes 1) and 2) are slip processes of neighbouring crystallographic planes. Twinning, which changes the *c*-axis-orientation would at first sight require a bond rupture and has therefore always been neglected (11). However there is a simple way to produce a *c*-twin by chain slip and tilt, mechanisms which have often appeared in the recent literature. If one correlates the slip with the tilt, in principle twinning is produced. This has been mentioned earlier by *Bonart* (13). But in the chain slip and tilt mechanisms the crystals are always considered as a whole. Another hint comes from kinks and kink blocks. Kink blocks are thin layers of chain segments oriented differently from the lattice of the crystal. These layers can be easily moved through the crystals. Assuming that a kink-like chain bending, produced by the acting forces leads to new possible crystallographic positions one gets a deformation twin changing the *c*-direction. This type we will call here "*c*-twinning". As the most probable twinning mode using known criteria (14) one gets the (111)-twinning mode in polyethylene. Its elements are shown in fig. 6. The corresponding orientations of the unit cells are given in fig. 7.

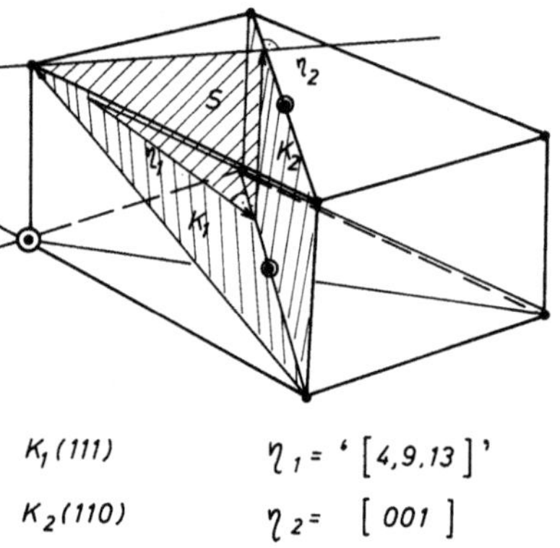

Fig. 6. The twin elements of the (111)-twin mode in polyethylene. The η_1 direction is irrational. It has been approximated to a rational direction. This is indicated by the inverted commas

The formation of a *c*-twin can readily be understood by considering a kink block in which the kinks are arranged in a plane oblique to the *c*-axis. Increasing the stress yields to additional trans-positions along the chain between the two gauche-layers.

This is possible only if the defect energy of a kink block with additional trans-layers is lower than that of two twin boundaries. In

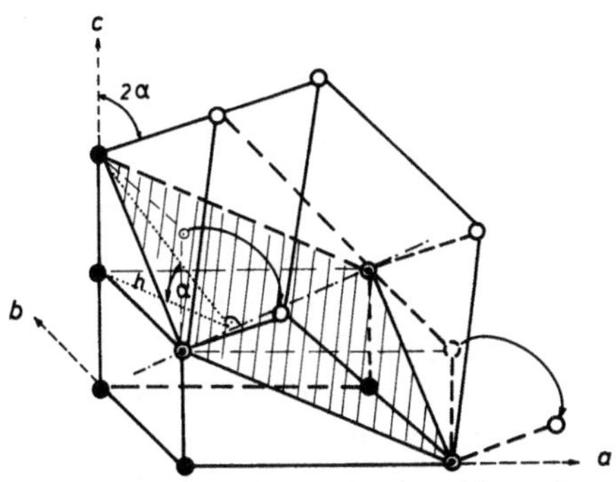

Fig. 7. (111)-twin with orthorhombic unit cell. For polyethylene $2\alpha = 63.25°$ with (110)-directions as "axis of rotation" (–.–), ● parent lattice, ○ twin lattice. The chain in the middle has been omitted for reason of clearness

the other case the CH_2-groups in the trans-layers should occupy crystallographic positions forming a twin (fig. 8).

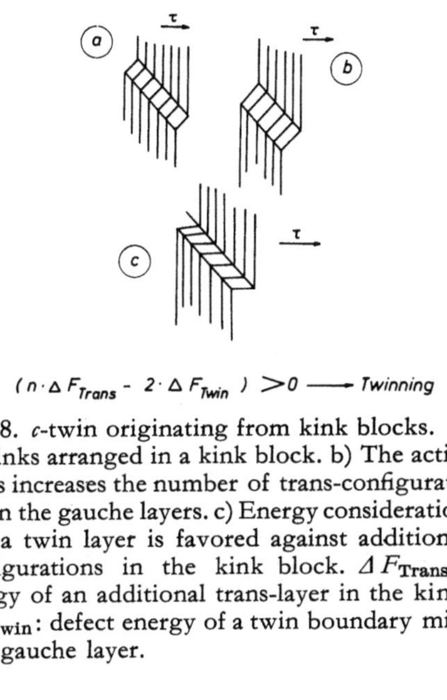

Fig. 8. *c*-twin originating from kink blocks.
a) Kinks arranged in a kink block. b) The acting shear stress increases the number of trans-configurations between the gauche layers. c) Energy consideration shows that a twin layer is favored against additional trans-configurations in the kink block. ΔF_{Trans}: defect energy of an additional trans-layer in the kink block, ΔF_{Twin}: defect energy of a twin boundary minus that of a gauche layer.

Then the defect energy is only determined by the lower defect energy of the two twin boundaries.

These boundaries can migrate through the crystal, remaining a perfectly transformed twin. The reverse process is possible too and the crystal is de-twinned into the parent lattice, depending on the direction of the mechanical stress.

Since this transformation moves only the atom groups at the twin boundary this motion should appear mainly in the rotational potential. Neighbouring chain-segments – not in the same (110)-plane – slip relative to one another by two lattice spacings.

The main features of such a twin are the following:

a) A drastic, discrete change in orientation of part of a crystal,
b) small cooperative deformations,
c) the ability to move in the forward and the backward direction of the transformation.

In the following the most important conclusions and connections with other processes are summarized.

Consequences from c-twinning

a) Small angle X-ray scattering

If a crystal whose chain molecules are perpendicular to the surface layer undergoes completely *c*-twinning, then its chains are oblique to the surface (fig. 9). The surface normal is tilted by a much smaller angle than the *c*-axis, and the crystallite thickness in the direction of that normal decreases. This influences the small angle X-ray scattering. The "problem crystals" have a diffraction maximum at the equator. By the twin transformation the normal direction is only slightly distorted and so *the scattering of these crystals remains at the equator*, if no other processes disturb the correlation.

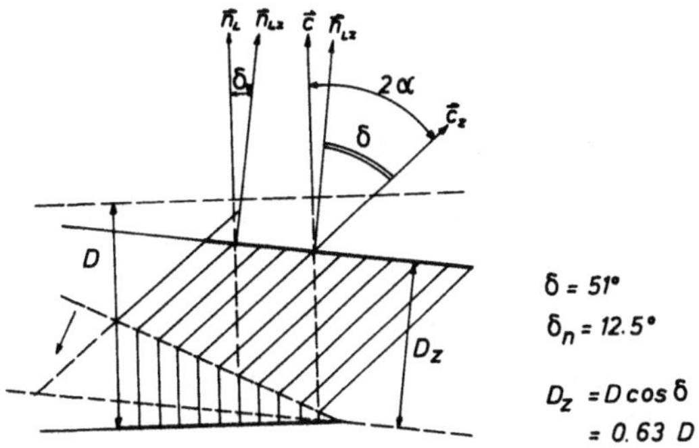

Fig. 9. Twin transformation of a lamellar crystal. The original lamella with *c*-axis normal to the crystal surface is transformed by *c*-twinning into a lamella with tilted axis. The surface normal thereby rotates only through the small angle δ_n. $\vec{\eta}_L$, $\vec{\eta}_{LZ}$: normal of lamella surface before and after twinning, $\vec{c}$, $\vec{c}_Z$: direction of chain molecule (*c*-axis) before and after twinning, D: lamella thickness, D_Z: thickness of twinned lamella

Assuming that within a cluster the crystal-lamellae are transformed together, it follows from the decrease of the crystal thickness (in direction of the surface normal) that the long period at the equator also decreases and the scattering maximum moves outward. This behaviour is seen very distinctly in the small angle X-ray diagrams from *Hendus* (15) of oriented polyethylene stretched perpendicular to the initial draw direction. The results of

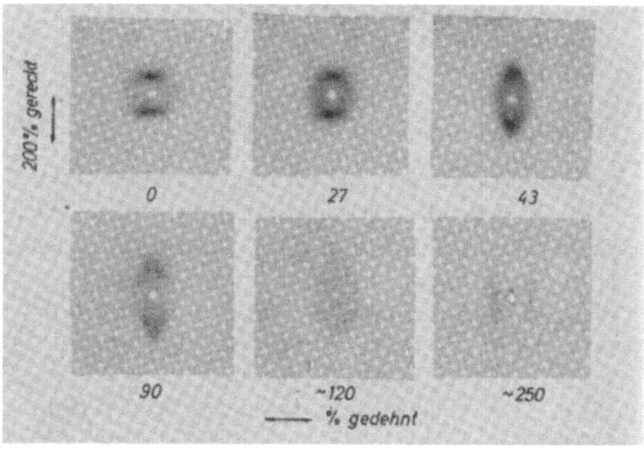

Fig. 10. Small angle X-ray diagrams of LDPE from *Hendus* (15). The first stretching was done in the direction indicated by the left arrow ($\lambda = 3$). The second stretching was done in the perpendicular direction (arrow below).

($\lambda_{\perp} = 1.27$, 1.43, 1.9, ~ 2.2, ~ 3.5 resp.)

The scattering direction remains unchanged but the maximum moves outward indicating that the long period becomes smaller. (Note the marvellous moire pattern caused by reproduction technique.)

Meinel, *Morosoff* and *Peterlin* (16) also show a decrease of the equatorial long period. A quantitative comparison with this data is given in Appendix A.

b) The orientation density distribution

If a c-vector has an angle ϑ with the draw direction (v) after a (111)-twin transformation it is found at an angle ϑ' according to

$$\cos\vartheta' = \sin 2\alpha \cos\psi \sin\vartheta + \cos 2\alpha \cos\vartheta \qquad [2]$$

(Appendix B). ψ and ϑ Eulerian angles. ψ describes the rotation of the unit cell around the c-axis. α is the twin (semi)-angle. As can be seen not all angles ψ are allowed, because $\vartheta' < \vartheta$ only holds for

$$\psi < \psi_{\max} = \arccos\left\{\frac{\cot\vartheta}{\sin 2\alpha}(1 - \cos 2\alpha)\right\}.$$

This is necessary for an increase in orientation. Because of this restriction crystallites with a-axis direction parallel to the draw direction may be excluded from c-twinning. However for these crystals (hk0)-twinning, which already appears at small draw ratios, becomes operative (17). As a rough approximation it may be said, that a- and b-axis nearly exchange. (Rotation of the lattice around the c-axis of about 60°). Crystals deformed in this way are well suited for c-twinning.

So for the "problem-crystals" – c-axis in the region $\vartheta \gtrsim 60°$ – there is an unconstrained sequence of orientation-deformation processes for polyethylene as shown in fig. 11.

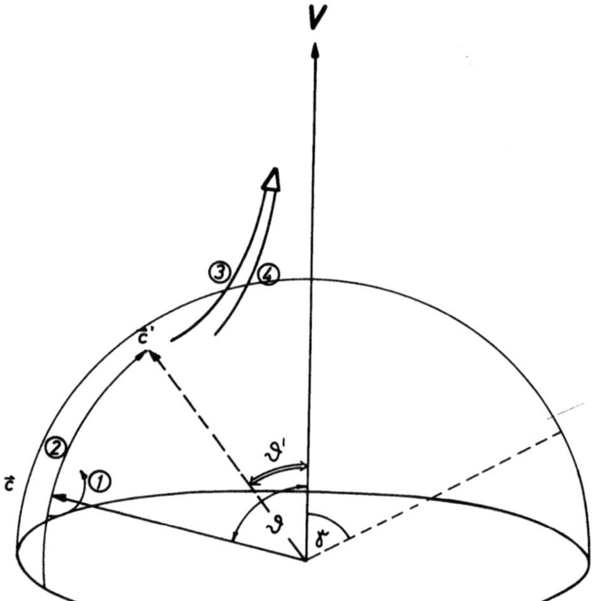

Fig. 11. The proposed model of the co-operation mechanisms in the orientation process at uniaxial extension. 1) At first (hk0)-twinning occurs and brings the crystals which are badly suited to c-twinning into a proper orientation. 2) c-twinning rotates the c-axis into the draw direction. 3) c-slip and 4) fibrillar slip complete the orientation of the crystallites. For crystallites with $\vartheta < \gamma$ the processes 3) and 4) immediately become operative. Naturally all these processes overlap

According to this mechanism the crystals are transformed easily into a fibrillar struc-

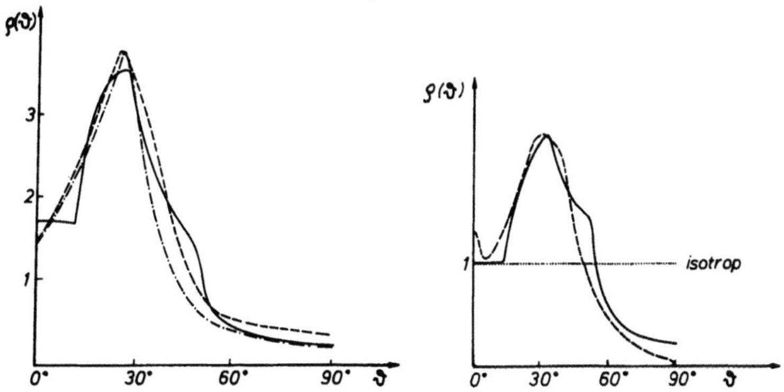

Fig. 12. Calculated orientation density distributions (equations [8], [9]) compared with experimental results of *Heise* 1) left, and *Gupta* and *Ward* 7) right. The experimental draw ratios are 1.55/1.85 (LDPE/HDPE) and 1.4 (LDPE) respectively. The parameters used are:

left:	right:
$\gamma = 60°$	$\gamma = 60°$
$\varepsilon = 25°$	$\varepsilon = 20°$
$\underline{Q} = 2$	$\underline{Q} = 1.6$
$20° \leq \psi \leq 54°$	$20° \leq \psi \leq 68°$
$\lambda_{affin} = 1.2$	$\lambda_{affin} = 1.1$

ture[1]). This mechanism is taken into account for a semi-quantitative calculation of the orientation density distribution in which (hk0)-twinning and slip in chain direction are only roughly considered (fig. 12).

The principal features of the experimental orientation density distribution are clearly fitted.

The correct calculation of the orientation density distribution at small deformations without further assumptions indicates the following: The resistance to deformation produced by the perpendicular (with *c*-axis) oriented crystals is reduced by *c*-twinning, before slip processes in the *c*-direction can appear. This decomposition obviously is a prior condition to the so-called "micro-necking" and so to the further plastic deformation of the semicrystalline polymer system. This seems to be a general condition for the deformation of partially crystallized polymers.

A similar calculation for the *a*- and *b*-axis is possible but more troublesome. Therefore it has been done only for selected crystallite orientations.

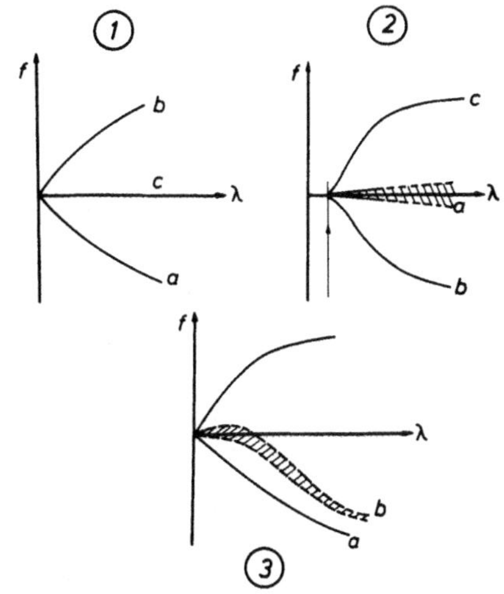

Fig. 13. The influence of twinning on the orientation functions of crystallite axis of polyethylene. 1) (hk0)-twinning only effects the *a*- and *b*-axis 2) (111)-twinning mainly influences the orientation of *b*- and *c*-axis. The starting point of this process is indicated by the arrow. 3) (hk0)- and (111)-twinning together result in the typical orientation behaviour. See also fig. 3

The result is sketched out in fig. 13. The typical run comes from the consecutive start of (hk0)- and (111)-twinning.

Because of these agreements it seems most probable to us that the intracrystalline plastic deformation modes govern the orientation-

1) The possible influence of observed phase transformation orthorhombic to monocline is discussed in ref. 9).

deformation behaviour of semicrystalline polymers at the first stages of deformation.

Of course the twinning in the crystalline regions of a polymer has further consequences. So a twin boundary in a partially twinned crystal results in a storage of energy within a certain strain interval, which influences the experiments in the stretch-calorimeter. Because of their ability to migrate through the crystal, the twin boundary acts as a soft element with respect to the elastic modulus thus making an anomalous contribution.

Direct indications to *c*-twinning are given by *Robertson* (18) from wide angle X-ray investigations of kink bands. He points out, that *c*-twins are possibly seen in the electron micrographs of *Wunderlich* and *Mellilo* (19).

Appendix A

For small angle X-ray scattering it has to be ascertained that the long period really arises from a periodic structure and is not caused by the form factor. This has in principle to be proved in each case. In the following considerations this is assumed to be correct.

The crystal thickness in direction of the surface normal after (111)-twinning is

$$D_z = D \cos\delta \approx 0.63\, D \quad (\text{with } \delta = 51°)$$

D crystal thickness before twinning, *c*-axis parallel to surface normal.

Assuming that clusters consisting of stacks of parallel lamellae by which the small angle diffraction is caused, are transformed simultaneously, the crystal thickness within the whole cluster decreases uniformly. The amorphous regions are considered to remain unchanged in thickness, an assumption which is quite correct, if there are no considerable changes in density. So it follows for the long period L after complete twinning of a cluster with starting long period L_0

$$L = L_0 \left\{ V_c \frac{D_z}{D} + (1 - V_c) \right\}$$

$$\approx L_0 \left(1 - \frac{V_c}{3} \right) \quad \text{for (111)-twinning in polyethylene}$$

(V_c: volume crystallinity)

This equation should hold for the *equatorial long period* in the limit, and compares well with the data of *Meinel, Morosoff* and *Peterlin* (16).

$\lambda = 2.2 \quad P = L/L_0 \quad$ (L: long period)

v_c	P_{calc}	P_{exp}
0.68	0.80	0.81
0.75	0.77	0.79

Measurements of *Yamada, Miysaka* and *Ishikawa* (20) on rolled single crystal mats of polyethylene also indicate *c*-twinning. The authors state that a quick orientation of *c*-axis occurs without corresponding change in lamellar thickness. This is a characteristic feature of partially twinned crystals. The change in thickness only belongs to the twin contribution, whereas the corresponding *c*-axis undergoes a full rotation of 2α.

Appendix B

The crystal lattice of a polycrystalline material with orientation density distribution $\varrho_0(\vartheta)$ of the *c*-axis is transformed by an arbitrary mapping

$$T : \vartheta \to \vartheta' .$$

One gets the new density distribution by

$$\varrho_1(\vartheta')d\vartheta' = \varrho_0(T^{-1}(\vartheta')) \frac{\sin(T^{-1}(\vartheta'))}{\sin\vartheta'} \left(\frac{d\vartheta'}{d\vartheta}\right) d\vartheta' . \quad [4]$$

T^{-1} is the inverse transformation of T.

The orientation of the unit cell with respect to the coordinate system of the sample is given by the Eulerian angles by means of the transformation matrix

$$A(\varphi, \vartheta, \psi)$$

c-twinning results from additional multiplication with the matrix

$$A(2\alpha) = \begin{pmatrix} 1 & 0 & 0 \\ 0 & \cos 2\alpha & \sin 2\alpha \\ 0 & -\sin 2\alpha & \cos 2\alpha \end{pmatrix} . \quad [5]$$

To get the new orientation density distribution the knowledge of the transformation T is sufficient, which follows from the matrix element a_{33} (equation [2]). Substitution of [2] in [4] yields

$$\varrho(\psi, \vartheta') = \frac{\cos 2\alpha}{b} + k \cos\vartheta' (b - \cos^2\vartheta')^{-1/2}$$

$$b = 1 - \sin^2 2\alpha \sin^2\psi \quad [6]$$

$$k = b^{-1} \sin 2\alpha \cos\psi .$$

The variable ψ arises from the fact that the distribution by twinning depends on the angle ψ describing the orientation of the "axis of rotation" of each unit cell.

At the (111)-twinning in polyethylene ψ denotes the angle between the normal of the (110)-plane and the *cv*-plane. So there are two possibilities for each unit cell which limit the range of ψ.

To get the complete density distribution one has to integrate over the allowed range of the angle ψ.

$$\varrho(\vartheta') = \underbrace{\frac{2}{\pi}\int_{\psi_{min}}^{\psi_{max}} \varrho(\psi,\vartheta')d\psi}_{\varrho_{or}(\vartheta')} + \underbrace{\varrho(\psi_{min},\psi_{max},\vartheta')}_{\varrho_{const}(\vartheta'=\vartheta)} \quad [7]$$

An analytical solution of this integration is not possible. Moreover the upper and the lower limit of ψ may depend on $\vartheta'(\vartheta)$. A numerical calculation is readily performed with a small computer. The following restrictions are taken into account:

$\vartheta \geq \gamma$ — γ is the critical angle for the appearance of *c*-slip

$\vartheta' \leq \vartheta - \varepsilon$ — An increase in orientation of at least ε is to be required.

These two restrictions are overall characterizations for the fact that the acting shear stress is well suited for *c*-twinning. (hk0)-twinning is taken into account by a factor $\mathcal{Q}$ by which the portion of *c*-twin-oriented crystals is multiplied.

The corresponding portion is substracted from the unchanged part of the orientation distribution at the angle $\vartheta(\vartheta')$.

$$\varrho(\vartheta') = \varrho_{const}(\mathcal{Q},\vartheta' = \vartheta) + \mathcal{Q}\cdot\varrho_{or}(\vartheta') . \quad [8]$$

An additional affine transformation

$$\tan\vartheta' = \lambda^{-3/2}\tan\vartheta \quad [9]$$

substituted in [4] describes the occurring of *c*-slip.

Summary

A crystallographic process called *c*-twinning is proposed which enhances the understanding of the deformation-orientation behaviour of partially crystalline polymer systems. As has been shown with polyethylene it is able to explain some of the main features of the unaxial extension experiment without great difficulty, in cooperation with other known phenomena. The ability of performing *c*-twinning is supposed to be the reason for the possibility that a semicrystalline polymer may undergo large deformations.

Zusammenfassung

Es wird ein kristallographischer Prozeß vorgeschlagen, die *c*-Zwillingsbildung, der das Verständnis des Deformations-Orientierungsverhaltens teilkristalliner Polymersysteme vervollständigt.

Am Beispiel des Polyäthylens wird gezeigt, wie er im Zusammenspiel mit bekannten Prozessen zwanglos einige der typischen Erscheinungen bei uniaxialer Dehnung erklärt.

Es ist zu vermuten, daß die Möglichkeit der *c*-Zwillingsbildung bestimmend dafür ist, ob ein teilkristallines Polymersystem zu großen Deformationen fähig ist.

References

1) *Heise, B.*, Diss. (Ulm 1972).

2) *Hellmuth, W., H.-G. Kilian* und *F. H. Müller*, Kolloid-Z. u. Z. Polym. **218**, 10 (1967).

3) *Kuhn, W.* und *F. Grün*, Kolloid-Z. u. Z. Polym. **101**, 3 (1942).

4) *Kilian, H.-G.* and *M. Pietralla*, in preparation.

5) *Heise, B.* and *H.-G. Kilian*, IUPAC Meeting (Helsinki 1973).

6) *Oda, T., S. Nomura* and *H. Kawai*, J. Polym. Sci. A2 **3**, 1993–2008 (1965).

7) *Gupta, V. B.* and *I. M. Ward*, J. Macromol. Sci.-Phys. **B4(2)** 453–459 (1970).

8) *Hay, I. L.* and *A. Keller*, Kolloid-Z. u. Z. Polym. **204**, 43–74 (1965).

9) *Pietralla, M.*, Diss. (Ulm 1974).

10) *Peterlin, A.*, J. Polym. Sci. C (Polym. Symp.) **9**, 61–89 (1965).

11) *Bevis, M.* and *E. R. Crellin*, Polymer **12**, 666–684 (1971).

12) *Allan, P., E. Crellin* and *M. Bevis*, Phil. Mag. **27**, 1, 127–145 (1973).

13) *Bonart, R.*, Kolloid-Z. u. Z. Polym. **210**, 16–36 (1966).

14) *Jaswon, M. A.* and *D. P. Dove*, Acta Cryst. **13**, 232 (1960).

15) *Hendus, H.*, Kolloid-Z. u. Z. Polym. **165**, 1 32–34 (1959).

16) *Meinel, G., N. Norosoff* and *A. Peterlin*, J. Polym. Sci. A2, **8**, 1723–1740 (1970).

17) *Kambour, R. P.* and *R. E. Robertson*, Polymer Science Vol. I North Holland, Amsterdam 1972.

18) *Robertson, R. E.*, J. Polym. Sci. A2, **10**, 2437–2452 (1972).

19) *Wunderlich, B.* und *L. Mellilo*, Makromol. Chemie **118**, 250 (1968).

20) *Yamada, M., K. Miyasaka* and *K. Ishikawa* J. Polym. Sci.-Phys. **11**, 2393–2401 (1973).

Author's address:

Dr. Martin Pietralla
Abteilung für Experimentelle Physik I
Universität Ulm
D-7900 Ulm

Colloid & Polymer Sci. **254**, 258–266 (1976)

Lectures during the labour conference of the Fachausschuss Physik der Hochpolymeren in the Deutsche Physikalische Gesellschaft in Münster, March 17–22, 1975

Instituto de Química-Física "Rocasolano", C.S.I.C. Madrid-6 (Spain)

Dependence of micro-indentation hardness on the superstructure of polyethylene

F. J. Baltá-Calleja

With 11 figures and 3 tables

(Received May 11, 1975)

1. Introduction

The microhardness (MH) of ionic and metallic crystals and polycrystalline specimens has been extensively investigated in the past (1–5). In these materials microhardness is essentially determined by primary slip systems which involve dislocation movements during the indentation process. In molecular (paraffinic) crystals on the other hand, typical deformation modes will preferentially include displacement of the chains by shearing and tilting and eventually twinning and phase transitions. Crystal defects (dislocations, kinks, vacancies, and so on) facilitate such a deformation but are by far overwhelmingly dominated by the anisotropy of mechanical forces: namely, strong covalent bonding in the chain direction and weak Van der Waals forces normal to it. Thus, in low molecular weight material, as a consequence of the large anisotropy of the crystal force field crystals are relatively weak exhibiting very poor mechanical properties. Knop indentations on the (001) planes of solution crystallized paraffin single crystals ($n = 32$–44) are often accompanied by the development of ridges along specific crystallographic directions (6). The occurrence of these roof shaped ridges implies a change from a vertical to an oblique structure (7) thus suggesting a shearing of the molecules in the (hk0) slip planes as one of the possible modes of plastic deformation, frequently leading to the observed final macroscopic fracture of the crystals.

Hitherto, the study of microhardness in polymeric solids has been mainly restricted to applications of technological interest (8), such as, for instance, the determination of macroscopic internal stresses in the surface of plastics (9). As far as we know, studies relating microhardness and morphology are, however, missing in the literature. The purpose of the present work is, hence, to raise the question of the microhardness response to the superstructure of polymers, specifically that of polyethylene (PE). The study of microindentation offers the advantage of being a local deformational process restricted to depths of 10–30 μm at most (softest PE specimen) thus leaving unaltered, in contrast to bulk deformation, the rest of the test sample. Since the indentation process is primarily controlled by plastic deformation (3) the MH value will obviously be intimately correlated to the specific modes of deformation operative in crystalline polymers. In these macromolecular solids, one cannot explain the observed mechanical properties on the sole basis of crystal lattice and defects. The deformation modes in the crystalline polymer are predominantly determined by the arrangement and structure of the crystals and their connection by tie molecules (10). The crystals restrict the mobility of the molecules in the amorphous layers, while the latter partly transmit the required forces for the break up of crystals and additionally provide for elastic recovery when the local stress field is removed (26, 27).

In the present work microhardness measurements were performed firstly on a series of melt crystallized isotropic – (microspherulitic) – PE and paraffin specimens and secondly on a series of uniaxially deformed – anisotropic – PE samples with largely varying draw ratios.

2. Sample preparation

A series of commercial PE samples with a wide varying molecular weight and branching concentration range (13) were investigated (see table I). The materials were prepared by Mr. *D. R. Rueda* in this laboratory as follows: the commercial products were placed between glass plates, heated just above the melting point and finally pressed. Crystallization followed from the melt by rapid cooling in air at room temperature. The samples were finally detached from the plates in the form of films 0.3 mm thick.

A series of commercial *n*-paraffins (trade name: Humphrey Chemical Co. New Haven Conn.) with $n = 20$, 24, 32, 36 and 44 and two specimens with $n = 60$ and $n = 70$ suppplied by Dr. *G. R. Strobl*, Mainz, were also crystallized from the melt in air at room temperature.

A polycrystalline sample of high pressure crystallized (4300 atm at 227 °C) linear PE of an average molecular weight of 8×10^4 from the laboratory of Prof. *B. Wunderlich*, Renselaer Polytechnique Institute, was also investigated.

For the study of drawn material linear PE Fortiflex A 60/500 (Celanese Co.) with a weight av. mol. wt. of 8×10^4 was used. The samples were pressure molded between 150–175 °C to a 0.5 mm thick film and subsequently quenched in ice water. The resulting microspherulitic material had a density of 0.95 g cm^{-3}. The so obtained samples were cut in the usual dumbbell form with a drawing region of 30 × 50 mm and clamped at the ends in a drawing machine and immersed in an air thermostat. After temperature equilibration about 10–15 min. the samples were drawn at a rate of 0.5 cm/min at different temperatures (60, 100, 120 and 130 °C). After drawing the films were removed from the thermostat and allowed to cool in air at room temperature.

3. Experimental techniques

The microhardness measurements were performed with a Leitz microhardness tester. A Vickers pyramidal diamond (square cross-section) was used to make the indentations and a micrometer eyepiece of the microscope allowed the indentations to be measured after load removal within ±0.5 μm. Fig. 9a illustrates the typical shape of the Vickers indentation. The distance between the diamond tip and the specimen surface was 40 μm and the time required for the diamond to fall onto the specimen was 18 seconds. The Vickers microhardness is defined as:

$$HV = 1.8544 \times 10^6 \frac{P}{L^2} \text{ (kg mm}^{-2}\text{)} \quad [1]$$

where L is the length in μm of the indentation diagonal and P is the applied load in kg.

Tab. 1. Commercial name, weight average molecular weight ($\bar{M}_w$), density (ϱ) and unit cell density (ϱ_c) for melt crystallized polyethylene samples

Name	$\bar{M}_w \times 10^{-3}$	ε(CH$_3$/100 C)	ϱ(g · cm^{-3})	ϱ_c(g · cm^{-3})
Marlex 6015	150	0.05	.9634	1.000
Hostalen GF	120	0.64	.9502	.996
Hoechst PA-190	90	0.84	.9649	.998
Alkathene HD	245	0.91	.9366	.995
Epolene C-11	10	1.08	.9452	.994
Lupolen KR 1051	51	1.30	.9268	.992
Hoechst PA-130	3	1.58	.9585	.993
BASF A Wachs	10	1.84	.9335	.986
Epolene N-10	2.5	2.25	.9261	.985
Epolene N-12	1.5	2.27	.9365	.986
BASF A Wachs	5.6	2.32	.9304	.987
Epolene N-11	1.5	2.48	.9307	.984
Lupolen KR 1032	53	2.50	.9203	.987
Epolene C-13	10	2.80	.9111	.983
Lupolen 1810 H	54	3.00	.9146	.978
Hoechst PA-560	6.0	4.10	.9108	.986
Epolene C-10	7.0	4.19	.9044	.981
Epolene C-101	3.2	4.42	.9201	.984
Hoechst PA-520	2.0	4.90	.9198	.984
Epolene C-12	3.7	6.94	.8979	.977

Since the angle between the edges of the diamond is 148 °C the amount of penetration in the material is straightforwardly given by $d = \frac{L}{7}$ in μm. Fig. 1 illustrates the expected linear dependence after eq. [1] between the applied load and L^2 for a standard steel plate and for a conventional melt crystallized PE specimen. In all experiments described in the present work the microhardness tests were performed with a load of 0.015 kg.

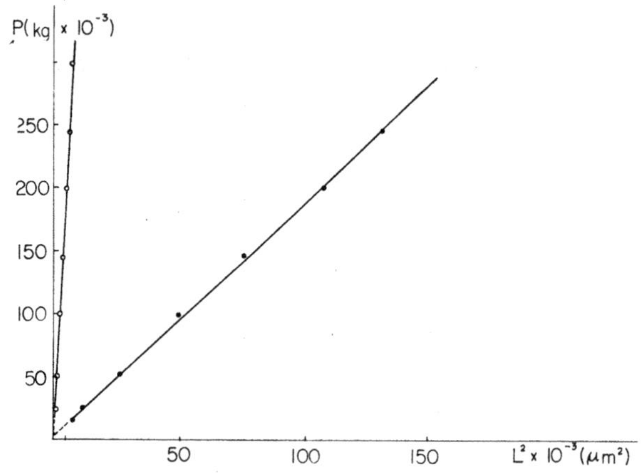

Fig. 1. Test load P versus square of Vickers diagonal for: ○ a calibrated steel plate and ● a polyethylene (Marlex 6015) film crystallized from the melt. Indentation time: 20 min.

The macroscopic density, ϱ, of the samples was determined by the density column gradient method (studied by *D. R. Rueda*). The liquid used for the gradient column was a mixture of p-xylene (83%) and carbon tetrachloride (17%). The measurements of density are believed accurate to ± 0.0005 g cm^{-3}. The crystalline density, ϱ_c, was derived from X-ray unit cell dimension measurements carried out by Mr. *J. C. González Ortega*. The standard errors in the cell dimensions correspond to a standard deviation of 0.001 g cm^{-3} per unit cell density. The experimental values of ϱ and ϱ_c are collected in table I.

The crystallinity, α, was derived from the two phase model,

$$\alpha = \frac{\varrho_c}{\varrho}\left(\frac{\varrho - \varrho_a}{\varrho_c - \varrho_a}\right) \qquad [2]$$

and the density of the amorphous phase,

$\varrho_a = 0.880$ g cm^{-1} (11).

The crystal thickness, l, in chain direction was calculated according to the formula (12):

$$T(l) = T_\infty \left(1 - \frac{2\sigma}{\Delta h_f l}\right) \qquad [3]$$

from the experimental melting temperature $T(l)$ of the samples (13) assuming a heat of fusion Δh_f of 2.8×10^9 $ergcm^{-3}$, a melting temperature T_∞ of the infinitely thick crystal of 414 °K, and a surface energy of 80 $ergcm^{-2}$.

4. Experimental results

4.1 *Microhardness of melt crystallized material*

The most salient feature of melt crystallized PE is the reversible time dependence of indentation. This is illustrated in fig. 2 for three linear PE samples crystallized under different conditions. The microhardness gradually decreases as a function of loading time and finally levels off to a limiting value depending on the temperature of supercooling. After removing the applied load from the test sample the indentation shows a tendency to recovery with time which becomes more conspicuous for low crystallinities, eventually leading to its final vanishment. The reversible time dependent character of indentation is most probably correlated with the viscoelastic behaviour of the „amorphous" regions sandwiched between the lamellae. The influence of branching concentration, ε, on MH was next examined (see fig. 3). Unexpectedly the time dependent behaviour of MH becomes less conspicuous with increasing ε. Since an increase in ε involves (assuming chain branch rejection from the crystals (14)) a decrease in l and consequently an increase in $(1-\alpha)$, one ought to expect a more pronounced time dependence of MH with increasing ε. For the less crystalline samples, however, the time dependence of indentation probably becomes unmeasurably short for short indentation times (<30 sec) and consequently permanent plastic impressions cannot be any more observed on the specimen surface.

Tab. 2 illustrates the MH dependence on both crystal size and crystallinity for the series of PE samples of tab. 1. The MH values of the samples of fig. 2 and that of the high pressure crystallized sample are also

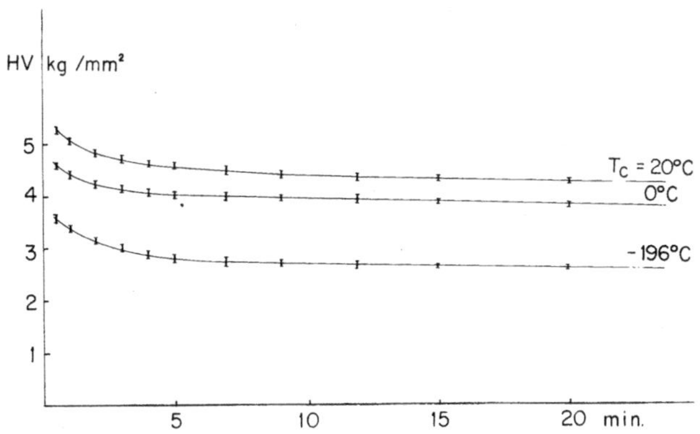

Fig. 2. Loading time dependence of Vickers hardness HV for three linear PE (Lupolen 6011 L) samples crystallized at different supercoolings

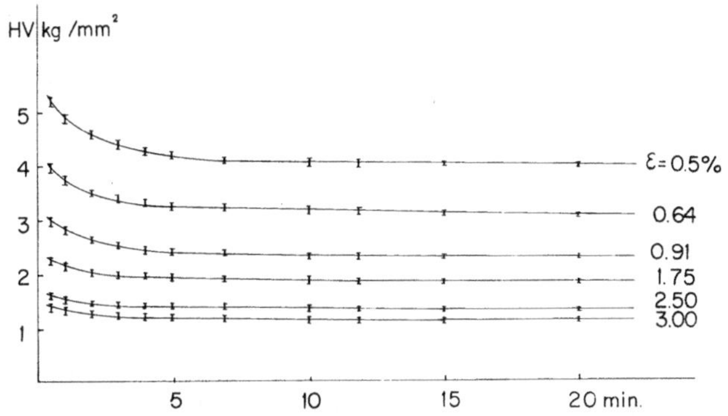

Fig. 3. Loading time dependence of Vickers hardness HV for melt crystallized PE samples with differing branching concentration ε.

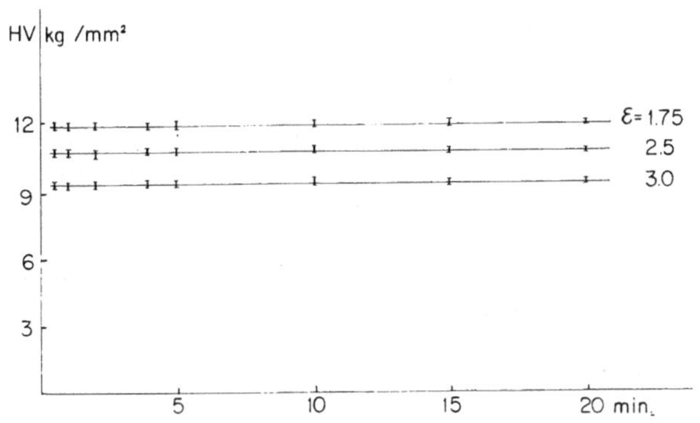

Fig. 4. Loading time dependence of Vickers hardness HV for three samples of Fig. 3 after FNA (95%) selective etching (24h, 80 °C) and subsequent recrystallization from the melt.

included. For 100% crystalline systems (paraffins) MH is solely a function of crystal thickness (see tab. 3). In this case indentation is time independent. The removal of the „amorphous" layer in PE after 25 hours of oxidative attack (95% HNO_3) at 80 °C and subsequent washing, drying and crystallization from the melt yields a paraffinic structure with chains reduced to the length of the crystal core. This structure offers, similarly to the paraffins case load time independent values of MH (see fig. 4). The enormous increase in MH after the fumic nitric acid treatment (compare with fig. 3), is most probably due to the higher cohesion energy of the system caused by formation of heavy end groups at the crystal surface.

Tab. 2. Crystal thickness, l, crystallinity, α, and Vickers microhardness, HV of melt crystallized PE samples

	l (Å)	α	HV kg/mm²
C-12	51	0.20	0.40
C-10	58	0.26	0.80
PA-560	61	0.31	0.95
PA-520	62	0.40	1.10
C-13	65	0.32	0.82
C-101	66	0.41	0.94
N-11	66	0.51	1.43
N-10	68	0.47	1.68
Lup. 1810 H	69	0.38	1.20
BASF 400	69	0.50	2.10
N-12	74	0.56	1.86
BASF-710	81	0.53	2.38
Lup. KR 1032	92	0.41	1.40
PA-130	93	0.72	3.51
C-10	110	0.60	3.15
Lup. KR 1051	114	0.45	1.90
Alk-HD	120	0.52	2.28
PA-190	141	0.74	3.90
Host-GF	184	0.63	3.12
Lupolen 6011 L ($T_c = -196$ °C)	190	0.60	2.80
Lupolen 6011 L ($T_c = 0$ °C)	220	0.70	3.86
Marlex 6015	239	0.72	4.13
Lupolen 6011 L ($T_c = 20$ °C	250	0.80	4.30
High press. cryst. PE	7.3×10^3	—	6.70

Tab. 3. Crystal thickness, l, and Vickers microhardness, HV of melt crystallized n-paraffins.

n	l (Å)	HV (kg/mm²)
20	25	1.84
24	30	2.60
32	40	3.30
36	45	3.10
44	55	3.60
60	76	4.45
70	90	4.90

Most revealing is the comparison of paraffins and PE as regards indentation dependence on crystal size. Fig. 5 illustrates the amount of penetration as a function of l^{-1} for both systems. d for paraffins closely follows a hyperbolic decrease with l:

$$d = Kl^{-1} + d_0 \qquad [4]$$

where K is a constant equal to 1.8×10^6 and $d_0 = 9.2 \times 10^4$ Å (ordinate in the origin) represents the depth of penetration for an infinitely thick crystal. This value fits extremely well – as seen in fig. 5 – with the MH measurement performed on a polycrystalline sample of high pressure crystallized linear PE. d for PE increases as a function of l^{-1}, on the other side, much faster than for paraffins and asymptotically tends towards ∞ for $l \sim 50$ Å. This steeper increase in d for PE can be explained by the decisive role played by the amorphous regions. These labile regions oppose, in contrast to the firm crystalline lamellae, a remarkably lower resistance to compressive forces, and indentation – i.e. penetration depth – rapidly increases with the relative increase of amorphous content which is concurrent to the decrease in l. The obtained linear increase of d against α^{-1} illustrated in fig. 6 is in support of this view. It is worth noting then

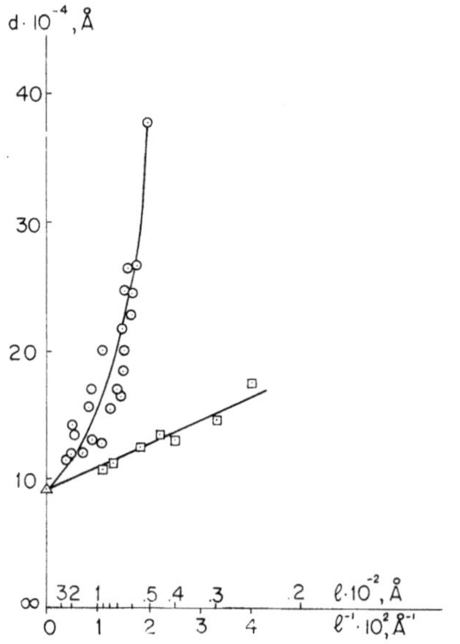

Fig. 5. Relationship between penetration depth d, of the Vickers indenter and crystal thickness, l, for melt crystallized: □ Paraffins ○ Polyethylene and △ "Extended Chain Crystals". $P = 0.015$ kg, $t = 20$ min.

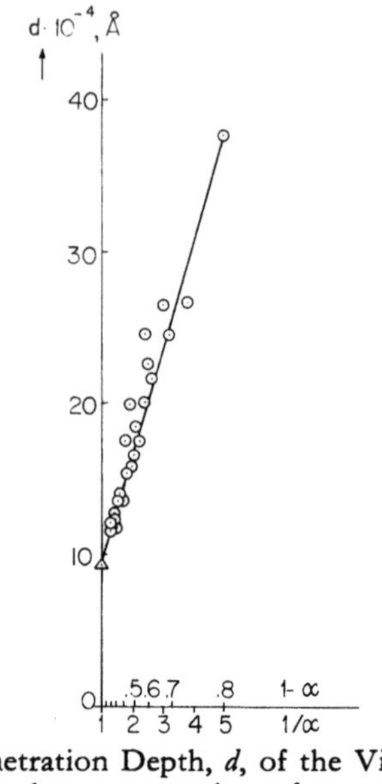

Fig. 6. Penetration Depth, d, of the Vickers indenter versus amorphous content $1 - \alpha$ for: ○ melt crystallized PE and △ "Extended Chain Crystals". $P = 0.015$ kg, $t = 20$ min.

in this plot extrapolation to $\alpha = 1$ yields the d value for Extended Chain Crystals.

Additional information on the comparative microhardness of paraffin versus PE microcrystals can be gained by calculating the average number of crystalline lamellae, N, which are drastically compressed and/or finally destroyed under the indenter. Such a number can be roughly estimated by dividing the amount of vertical penetration of the indenter, d, by the average crystal thickness l. This is, in fact, a rather crude approximation, since not all the densely packed stacks of lamellae of the isotropic sample are perpendicularly oriented to the indented axis. In the case of a two phase system (PE) the amount of penetration referred to the crystalline fraction is simply obtained by multiplication with α. Accordingly, $N = \alpha \frac{d}{l}$ (5). The plot of N versus l^{-1} consequently yields a nearly hyperbolic increase due to the modulation of the factor $1/l$ in eq. [5], (fig. 7). For $l \to \infty$, N yields accordingly a very small value which fits with that of extended chain crystals. For $l \geqslant 200$ Å, N is almost the same for PE and paraffins (extrapolated), thus implying a nearly equal hardness for both crystal systems. Large PE crystals with a relatively thin amorphous surface layer are hence probably plastically

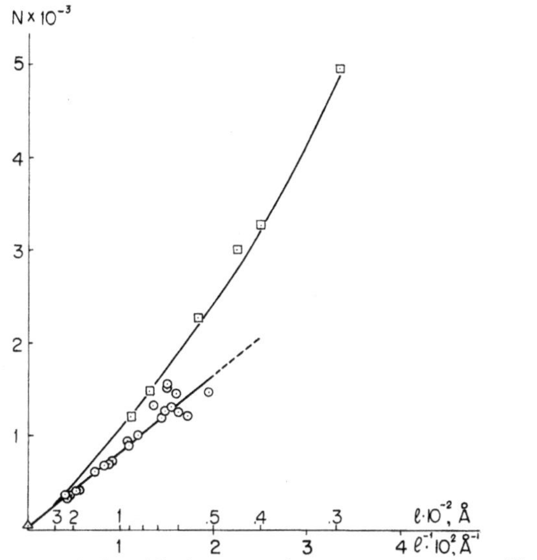

Fig. 7. Relationship between the average number, N, of crystals destroyed and/or compressed under the indenter in vertical direction and the crystal thickness l, × for melt crystallized, □ Paraffins, ○ PE, and △ "Extended Chain Crystals". $P = 0.015$ kg, $t = 20$ min.

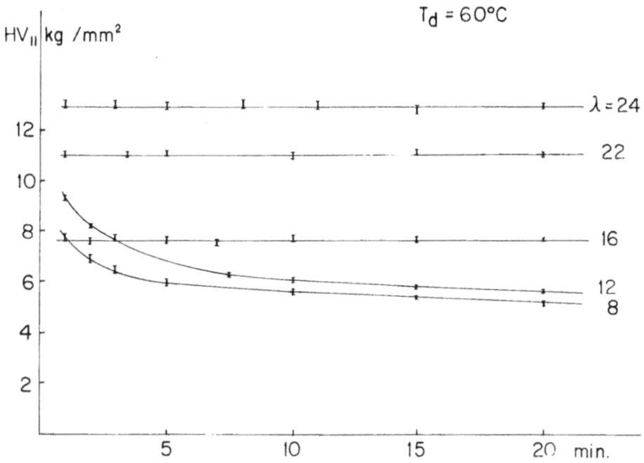

Fig. 8. Loading time dependence of Vickers hardness $HV_{\parallel}$ measured in fiber direction for various plastically deformed PE samples drawn at 60 °C to different draw ratios λ.

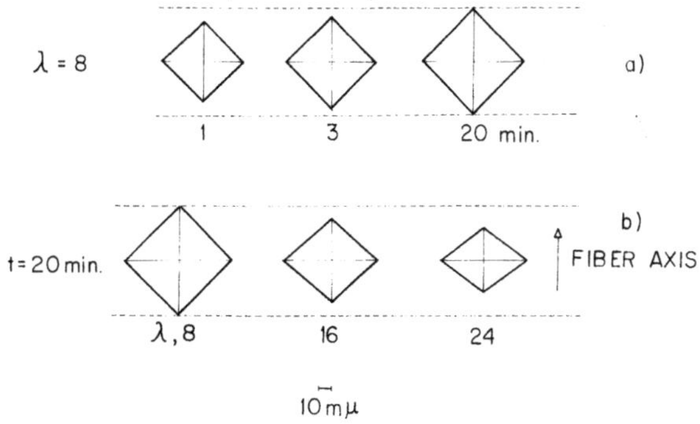

Fig. 9. Indentation of the Vickers diamond on drawn PE: a) as a function of loading time for a low draw ratio λ. b) with increasing draw ratio λ.

deformed involving similar deformation modes as paraffin crystals. For thinner crystals ($l <$ 200 Å, i.e. thicker amorphous layer) N is larger for paraffins than for PE. The crystalline cores of PE are here "harder" than the paraffinic ones. In this case the substantial contribution of the thick amorphous layers padding the thin lamellae seems to prevent many crystals from being finally destroyed during compression.

4.2 Plastically deformed polyethylene

The typical load-time dependence of MH (derived from the indentation diagonal parallel to the fiber axis) is shown in fig. 8 for various samples of plastically deformed PE (drawn at 60 °C) to different draw ratios λ. For $\lambda < 12$ indentation is time dependent whereas for $\lambda > 12$ it turns out to be time independent. In addition, the limiting value of indentation conspicuously increases with draw ratio. In the indentation experiment of oriented PE one has to distinguish between two distinct effects:

a) For low draw ratios ($\lambda < 12$), an isotropic *time dependent* increase of indentation similarly to the isotropic case (fig. 9a).

b) For high draw ratios ($\lambda > 12$), on the contrary, an anisotropic *time independent* indentation which is dependent on λ (fig. 9b).

In the latter, the high anisotropy of the fiber structure which gradually increases with λ is responsible for the conspicuously anisotropic shape of indentation. In the highly deformed samples, the stresses are greater parallel to the microfibrils because the material is strongest in this direction. Since the shape of the indentation must conform with that of the diamond while the load is applied, the observed anisotropy in the shape of the impression must arise shortly after the removal of the load. Thus, anisotropy arises because of greater elastic recovery along the fiber axis where the stresses were largest.

Fig. 10 illustrates the dependence of MH on λ for various temperatures of deformation. Before the neck ($\lambda = 1$) the MH of the microspherulitic sample is equal to 3.4 kg/mm². At the end of the neck (new fibrous structure)

MH $=4.6$ kg/mm² for $\lambda=5$. Unfortunately, indentations could not be impressed in the region $1.5 > \lambda > 5$ due to the inherent curvature of the neck.

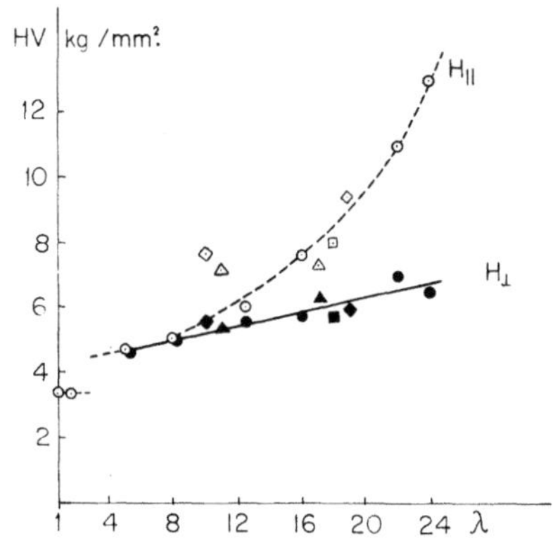

Fig. 10. Vickers hardness parallel, $H_{\parallel}$, and perpendicular $H_{\perp}$, to the fiber axis as a function of draw ratio λ of PE drawn at different temperatures: ○ 60 °C, ◇ 100 °C, △ 120 °C, □ 130 °C.

The change in MH from the isotropic microspherulitic to the fiber structure is, nevertheless, apparently discontinuous and not a gradual transition, similarly to other structural changes occurring in the neck region, such as the observed sudden change in long period (15–17), molecular orientation (18) and morphology (19). After the neck, $MH_{\perp}$ (diagonal normal to the fiber direction) linearly increases with λ irrespective of the temperature of deformation up to 6.5 kg/mm² for $\lambda=24$. Furthermore, $MH_{\parallel}$ increases, much faster than $MH_{\perp}$ reaching a much higher final value of 13.0 kg/mm² for $\lambda=24$. This is due, as pointed out above to the much higher elastic recovery obtained in the fiber direction.

5. Discussion of the results

The previous results show that the mechanism of indentation is essentially different for paraffin crystals, isotropic (melt crystallized) polyethylene and oriented (drawn) polyethylene.

In the case of *paraffins*, the thin microcrystals are plastically deformed involving mainly molecular displacements (chain shearing and tilting, etc.) and eventually leading to crystal fracture and final destruction. In this case MH is primarily a function of crystal thickness (~ chain length) i.e. crystals with a higher cohesion energy oppose a greater resistance to plastic deformation.

In *isotropic polyethylene*, on the other hand, indentation predominantly proceeds by plastic deformation of the amorphous layers between the crystalline lamellae. The latter represent the strongest element of the structure. Here the fraction of interconnecting (tie) molecules which are anchored in the crystals provide for the cohesion of the isotropic solid. The deformation mechanism turns out to be time dependent as a result of the relaxation of the macromolecules in the non crystalline layers. Thus, these molecules are first compressed between the crystals under the influence of the shearing stress field of the indenter and tend, after a certain loading time, towards a new equilibrium conformation (limiting MH value). Simultaneously a fraction of the crystals get probably broken and the chains bridging the fractured blocks become partially unfolded. When the applied stress is removed, the molecules in the amorphous layer and specially the few existing tie molecules acting as cross-links between adjacent more or less fractured crystals tend slowly to relax back to the initial state. No wonder that the removal of the amorphous layer causes the disappearance of the MH time dependence. In this suggested deformation mode molecular weight plays surprisingly a rather secondary role. Even for the lowest molecular weight samples, (see table 1) in which the thickness of the crystal core is comparable (one half to one tenth) to the total length of the chain, thus drastically reducing the number of tie molecules, indentation still is a dependent function of $(1-\alpha)$ as illustrated in fig. 6.

With increase of crystal size and concurrent decrease of amorphous component, the population of plastically deformed crystals by chain tilt and slip under the indenter increases and the depth of penetration as a result of the increasing resistance to overall compressive deformation rapidly diminishes (see fig. 5). Accordingly large crystals with thin amorphous layers show almost nearly the same microhardness as their paraffinic counterpart.

The study of *plastically deformed PE* suggests that the increase of microhardness from the isotropic microspherulitic (before the neck starts) to the fiber structure is discontinuous in character and not a gradual transition in accordance with the mechanism of plastic deformation of semicrystalline polymers proposed by *Peterlin* (20, 21).

A "hardening" of the material is thus obtained by suppressing the initial spherulitic structure through mechanical deformation. The newly formed fiber structure consists of highly aligned microfibrils 100–200 Å in lateral dimensions in which stacks of crystal blocks perpendicularly oriented to the draw direction primarily act as cross links for the molecules bridging the amorphous boundary between adjacent lamellae (26–28). One may already anticipate, that microindentation hardness, which in fact measures a property principally determined by the elastic modulus, will primarily depend on the fraction and distribution of tie molecules in the highly oriented fiber structure. Thus, it is apparent that the time dependent behaviour of indentation (fig. 8) will mainly originate from the contribution of the tie molecules. For low deformations ($\lambda < 12$) these are relatively relaxed and most of the macroscopic indentation occurs by deformation of the amorphous regions between the lamellae similarly to the isotropic case. For higher draw ratios ($\lambda > 12$) the tie molecules are strained within the microfibrils and the macroscopic deformation which is no longer time dependent must occur now by deformation of interfibrillar amorphous regions. In addition, the high anisotropy of the fiber structure which gradually increases with λ causes a conspicuous anisotropic shape of indentation (fig. 9b).

From the morphology of the fibrous structure (22) which is even evident under the low powers of the optical microscope used, it is apparent that the dominant deformation mode of highly drawn PE will mainly involve a sideways sliding motion of fibrils and microfibrils which are sheared and laterally pushed and displaced under the stress field of the indenter. The observed anisotropy can tentatively be explained by an elastic recovery of microfibrils with strained tie molecules which had buckled under the indenter. A similar anisotropy of indentation has been previously reported for highly anisotropic composite materials (23).

Finally, the simultaneous gradual increase of anisotropy of indentation (fig. 9) and microhardness $MH_\perp$ with λ can be correlated with the increasing relative number of tie molecules (fig. 11) previously calculated by *Meinel* and *Peterlin* (24, 25) from calorimetry of fumic nitric acid treated drawn PE samples.

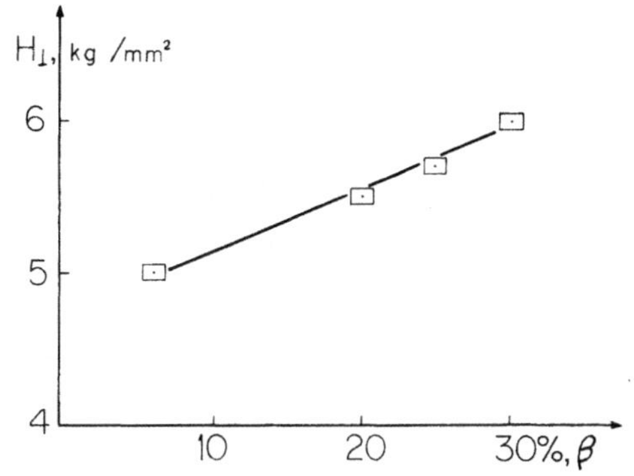

Fig. 11. Correlation of Vickers hardness $H_\perp$ (measured perpendicular to the draw) of drawn PE with the relative number of tie molecules β, derived from calorimetry of FNA etched specimens after *Peterlin* and *Meinel* (24, 25).

As indicated above the much larger $MH_\parallel$ values in fig. 10 are nothing else but a measure of elastic recovery of the strained microfibrils. This recovery increases very rapidly with λ, i.e. with increasing of intrafibrillar (low λ) and interfibrillar high λ tie molecules.

Acknowledgements

I wish to thank Prof. *A. Peterlin*, NBS, Washington for the supply of the drawn PE samples, Dr. *A. Schönfeld*, Berlin for kindly providing the "Extended Chain Crystals" sample and Dr. *G. R. Strobl*, University of Mainz for generously furnishing the paraffin samples as mentioned in the text. I am particularly thankful to Mr. *D. R. Rueda* for contributing to the preparation of the melt crystallized films and for the supply of density data and to Mr. *González Ortega* for the measurement of the unit cell densities.

Summary

The "Vickers" micro-indentation hardness of a series of melt crystallized polyethylene (PE), plastically deformed PE and melt crystallized paraffins was determined to establish correlations with superstructure, i.e. crystallite size, orientation and number of tie molecules. In 100% crystalline systems (paraffins) the penetration depth of the indenter is a hyperbolic decreasing function of crystal thickness, l, and extrapolates for $l \to \infty$ to the experimentally indentation value obtained for high pressure crystallized PE ("extended chain crystals"). In the polymer case (two phase system) indentation depends on both l and on amorphous content. Thus, for a given l, PE shows, depending on crystallinity, higher indentation values than paraffins. The "amorphous" phase is related to the reversible loading time dependence of indentation which levels off to a characteristic limiting value. The time dependent behaviour of indentation vanishes either when the amorphous phase is removed by selective oxidative attack or when the polymer is plastically deformed at high deformations ($\lambda > 12$) and the tie molecules in the amorphous layers and interfibrillar regions are highly strained. The change of microhardness as a function of draw ratio, λ, is discontinuous in support of the abrupt transformation from the original microspherulitic into the fibre structure according to the model of plastic deformation proposed by *Peterlin* (20, 21). The highly anisotropic fiber structure yields a conspicuously anisotropic shape of the indentation which can be explained by a recovery of the microfibrils parallel to the fibre axis. Finally, the increase of microhardness with λ can be correlated to the increasing number of tie molecules in the fibrous structure.

Zusammenfassung

Es wurde die "Vickers" Mikrohärte (MH) einer Reihe von schmelzkristallisiertem und plastisch-deformiertem Polyäthylen (PÄ) und schmelzkristallisierten Paraffinen gemessen, um eine Korrelation mit der Überstruktur – Kristallitgröße, Orientierung und Zahl der "Tie Molecules" – zu bestimmen. Für eine 100% Kristallinität (Paraffine) ist die Eindringtiefe des Diamanten, d, eine hyperbolisch-abnehmende Funktion der Kristallitdicke, l. Für $1 \to \infty$ extrapoliert, d auf den erhaltenen experimentellen Wert für Hochdruck kristallisiertes PÄ (Extended Chain Crystals). Im Polymerfall (Zweiphasensystem) ist der Eindruck von l und dem amorphen Anteil abhängig. Deshalb zeigt PÄ für einen beliebigen Wert l, abhängig von der Kristallinität, höhere Eindrücke als bei Paraffinen. Die amorphe Phase ist mit der reversiblen Ladezeitabhängigkeit des Eindrucks verbunden, die konstant bis zu einem charakteristischen Grenzwert ausläuft. Das zeitabhängige Verhalten des Eindrucks verschwindet entweder, indem man die amorphe Phase entfernt, durch Salpetersäure-Abbau oder wenn das Polymer hochdeformiert wird ($\lambda > 12$) und die "Tie Molecules" in den amorphen und interfibrillaren Bereichen hochgespannt sind. Die Änderung der MH als Funktion des Verstreckungsgrades, λ, ist diskontinuierlich in Übereinstimmung mit dem von *Peterlin* (20, 21) vorgeschlagenen sprunghaften Übergang von der mikrospherulitischen zur Faserstruktur. Die Faserstruktur bildet eine typische anisotropische Form des Eindrucks, die man als eine elastische Erholung der Mikrofibrillen parallel zur Faserrichtung erklären kann. Letztlich kann man die Steigung der MH als Funktion von λ mit der zunehmenden Zahl der "Tie Molecules" in der Faserstruktur korrelieren.

References

1) *Kuznetsov, V. D.*, Surface Energy of Solids, p. 44 (1957).

2) *Lendvay, E.* and *M. V. Fock*, J. Materials Sci. **4**, 747 (1969).

3) *Brookes, C. A., J. B. O'Neill* and *B. A. Redfern*, Proc. Roy. Soc. Lond. **A 322**, 73 (1971).

4) *Brookes, C. A., P. Green, P. H. Harrison* and *B. Moxley*, J. Phys. D. Appl. Phys. **5**, 1284 (1972).

5) *O'Neill, J. B. O., B. A. W. Redfern* and *C. A. Brookes*, J. Materials Sci, **8**, 47 (1973).

6) *Baltá Calleja, F. J.*, unpublished results.

7) *Keller, A.*, Phil. Mag. **6**, 329 (1961).

8) *Holzmüller, W.* and *K. Altenburg*, Physik der Kunststoffe, p. 617 (1961); *L. E. Nielsen*, Mechanical Properties of Polymers, p. 220 (1965).

9) *Racké, H. H.* and *T. Fett*, Materialprüfung, **13**, 37 (1971).

10) *Peterlin, A.*, Macromolecular Chemistry, **8**, 277 (1973).

11) *Rueda, D. R.*, Private communication.

12) *Hoffman, J. D.* and *J. J. Weeks*, J. Res. Nat. Bur. Stand. **66 A**, 13 (1962).

13) *Baltá Calleja, F. J.* and *D. R. Rueda*, Polymer J., **6**, 216 (1974).

14) *Čačković, H., J. Loboda Čačković, R. Hosemann* and *D. Weick*, Colloid & Polymer Sci. **252**, 812 (1974).

15) *Baltá Calleja, F. J.* and *A. Peterlin*, J. Macromol Sci. Phys. **B 4** (3), 519 (1970).

16) *Peterlin, A.* and *F. J. Baltá Calleja*, Kolloid Z. u. Z. Polymere, **242**, 1093 (1970).

17) *Meinel, G., N. Morosoff* and *A. Peterlin*, J. Polymer Sci. **A 2** (**8**), 1723 (1970).

18) *Morosoff, N.* and *A. Peterlin*, J. Polymer Sci. **A 2** (**10**), 1237 (1970).

19) *Sakaoku, K.* and *A. Peterlin*, J. Polymer Sci. **A 2** (9), 895 (1971).

20) *Peterlin, A.*, J. Materials Sci. **6**, 490 (1971).

21) *Peterlin, A.*, J. Macromol. Sci. Phys. **B 8**, 83 (1973).

22) *Peterlin, A.*, Polymer Eng. and Sci., **14**, 627 (1974).

23) *Perry, A. J.* and *D. J. Rowcliffe*, J. Materials Sci. **8**, 904 (1973).

24) *Meinel, G.* and *A. Peterlin*, J. Polymer Sci. **9**, 67 (1971).

25) *Peterlin, A.*, Kolloid Z. and Z. Polymere, **233**, 858 (1969).

26) *Hosemann, R., J. Loboda-Čačković* and *H. Čačković*, Z. Naturforsch. **27a**, 478 (1972).

27) *Loboda-Čačković, J.* and *H. Čačković*, Kolloid-Z. u. Z. Polymere **250**, 511 (1972).

28) *Hosemann, R.*, Polymer **3**, 349 (1962).

Author's address:

Dr. *F. J. Baltá-Calleja*
Instituto de Química-Física "Rocasolano",
C. S. I. C.
Madrid-6 (Spain)

Colloid & Polymer Sci. **254**, 267–278 (1976)

Vorgetragen auf der Frühjahrstagung des Fachausschusses Physik der Hochpolymeren in der Deutschen Physikalischen Gesellschaft in Münster 17.–22. März 1975

Institut für Kunststoffverarbeitung (IKV) an der RWTH Aachen

Einfluß der Verarbeitungsbedingungen auf die Kristallinität und Gefügestruktur teilkristalliner Spritzgußteile

G. Menges, G. Wübken und *B. Horn*

Mit 21 Abbildungen

(Eingegangen am 29. Mai 1975)

1. Einleitung

Thermoplastische Spritzgußteile weisen eine außerordentlich starke Inhomogenität und Anisotropie der Formteileigenschaften auf. Die Inhomogenität ist über dem Formteilquerschnitt wesentlich stärker ausgeprägt als längs des Fließwegs. Die Verarbeitungsbedingungen beeinflussen die innere Struktur erheblich. Daher ist es von großem praktischem Nutzen, wenn einfache, praxisgerechte und eindeutige Möglichkeiten für eine Fertigungskontrolle gefunden werden.

Im folgenden sollen einige Gesetzmäßigkeiten zwischen Strukturparametern und Verarbeitungsbedingungen aufgezeigt werden. Ihre Kenntnis ist Voraussetzung für eine gezielte Einflußnahme auf die Gebrauchseigenschaften bei der Fertigung. Umgekehrt können aus Strukturuntersuchungen an Fertigteilen die Verarbeitungsbedingungen weitgehend rekonstruiert werden.

2. Mikroskopischer Gefügeaufbau

Eine einfache Möglichkeit der Qualitätskontrolle bieten Gefügeuntersuchungen von Mikrotomschnitten mit dem Polarisationsmikroskop.

Die Lage der nachfolgend beschriebenen Proben ist aus Abb. 1 ersichtlich. Grundsätzlich läßt sich bei teilkristallinen Spritzgußteilen über dem Querschnitt ein dreischichtiger Gefügeaufbau erkennen (Abb. 2) (1–5), wobei bei manchen Polymeren innerhalb dieser charakteristischen Zonen eine weitere Unterteilung möglich ist (Abb. 3).

Die einzelnen Zonen sind neben den polymerspezifischen kristallisationskinetischen

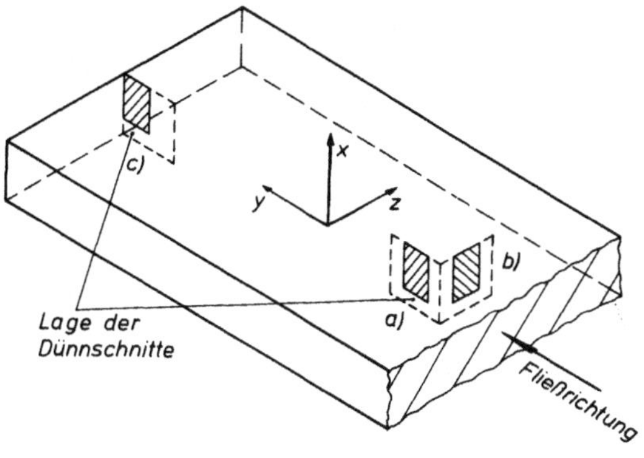

Abb. 1. Lage der Dünnschnitte zur mikroskopischen Untersuchung der Gefügestruktur

Größen vor allem von den unterschiedlichen Abkühl- und Strömungsverhältnissen geprägt.

Besonders markant ist der Schichtenaufbau bei isotaktischem Polypropylen, wie er in Abb. 2 dargestellt ist.

Die schmale Randzone I erscheint unter dem Lichtmikroskop amorph. Tatsächlich liegt hier aber – wie die in Abschnitt 5 beschriebenen DSC-Messungen zeigen – ein teilkristalliner Zustand vor.

Das Gefüge ist so fein, daß es von Lichtmikroskopen nicht mehr aufgelöst werden kann. – Für die Feinheit des Gefüges in dieser Zone ist in erster Linie die extrem hohe Abkühlgeschwindigkeit verantwortlich. Es müssen in diesem Bereich so viele Keime vorgelegen haben, daß sie schon nach kurzem Wachstum mit Nachbarkristalliten zusammengestoßen sind. Als Keime kommen daher wahrscheinlich vor allem athermische Keime in Frage, die spontan bei starker Unterkühlung vorhanden sind (6).

Die Breite der Randzone I hängt vornehmlich von der Werkzeugwandtemperatur ab

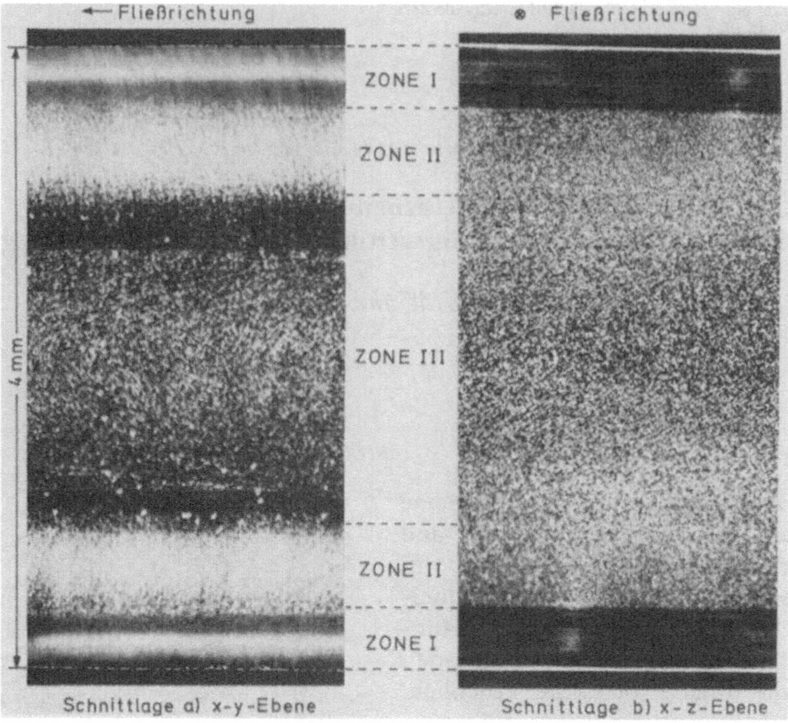

Abb. 2. Mikrotomschnitte von Polypropylenformteilen (Polarisationsoptische Aufnahme)

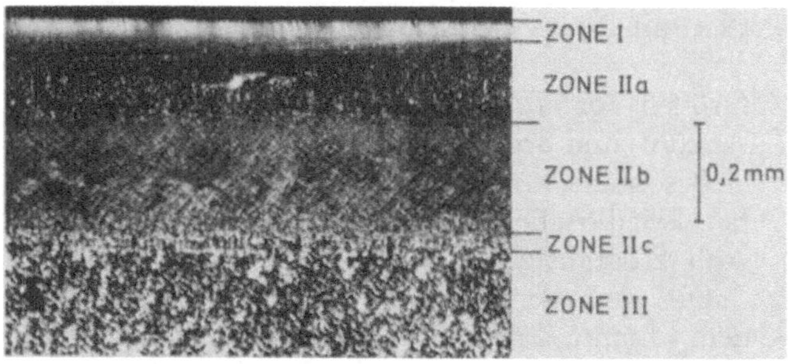

Abb. 3. Gefügeausbildung in den Randzonen eines Polypropylenformteiles (Schnittlage a) x-y-Ebene)

(Abb. 4); Massetemperatur, Druck und Einspritzgeschwindigkeit sind nur von untergeordneter Bedeutung.

In der Zone II ist unter dem Lichtmikroskop eine markante Struktur zu erkennen, die sich in einem Schnitt parallel zur x-y-Ebene deutlich von der Zone III abhebt (Abb. 2 und 3). Die Breite dieser Schicht nimmt zum Anguß hin zu und ist um so größer, je geringer die Einspritzgeschwindigkeit ist. Sie entspricht in ihrem Verlauf der in Abb. 5 dargestellten Erstarrungsisothermen zum Zeitpunkt der volumetrischen Füllung. Auch mit abnehmender Werkzeugtemperatur, abnehmender Massetemperatur und zunehmendem Druck ist die Ausdehnung dieser Schicht größer, wobei der Einfluß der Verarbeitungsparameter in der Reihenfolge ihrer Aufzählung sinkt. Die gesamte Zone II ist durch starke Schereinwirkung beim Werkzeugfüllvorgang geprägt. Das Gefüge in Zone IIa und b hat sich noch während des Einspritzens gebildet. Im Bereich IIa ist ein feinsphärolitisches Gefüge zu erkennen, während Zone IIb eine texturierte Struktur zeigt, wie wir sie auch in verstreckten PP-Folien beobachtet haben (4).

Die Entstehung dieser Struktur ist so zu verstehen, daß das gerade sich bildende Gefüge noch während des Wachstums deformiert wird.

Zone IIc (Abb. 3) zeigt deutlich erkennbare sog. Fadentranskristallisationen (Bandsphärolithe). Die einzelnen Sphärolithe sind streifenförmig in Fließrichtung aneinander gereiht. Diese Zone fällt etwa mit der Schicht zusammen, bei der bei Beendigung des Füllvorgangs das Orientierungsmaximum liegt. Die Erstarrungsfront ist gerade bis kurz vor diese Schicht vorgedrungen. Die orientierten Mole-

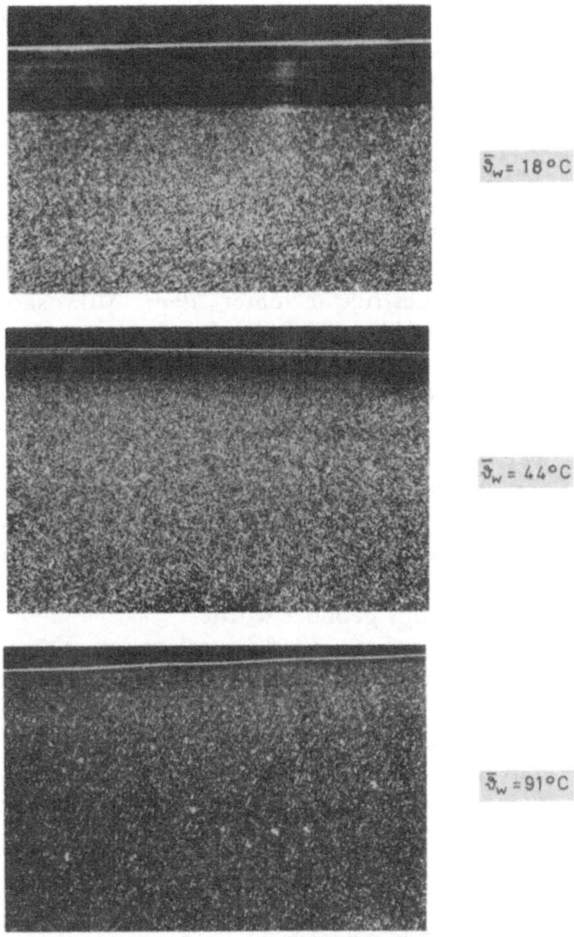

Abb. 4. Einfluß der Werkzeugwandtemperatur auf die Dicke der feinkristallinen Randzone I (Schnittlage b) *x-z*-Ebene; Polypropylen, $\vartheta_M = 200\,°C$)

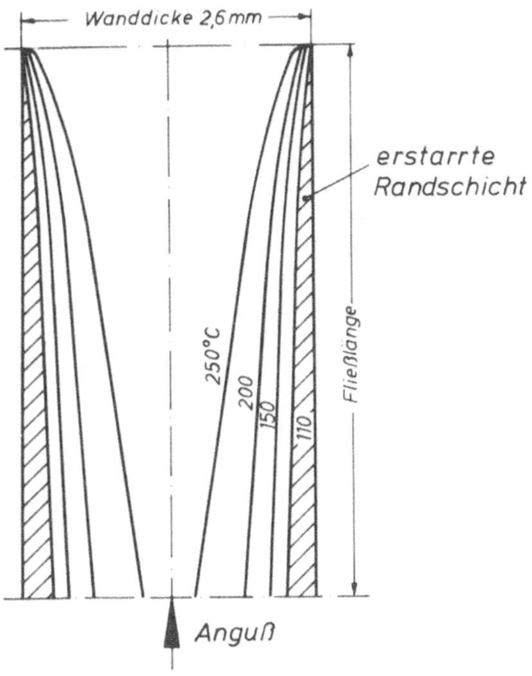

Abb. 5. Isothermenverlauf bei Beendigung des Werkzeugfüllvorgangs, berechnet nach einem Differenzenverfahren unter Vernachlässigung von Reibungs- und Konvektionseinflüssen; $\vartheta_M = 270\,°C$, $\vartheta_W = 24\,°C$, Einspritzzeit 2 Sekunden

külketten bilden wahrscheinlich Fibrillen-Keime, wie sie *Keller* (7, 8) beschrieben hat. Von diesen gehen die Transkristallisationen aus.

Die Kernzone III weist in der Regel grobsphärolitisches Gefüge auf, bei dem keine direkte Ausrichtung der Sphärolithe erkennbar ist. In dieser Zone liegt eine relativ große Wachstumsgeschwindigkeit bei geringer Keimzahl vor. Die Schmelzebewegungen während der Nachdruckphase führen auch in diesem Bereich noch oft zu Transkristallisationserscheinungen, die dann als Fließlinien erkennbar sind, besonders bei inhomogener Temperaturverteilung, niedrigen Masse- und Werkzeugtemperaturen und bei Verunreinigungen (Abb. 6).

Bis in die Kernzone III können unterschiedliche Sphärolithtypen bzw. Überstrukturen

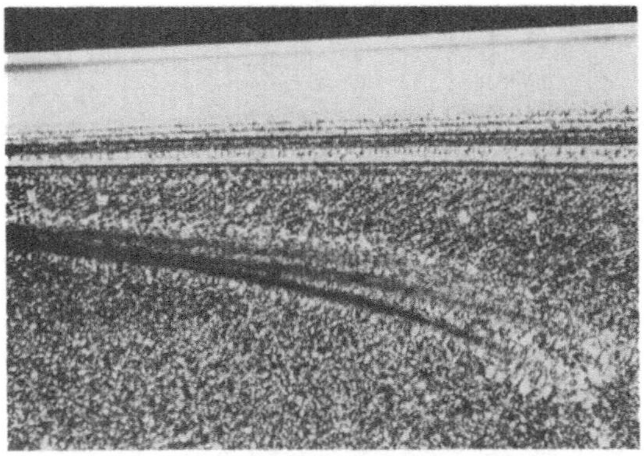

Abb. 6. Transkristallisationserscheinungen in der Kernzone eines Polypropylenspritzlings

nebeneinander beobachtet werden. Auffällig bei PP-Teilen sind oft die heller erscheinenden negativ doppelbrechenden Sphärolithe. Sie treten vorwiegend in gescherten Zonen auf (9).

Das Auftreten verschiedener Sphärolithmodifikationen innerhalb eines Formteils ist dadurch zu erklären, daß verschiedene Keimtypen zeitlich hintereinander und somit auch bei verschiedenen Temperaturen entstehen. So liegen die athermischen Keime spontan vor, während scherungsinduzierte Keime eine kurze und thermische Keime sogar eine längere Inkubationszeit haben (6, 10, 11).

Obschon die Fließorientierungen in der Kernzone des Formteils gering sind, sind die „Sphärolithe" auch hier nicht orientierungsfrei. Statt einer Punktsymmetrie, die nur bei idealen Sphärolithen auftritt, herrscht eine Achsensymmetrie vor. Die Symmetrieachse liegt parallel zur Spritzrichtung. Daher unterscheidet sich das Gefüge in der x-y-Ebene und x-z-Ebene. Das in deformationsfrei erstarrten Polymeren oft beobachtete Isoklinenkreuz, welches durch Lichtauslöschung in Richtung der Polarisationshauptachse entsteht, kann daher bei Spritzgußteilen nur bei Schnitten senkrecht zur Spritzrichtung beobachtet werden.

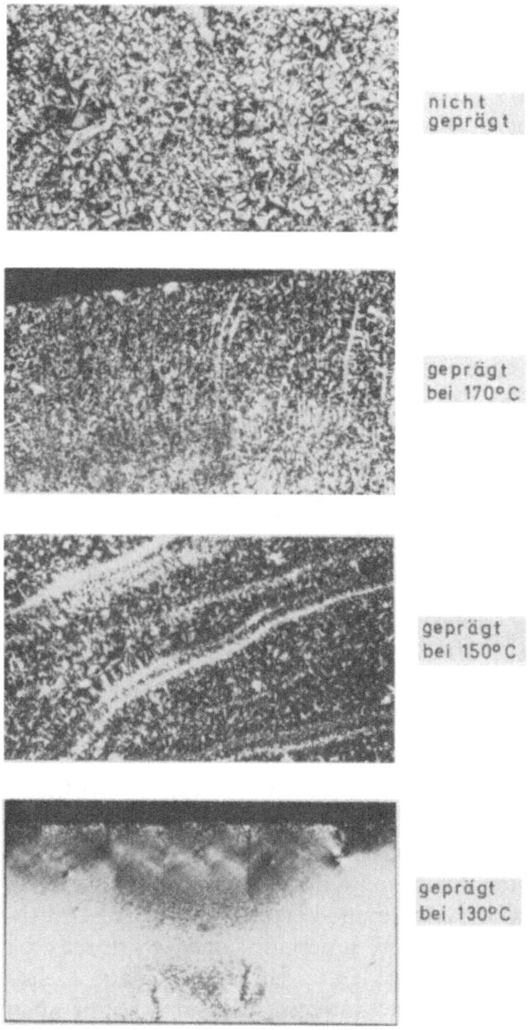

Abb. 7. Geprägte Polypropylen-Dünnschnitte bei verschiedenen Prägetemperaturen

Zum Nachweis des Deformationseinflusses auf die Gefügestruktur wurden 40 μm dicke Polypropylen-Dünnschnitte zwischen zwei Objektträgern auf 220 °C erhitzt und anschließend langsam an Luft abgekühlt. Bei Erreichen eines bestimmten Abkühlgrades (170 °C, 150 °C, 130 °C) wurde durch Zusammendrücken der Objektträger die Probe zum Fließen gebracht und die sich bei weiterer Abkühlung einstellende Gefügestruktur unter dem Mikroskop beobachtet (Abb. 7).

Bei 170 °C bzw. 150 °C hatten sich zu Beginn der Deformation noch keine Sphärolithe gebildet. Jedoch wurden offenbar scherungsbedingte Keime erzeugt, die zu den typischen Transkristallisationserscheinungen geführt haben, wie sie auch in der Formteilzone IIc beobachtet worden sind. Dies beweist auch, daß die Zone IIc direkt nach Beendigung des Füllvorgangs gebildet wurde.

Bei den bei 130 °C verformten Dünnschnitten sind nur feinstrukturierte Fließlinien zu erkennen, wie sie in den Formteilschichten IIb auftraten. Somit ist der Beweis erbracht, daß die Zone II tatsächlich infolge der Fließdeformationen und nicht infolge der hohen

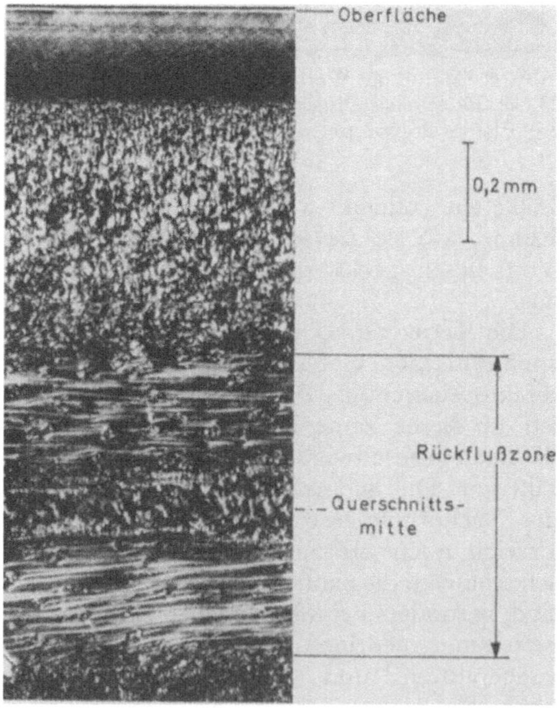

Abb. 8. Gefügeausbildung in Angußnähe eines Polypropylenspritzlings bei Abschaltung des Nachdruckes vor Erreichen des Siegelpunktes

Abkühlgradienten ihre typische Struktur erhält. Diese Ansicht wird gelegentlich in der Literatur geäußert.

Den gleichen Einfluß, den die Fließverhältnisse beim Werkzeugfüllvorgang auf die Formteilrandschichten ausüben, kann man auch im Formteilinnern in Angußnähe beobachten, wenn der Nachdruck zu früh abgeschaltet wird und eine Rückströmung von Formmasse in das Angußsystem erfolgt (Abb. 8). Im Unterschied zur Randzone liegt hier jedoch eine geringere Abkühlgeschwindigkeit vor, so daß einige größere Sphärolithe, die

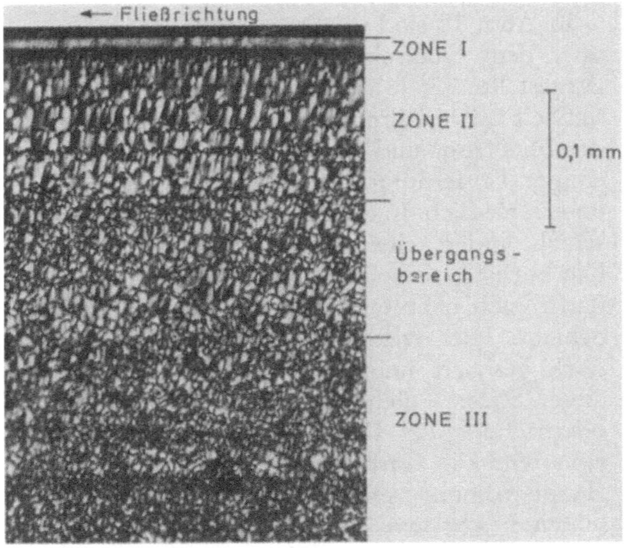

Abb. 9. Gefügestruktur in einem Formteil aus Polyäthylen h. D. (Schnittlage a); x-y-Ebene)

sich schon im Wachstum befanden, von der verstreckten Zone eingeschlossen sind. Die Kernzone innerhalb der Rückflußzone enthält normal ausgebildetes Gefüge mit den typischen Transkristallisationserscheinungen im Übergangsbereich. Die Kernzone ist also offenbar erst nach Beendigung des Rückflusses erstarrt.

Auch in Spritzlingen aus linearem Polyäthylen ist unter dem Mikroskop meist der typische Dreizonenaufbau erkennbar, obschon der Übergang der Zonen nicht immer so markant wie beim Polypropylen ist (Abb. 9).

An die feinkristalline Zone I, über deren Struktur das Lichtmikroskop keine Aussage liefert, schließt sich eine Zone mit streifenförmig angeordneten entarteten Sphärolithen an. Die Sphärolithachse liegt senkrecht zur Formteiloberfläche. Die Ursprungskeime der Sphärolithe liegen auf einem Stromfaden, so daß auch hier von einer scherungsinduzierten Fibrillen-Nukleation ausgegangen werden kann. Das Wachstum der Sphärolithe ist aufgrund des Temperaturgefälles und der gegenseitigen Behinderung zum Formteilinnern gerichtet.

Der Strömungseinfluß auf die Gefügestruktur wird auch aus Abb. 10 deutlich, das einen Dünnschnitt von der angußentfernten Formteilkante zeigt.

Auch hier liegen die Ursprungskeime der Sphärolithe auf Stromlinien, die am Ende des Füllvorgangs vorgelegen haben.

Die Sphärolithe in der Kernzone III zeigen eine meist ungeordnete Lage. Gelegentlich ist

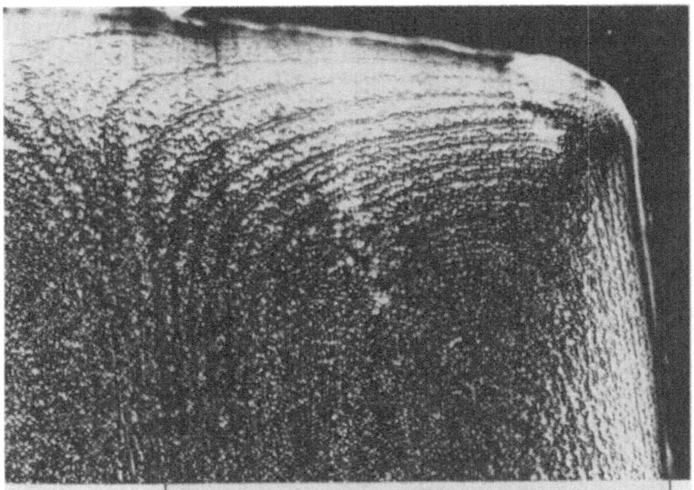

Abb. 10. „Fließlinien" in einem Polyäthylen-Spritzgußteil an der angußentfernten Formteilseite (Schnittlage c); x-y-Ebene)

jedoch eine gewisse Sphärolithorientierung zu erkennen, die sich besonders in der Übergangszone häuft.

Schließlich wird der Dreizonenaufbau auch an Polyacetalformteilen bestätigt. Bei diesem Werkstoff greifen die einzelnen Schichten jedoch fächerförmig ineinander über (Abb. 11).

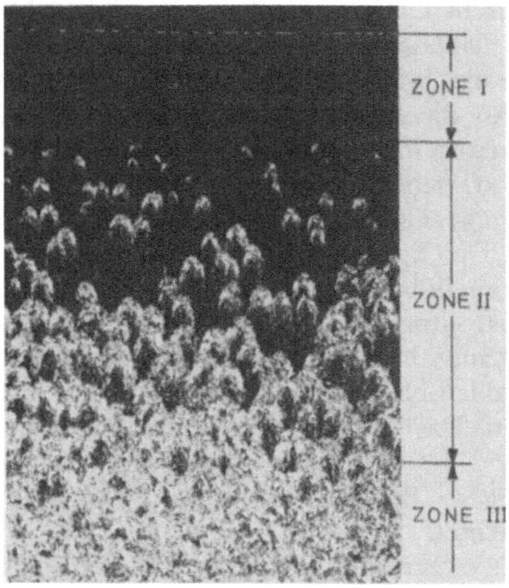

Abb. 11. Gefügeausbildung in einem Polyacetalformteil (Schnittlage a); x-y-Ebene)

Die markanten Unterschiede in den einzelnen Formteilschichten lassen sich – wie erläutert – nur zu einem Teil mit den unterschiedlichen Abkühlgeschwindigkeiten in den Schichten deuten, denn der zeitliche Abkühlgradient nimmt kontinuierlich zum Formteilinnern ab; nicht so nahtlos gehen die Formteilschichten ineinander über. Sie sind vielmehr von der rheologischen Vorgeschichte geprägt, die kurz erläutert werden soll.

3. Fließverhalten der Polymerschmelze beim Werkzeugfüllvorgang

Im IKV wurden die Fließverhältnisse beim Füllvorgang für einfache plattenförmige Spritzgußteile experimentell untersucht (12). Das Versuchswerkzeug besaß ein Sichtfenster, durch das der Strömungsvorgang beobachtet werden konnte. Kontrastpartikel, die der Schmelze beigemischt waren, machten die Vorgänge deutlich.

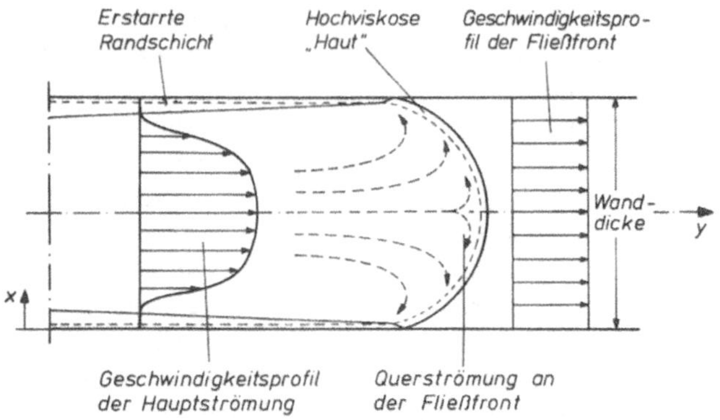

Abb. 12. Geschwindigkeitsprofile über den Werkzeugquerschnitt nach *Menges/Leibfried* (12)

In Abb. 12 sind die Strömungsverhältnisse über dem Querschnitt der Werkzeugkavität dargestellt.

Die Fließverhältnisse in unmittelbarer Nähe der Fließfront und in der Hauptströmung in einiger Entfernung von der Front sind sehr unterschiedlich. In der bereits erstarrten Randschicht finden keine Fließvorgänge mehr statt. Die höchsten Geschwindigkeitsgradienten befinden sich nahe unterhalb der eingefrorenen Schicht. Hier wird die Schmelze besonders stark geschert und orientiert. Daher ist an dieser Stelle – dicht unterhalb der Formteiloberfläche – ein Orientierungsmaximum zu erwarten. Die Geschwindigkeitsvektoren der Hauptströmung sind achsparallel. Das Geschwindigkeitsmaximum ist hier durch die Kanalverengung infolge der erstarrten Randschichten erheblich größer als die Geschwindigkeit der Fließfront. Daher holen die von der Fließfront weiter entfernten Schmelzeteilchen die Fließfront rasch ein und fließen dort quer zur Hauptströmungsrichtung sowohl in Dicken- wie auch in Breitenrichtung. Hierdurch wird die schon stärker abgekühlte hochviskose Fließfront wie eine Haut quer zur Fließrichtung gedehnt und bei Berührung der gekühlten Werkzeugwand sofort eingefroren. Wegen der Querströmung ist an der Oberfläche bei nicht sehr breiten Formteilen daher stets mit einer mehrachsigen Orientierung zu rechnen. Abb. 10 gibt eine anschauliche Bestätigung dieser Beobachtungen.

Die Hauptströmung ist im Gegensatz zur Dehnströmung an der Fließfront eine nahezu reine Scherströmung, soweit der Kanalquerschnitt konstant bleibt. Sie enthält praktisch nur Geschwindigkeitskomponenten in Achsrichtung (Hauptfließrichtung). Daher wird das Formteilinnere des Spritzlings vornehmlich einachsig in Fließrichtung orientiert.

Die Einschnürung des Geschwindigkeitsprofils durch zunehmende Abkühlung der Randschichten ist in Abb. 13 erläutert. Es zeigt schematisch die Geschwindigkeits- und Schergeschwindigkeitsprofile über dem Formteilquerschnitt zu verschiedenen Zeitpunkten der Füllphase an einem konstanten Ort.

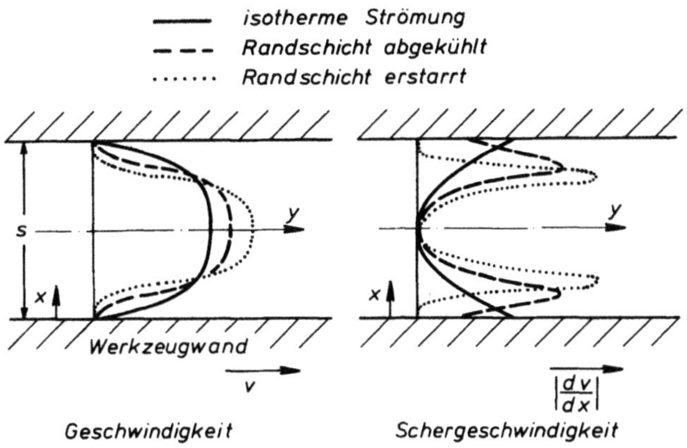

Abb. 13. Geschwindigkeits- und Schergeschwindigkeitsverteilung über dem Kanalquerschnitt zu verschiedenen Zeitpunkten während der Füllphase in Anlehnung an (13)

Zu beachten ist, daß das Schergeschwindigkeitsmaximum und somit auch das Orientierungsmaximum sich hierdurch mit fortschreitender Abkühlzeit immer weiter vom Formteilrand zum Formteilinnern schiebt und sich dabei sein Absolutbetrag erhöht. Die Verschiebung ist in erster Linie von der Einspritzgeschwindigkeit und der Werkzeugwandtemperatur, in geringerem Maße auch von der Massetemperatur abhängig.

Abb. 14 zeigt die eingefrorene reversible Verstreckung in Hauptfließrichtung und quer dazu, wie sie aus Schrumpfmessungen von Dünnschnitten aus verschiedenen Querschnittstiefen ermittelt wurde (5, 14). (Hier für einen amorphen Thermoplasten.)

Typisch ist bei dem vorliegenden Plattenformteil eine biaxiale Verstreckung an der Oberfläche und eine nahezu einachsige Orientierung im Formteilinnern. Das randnahe relative Schrumpfmaximum (*B*) ist auf das Schermaximum beim Füllvorgang zurückzuführen. Bei Niederdruckpolyäthylen haben wir an dieser Stelle ein absolutes Maximum der

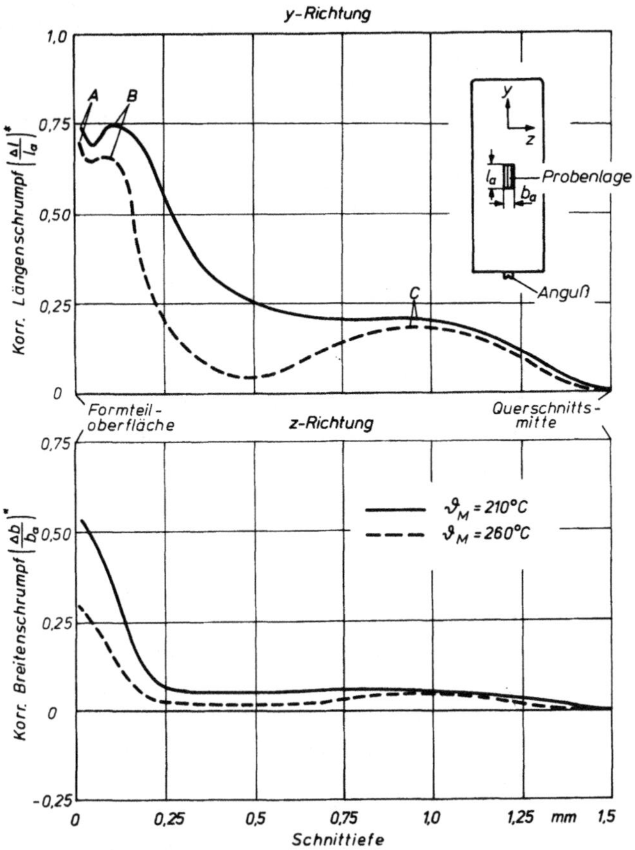

Abb. 14. Schrumpf von Mikrotomproben, die verschiedenen Querschnittstiefen entnommen wurden. Die Formteile wurden bei zwei unterschiedlichen Massetemperaturen gespritzt (Polystyrol, $\vartheta_W = 20$ °C, $v_{Fl} = 33$ cm/s)

Molekülorientierung festgestellt, bei Polystyrol meist ein relatives; hier lag der Absolutwert durchweg an der Oberfläche (*A*). Die weiter im Innern anzutreffenden Maxima (*C*) oder Sattelpunkte sind auf Schmelzebewegungen in der Nachdruckphase zurückzuführen (5).

4. Kristallinität von Spritzgußteilen

Neben der Gefügeausbildung bestimmt auch der Kristallisationsgrad und die Kristallinitätsverteilung die Gebrauchseigenschaften von Formteilen. Für die Praxis ist es ausreichend, die Dichte als Maß des Kristallinitätsgrades zu benutzen. Der (volumenbezogene) Kristallinitätsgrad α ist beim „Zweiphasenmodell" eine lineare Funktion der Dichte (6)

$$\alpha = \frac{V_{kr}}{V_{ges}} = \frac{\varrho - \varrho_a}{\varrho_{kr} - \varrho_a},$$

wobei die Dichten der rein amorphen Phase ϱ_a und der rein kristallinen Phase ϱ_{kr} mit guter Näherung polymerspezifische Konstanten sind, die der Literatur (z.B. 15, 16) entnommen werden können.

Im Rahmen der vorliegenden Untersuchungen wurden Dichtemessungen an Spritzgußplatten vorgenommen. Als Versuchswerkstoffe dienten ein sehr schnell kristallisierendes lineares Polyäthylen, ein isotaktisches Polypropylen mit einer mittleren Kristallisationsgeschwindigkeit und ein sehr langsam kristallisierendes Polyäthylenterephthalat. Die Dichte wurde nach der „Auftriebsmethode" bestimmt, bei der das in Luft gemessene Gewicht mit dem in einer Flüssigkeit von bekannter Dichte bestimmten verglichen wird (17).

Die in den folgenden Bildern angegebenen Meßwerte sind Mittelwerte für eine größere Probenanzahl. Die Standardabweichung der Einzelwerte vom Mittelwert lag bei der verwendeten Versuchs-Methode unter 0,001 g/cm³. Die Dichteangaben beziehen sich stets auf eine Umgebungstemperatur von 20 °C.

Bei Variation der Einspritzgeschwindigkeit, des Nachdruckes und der Massetemperatur im Rahmen der beim Spritzgießen üblichen Grenzen lagen die Dichteänderungen innerhalb der Meßgenauigkeit. Die Werkzeugwandtemperatur beeinflußt die Dichte dagegen bei allen untersuchten Formmassen erheblich.

Beim linearen Polyäthylen (PE h. D.) (Abb. 15) steigt die Dichte mit zunehmender Werkzeugwandtemperatur von 20 °C auf 120 °C um gut 1% an; das entspricht einer Änderung des Kristallisationsgrades um knapp 8%.

Bei isotaktischem Polypropylen liegen ähnliche Verhältnisse vor. Hier liegt die Dichtesteigerung bei gleicher Erhöhung der Wandtemperatur etwas niedriger bei 0,6%, die Zunahme des Kristallisationsgrades beträgt aber ebenfalls etwa 8% (Abb. 16).

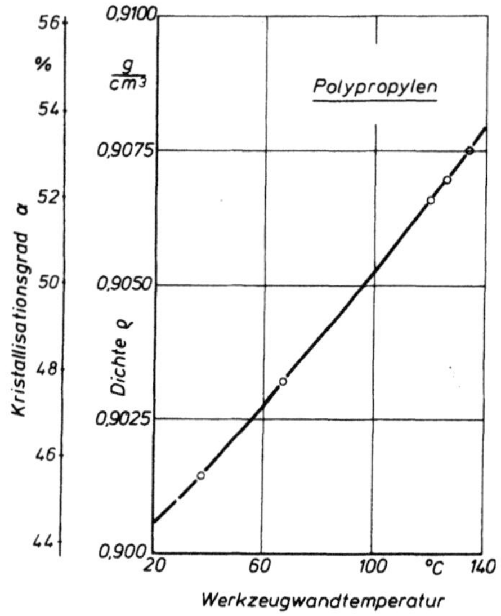

Abb. 16. Dichte und Kristallisationsgrad von Polypropylen-Spritzgußteilen in Abhängigkeit von der Werkzeugwandtemperatur

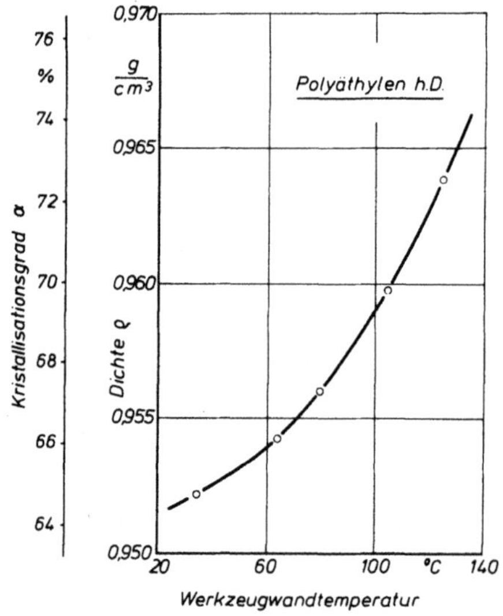

Abb. 15. Dichte und Kristallisationsgrad von Polyäthylenspritzlingen in Abhängigkeit von der Werkzeugwandtemperatur

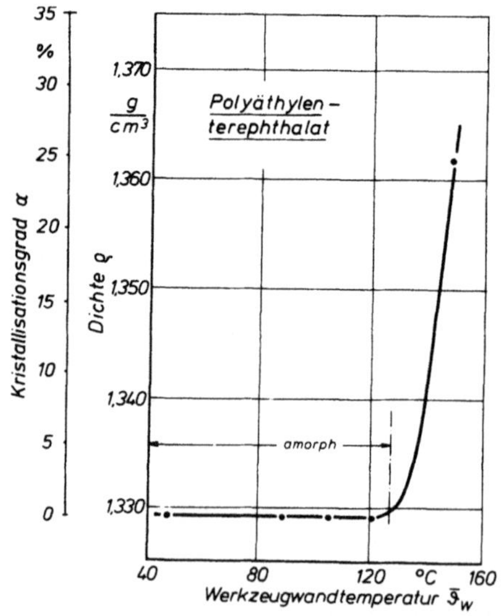

Abb. 17. Dichte und Kristallisationsgrad von Polyäthylenterephthalat in Abhängigkeit von der Werkzeugwandtemperatur

Anders verhält sich dagegen das extrem langsam kristallisierende Polyäthylenterephthalat. Bei Werkzeugwandtemperaturen unter 120 °C erhält man amorphe, transparente Spritzlinge mit einer Dichte von etwa 1,33 g/cm³ (Abb. 17). Erst eine Erhöhung der Wandtemperatur auf 150 °C bringt die für teilkristalline Formmassen typische Eintrübung und eine Dichtesteigerung von 2,5%, was einem Kristallisationsgrad von etwa 25% entspricht.
Nach der Fertigung sinkt das Formteilvolumen im Laufe der Zeit zum Teil noch beträchtlich (Nachschwindung). Durch Tempern kann dieser Nachkristallisationseffekt beschleunigt werden (18, 19). Deshalb wurden die Spritzlinge nach der Fertigung zunächst 24 h bei 70 °C und anschließend noch einmal 24 h bei 100 °C getempert.

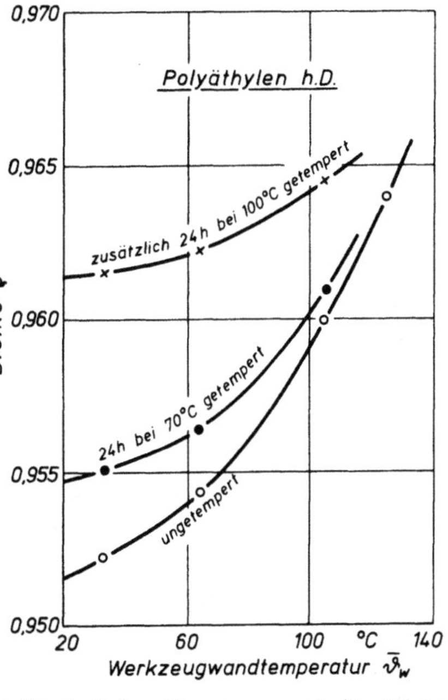

Abb. 18. Einfluß des Temperns auf die Dichte von Polyäthylenformteilen, die bei unterschiedlicher Werkzeugwandtemperatur gespritzt wurden

Abb. 18 zeigt am Beispiel des linearen Polyäthylens die Dichtezunahme beim Tempern. Die Ergebnisse machen deutlich, daß die Nachkristallisation um so stärker ist, je mehr die Primärkristallisation durch schnelle Abkühlung unterdrückt wurde. Die Dichteänderungen durch Nachschwindung liegen bei Verwendung niedriger Werkzeugwandtemperaturen über der Toleranzgrenze von Präzisionsformteilen; daher sind für solche Teile hohe Werkzeugtemperaturen bei der Fertigung erforderlich.

Die mittlere Dichte eines Formteils allein ist noch nicht sehr aussagefähig. Wichtig ist auch zu wissen, wie die Dichte im Formteil verteilt ist. Durch Aussägen von Teilproben wurde zunächst die Dichte längs des Fließwegs bestimmt. Die Änderung der mittleren Dichte lag dabei unter 0,1%. Die Dichte fiel nur in unmittelbarer Randnähe stärker ab.

Eine exakte Bestimmung der Dichteverteilung über den Formteilquerschnitt war mit der Auftriebsmethode nicht möglich, weil dazu Dünnschnitte hätten abgetragen werden müssen, deren Gewichtsbestimmung unterhalb der Meßgenauigkeit lag. Doch konnte durch Abfräsen dickerer Schichten von 1 mm der ungefähre Dichteverlauf bestimmt werden.

Dabei zeigte sich für Polyäthylenspritzlinge, daß die mittlere Dichte der abgefrästen Außenschichten um etwa 0,5% niedriger lag als die des Kerns; das entspricht einem mittleren Kristallisationsgradunterschied von etwa 3% bis 4%.

5. Differentialkalorimetrie

Genaueren Aufschluß über die Verteilung des Kristallisationsgrades über dem Formteilquerschnitt sollten Messungen der Schmelzwärme an Dünnschnitten mit Hilfe der Differentialkalorimetrie (DSC-Analyse) bringen (20). Die Fläche, die eine DSC-Schmelzkurve mit der Basislinie einschließt, ist dabei angenähert proportional zur Schmelzwärme und somit zum Kristallisationsgrad. (Der Propor-

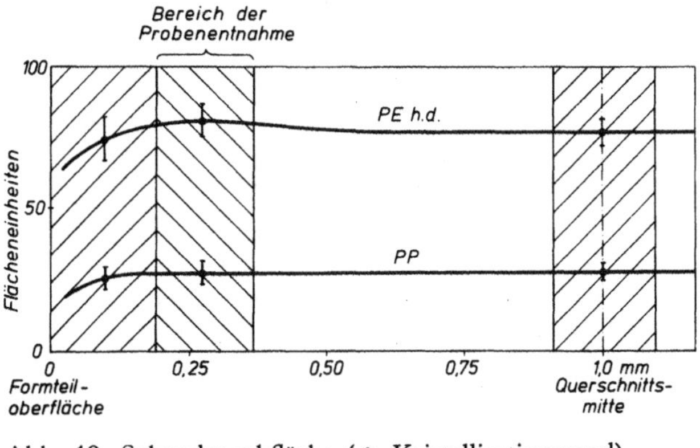

Abb. 19. Schmelzpeakfläche (≙ Kristallisationsgrad) von Proben aus verschiedenen Formteilschichten

tionalitätsfaktor ist jedoch für verschiedene Polymere nicht gleich.)

In Abb. 19 sind die Mittelwerte der planimetrierten Schmelzpeak-Flächen von PE- und PP-Dünnschnitten, die aus verschiedenen Formteilschichten stammen, mit ihren Standardabweichungen angegeben. Der Kristallisationsgrad ist über weite Strecken des Formteilquerschnitts konstant und fällt erst in den äußersten Randschichten stärker ab. Beim Polyäthylen liegt das Maximum in Randnähe und nicht in Querschnittsmitte, wie man aufgrund der langsamsten Abkühlgeschwindigkeit an dieser Stelle erwarten könnte. Die hohe Orientierung in Randnähe fördert also die Kristallinität, während eine hohe Abkühlgeschwindigkeit sie hemmt.

Ein Dichtemaximum in Randnähe ist ebenfalls von *Fleissner* (21) mit optischen Methoden beobachtet worden.

Aufschlußreich ist auch die Form und die Lage der Schmelzpeaks aus verschiedenen Formteilzonen von Polyäthylenspritzlingen (Abb. 20).

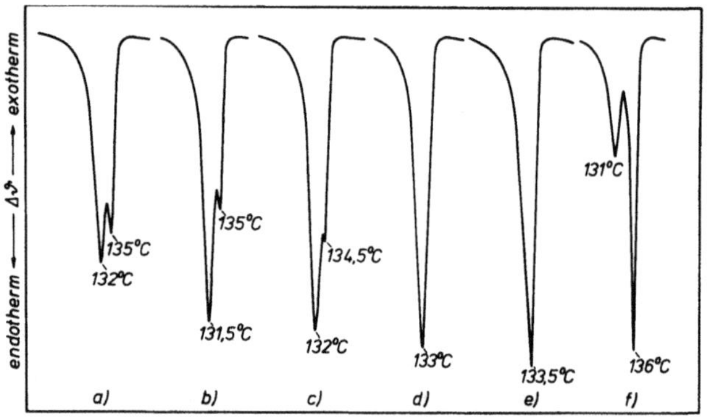

Abb. 20. DSC-Schmelzpeaks verschieden vorbehandelter Proben gleichen Materials (Niederdruckpolyäthylen, $\varrho = 0{,}95$ g/cm³); Probenmassen 3 mg; Aufheizgeschwindigkeit 5 °C/min; a) Probe aus Spritzgußteil 100 μm Schichttiefe; b) dto. 240 μm Schichttiefe; c) dto. 600 μm Schichttiefe; d) dto. Querschnittsmitte 1.000 μm; e) Probe b nach langsamer Abkühlung nochmals erhitzt; f) Probenmischung aus 50% unverstrecktem und 50% kaltverstrecktem PE

Die Proben aus den randnahen Zonen zeigten einen deutlichen Doppelpeak, während Proben aus der Querschnittsmitte keinen (in einigen Fällen nur einen schwach angedeuteten) Doppelpeak aufwiesen (Abb. 20d).

In jüngster Zeit wurden solche Beobachtungen auch von Laborversuchen bei scherungsinduzierten Kristallisationserscheinungen beim Fließen von Polyäthylen durch Kapillare und bei verstreckten PE-Folien berichtet (22, 23).

Heckmann und *Johnsen* (24) stellten ebenfalls in den randnahen Zonen von PE-Spritzgußteilen ein „breiteres Schmelzende“ der DSC-Kurven fest, das auf die Überlagerung eines zweiten Schmelzpeaks von höher schmelzenden Kristallittypen hindeutet.

Als Grund muß wiederum die hohe Schmelzedeformation beim Spritzgießen in diesen Regionen angeführt werden. Die hohe Orientierung führt nach Untersuchungen von *Keller* (7, 8) zu fibrillenartigen Kristallitbändern, die als Keime für daran anlagernde Lamellen dienen. Art und Anordnung der entstehenden Kristallitstrukturen hängen dabei vom Ausmaß der Verstreckung ab. Die getrennten Schmelzpeaks zeigen also, daß ein Gemisch verschiedener Kristallitstrukturen vorliegt, deren Konzentrationsverteilung von der rheologischen Vorgeschichte abhängt.

Röntgenographische und elektronenmikroskopische Untersuchungen von *Clark* (1, 11) und von *Owen*, *Hull* (25) bestätigen die fibrilleninduzierte Kristallisation in den randnahen Formteilschichten auch für Polyoxymethylen (POM) und Polymethylpentan (TPX).

6. Zusammenhang zwischen Struktur und mechanischen Eigenschaften

Der Einfluß der Gefügestruktur auf die mechanischen Eigenschaften ist sehr komplex und noch keineswegs vollständig geklärt. Außerdem ist der Einfluß bei verschiedenen Polymeren individuell unterschiedlich. Generell kann lediglich gesagt werden, daß ein Gefüge um so günstiger ist, je homogener es ist, da Inhomogenitäten bei Belastung zu örtlichen Spannungsspitzen führen können. Unter Homogenität ist dabei sowohl die Gleichheit der Gefügebausteine als auch deren Feinheit zu verstehen.

Rißempfindlich sind vor allem die Grenzflächen großer Sphärolithe (18, 26, 27). Häufig werden aber auch erste Risse in Radialrichtung der Sphärolithe festgestellt (18, 27). Gewisse Spärolithtypen werden bei mechanischer Beanspruchung wesentlich eher zerstört als andere.

Bei Zugversuchen an Polypropylendünnschnitten aus extrudierten Platten stellten wir fest (29), daß die negativ doppelbrechenden, hexagonal aufgebauten Sphärolithe die erste Schädigung zeigten. Diese Sphärolithtypen entstehen bei niedriger Temperatur und sind auch thermisch weniger stabil (18). Neben der Größe der Überstruktur ist also auch der Aufbau von entscheidender Bedeutung. Abb. 21 zeigt die Ergebnisse eines Zugversuchs an Dünnschnitten aus Niederdruck-Polyäthylen-Platten (29). In dem Bild sind Proben vom Querschnitt solcher Teile dargestellt. Die Rißbildung kurz unterhalb der Oberfläche (die Probe besaß an dieser Stelle eine Kerbe) macht deutlich, daß diese hoch orientierte Zone mit der fibrilleninduzierten Überstruktur sehr spröde ist. Die mehrachsig verstreckte Außenhaut und der Formteilkern verhalten sich dagegen duktil.

Detaillierte Untersuchungen von *Heckmann* und *Johnsen* (24) zeigen ebenfalls eine hohe Bruchdehnung in der Oberflächen- und Kernschicht und eine geringe Bruchdehnung in der stark verstreckten Zone von Polyäthylenspritzlingen. In der letztgenannten Schicht wurden der höchste Elastizitätsmodul und die höchste Zugfestigkeit festgestellt.

Die von *Heckmann* und *Johnsen* (24) sowie von uns an Niederdruck-Polyäthylen gemachten Feststellungen decken sich mit dem von *Owen* und *Hull* (25) beschriebenen Festigkeitsverhalten von TPX-Spritzlingen. *Großkurth* (30) stellte auch in gespritzten Polypropylenstäben eine verstärkte Rißneigung in den hochorientierten, randnahen Schichten fest. POM scheint dagegen ein anderes polymerspezifisches Dehnungs- und Festigkeitsverhalten aufzuweisen. *Clark* (11) fand bei POM eine Abnahme der Bruchdehnung mit zunehmendem Abstand von der Formteiloberfläche, korrespondierend mit der Zunahme ungerichteter Sphärolithe. Dies mag damit zusammenhängen, daß in POM eine relativ grobe Sphärolithstruktur die geringere Bruchdehnung bestimmt.

Zusammenfassend ist festzustellen, daß bei Spritzgußteilen aus verschiedenen Formmassen ähnliche fließbedingte Strukturen vorliegen, die mechanischen Eigenschaften jedoch individuelle Unterschiede aufweisen können. Bis zu einer vollen Klärung sind noch viele detaillierte Untersuchungen notwendig.

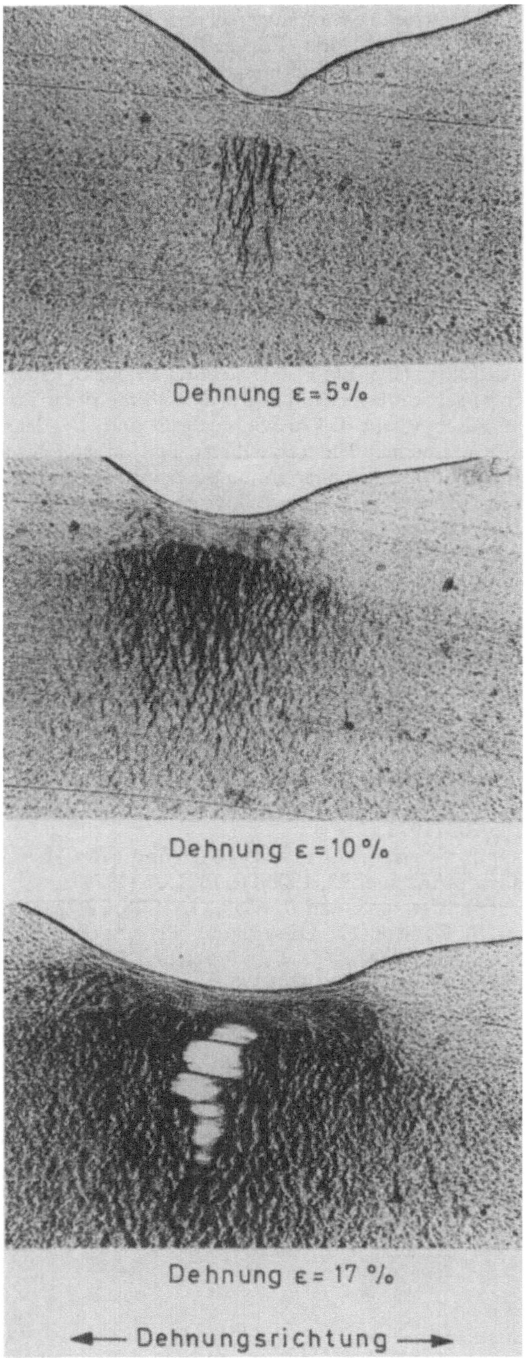

Abb. 21. Rißbildung in gedehnten Polyäthylendünnschnitten

Zusammenfassung

Es wurden Mikrotomschnitte von teilkristallinen Spritzgußteilen (PE, PP, POM) aus verschiedenen Querschnittstiefen entnommen und mit dem Polarisationsmikroskop, der DTA/DSC-Analyse sowie durch Dichtemessungen untersucht. Die Kristallinität und

Gefügestruktur sind entsprechend den unterschiedlichen Abkühl- und Fließbedingungen über dem Querschnitt stark inhomogen. Bei linearem Polyäthylen liegt die Zone höchster Kristallinität dicht unterhalb der Formteiloberfläche. Bei der Differentialthermoanalyse tritt bei Proben aus diesem Bereich ein typischer Doppelschmelzpeak auf. Im Zugversuch weisen diese Zonen eine geringe Bruchdehnung auf, während sich die Rand- und Kernschichten duktil verhalten.

Summary

Microtome cuts of partially crystalline injection mouldings (PE, PP, POM) were taken out of different cross-section layers and analysed with the polarization microscope, the DTA/DSC-analysis and by density measurements. The crystallinity and morphological structure are strongly inhomogeneous according to the different cooling and flow conditions across the cross-section. With linear polyethylene the zone of the highest crystallinity lies closely under the moulding's surface. In differential thermal analysis a typical double melting peak appears with samples of this range. In the tensile test these zones show a small elongation at fracture, whereas the marginal and core layers behave ductily.

Literatur

1) *Clark, E. S.*, SPE-J. **23**, 46/49 (1967).
2) *Fleißner, M.* und *E. Paschke*, Kunststoffe **61**, 195/203 (1971).
3) *Gemmer, H., A. Hörburger* und *H. Geyer*, Industrie-Anzeiger **93**, 1300/06, 1601/07 (1971).
4) *Menges, G.* und *B. Horn*, GAK **28**, 72/78 (1975).
5) *Wübken. G.*, Dissertation TH (Aachen 1974).
6) *Zachmann, H. G.*, Fortschr. Hochpolymer-Forsch. **3**, 581/687 (1964).
7) *Keller, A.*, Vortrag an der TH (Aachen 1973).
8) *Hill, M. J.* und *A. Keller*, J. Macromol. Sci. **B3** 153 (1969).
9) *Leugering, H. J.* und *G. Kirch*, Angew. Makromol. Chem. **33**, 17/23 (1973).
10) *Maxwell, B.*, Chem. Eng. Progr. Symp. **60**, 10/16 (1964).
11) *Clark, E. S.*, Report No. 5, Dep. of Chem. a Metall. Eng. University of Tennessee, Knoxville.
12) *Menges, G.* und *D. Leibfried*, Plastverarbeiter **21**, 951/58 (1970).
13) *Wiegand, H.* und *H. Vetter*, Kunststoffe **56**, 761/69 (1966), **57**, 276/84 (1967).
14) *Menges, G.* und *G. Wübken*, Plastverarbeiter **23**, 318/24 (1972).
15) *Turner Jones, A., J. M. Aizlewood* und *D. R. Beckett*, Makromolekulare Chemie **75**, 134/58 (1964).
16) *Wilski, H.*, Kunststoffe **54**, 10/15, 90/93 (1964).
17) *Wübken, G.* und *E. Gorski*, unveröffentlichte Arbeit am IKV Aachen, Archiv-Nr. W 72/40 (1972).
18) *Schönefeld, G.* und *S. Wintergerst*, Kunststoffe **60**, 177/84 (1970).
19) *Stockmair, W.*, Kunststoffe **52**, 522/31 (1962).
20) *Wübken, G.* und *E. Siersch*, unveröffentlichte Arbeit am IKV Aachen, Archiv-Nr. D 72/20 (1972).
21) *Fleißner, M.*, Kunststoffe **63**, 597/604 (1973).
22) *Clough, S. B.*, J. Macromol. Sci.-Phys., **4**, 199/214 (1970).
23) *Southern, J. H.* und *R. S. Porter*, J. Macromol. Sci.-Phys., **4**, 541/56 (1970).
24) *Heckmann, W.* und *U. Johnsen*, Colloid & Polymer Sci. **252**, 826/35 (1974).
25) *Owen, T. W.* und *D. Hull*, Plastics a. Polymer **15**, 19/26 (1974).
26) *Menges, G.* und *E. Alf*, Kunststoffe **62**, 259/67 (1972).
27) *Menges, G.*, Kunststoffe **63**, 95/100, 173/77 (1973).
28) *Stuart, H. A., G. Markowski* und *D. Jeschke*, Kunststoffe **54**, 618/23 (1964).
29) *Horn, B.* und *D. Pistorius*, unveröffentlichte Arbeit am IKV Aachen, Archiv-Nr. D 74/18 (1974).
30) *Großkurth, P.*, Kautschuk und Gummi **27**, 324/28 (1974).

Anschrift der Verfasser:

Prof. Dr.-Ing. *G. Menges*, Dr.-Ing. *G. Wübken*
c/o Institut für Kunststoffverarbeitung,
Pontstr. 49, 5100 Aachen,

Ing. (grad.) *B. Horn*
c/o Horn KG, 5963 Wenden

Colloid & Polymer Sci. **254**, 279–289 (1976)

Vorgetragen auf der Frühjahrstagung des Fachausschusses Physik der Hochpolymeren in der Deutschen Physikalischen Gesellschaft in Münster 17.–22. März 1975

Abteilung Experimentelle Physik I, Universität Ulm

Kristallitorientierung in Spritzgußteilen aus Niederdruckpolyäthylen

B. Heise

Mit 15 Abbildungen und 3 Tabellen

(Eingegangen am 9. Mai 1975)

1. Einleitung

Makroskopische Eigenschaften eines spritzgegossenen Formteils aus Thermoplasten sind anisotrop und innerhalb des Formteils verschieden (1–6). Diese Anisotropien und Inhomogenitäten werden durch molekulare Orientierungen verursacht (7). Bei amorphen Thermoplasten wird die Orientierung der Kettensegmente in den flüssigkeitsstrukturierten Bereichen insbesondere durch Strömungsvorgänge beim Einspritzvorgang (8–10) sowie durch Druck- und Temperaturgradienten beeinflußt (8). Die molekulare Orientierung in teilweise kristallisierenden Thermoplasten wird zusätzlich durch orientierte Kristallisation und damit durch charakteristische Kristallitorientierung bestimmt (3, 7). Die Art und das Ausmaß der molekularen Orientierung wird in jedem Fall entscheidend durch die gewählten Herstellungsbedingungen geprägt. Die wechselseitigen Abhängigkeiten zwischen Herstellungsbedingungen, molekularer Orientierung und makroskopischen Eigenschaften sollen in dieser Arbeit und weiteren gemeinschaftlichen Arbeiten des Süddeutschen Kunststoffzentrums Würzburg und der Abteilung Experimentelle Physik I der Universität Ulm untersucht werden.

Bisherige Ergebnisse für die molekulare Orientierung wurden je nach Fragestellung und Zielsetzung entweder an Dünnschnitten oder an nicht vorbehandelten Probenabschnitten von Spritzgußteilen mit verschiedenen physikalischen Methoden erzielt (3, 11–18). Dabei wurde festgestellt, daß sich über den Probenquerschnitt drei Zonen unterschiedlicher Orientierung ausbilden können (16, 17). Die Frage, ob einzelne der unterschiedlich ausgedehnten Zonen oder die über den Probenquerschnitt gemittelte Orientierung entscheidenden Einfluß auf die Ausbildung anisotroper makroskopischer Eigenschaften ausüben, muß zur Zeit als offen betrachtet werden.

In dieser Arbeit wird über die Bestimmung der über den Probenquerschnitt gemittelten Kristallitorientierung in spritzgegossenen Bechern aus Niederdruckpolyäthylen mit röntgenographischen Methoden berichtet. Die breite Variation der Herstellungsparameter soll die Möglichkeit eröffnen, gezielte quantitative Voraussagen mit möglichst einfachen Meßmethoden treffen zu können.

2. Versuchsdurchführung

2.1 *Probenherstellung*

Im Süddeutschen Kunststoffzentrum Würzburg (Prof. Dr. *Woebcken*, Dr. *Zöbren*, Dr. *Schulz* und Ing. *Kniesburges*) wurden Becher aus Niederdruckpolyäthylen, Hostalen GC 8960 mit Stangen- und Punktanguß spritzgegossen. Die Herstellungsparameter sind in Tabelle 1 aufgeführt, die Messung dieser Parameter wurde mit den bereits angegebenen Methoden (19) durchgeführt. Die Abmessungen des Werkzeugs und die Probeentnahmestellen an den jeweils gleichen Orten der Becher sind in Abbildung 1 dargestellt.

Nach Herstellung der Becher mit Punktanguß wurden die Kühlkanäle im Werkzeug leicht verengt. Die Abkühlbedingungen für Becher mit Stangen- und Punktanguß entsprechen sich daher nicht vollständig.

2.2 *Röntgenographische Texturbestimmungen*

2.2.1 *Weitwinkeluntersuchungen*

Die Becherproben wurden in einem Philips-Texturgoniometer bei symmetrischer Stellung (Abb. 2) mit Cu–K_α Strahlung durchstrahlt. Die azimutalen Intensitätsverteilungen $I(\varphi)$ der (110), (200) und (020)-Reflexe wurden für alle Proben, der (011), (111), (211) und (311)-Reflexe für einige Proben für $0° \leqslant \varphi \leqslant 360°$ in $\Delta\varphi$-Schritten von 3° ermittelt. Die Meßzeit für jeden $I(\varphi)$-Wert war 20s. Alle azimutalen Intensitätsverteilungen wurden bezüglich der Unter-

M 306

Tab. 1. Herstellungsparameter für die Becher mit Punkt- und Stangenanguß. T_M: Massetemperatur; P_N: Spritz- und Nachdruck; T_w: Werkzeugtemperatur; t: Spritzdruckzeit

Punktanguß Becher-Nr.	T_M / °C	T_w / °C	P_N / kpcm⁻²	t / s	Stangenanguß Becher-Nr.	T_M / °C	T_w / °C	P_N / kpcm⁻²	t / s
P 1	280	70	1000	1	S 1	280	70	1000	1
P 2	280	70	400	1					
P 3	289	50	1000	1	S 3	280	50	1000	1
					S 4	280	50	800	1
					S 5	280	50	600	1
P 6	280	30	1000	1	S 6	280	30	1000	1
					S 7	260	50	1000	1
					S 8	230	50	1000	1
P 9	200	70	1000	1	S 9	200	70	1000	1
					S 10	200	50	1200	1
P 11	200	50	1000	1	S 11	200	50	1000	1
					S 12	200	50	800	1
P 13	200	30	1400	1					
P 14	200	30	1000	1	S 14	200	30	1000	1
					S 15	200	30	1000	1,7
					S 16	200	30	1000	2,5
P 17	200	30	800	1					
Mittlere Becherbodendicke: (2.0 ± 0.1) mm					Mittlere Becherwanddicke: (2.0 ± 0.1) mm				

grundstreuung korrigiert. (Grundlagen und Methodik der Röntgentexturanalyse s. auch Zitate 25 und 26).

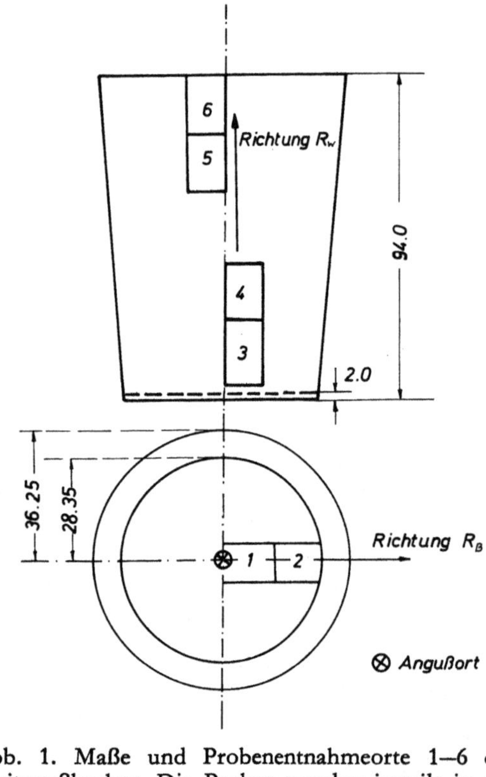

Abb. 1. Maße und Probenentnahmeorte 1–6 der Spritzgußbecher. Die Proben wurden jeweils in der Rechteckmitte auf einer Fläche von 2 mm² durchstrahlt. R_B und R_W sind die Bezugsrichtungen in Becherboden und Becherwand

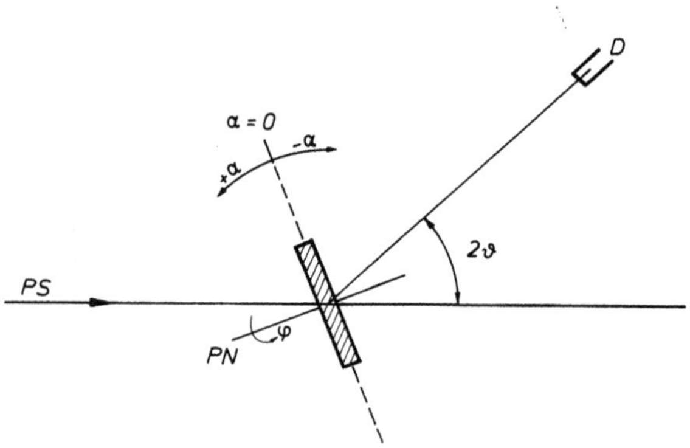

Abb. 2. Prinzipskizze des Röntgenweitwinkel-Textur-Goniometers. PS: Primärstrahl; PN: Probennormale; D: Detektor; ϑ: Braggscher Beugungswinkel; φ: Azimutwinkel, d.h. Drehwinkel der Probendrehung um PN; α: Winkel der Probenneigung bzgl. des Primärstrahls. Der Winkel $\alpha = 0$ kennzeichnet die „symmetrische" Stellung.

2.2.2 Röntgenkleinwinkeluntersuchungen

In Ergänzung der Weitwinkeluntersuchungen wurden Röntgenkleinwinkeldiagramme in einer selbstgebauten Hess-Kiesig-Kammer, Grenzauflösung 600 Å, aufgenommen.

3. Kristallitorientierungsverteilungen

Die Ergebnisse der azimutalen Intensitätsverteilungen an insgesamt 28 Bechern verschiedener Herstellungsparameter lassen sich an einigen Beispielen prinzipiell darstellen und diskutieren.

3.1 Kristallitorientierungen in der Becherwand

3.1.1 Azimutale Intensitätsverteilungen

In den Abbildungen 3—5 sind die experimentell ermittelten azimutalen Intensitätsverteilungen der Becher S 3, P 13 und S 16 dargestellt. Die azimutalen Intensitätsverteilungen für die Proben aus der Becherwand zeigen für alle Becher im Prinzip den gleichen Verlauf. Vierpunktdiagramme für die (110)-Reflexe, Zweipunktdiagramme für die (200)- und (020)-Reflexe.

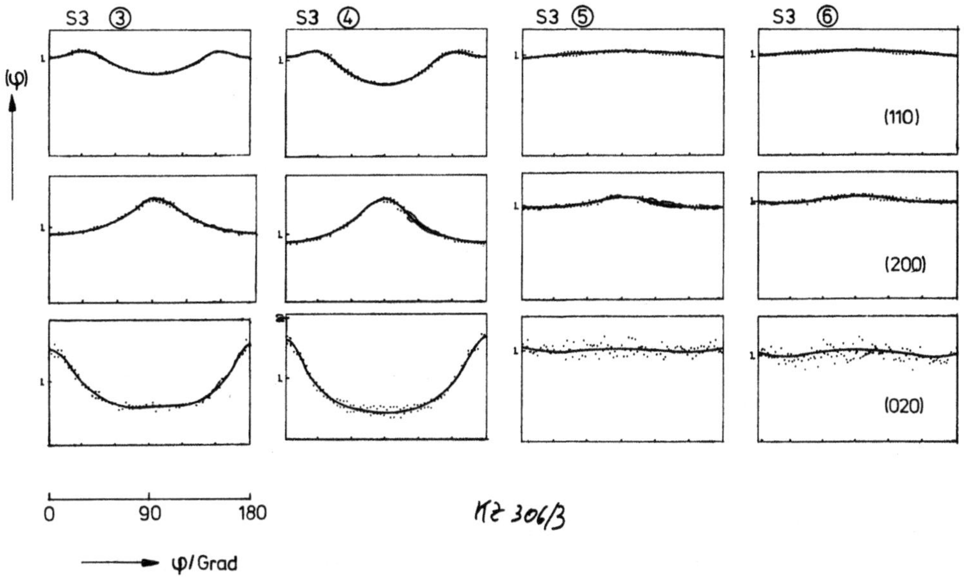

Abb. 3. Azimutale Intensitätsverteilung I (φ) für die Proben 3—6 aus der Becherwand des Bechers S 3 (Stangenanguß, $T_M = 280$ °C, $T_W = 50$ °C, $P_N = 1000$ kpcm^{-2}) $\varphi = 90$ ° kennzeichnet die Bezugsrichtung R_W. In der ersten Zeile sind die azimutalen Intensitäten der (110)-Netzebene, in der zweiten Zeile die der (200)- und in der dritten Zeile die der (020)-Netzebene für den Bereich $0° \leqslant \varphi \leqslant 180°$ dargestellt. Die azimutalen Intensitätsverteilungen in einer Spalte sind die am Probenort (i) gemessenen. An der Ordinate sind relative Intensitäten I_{rel} (φ) $= I$ (φ)$/I_0$ angegeben, I (φ) experimentelle Intensitäten, I_0 rechnerisch ermittelte Intensität für die isotrope Probe.

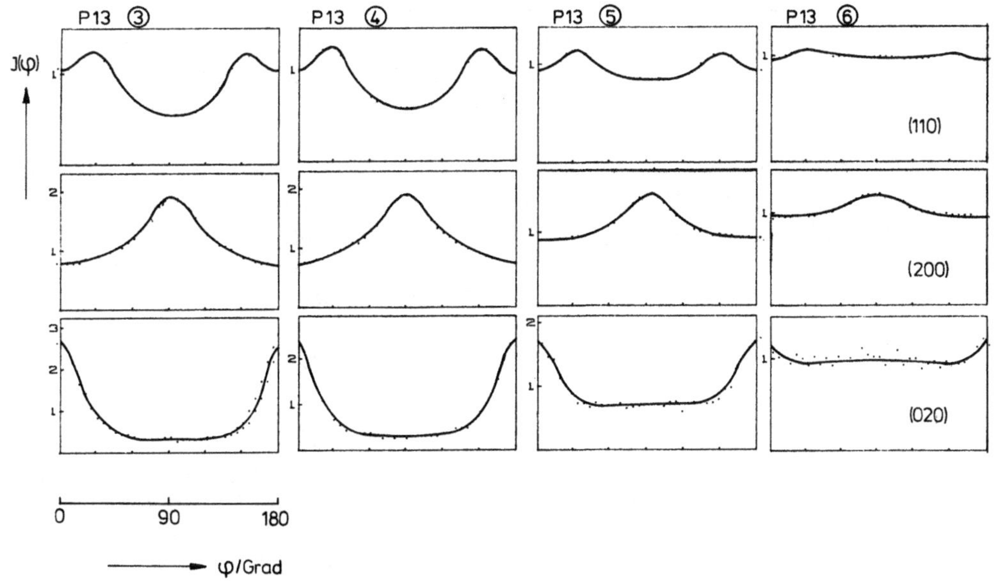

Abb. 4. Azimutale Intensitätsverteilungen I (φ) für die Proben 3—6 des Bechers P 13 (Punktanguß, $T_M = 200$ °C, $T_W = 30$ °C, $P_N = 1400$ kpcm^{-2}). Bezeichnungen wie in Abb. 3

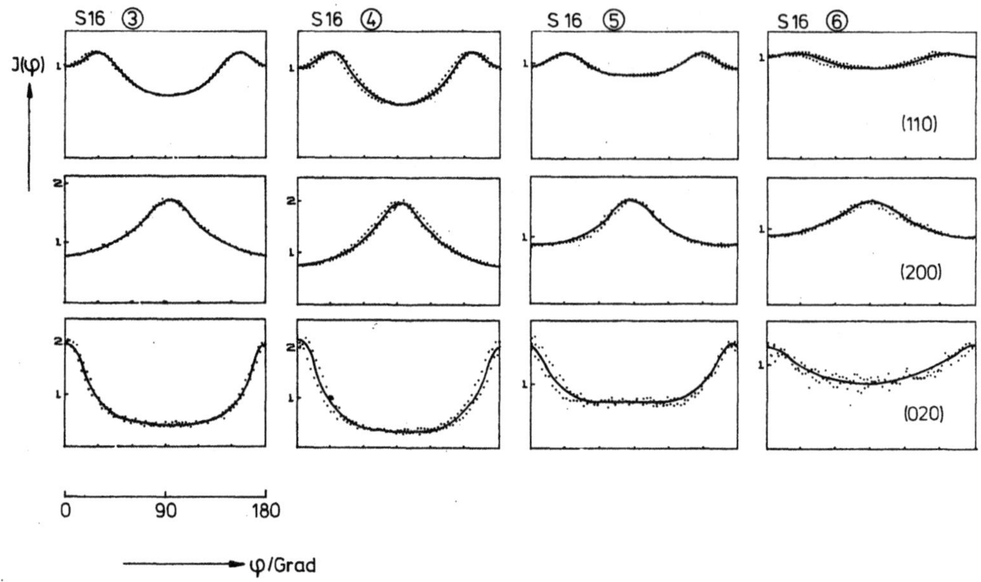

Abb. 5. Azimutale Intensitätsverteilungen $I(\varphi)$ für die Proben 3–6 des Bechers S 16 (Stangenanguß, T_M = 200 °C, T_W = 30 °C, P_N = 1000 kpcm^{-2}, t_N = 2.5s). Bezeichnungen wie in Abb. 3

Der Vergleich der azimutalen Intensitätsverteilungen dieser Reflexe und der zusätzlich gemessenen (hkl)-Reflexe mit rotationsgemittelten Standardprojektionen ergibt für die mittlere Vorzugskristallitorientierung eine uniaxiale Orientierung der kristallographischen *b*-Achsen senkrecht zur Spritzrichtung R_W (Abb. 1) und parallel zur Becherwand. Diese Orientierung nimmt mit zunehmender Entfernung vom Anschnitt ab.

Dieses Ergebnis der mittleren Vorzugsorientierung muß sich beweisen lassen durch die Berechnung der azimutalen Intensitätsverteilungen aller (hkl)-Reflexe allein aus der experimentell bestimmten azimutalen (020)-Intensitätsverteilung. Dabei wird eine rotationssymmetrische Verteilung der Kristallitlagen um die kristallographische *b*-Achse angenommen. Es muß also gelten:

$$I_{hkl}(\varphi) = \text{const}\cdot\int_0^{2\pi}\varrho_{020}(\alpha)\,d\beta \qquad [1]$$

mit $\alpha = \arccos(\cos\omega\cos\varphi + \sin\omega\sin\varphi\sin\beta)$,

wobei

$\varrho_{020}(\alpha)$ die experimentelle azimutale (020)-Intensitätsverteilung ist,

ω der aus den bekannten Elementarzellenabmessungen zu berechnende Winkel zwischen der betrachteten (hkl)-Netzebene und der kristallographischen *b*-Achse ist.

Als Beispiel sind die berechneten azimutalen Intensitätsverteilungen für die Probe 3 des Bechers P 11 im Vergleich mit den experimentellen Ergebnissen in der Abb. 6 dargestellt. Die Übereinstimmung von Rechnung und Experiment ist für alle Netzebenen gut. Dabei muß berücksichtigt werden, daß

a) die Fehlerbreite für einen Meßpunkt der azimutalen Intensitätsverteilung mit zunehmendem Beugungswinkel infolge des statistischen Fehlers (konstante Meßzeit) und infolge der erschwerten Untergrundkorrektur wächst,

b) die mittlere integrale Kristallitorientierung gemessen wurde, d.h. Einflüsse der wahrscheinlich auch in dieser Probe vorhandenen andersartigen Orientierung in der Zone unterhalb der Außenhaut (12, 14–17) vernachlässigt wurden.

3.1.2 *Röntgenkleinwinkelergebnisse*

Die aus den Texturuntersuchungen im Röntgenweitwinkelbereich sich ergebenden Kristallitorientierungszustände werden ergänzt durch die in Abb. 7 wiedergegebenen Kleinwinkelbilder. Neben einer isotropen Langperiode von rund 240 Å sind auf dem Meridian relativ scharfe Intensitätsmaxima zu erkennen. Diese Intensitätsmaxima werden in Überein-

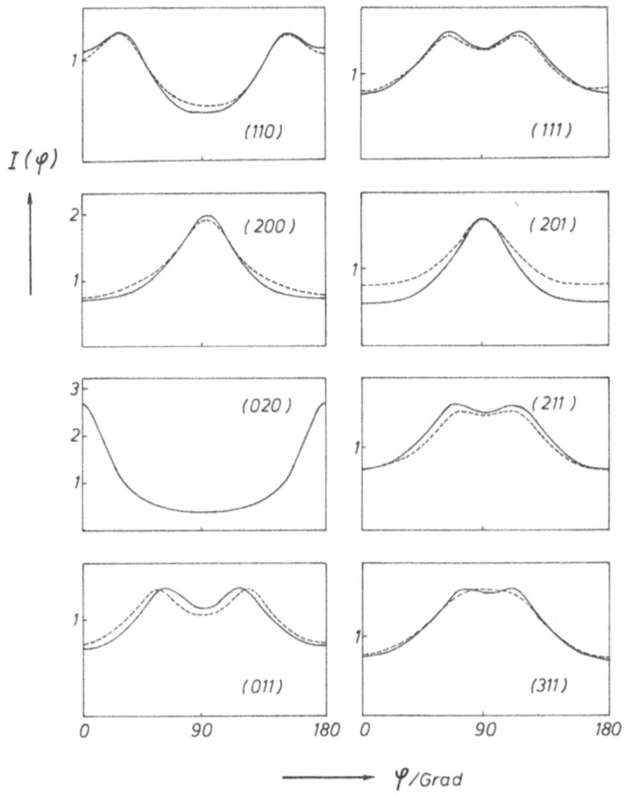

Abb. 6. Die gemessenen (—) und nach Gleichung (1) berechneten (---) azimutalen Intensitätsverteilungen $I(\varphi)$ für die angegebenen (hkl)-Netzebenen der Probe 3 des Bechers P 11. Bezeichnungen wie in Abb. 3

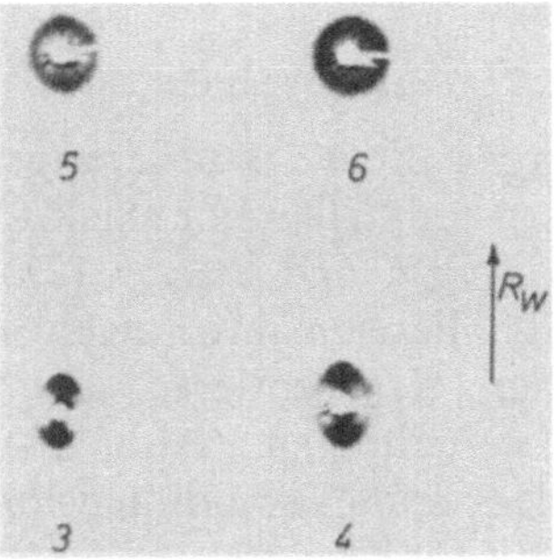

Abb. 7. Kleinwinkelaufnahmen der Proben 3—6 des Bechers P 13. R_w ist die in Abb. 1 angegebene Bezugsrichtung

stimmung mit dem Weitwinkelergebnis mit zunehmender Entfernung vom Anschnitt schwächer. Die relativ begrenzte Ausdehnung der Kleinwinkelreflexe läßt auf eine große laterale Ausdehnung der Kristallamellen, also in Richtung der kristallographischen *b*-Achse schließen. *Kanig* berichtete kürzlich über elektronenmikroskopische Untersuchungen an heiß gezogenem Polyäthylen (20). Auch hier können sich lateral ausgedehnte Kristallamellen in *b*-Achsenorientierung ausbilden.

3.2 Kristallitorientierungen im Becherboden

3.2.1 Azimutale Intensitätsverteilungen

Die azimutalen Intensitätsverteilungen der Proben 1 und 2 aus dem Boden der Becher S 3, P 13 und S 16 sind in den Abbildungen 8 bis 10 dargestellt. Die Intensitätsverteilungen des Bechers S 3 unterscheiden sich von denen der Becher P 13 und S 16 in charakteristischer Weise. Es liegen unterschiedliche Orientierungszustände vor.

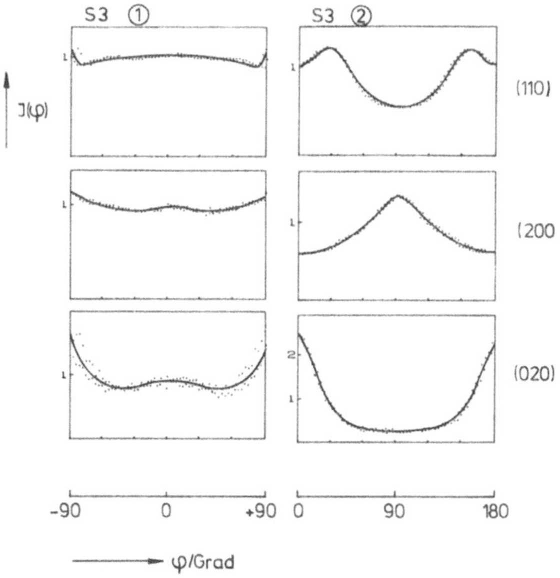

Abb. 8. Azimutale Intensitätsverteilung $I(\varphi)$ für die Proben 1 und 2 des Bechers S 3. Bezeichnungen wie in Abb. 3

Eine axiale Orientierung der kristallographischen *b*-Achse senkrecht zur radialen Richtung R_B (Abb. 1) und parallel zum Becherboden, also ein Orientierungszustand, wie er stets in allen Proben in der Becherwand festzustellen war, tritt nur selten auf. Ein Beispiel dafür ist der Orientierungszustand des Bechers S 3 an der Stelle 2 (Abb. 8).

Meist sind die Kristallit-Orientierungszustände in den Proben aus dem Becherboden als biaxial (Abb. 9 und 10) oder axial-planar (Abb. 8, Probenart 1) zu charakterisieren.

Die biaxialen Orientierungszustände (Abb. 9, 10) können eindeutig als Überlagerung einer *b*-Achsenorientierung senkrecht zu R_B und

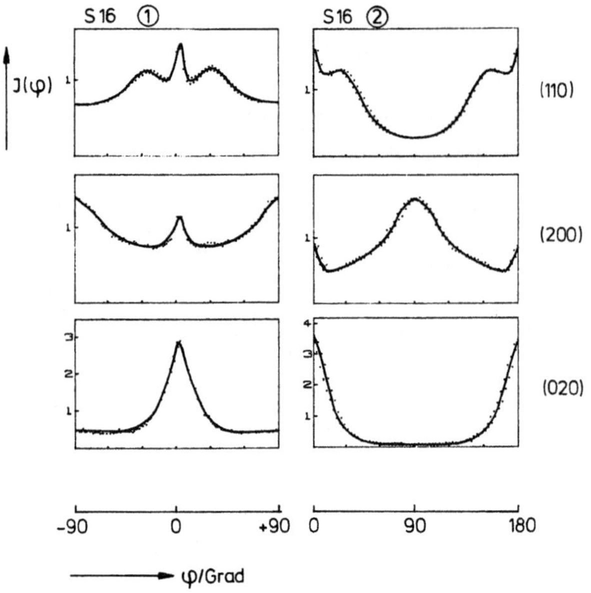

Abb. 9. Azimutale Intensitätsverteilung I (φ) für die Proben 1 und 2 des Bechers P 13. Bezeichnungen wie in Abb. 3

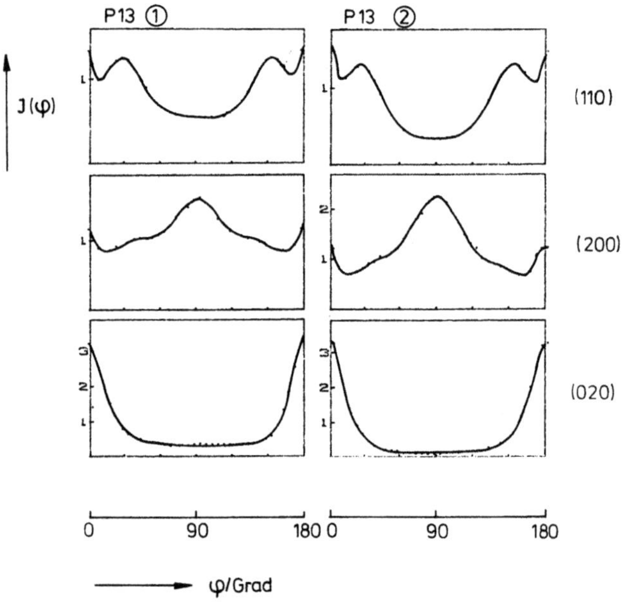

Abb. 10. Azimutale Intensitätsverteilung I (φ) für die Proben 1 und 2 des Bechers S 16. Bezeichnungen wie Abb. 3

einer *c*-Achsenorientierung parallel zu R_B jeweils parallel zum Becherboden beschrieben werden. Berechnungen zeigen, daß die *c*-Achsenorientierung sehr ausgeprägt ist, d. h. ein Teil der *c*-Achsen liegen nahezu völlig parallel zu R_B. Diese *c*-Achsenorientierung tritt offensichtlich genau in der Mitte des Becherbodens auf. Dies zeigen erste Untersuchungen, bei denen die entsprechenden Proben von beiden Seiten abgefräst wurden. Beide axialen Orientierungen sind am Probenort 2 weit ausgeprägter als am Probenort 1.

Komplizierte Orientierungszustände (Abb. 9, linke Hälfte) können als Überlagerung von *b*-, *c*-Achsen- und Reihenorientierungen gedeutet werden. Modellrechnungen für solche Überlagerungen werden noch durchgeführt.

3.2.2 Röntgenkleinwinkelergebnisse

Die in Abb. 11 wiedergegebenen Röntgenkleinwinkeldiagramme der Probe P 13 unterstützen wiederum die Interpretation der Weitwinkelergebnisse. Sowohl für die angegebene *b*-Achsen- als auch die *c*-Achsenorientierung ist unter der Voraussetzung lateral ausgedehnter Lamellen ein eng begrenztes Intensitätsmaximum auf dem Meridian zu erwarten, das noch ausgeprägter sein muß als die unter 3.2.1 aufgeführten.

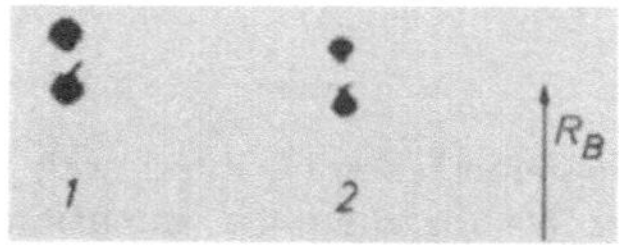

Abb. 11. Kleinwinkelaufnahmen der Proben 1 und 2 des Bechers P 13. R_B ist die in Abb. 1 angegebene Bezugsrichtung

3.3 Diskussion der Ergebnisse

Die festgestellten Orientierungszustände in der Becherwand stellen eine axiale Orientierung nach *Heffelfinger* und *Burton* (21) bzw. eine vollständige Faserstruktur nach *Kratky* (22) dar. Daher repräsentieren die azimutalen Intensitätsverteilungen (Abb. 3–6) die für axiale Orientierung zweidimensional darstellbaren Flächenpolfiguren.

Die im Becherboden vorliegenden Orientierungszustände können – abgesehen von wenigen Fällen (Abb. 8, links) – aus zwei vollständig sich überlagernden Faserstrukturen synthetisiert werden. Damit können die Flächenpolfiguren allein aus den vorliegenden Messungen konstruiert werden.

Die Orientierungszustände in diesen spritzgegossenen Proben erweisen sich als „einfacher“ und mathematisch leichter berechenbar als die Orientierungszustände uniaxial verstreckter Proben. Hier liegen für Polyäthylene zumeist partielle Spiralfaserstrukturen vor, die nur mit Zusatzannahmen und empirischen Parametern mathematisch beschrieben werden können (23, 24).

Die einfache mathematische Darstellbarkeit des Orientierungszustandes und die experimentelle Bestimmbarkeit der axial orientierten Kristallhauptachse durch die azimutale Intensitätsverteilung der (020)-Netzebenenverteilung legen es nahe, diese Spritzgußproben als Modellsysteme für die Verknüpfung von mikroskopischen und makroskopischen Eigenschaften näher zu untersuchen. Hier soll ein Schwerpunkt weiterer Arbeiten liegen.

Die Entstehung der vorliegenden Orientierungszustände ist noch nicht geklärt. Eigene Untersuchungen und die anderer Autoren (3, 11–17) zeigen, daß die Ausbildung der Kristallorientierung prinzipiell heterogen verläuft. Das „Ausmaß" der Heterogenität scheint in erster Linie von der Dicke des Spritzgußteils und des weiteren von der Form des Teils abzuhängen. Bei „dicken" Proben, ab ca. 3.0 mm, überwiegt offensichtlich Transkristallisation bzw. Reihenorientierung, also eine planare Orientierung (7, 26, 27). Ursache dafür können nach *Keller* (7) Linien hoher Keimdichte sein, die sich im Laufe des Einspritzvorganges als Folge der ablaufenden Scherströmungen ausbilden können. Die axialen Orientierungen in den vorliegenden Proben könnten die gleiche Ursache haben. Jedoch könnten zusätzliche Kettenorientierung während der Füllphase sowie die sich nach *Heckmann* (15) und *Wübken* (16) ausbildenden, jetzt sehr engen Zonen unterschiedlicher Kristallisation und Orientierung Randbedingungen zur Ausbildung vorwiegend axialer Orientierungszustände schaffen. Die scharfe *c*-Achsenorientierung im Becherboden kann möglicherweise durch Ausbildung von „extended-chain" Kristallen hervorgerufen werden (28).

4. Einfluß der Herstellungsparameter auf die Kristallitorientierung

Die Kristallitorientierung in teilweise kristallisierenden Polymeren spiegelt als mikroskopisches Ergebnis die beim Spritzgußprozeß ablaufenden Prozesse, wie z. B. Scherströmung, Vororientierung von Kettensegmenten in der Schmelze, orientierte Kristallisation wider. Diese Fließ- und Kristallisationsvorgänge werden wiederum durch die Herstellungsbedingungen, wie z. B. Masse- und Werkzeugtemperatur, Betrag und Dauer der Spritz- und Nachdrucke und Einfärbung bestimmt. Andererseits werden auch die makroskopischen Eigenschaften wesentlich von den Herstellungsparametern beeinflußt. Mikroskopische und makroskopische Größen in einem Spritzgußteil sind also eng miteinander verknüpft. Die Kenntnis der mikroskopischen Eigenschaften sollte daher die Bestimmung makroskopischer Eigenschaften ermöglichen. Gelingt dies, könnte damit ein Beitrag für die Diskussion um Qualitätskontrollen (13, 29–37), z. B. die Einhaltung vorgegebener Maßtoleranzen und Bestimmung anisotroper mechanischer Eigenschaften, bei der Herstellung von Spritzgußteilen erbracht werden.

Als „Maß" der Kristallitorientierung sind in den Tabellen 2 und 3 die mittleren Kosinusquadrate

$$\langle \cos^2 \varphi_{hkl,\,R_i} \rangle = \frac{\int_0^\pi I_{hkl}(\varphi) \sin\varphi \cos^2\varphi \, d\varphi}{\int_0^\pi I_{hkl}(\varphi) \sin\varphi \, d\varphi} \qquad [2]$$

des Winkels φ zwischen einer (hkl)-Netzebenennormalen und einer Bezugsrichtung R_i angegeben. Für isotrope Proben nehmen die mittleren Kosinusquadrate den Wert $^1/_3$ an, die Abweichung stellt somit einen integralen Wert für die „Größe" der Orientierung dar. Die Angabe des mittleren Kosinusquadrates ist ein Informationsverlust gegenüber den azimutalen Intensitätsverteilungen bzw. Polfiguren. Das äußert sich insbesondere bei dem Vergleich der Ergebnisse an den Probenorten 1 und 2. Die Angabe nur eines Orientierungsparameters für diese Orte läßt keinen Rückschluß auf die biaxiale Orientierung zu. Dennoch können insbesondere für die Orientierungszustände in der Becherwand eindeutige Angaben über den Zusammenhang Herstellungsparameter — Kristallitorientierung gemacht werden.

Die Kristallitorientierung nimmt in einem Spritzgußbecher mit zunehmender Entfernung vom Anguß ab mit der Ausnahme, daß die Kristallitorientierung am Probenort 2 stets größer als die am Probenort 1 ist (Abb. 12).

Tab. 2a. Mittlere Kosinusquadrate nach Gl. (2) der spritzgegossenen Becher mit Punktanschnitt (Probenbezeichnung nach Abb. 1)

Becher-	T_M	T_w	P_N	1			2			3			4			5			6		
Nr.	°C	°C	kpcm^{-2}	110	200	020	110	200	020	110	200	020	110	200	020	110	200	020	110	200	020
P 1	280	70	1000	.312	.353	.304	.285	.390	.166	.321	.358	.262	.310	.363	.233	.338	.332	.344	.332	.331	.335
P 2	280	70	400	.325	.334	.294	.328	.335	.290	.326	.357	.266	.315	.371	.237	.337	.338	.324	.335	.341	.331
P 3	280	50	1000	.313	.349	.312	.312	.372	.202	.308	.374	.227	.302	.381	.206	.333	.344	.325	.335	.339	.333
P 6	280	30	1000	.331	.354	.276	.308	.371	.189	.303	.391	.213	.295	.394	.203	.342	.353	.310	.333	.341	.331
P 9	200	70	1000	.301	.351	.231	.270	.395	.163	.293	.371	.253	.308	.366	.238	.345	.339	.329	.335	.340	.337
P 11	200	50	1000	.294	.357	.197	.248	.400	.132	.286	.386	.191	.294	.393	.189	.332	.354	.280	.337	.341	.328
P 13	200	30	1400	.274	.370	.159	.247	.404	.103	.283	.404	.167	.288	.407	.159	.320	.367	.252	.332	.348	.325
P 14	200	30	1000	.279	.323	.165	.226	.410	.099	.281	.398	.194	.290	.402	.185	.328	.367	.261	.330	.340	.328
P 16	200	30	800	.285	.323	.175	.216	.382	.092	.283	.412	.184	.292	.410	.178	.324	.369	.272	.326	.355	.318

Tab. 2b. Mittlere Kosinusquadrate von je 3 Bechern mit gleichen Herstellungsparametern

Becher-	T_M	T_w	P_N	1			2			3			4			5			6		
Nr.	°C	°C	kpcm^{-2}	110	200	020	110	200	020	110	200	020	110	020	200	110	200	020	110	200	020
P 3 20				.325	.352	.331	.325	.351	.221	.310	.375	.221	.302	.382	.203	.333	.344	.328	.335	.339	.333
P 3/37	280	50	1000	.305	.347	.301	.298	.385	.191	.302	.377	.207	.302	.380	.214	.334	.344	.324	.335	.339	.332
P 3/40				.309	.348	.305	.300	.380	.195	.312	.371	.253	.302	.382	.201	.333	.344	.322	.334	.339	.333
	Mittelwert			.313	.439	.312	.312	.372	.202	.308	.374	.227	.302	.381	.206	.333	.344	.325	.335	.339	.333
P 11/43				.296	.355	.191	.246	.405	.132	.287	.385	.196	.294	.394	.188	.332	.355	.280	.335	.344	.330
P 11/53	200	50	1000	.294	.355	.193	.249	.396	.133	.283	.387	.182	.294	.394	.193	.332	.352	.280	.341	.345	.327
P 11/60				.293	.361	.188	.249	.398	.131	.287	.385	.196	.294	.391	.187	.331	.354	.280	.335	.335	.326
	Mittelwert			.294	.357	.191	.248	.400	.132	.286	.386	.191	.294	.393	.189	.332	.354	.280	.337	.341	.328

Tab. 3. Mittlere Kosinusquadrate der spritzgegossenen Becher mit Stangenanschnitt (Probenartbezeichnung nach Abb. 1)

Becher-	T_M	T_w	P_N	1			2			3			4			5			6		
Nr.	°C	°C	kpcm^{-2}	110	200	020	110	200	020	110	200	020	110	200	020	110	200	020	110	200	020
S 1	280	70	1000	.338	.313	.298	.256	.366	.130	.325	.347	.262	.314	.362	.241	.349	.328	.353	.337	.330	.342
S 3	280	50	1000	.339	.319	.287	.280	.400	.149	.317	.364	.241	.306	.377	.222	.339	.341	.332	.338	.338	.336
S 4	280	50	800	.335	.325	.287	.230	.342	.120	.316	.362	.242	.308	.376	.231	.341	.339	.337	.338	.332	.334
S 5	280	50	600	.337	.332	.290	.240	.340	.133	.318	.363	.245	.310	.377	.227	.341	.340	.337	.336	.339	.333
S 6	280	30	1000	.324	.333	.254	.220	.341	.111	.311	.372	.223	.304	.384	.211	.335	.344	.324	.336	.338	.335
S 7	260	50	1000	.328	.322	.249	.251	.384	.123	.311	.372	.226	.304	.385	.210	.333	.346	.312	.339	.337	.335
S 8	230	50	1000	.306	.333	.237	.283	.397	.173	.307	.367	.231	.307	.377	.231	.335	.347	.324	.331	.344	.326
S 9	200	70	1000	.306	.397	.213	.249	.384	.173	.327	.349	.259	.323	.355	.242	.348	.335	.333	.397	.340	.335
S 10	200	50	1200	.300	.381	.174	.228	.376	.106	.314	.368	.223	.313	.373	.218	.336	.352	.304	.335	.345	.328
S 11	200	50	1000	.302	.378	.188	.251	.410	.120	.318	.365	.234	.315	.371	.243	.338	.350	.317	.336	.345	.328
S 12	200	50	800	.298	.376	.188	.235	.398	.104	.318	.369	.225	.315	.375	.218	.338	.354	.309	.328	.350	.313
S 14	200	30	1000	.299	.378	.165	.229	.400	.092	.310	.377	.212	.309	.382	.208	.332	.360	.295	.332	.350	.322
S 15	200	30	1000	.295	.363	.166	.214	.380	.088	.302	.386	.199	.300	.396	.188	.327	.365	.274	.327	.357	.310
S 16	200	30	1000	.288	.356	.167	.224	.414	.083	.297	.396	.194	.289	.415	.175	.323	.376	.251	.321	.367	.294

Die Ursache dafür kann in besonderen Abkühlbedingungen infolge des Verlaufs der Kühlkanäle liegen.

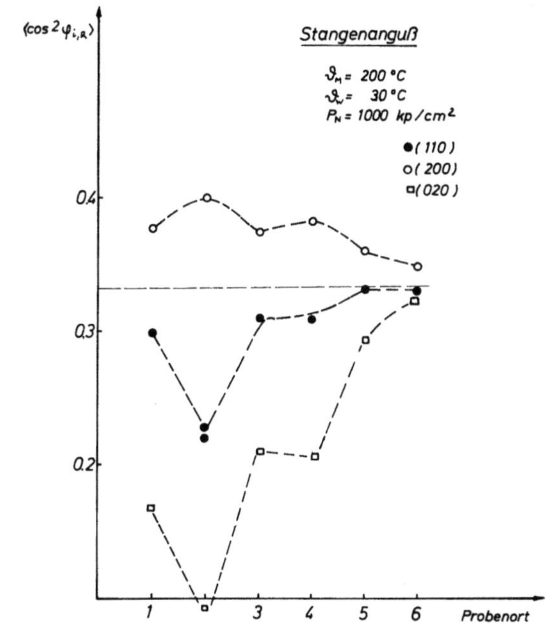

Abb. 12. Abhängigkeit des mittleren Kosinusquadrates $\langle \cos^2 \varphi_{hkl, R_i} \rangle$ der Probe S 14 von den Probenorten 1–6 mit den entsprechenden Bezugsrichtungen R_B und R_W

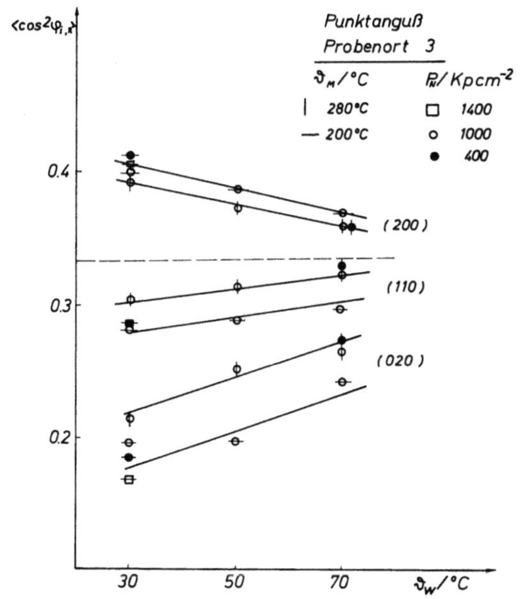

Abb. 13. Mittlere Kosinusquadrate aller Proben mit Punktanguß am Probenort 3 in Abhängigkeit von der Werkzeugtemperatur. Parameter sind Massetemperatur und Nachdruck

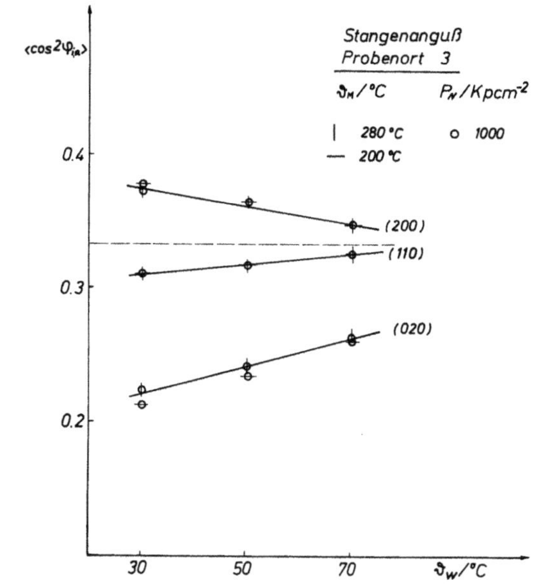

Abb. 14. Mittlere Kosinusquadrate der Proben S 1, S 3, S 6, S 9, S 11, S 14 am Probenort 3 in Abhängigkeit von der Werkzeugtemperatur

Der Einfluß von Werkzeug- und Massetemperatur auf die Kristallitorientierung ist an den Abbildungen 13 und 14 jeweils für den Probenort 3 für Becher mit Punkt- und Stangenanguß ersichtlich, der Nachdruck ist dabei stets gleich. Allgemein nimmt die Kristallitorientierung mit wachsender Werkzeugtemperatur ab. Für den Becher mit Punktanguß (Abb. 13) ergeben sich deutliche Unterschiede für die Orientierung in Abhängigkeit von der Massetemperatur. Proben von Bechern mit Punktanguß, die bei gleicher Werkzeugtemperatur und gleichem Nachdruck hergestellt wurden, zeigen bei einer Massetemperatur von 200 °C höhere Kristallitorientierung als bei einer Massetemperatur von 280 °C. Dagegen ist die Kristallitorientierung von Bechern mit Stangenanguß (Abb. 14) in dem untersuchten Temperaturbereich offenbar von der Massetemperatur unabhängig.

Der Vergleich der Proben von Bechern mit Punkt- und Stangenanguß (Abb. 13 und 14) zeigt stets eine höhere Orientierung beim Punktanguß. Selbst wenn die eingangs erwähnten Änderungen in den Kühlkanälen berücksichtigt werden, liegt der Schluß nahe, daß durch den Stangenanguß offensichtlich Fließbedingungen erzeugt werden, die eine geringere Kristallitorientierung im Vergleich zum Punktanguß zur Folge haben.

Die Variation des Spritz- und Nachdrucks in dem Bereich 1200 kpcm$^{-2} \geqslant P_N \geqslant$ 600 kpcm^{-2} bleibt ohne signifikante Auswirkung auf die Kristallitorientierung (Proben S 3 – S 5, S 10 – S 12, Tab. 3).

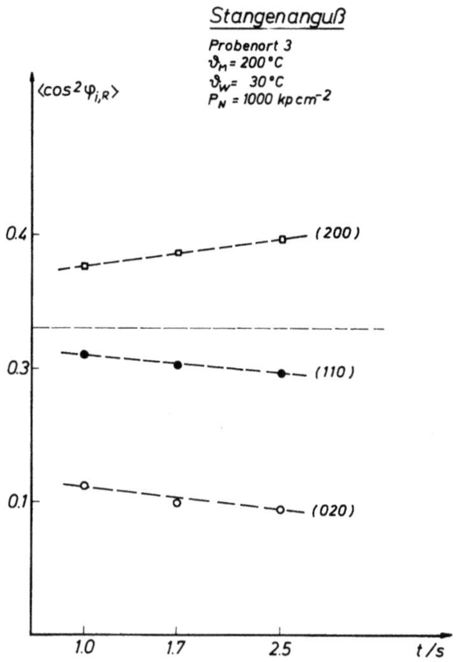

Abb. 15. Einfluß der Spritzdruckzeit (Proben S 14, S 15, S 16) am Probenort 3 auf die mittleren Kosinusquadrate

Eine Verlängerung der Spritzdruckzeit im Intervall 1 s $\leqslant t_N \leqslant$ 2.5 s bewirkt eine Zunahme der Orientierung an allen Probenarten (Abb. 15). Dafür könnte der Einfluß des Spritz- und Nachdruckes auf die noch nicht kristallisierten Probenzonen verantwortlich sein.

Die Diskussion der Ergebnisse an den ausgewählten Becherproben kann für alle Becher und Probenarten analog durchgeführt werden. Die Herstellungsparameter bewirken also eine systematische Charakteristik der Orientierungszustände.

Herrn Prof. *Kilian* und Herrn Prof. *Wilke* danke ich für anregende Diskussionen, Herrn Prof. *Woebcken* und seinen Mitarbeitern danke ich für die konstruktive und fruchtbare Zusammenarbeit.

Der Deutschen Forschungsgemeinschaft und der Arbeitsgemeinschaft Industrieller Forschungsvereinigungen e.V. gilt mein Dank für die Bereitstellung finanzieller Mittel. Die Firma Hoechst stellte dankenswerterweise das Polyäthylengranulat zur Verfügung.

Zusammenfassung

Die röntgenographische Texturuntersuchung im Weit- und Kleinwinkelbereich spritzgegossener Becher aus Polyäthylen hoher Dichte ergibt in der Becherwand uniaxiale, in dem Becherboden, d.h. in Anschnittnähe, biaxiale Orientierungszustände. Die uniaxialen Orientierungszustände werden charakterisiert durch eine mittlere Orientierung der kristallographischen *b*-Achse senkrecht zur Spritzrichtung, parallel zur Becherwand. Die biaxialen Orientierungszustände setzen sich aus einer Orientierung der kristallographischen *b*-Achse senkrecht zur Spritzrichtung und einer scharfen, mittleren Orientierung der kristallographischen *c*-Achse jeweils parallel zum Becherboden zusammen. In Fällen geringer Orientierung scheint die biaxiale Orientierung von einer Reihenorientierung überlagert zu sein.

Durch Vergleich der mittleren Kosinusquadrate der Proben aus Bechern mit verschiedenen Masse- und Werkzeugtemperaturen, Spritz- und Nachdruck-Spritzzeiten und Angußarten können systematische Einflüsse dieser Herstellungsparameter auf die Kristallitorientierungszustände erfaßt werden.

Dieser systematische Zusammenhang zwischen Spritzgußparameter und Kristallitorientierung kann möglicherweise eine Ausgangsbasis zur Beschreibung des Zusammenhangs zwischen Herstellungsparametern und makroskopischen Eigenschaften von Spritzgußfertigteilen bieten.

Summary

Wide- and small angle X-ray scattering of beakers of high density polyethylene, manufactured by injection molding reveal uniaxial orientation at the wall and biaxial orientation at the bottom of the beaker. The uniaxial orientation is characterized by a mean orientation of the crystallographic *b*-axis perpendicular to the injection direction and parallel to the beaker's wall. Biaxial orientation is composed of an orientation of the *b*-axis perpendicular to the injection direction and a sharp orientation of the *c*-axis parallel to the bottom. In some cases the biaxial orientation seems to be overlapped by a row orientation.

Systematic influences of the conditions of production as for example temperatures of the melt and of the die are related to the crystal orientation by determination of the mean cosine squares. This systematic correlation of machine conditions and crystal orientation can be a base for describing the connections between manufacturing conditions and macroscopic properties of injection molding parts.

Literaturverzeichnis

1) *Woebcken, W.* u. *E. Sues*, Kunststoffe **57**, 637 u. 719 (1967).
2) *Krebs, J.*, Kunststoffe **60**, 185 (1970).
3) *Heise, B. et al.*, Kolloid-Z. u. Z. Polymere **250**, 120 (1972).
4) *Kuznecov, V. V. et al.*, Plasticeskie Massy **4**, 52 (1974).
5) *Zieschank, G.*, Kunststofftechnik **13**, 1 (1974).
6) *Geyer, H.*, Kunststoffe **65**, 7 (1975).

7) *Keller, A.* u. *M. J. Machin,* J. Macromol. Sci, **B 1**, 41 (1967).
8) *Schulz, P.*, Dissertation, Stuttgart 1972.
9) *White, J. L.* u. *H. B. Dee,* Polym. Eng. Sci. **14**. 212 (1974).
10) *Sleeman, M. J.* u. *G. H. West,* Br. Polym. Sci. **6**, 109 (1974).
11) *Gerasimov, V. I.* u. *D. Ya. Tsvankin,* Vysokomol. Soyed. **A 12**, 2599 (1970).
12) *Wintergersti S.*, Kunststoffe **63**, 636 (1973).
13) *Schulz, P.* u. *J. Zöhren,* Kunststoffe **64**, 452 (1974).
14) *Grosskurth, P.*, Kautschuk u. Gummi, Kunststoffe **26**, 43 (1973).
15) *Menges, G.* u. *E. Alf,* Kunststoffe **62**, 259 (1972).
16) *Heckmann, W.*, Vortrag, 4. Darmstädter Kunstst. Koll. 1975
17) *Wübken, G.*, Fachvortrag, DPG-Frühjahrstagung (Münster 1975).
18) *Bürkle, D.*, Kunststoffe **65**, 25 (1975).
19) *Woebcken, W.*, Kunststoffe **61**, 547 (1971).
20) *Kanig,* Fest-Vortrag, Marburg 1975.
21) *Heffelfinger, C. J.* u. *R. L. Burton,* J. Pol. Sci. **47**, 289 (1960).
22) *Kratky, O.*, Kolloid-Z. **64**, 213 (1933). in Physik d. Hochpolymeren Bd. 3, S. 288.
23) *Heise, B.*, Dissertation 1972.
24) *Heise, B.* u. *H. G. Kilian,* IUPAC.
25) *Alexander, L. E.*, X-Ray Diffraction Methods in Polymer Science (N. Y., 1969).
26) *Kakudo, M.* u. *N. Kasai,* X-Ray Diffraction by Polymers Kodansha Ltd., Tokio (Amsterdam, 1972).
27) *Jenckel, E., E. Teege* u. *W. Hinrichs,* Kolloid-Z. **129**, 19 (1952).
28) *Zupko, H. M.*, J. Appl. Pol. Sci. **18**, 2195 (1974).
29) *Starke, L.*, Plaste u. Kautschuk **21**, 104 (1974).
30) *Wallhäuser, H.*, Kunststoffprüfung (München 1966).
31) *Orthmann, H. J.* u. *H. J. Mair,* Die Prüfung thermoplastischer Kunststoffe (München 1971).
32) *Gohl, W.*, Kunststoffrundschau, **1969**, H. 12, 720.
33) *Hubbauer, P.*, Plast. Eng. **29**, 37 (1973).
34) *Woebcken, W.*, VDI-Z. **116**, 335 (1974).
35) *Woebcken, W.*, Kunststoffe **63**, 632 (1973).
36) *Lucius, W.*, Kunststoffe **64**, 113 (1974).
37) *Böhme, E.*, SPE, Techn. Pap. **20**, 159 (1974).

Adresse des Autors:

Bernd Heise
Abteilung Experimentelle Physik I
Universität Ulm
7900 Ulm/Donau

Colloid & Polymer Sci. **254**, 290–298 (1976)

Vorgetragen auf der Frühjahrstagung des Fachausschusses Physik der Hochpolymeren in der Deutschen Physikalischen Gesellschaft in Münster 17.–22. März 1975

Fritz-Haber-Institut der Max-Planck-Gesellschaft, Berlin-Dahlem

Kristallisation unter hohem Druck

Der Einfluß verschiedener Kristallisations- und Temperbedingungen auf die Festigkeit eines Polyesters

F. Asmussen, W. Schiwon und *K. Ueberreiter*

Mit 11 Abbildungen

(Eingegangen am 10. August 1975)

1. Einleitung

Die mechanischen Eigenschaften eines polymeren Werkstoffes können bekanntlich von den Verarbeitungsbedingungen wesentlich beeinflußt werden. Zur Beurteilung der Festigkeit ist die Kenntnis des inneren Gefüges, also der räumlichen Anordnung der von den Kettenmolekülen aufgebauten Struktureinheiten, von besonderer Bedeutung. Eine Reihe von Autoren (1–10) beschäftigte sich mit dem Einfluß der Dichte, des kristallinen Anteils, der parakristallinen Struktur und der Überstruktur auf die Festigkeit von teilkristallinen Polymeren. Besonders die Untersuchung der Sphärolithgröße (11–21), welche auch durch Zugabe keimbildender Stoffe verändert wurde, wies auf einen Zusammenhang zwischen Festigkeit und Überstruktur hin. Weitergehende Studien, welche eine Verbindung zur Kinetik der Keimbildung und des Wachstums der kristallinen Phase herstellen, sind unseres Wissens bislang lediglich von *Steiner* (22) versucht worden. Es ist daher das Ziel der vorliegenden Arbeit, über die Prüfung der Festigkeit von Polyesterstäben, welche in einem weiten Druckgebiet unter den verschiedensten Keimbildungs-, Wachstums- und Temperbedingungen hergestellt werden, zu einer Deutung der festigkeitsbestimmenden Vorgänge während der sphärolithischen Kristallisation eines Polyesters zu kommen.

2. Experimentelle Methoden

Für unsere Untersuchungen der Druck- und Temperaturabhängigkeit der Keimbildung und des Sphärolithwachstums wählten wir als Modellsubstanz das Poly-Hexamethylensuccinat (PHS), ein Kondensationsprodukt aus Hexandiol und Bernsteinsäure mit einem Molekulargewicht von $M_w = 12.700$.

Aus drei Gründen erwies sich dieser Polyester als besonders geeignet:

a) Der Schmelzpunkt liegt bei 57 °C. Das ergibt bei der mit steigendem Druck zu erwartenden Schmelzpunktserhöhung eine geringe thermische Belastung der Substanz im Autoklaven.

b) Der Polyester zeigt bei Belastung wegen seines geringen Molekulargewichts einen spröden Bruch. Das erlaubt direkte Rückschlüsse auf die Struktur, da vor dem Bruch keine durch plastische Verformungen ausgelösten Gefügeänderungen auftreten können.

c) Wie in einer früheren Arbeit (23) gezeigt werden konnte, weist das PHS ein sehr günstiges kristallisationskinetisches Verhalten auf. Das Maximum der Gesamtkristallisationsgeschwindigkeit befindet sich ca. 60° unter dem Schmelzpunkt. Hier finden wir noch eine Halbwertzeit der Kristallisation von 13 sec. Selbst unter hohem Druck war es noch möglich, Kristallisationsprozesse bei Unterkühlungen bis zu 40° zu verfolgen.

Zur Beurteilung der Festigkeit wurde der Biegeversuch gewählt, da sich beim Zugversuch wegen der Sprödigkeit des Materials Schwierigkeiten beim Einspannen der Stäbe ergaben. Im Biegeversuch wird der runde Stab vom Durchmesser d auf ein Auflager (Spannweite L) gelegt und in der Mitte mit der Kraft P zerbrochen. Die Biegefestigkeit σ_{bB} ergibt sich aus dem maximalen Biegemoment $M_{b\max}$ und dem Widerstandsmoment W_b:

$$M_{b\max} = P/2 \cdot L/2; \; W_b = \pi d^3/32;$$

$$\sigma_{bB} = M_{b\max}/_b W.$$

Die Prüfstäbe wurden in einem Autoklaven hergestellt, der bis zu einem Druck von 6000 at bei einer Temperatur von 150 °C belastbar ist. Spezielle Formen sorgten für einen Ausgleich des bei der Kristallisation auftretenden Volumenschwundes. In dem Autoklaven befand sich noch eine zusätzliche differentialthermoanalytische Meßeinrichtung (Abb. 1), in der die Druckabhängigkeiten der Schmelzpunkte und der Kristallisationsgeschwindigkeiten gemessen werden konnten. Die Schmelzpunkte wurden nach dem Verfahren der isobaren Aufheizung und der isothermen Drucksenkung bestimmt. Die isotherme Drucksenkung stellt die bessere Methode dar, da eine Druckänderung sofort einstellbar ist, während eine Temperaturänderung durch Wärmeleitprobleme verzögert wird. Der Druck-Koeffizient des Schmelzpunktes wurde zu $\frac{dT_m}{dp} = 0{,}016 \left[\frac{\text{Grad}}{\text{at}}\right]$ ermittelt.

Die Geschwindigkeit der isotherm ablaufenden Kristallisation wurde dem exothermen Peak der Differentialkalorimeter-Kurve entnommen. Die Keimzahlen und Sphärolithgrößen wurden mikroskopisch bestimmt.

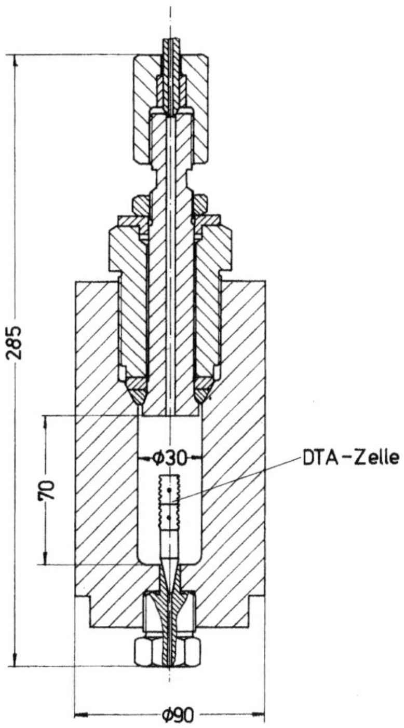

Abb. 1. Hochdruckautoklav mit differential-thermoanalytischer Meßeinrichtung

3. Meßergebnisse

Die Biegefestigkeit der bei den Temperaturen 50° und 75 °C kristallisierten Prüfstäbe zeigt eine Zunahme mit dem Kristallisationsdruck (Abb. 2). Für die Kristallisationstemperatur $T_k = 50°$ erreichen die Stäbe ihre höchste Festigkeit schon bei 2000 at. Darüber hinaus haben höhere Drucke wegen der sehr hohen Kristallisationsgeschwindigkeiten keinen Einfluß mehr. Die Vermutung, höherer Druck bei der Kristallisation bewirke über die Verdichtung des Materials einen größeren

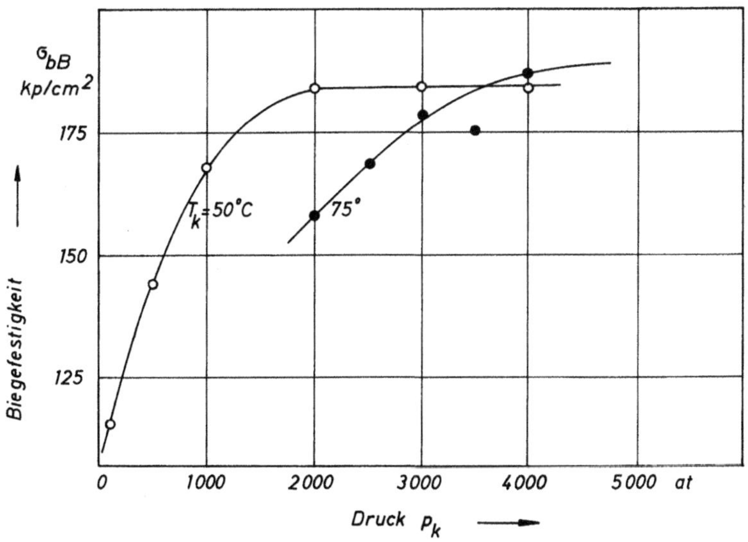

Abb. 2. Zunahme der Biegefestigkeit mit dem Kristallisationsdruck bei den Kristallisationstemperaturen 50° und 75 °C

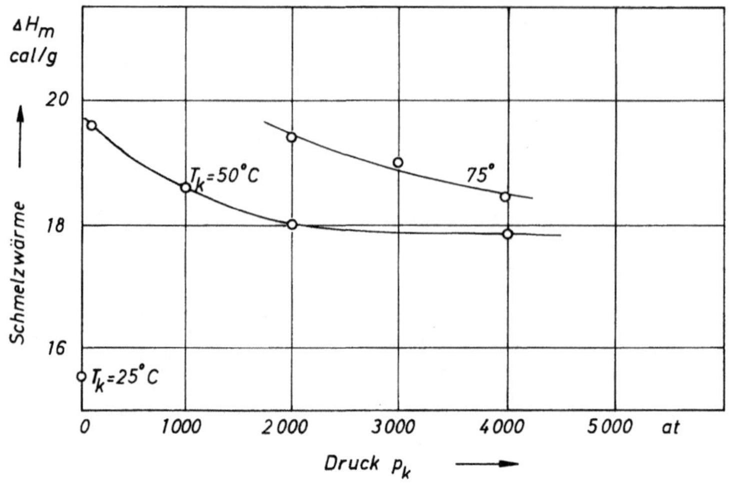

Abb. 3. Abnahme der Schmelzwärme mit dem Kristallisationsdruck

kristallinen Anteil, kann nach Abb. 3 nicht bestätigt werden. Der kristalline Anteil, hier dargestellt durch die Schmelzwärme, nimmt sogar leicht mit steigendem Kristallisationsdruck ab. Ein Zusammenhang mit der in Abb. 2 beobachteten Verfestigung ist also nicht erkennbar.

Eine Druckerhöhung läßt zweifellos die Geschwindigkeit des Kristallisationsprozesses ansteigen. Inwieweit aber die Kinetik der Bildung der sphärolithischen Überstruktur die Festigkeit beeinflußt, soll im folgenden geprüft werden. Ein Sphärolith entsteht aus der Schmelze durch Bildung eines wachstumsfähigen Keimes (Primärkeimbildung). Eine Sekundärkeimbildung an der Oberfläche des Keimes läßt schmale Kristalle radial nach außen wachsen (24, 25). Diese Kristalle, wir wollen

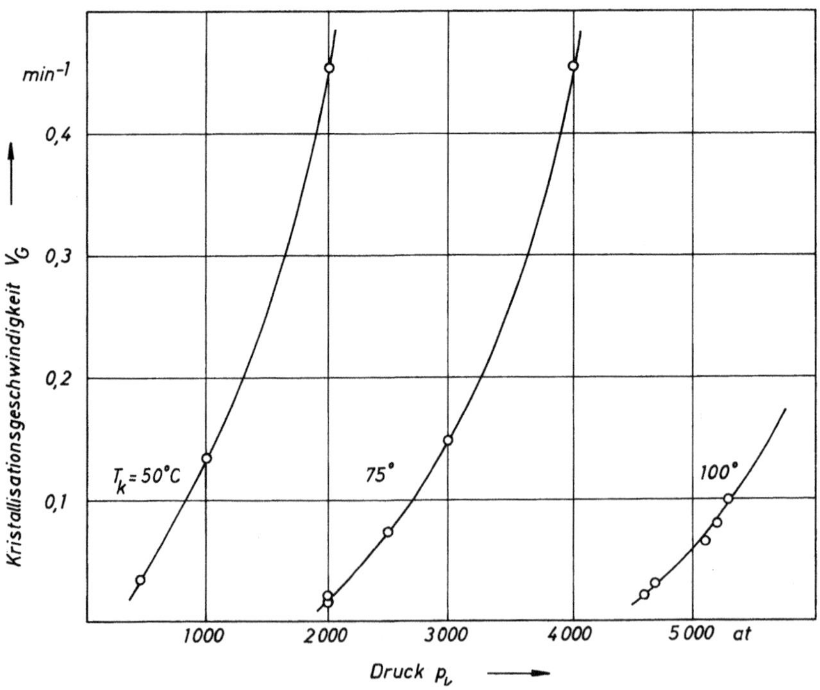

Abb. 4. Die Kristallisationsgeschwindigkeit in Abhängigkeit vom Kristallisationsdruck bei den Kristallisationstemperaturen 50°, 75° und 100 °C

sie Dendrite nennen, bestehen aus einem Bündel von Kristall-Lamellen, in denen die Molekülketten zumeist gefaltet vorliegen.

Keimbildung und Wachstum werden bekanntlich über die thermodynamische Triebkraft der Kristallisation gesteuert. Als Maß dafür gilt die reduzierte Unterkühlung $\frac{Tm - T_k}{Tm}$, wobei Tm die Schmelztemperatur und T_k die Kristallisationstemperatur darstellt.

Dieser Zusammenhang wird in Abb. 4 deutlich, in der die Zunahme der Gesamtkristallisationsgeschwindigkeit mit dem Druck für drei Kristallisationstemperaturen dargestellt ist. Mit Zunahme des Druckes steigt die Schmelztemperatur und damit auch die reduzierte Unterkühlung, so daß es zu einer erheblichen Beschleunigung sowohl der Keimbildung als auch des Sphärolithwachstums kommt. Dieser Befund wird durch Abb. 5 noch bekräftigt, in welcher die Zunahme der Keimzahl mit dem Druck durch die Abnahme des mittleren Sphärolithdurchmessers wiedergegeben wird.

Eine Prüfung, in welchem Grade die Festigkeit kristallisationskinetischen Einflüssen unterliegt, wird in Abb. 6 vorgenommen. Die Biegefestigkeit der PHS-Prüfstäbe nimmt danach fast linear mit zunehmender Sphärolithgröße ab. Neben den beiden Kristal-

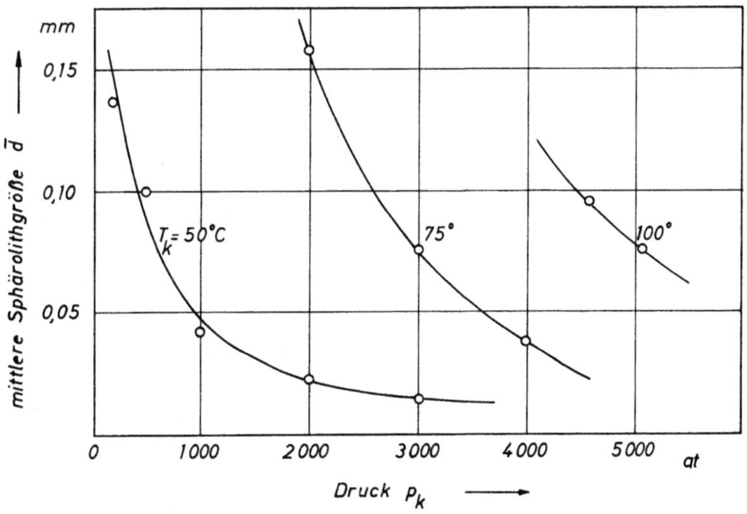

Abb. 5. Änderung der mittleren Sphärolithgröße mit dem Kristallisationsdruck

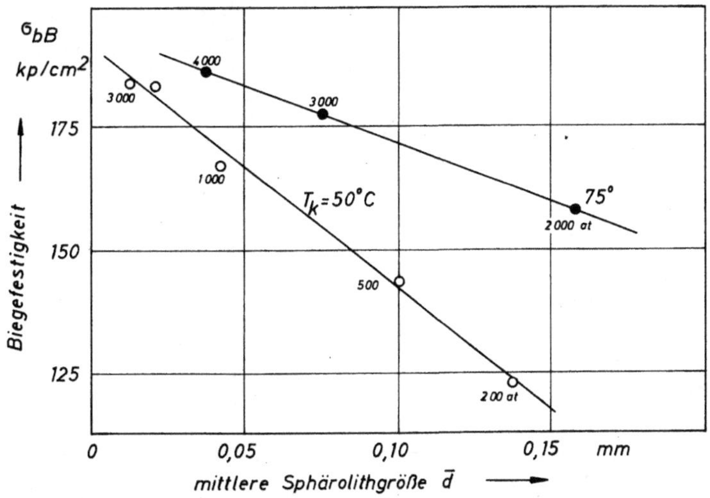

Abb. 6. Zusammenhang zwischen Biegefestigkeit der PHS-Prüfstäbe und dem mittleren Sphärolith-Durchmesser

lisationstemperaturen sind auch noch die jeweiligen Kristallisationsdrucke als Parameter aufgetragen. Die geringste Festigkeit weist die Probe auf, welche bei kleinem Druck und geringer Unterkühlung sehr langsam zu großen Sphärolithen kristallisierte.

Beim Ablauf eines Temperprozesses scheiden kristallisationskinetische Einflüsse aus. Die Überstruktur bleibt makroskopisch weitgehend erhalten. Für Proben, die bei 50 °C und 2000 at kristallisiert und anschließend kurzzeitig bei 55° bis 106 °C und 4000 at getempert wurden, ergab sich trotzdem eine Erhöhung der Festigkeit mit steigender Temperatur (Abb.

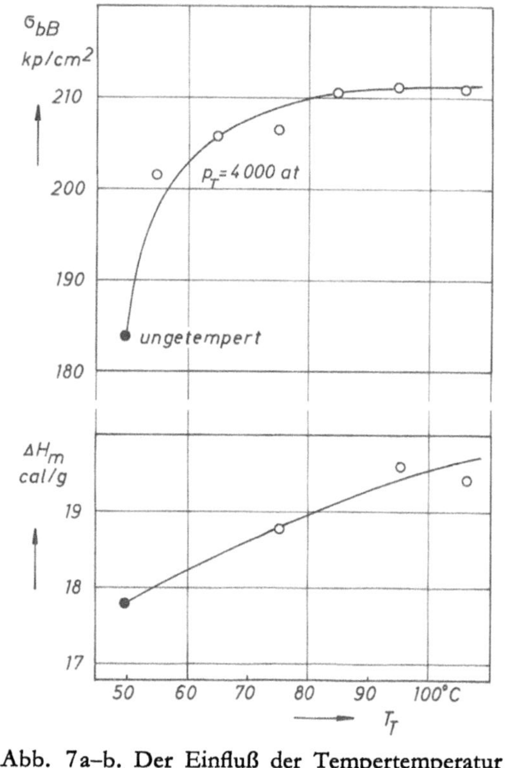

Abb. 7a–b. Der Einfluß der Tempertemperatur auf die Biegefestigkeit (7a) und die Schmelzwärme (7b)

7a). Eine Erklärung hierfür kann Abb. 7b geben. Der kristalline Anteil, hier dargestellt durch den Betrag der Schmelzwärme, steigt ebenfalls mit zunehmender Tempertemperatur und kann über eine Nachkristallisation für die Verfestigung verantwortlich gemacht werden.

Der zeitliche Ablauf des Temperns wird in Abb. 8 durch die Zunahme der Festigkeit mit der Temperzeit gezeigt. Für eine Tempertemperatur von 75 °C und einem Druck von

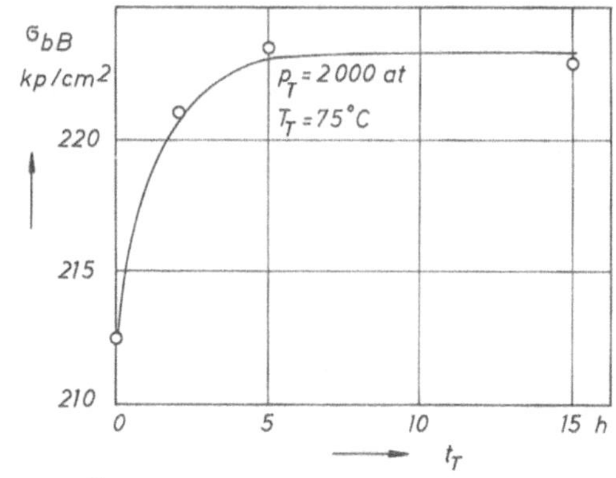

Abb. 8. Änderung der Biegefestigkeit mit der Temperzeit t_T

$p_T = 2000$ at erreicht das Material nach ca. 5 Stunden seine Endfestigkeit.

4. Diskussion

Zur Beurteilung der Festigkeit eines sphärolithisch kristallisierten Polymeren müssen mehrere Bruchmechanismen voneinander grundsätzlich unterschieden werden:

4.1 *Intersphärolitischer Bruch*

Er geht meist von Hohlstellen oder Lunkern aus, die sich durch Volumenschwund bei der Kristallisation bilden (4, 5, 8, 9). In einer Rasterelektronenmikroskop-Aufnahme (Abb. 9)

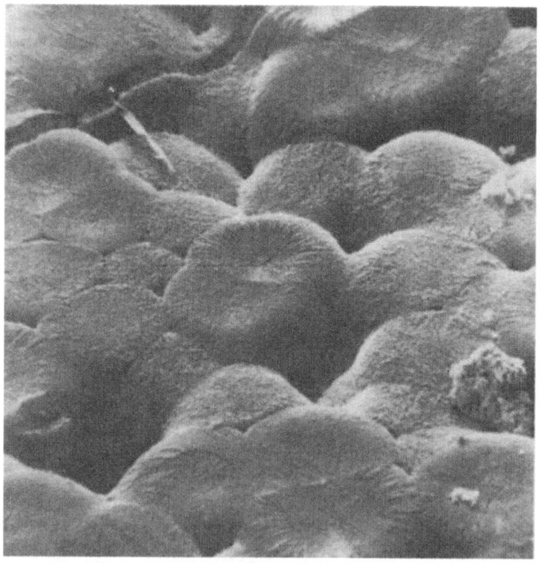

Abb. 9. Rasterelektronenmikroskop-Aufnahme einer sphärolithischen Polyesteroberfläche

einer kristallinen Polymeroberfläche sind an der Stoßstelle mehrerer Sphärolithe die Hohlräume erkennbar, welche als Kerbstellen auftreten und leicht einen Bruch auslösen können. Hier zeigt sich, daß ein großvolumiges Sphärolithwachstum bei geringer Unterkühlung zu spröden und besonders geschwächten Strukturen führt.

4.2 Interdendritischer Bruch

Frühere Rasterelektronenmikroskop-Aufnahmen der Bruchflächen von Polyesterstäben (22) zeigen einen Bruchverlauf, der bevorzugt entlang den radial geordneten dendritischen Grenzen verläuft. Auch ein Lösungs- oder Quellungsmittel diffundiert bevorzugt in dieser Richtung (4, 5) (Abb. 10b). Daß ein Dendrit insgesamt ein festaufgebautes, zusammenhängendes Gebilde darstellt, kann durch Beobachtungen des Auflösungsvorganges nachgewiesen werden (22). Durch geschickte Auswahl ist es möglich, ein Lösungsmittel zu finden, welches nur in den interdendritischen Raum eindringt, aber nicht in der Lage ist, die Dendrite mit ihren Lamellenpaketen aufzulösen. Beim Auflösungsvorgang werden dann die Dendrite als isolierte Gebilde vom strömenden Lösungsmittel fortgetragen. Das führte zu der Annahme, daß sich festigkeitsbestimmende Schwachstellen in den Grenzen der Dendrite befinden. Eine Vermehrung der Schwachstellen besonders bei langsamem Sphärolithwachstum läßt sich durch einen von *Keith* und *Padden* (26, 27) diskutierten Fraktionierungseffekt erklären. Danach wird eine schlecht kristallisierende Restschmelze aus kurzen Ketten und stereo-irregulären Mole-

Abb. 10 a

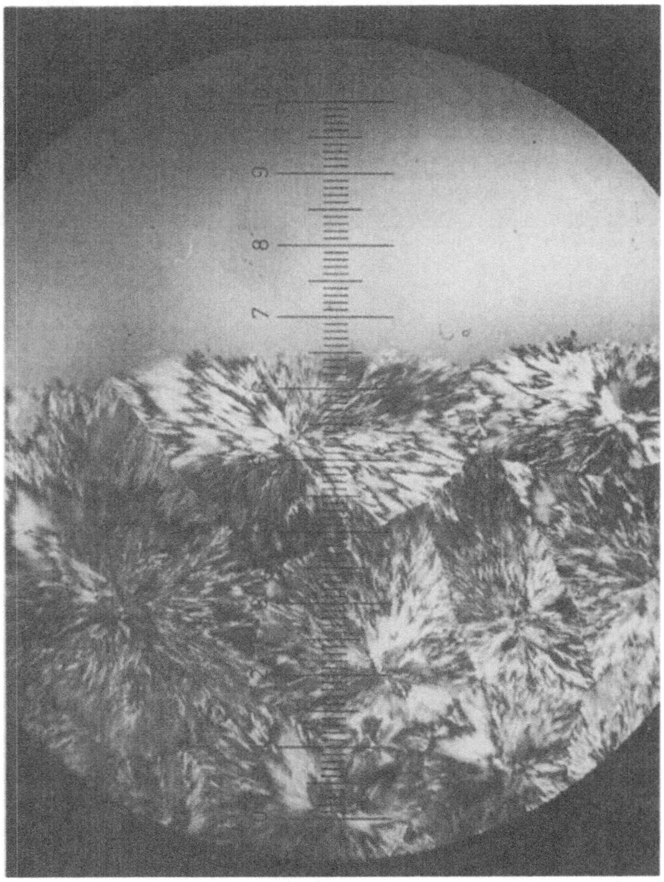

Abb. 10 b

Abb. 10a–d. Darstellung des zeitlichen Ablaufs einer Lösungsmittel-Diffusion in einem sphärolithischen Polymeren. System: PHS-Toluol bei 25 °C. Aufnahme im Interferenzkontrast, teilpolarisiert (Länge der gesamten Skala 0,97 mm)

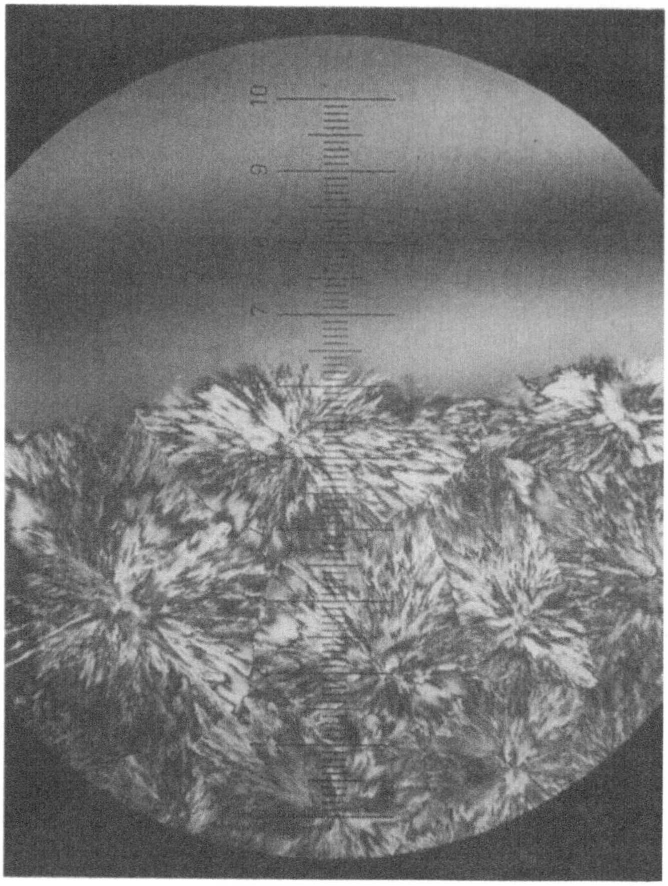

Abb. 10 c

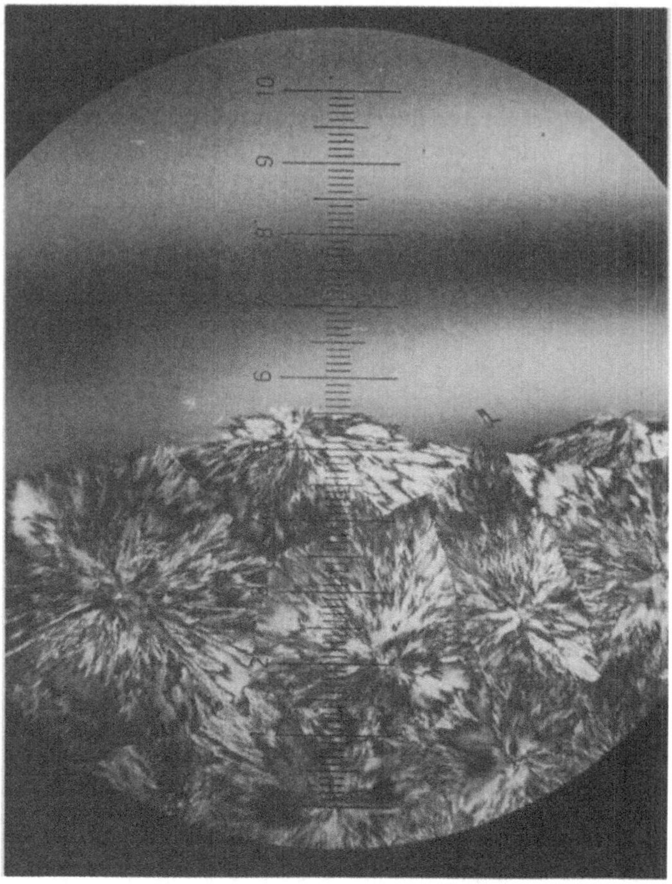

Abb. 10 d

külen von den Dendriten separiert und im interdendritischen Raum abgelagert. Ein schnellerer Aufbau der kristallinen Phase bei großer Unterkühlung und hohem Druck verhindert weitgehend die Fraktionierungseffekte und bewirkt einen festen Kontakt zwischen den Dendriten (Abb. 2), obwohl der kristalline Anteil dabei geringer ist (Abb. 3).

Eine Verfestigung des Materials beim Tempern läßt sich unter diesem Aspekt ebenfalls gut erklären. Neben einer Zunahme der Lamellenhöhe tritt eine Ausheilung der Schwachstellen ein. Eine Nachkristallisation innerhalb der interdendritischen Phase verbindet die Dendrite stärker miteinander, was auch in einer Erhöhung der Bruchstufen in den Bruchflächen sichtbar wird.

4.3 *Interlamellarer Bruch; Kettenbruch*

Die Lamellenkristalle eines teilkristallinen Polymeren sind bekantlich über durchlaufende Moleküle (tie-molecules) miteinander verbunden. Zur Auslösung eines interlamellaren Bruches innerhalb eines Dendriten sind deshalb größere Kräfte erforderlich. Nach der Schwachstellen-Hypothese von *Smekal* und *Griffith* läuft ein Bruch aber bevorzugt entlang der Zonen geringeren Zusammenhalts. Da sich diese Zonen, wie wir in 4.2 darlegen konnten, im interdendritischen Raum befinden, ist ein interlamellarer Bruch im Dendriten in unserem Fall wenig wahrscheinlich.

Ein Kettenbruch ist denkbar bei Molekülen und Molekülverschlingungen, welche zwei Dendriten miteinander verbinden.

4.4 *Kerngebiet*

Abschließend wollen wir den Einfluß des Sphärolithkerns auf die Festigkeit betrachten. Wie in 4.2 erwähnt, läuft der Bruch entlang der radial angeordneten Dendrite zum Kern des Sphärolithen hin. Das Kerngebiet selbst ist

Abb. 11. Weg (*s*)-Zeit (*t*)-Diagramm der Phasengrenze Lösungsmittel/Polymer während der Auflösung eines PHS-Sphärolithen im strömenden Toluol bei 25°

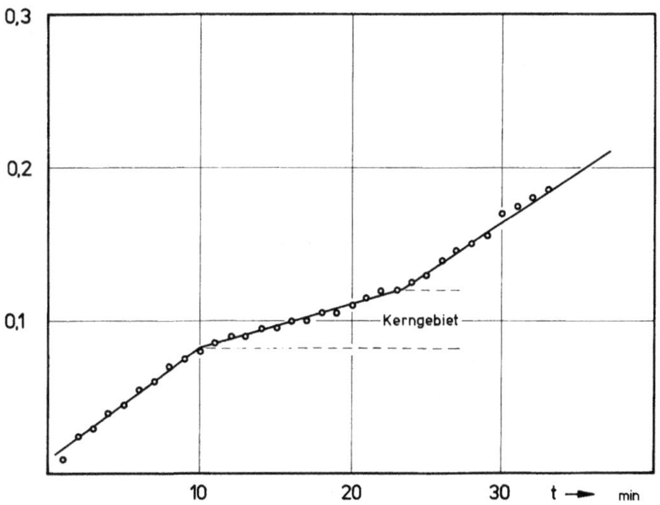

offenbar fester aufgebaut und wird oft als zusammenhängendes Gebiet aus der Umgebung herausgerissen. Dieser Befund läßt sich auch mit einer völlig anderen Untersuchungsmethode bestätigen. In Abb. 10a–d ist in einer Serie von Aufnahmen der zeitliche Ablauf einer Lösungsmittel-Diffusion im sphärolithischen Raum dargestellt (PHS-Toluol bei 25 °C). Abb. 10a zeigt die vom Lösungsmittel noch unberührte Probe und 10b die beginnende Lösungsmittel-Penetration bevorzugt entlang der radialen dendritischen Struktur in Richtung zum Kern. Abb. 10c und 10d lassen dann im weiteren Verlauf den widerstandsfähigen Kern erkennen, welcher vom Lösungsmittel schlechter durchdrungen wird und als Stumpf im Lösungsmittelraum stehenbleibt. Die Wanderungsgeschwindigkeit der Phasengrenze Toluol-PHS im Verlauf der Auflösung eines einzelnen Sphärolithen im strömenden Lösungsmittel ist in Abb. 11 dargestellt. Die Behinderung der Lösungsmittel-Diffusion im festeren Kerngebiet wird durch die Verzögerung der Auflösungsgeschwindigkeit deutlich gemacht.

Der festere Aufbau muß in der Entstehungsphase des Keims gesehen werden, in der vorwiegend längere Ketten mit hohem Ordnungsgrad eingebaut werden, um ein wachstumsfähiges Gebilde zu schaffen. Mit dem Nachweis der festeren Kernstruktur ist ein weiterer Zusammenhang zwischen Kristallisationskinetik und Festigkeit gegeben. Bei hoher Keimdichte, ausgelöst durch große Unterkühlung oder auch durch Impfen, werden die schwächeren Dendritstrukturen weitgehend durch die festeren Kerngebiete verdrängt, womit im allgemeinen eine Verfestigung des Werkstoffes verbunden ist.

4.5 Schlußbemerkung

Bei einem spröden Polyester wird die Festigkeit besonders durch die Kinetik der Bildung der sphärolithischen Überstruktur geprägt. Der Einfluß des kristallinen Anteils wird erst erkennbar, wenn Proben mit gleicher Sphärolithstruktur getempert werden. Zur Erreichung einer optimalen Festigkeit sollte eine Probe bei hohem Druck und großer Unterkühlung kristallisiert und anschließend in der Nähe des Schmelzpunktes getempert werden.

Zusammenfassung

In einem Autoklaven wurden Prüfstäbe aus Poly-Hexamethylen (Mw = 12.700) im Temperaturbereich von 50°–100 °C unter hohem Druck (6.000 at) kristallisiert. Die Biegefestigkeit der spröden Stäbe nimmt mit steigendem Kristallisationsdruck zu.

Untersuchungen der Kristallisationsgeschwindigkeit in einem Hochdruck-Differentialkalorimeter zeigen, daß die durch primäre und sekundäre Keimbildung geprägte sphärolithische Überstruktur für die Festigkeit bestimmend ist.

Ein Bruch verläuft vorwiegend entlang der Dendritgrenzen radial zum Kern hin, ein Weg, den auch ein Lösungsmittel wählt. Eine langsame Kristallisation bei geringer Unterkühlung vermehrt die Schwachstellen in der interdendritischen Phase. Bei großer Unterkühlung und bei hohem Druck steigt mit der Keimzahl auch die Festigkeit.

Untersuchungen der Lösungsmitteldiffusion im Sphärolithen bestätigen einen festeren Aufbau des Kerngebiets. Beim Tempern tritt durch Nachkristallisation eine Ausheilung der interdendritischen Schwachstellen ein.

Summary

Test rods of poly-hexamethylene (Mw = 12,700) have been crystallized under high pressure (up to 6,000 atm) within a temperature range of 50°–100 °C in an autoclave. The bending strength of the brittle rods increases with increasing crystallization pressure. The spherulitic structure obtained by primary and secondary nucleation determines the strength as investigations of the crystallization rate in a high pressure-differential-calorimeter prove.

A rupture runs radial to the nucleus, parallel to the borders of dendrites constituting a spherulite, a path also chosen by a penetrating solvent.

Slow crystallization at small supercooling increases the extension of weak spots in the interdendritic phase. Strength increases with the number of nuclei at high supercooling and pressure.

Investigations of the diffusion of a solvent into the spherulites prove a rigid, resistant structure of the nuclei.

Annealing causes a decrease of the number of weak spots in the interdendritic phase by recrystallization.

Literatur

1) *Langkammerer, C. E.* und *N. E. Caltin*, J. Polym. Sci. **3**, 305 (1948).

2) *Stuart, H. A., U. Veiel* und *M. Hartmann-Fahnenbrock*, Naturwiss. **40**, 339 (1953).

3) *Stuart, H. A.* und *B. Kahle*, J. Polym. Sci. **18**, 143 (1955).

4) *Stuart, H. A., G. Markowski* und *D. Jeschke*, Kunststoffe **54**, 618 (1964).

5) *Stuart, H. A.*, Angew. Chemie **79**, 877 (1967).

6) *Stockmair, W.*, Kunststoffe **52**, 522, 593 (1962).

7) *Leugering, H. J.*, Makromol. Chemie **109**, 204 (1967).

8) *Schönfeld, G.* und *S. Wintergerst*, Kunststoffe **60**, 177 (1970).

9) *Menges, G.* und *E. Alf*, Kunststoffe **62**, 259 (1972).

10) *Menges, G.*, Deformation and fracture of high polymers, (New York, London, 1973).

11) *Reding, F. P.* und *A. Brown*, Ind. Eng. Chem. **46**, 1962 (1954).

12) *Strakweather, H. W., G. E. Moore, J. E. Hansen, T. M. Roder* und *R. E. Brooks*, J. Polym. Sci. **21**, 189 (1956).

13) *Starkweather, H. W.* und *R. E. Brooks*, J. Appl. Polym. Sci. **1**, 236 (1959).

14) *Kuhre, C. J., M. Wales* und *M. E. Doyle*, SPE J. **20**, 1117 (1964).

15) *Sogolova, T. I.*, Polymer Mech. **1**, 1 (1965).

16) *Kargin, V. A., T. I. Sogolova* und *V. M. Rubshtein*, Polym. Sci. USSR, **8**, 645 (1966).

17) *Sogolova, T. I., V. A. Belyi, V. G. Savkin* und *V. A. Kargin*, Polym. Sci. USSR **9**, 358 (1967).

18) *Kargin, V. A., G. P. Adrianova* und *G. G. Kardash*, Polym. Sci. USSR **9**, 289 (1967).

19) *Dixon, E. R.* und *J. B. Jackson*, J. Materials Sci. **3**, 464 (1968).

20) *Remaly, L. S.* und *J. M. Schultz*, J. Appl. Polym. Sci. **14**, 1871 (1970).

21) *Kleiner, L. W., M. R. Radloff, J. M. Schultz* und *T. W. Chou*, J. Polym. Sci. Polym. Phys. Ed. **12**, 819 (1974).

22) *Steiner, K., W. Engelbart, F. Asmussen* und *K. Ueberreiter*, Kolloid-Z. u. Z. Polymere **233**, 849 (1969).

23) *Asmussen, F., W. Schiwon* und *K. Ueberreiter*, Kolloid-Z. u. Z. Polymere **250**, 506 (1972).

24) *Fischer, E. W.*, Z. Naturforschung **12a**, 753 (1957) Kolloid-Z. **159**, 108 (1958).

25) *Fujiwara, Y.*, J. Appl. Polym. Sci. **4**, 10 (1960).

26) *Keith, H. D.* und *F. J. Padden, Jr.*, J. Appl. Phys. **34**, 2409 (1963), **35**, 2115 (1964).

27) *Keith, H. D.*, J. Appl. Phys. **35**, 2115 (1964), Kolloid-Z. u. Z. Polymere **231**, 421 (1969).

Adresse der Autoren:

F. Asmussen, W. Schiwon und *K. Ueberreiter*
Fritz-Haber-Institut
der Max-Planck-Gesellschaft Berlin
Faradayweg 4–6, 1000 Berlin 33

Colloid & Polymer Sci. **254**, 299–309 (1976)

Vorgetragen auf der Frühjahrstagung des Fachausschusses Physik der Hochpolymeren in der Deutschen Physikalischen Gesellschaft in Münster 17.–22. März 1975

Zum Einfluß von Schleif- und Poliervorgängen auf oberflächennahe Strukturen in partiell-kristallinen Hochpolymeren

J.-H. Kallweit und *B. Szesny* (Osnabrück und Berlin)

Mit 20 Abbildungen und 4 Tabellen

(Eingegangen am 6. Mai 1975)

1. Einleitung

Es ist seit langem bekannt, daß Überstrukturen in Hochpolymeren die technologischen Eigenschaften von Fabrikaten aus dieser Materialklasse beeinflussen. Zu ihrer Kontrolle bedient man sich u.a. der Durchlichtmikroskopie an Proben, die durch Dünnschnitte aus Teilen des Werkstückes gewonnen werden.

Angeregt durch die Arbeiten von *Stuart* (1, 2), *Semerdjew* (3) und anderen (4, 5, 6) wurde versucht, die Präparationsmethodik der Metallographie zur Darstellung von Metall-Oberflächen auf die Darstellung von Oberflächen partiell-kristalliner Hochpolymere zu übertragen. Es ist in einer früheren Arbeit (5) gezeigt worden, daß durch Schleifen, Polieren und Anätzen Strukturen in partiell-kristallinen Hochpolymeren sichtbar gemacht werden können. Die Arbeiten zeigten, daß die Auflichtmikroskopie im Bereich der sichtbar zu machenden Größenordnungen eine ergänzende Methode zur Dünnschnitt-Mikroskopie (6–12) darstellt. Ihr Vorteil ist die Möglichkeit, größere Probenflächen zu untersuchen, die Herstellung von Kantenschliffen, die Untersuchung von Kontaktzonen zu Metallen und die Untersuchung der Wirkung ätzender und quellender Lösungen auf Polymeroberflächen. Auch gelang es, Hinweise für den Wachstumsmechanismus von Sphärolithen anzugeben.

Es mußte jedoch festgestellt werden, daß die im Gegensatz zu den meisten Metallen weichen Hochpolymeren durch Schleif- und Poliervorgänge mit anschließender Ätzung verschiedenartige Strukturveränderungen erfahren können. Die vorliegende Arbeit beschreibt Verfahren, wie diesen Schwierigkeiten begegnet werden kann.

2. Experimentelle Untersuchungen

2.1. *Versuchsmaterial*

Als Präparate standen kommerzielle Typen folgender partiellkristalliner Hochpolymere zur Verfügung.

Tab. 1.

PE BASF	1800 S
	1800 M
	1810 D
	3020 D
	5041 D
	6041 D
PE Hoechst Hostalen GF 5260	
PP Hoechst Hostalen PP 1060	
PP Hüls Vestolen PP 4500/0050	
PA 6.6 Du Pont Zytel E 101 L	
PA 12 Hüls Vestamid PA L 2101	
POM Du Pont Delrin 500 NC	
POM Hoechst Hostaform POM C 9010	

2.2. *Präparationsmethodik*

Die Proben wurden zur Vermeidung von Maschineneinflüssen aus technischem Granulat aufgeschmolzen. Durch Tempern bei Temperaturen oberhalb des Einfrierbereiches wurden die einzelnen Probentypen in vergleichbare kristalline Modifikationen überführt. Die Wärmebehandlung erfolgte zwischen Platten aus verschiedenen Materialien unter Last oder mit freier Oberfläche ohne Belastung. Siehe Abb. 1.

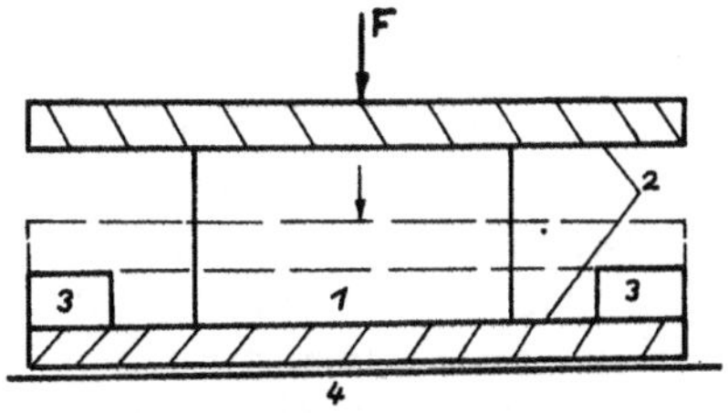

Abb. 1. Schematische Darstellung der Einrichtung zum Aufschmelzen der Proben. 1. Probe – 2. Glas- oder Metallplatten – 3. Anschläge – 4. Grundplatte. F wirkt in Z-Richtung. Koordinaten siehe Abb. 2.

M 312

Die Temperung erfolgte unter den in Tab. 2 angegebenen Bedingungen.

Tab. 2.

Typ	Temper-Temperatur in °C	Haltezeit in Std.	Abkühl-Geschwindigkeit in $°C\ min^{-1}$
PE 1800 S	150	2	1
PE 1800 M	150	2	1
PE 1810 D	150	2	1
PE 3020 D	150	2	1
PE 5041 D	180	2	1
PE 6041 D	180	2	1
POM	220	2	1
PA 12	220	2	1
PA 6.6	280	2	1

Trotz der langsamen Abkühlung waren die Proben nicht völlig homogen kristallisiert. Die Ursachen waren die größere Keimzahl an den Kontaktflächen der begrenzenden Unterlagen und Fließvorgänge bei der Erwärmung, die während der Haltezeit nicht ausgeglichen worden waren. Weitere Temperaturerhöhung wurde jedoch vermieden, um zu verhindern, daß thermischer Abbau eintrat. Es wurden für die weiteren Behandlungen der Strukturen die aus Abb. 2 ersichtlichen Probenschnittflächen festgelegt.

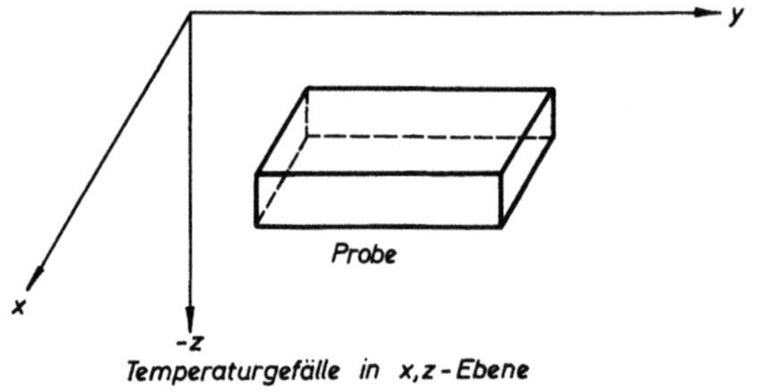

Abb. 2. Festlegung der Probenlage: Sphärolithische Strukturen sind bevorzugt bei Schnitten parallel zur *x-y*-Ebene zu beobachten. Transkristallisation erfolgte in der *y-z*-Ebene, d.h. parallel zum Temperaturgefälle

3. Strukturen an der Grenzfläche Metall-Kunststoff

Die Theorie der Keimbildung kristalliner Strukturen in hochpolymeren Schmelzen unterscheidet zwischen homogener und heterogener Keimbildung (13–21). Im ersten Fall soll die Kristallisation von Keimen ausgehen, die in der Schmelze infolge thermischer Fluktuation zufällig in der entsprechenden sterischen Anordnung entstehen und bei sinkender Temperatur nicht mehr aufgelöst werden. Bei heterogener Keimbildung erfolgt ein Kettenwachstum gleicher Art von Fremdkeimen aus, die um so wirksamer sein werden, je besser sie die sich bildende Kettenstruktur sterisch vorgeben können. Neben ausreichender Isomorphie muß Benetzung zwischen Keim und Schmelze vorliegen (18). Infolge ihres limitierten Auflösungsvermögens kann die Lichtmikroskopie keine unmittelbaren Aussagen über den Keimbildungsprozeß machen. Sie kann jedoch von den gewachsenen Strukturen indirekt Rückschlüsse auf den Keimbildungsprozeß ziehen. Die Beeinflussung der Keimbildung vom Gefüge der Unterlage aus kann so ausgeprägt sein, daß Epitaxie-ähnliche Effekte beobachtet werden können. Abkühlende Hochpolymerschmelzen erreichen jedoch nicht die Epitaxie-bedingten Ordnungsgrade wie Hochpolymerstrukturen, die aus der Lösung heraus entstehen (22). Neben der erhöhten sterischen Behinderung von Platzwechseln in der viskosen Schmelze können auch die unterschiedlichen thermischen Ausdehnungs-Koeffizienten zu tangentialen Relativbewegungen Substrat-Schmelze führen. Während bei Temperung zwischen Glasplatten oder vernickelten Stahlplatten lichtmikroskopisch sichtbare Strukturen an den Oberflächen nicht beobachtet wurden, führte das gleiche Verfahren mit Abdeckplatten aus Grauguß GGL 60 zum Abdruck der Graphitstruktur in das erstarrende PE. Abb. 3, Abb. 4 und Abb. 5.

Es ist deutlich erkennbar, daß die Morphologie durch das Abdeckmaterial beeinflußt wurde. Demnach erfolgte an der Grenzfläche Metall-Kunststoff eine heterogene Keimbildung. Diese Effekte dürfen von technologischer Bedeutung werden, wenn wie z.B. in einem Spritzgußwerkzeug zusätzlich ein starkes Temperaturgefälle von Kunststoff zum Metall hin vorliegt. Epitaxie-ähnliche Effekte konnten auch bei POM beobachtet werden. Stahlplatten mit Widmannstätten-Gefüge oder mit Texturierung können ebenfalls Strukturelemente in der Morphologie der Hochpolymere übertragen.

Die Beschichtung der Innenseite von Spritzgußwerkzeugen mit dünnen, thermisch isolierenden Schichten führt nach *Wübken* (27) zur Änderung der Morphologie in oberflächennahen Zonen von Spritzgußteilen aus PE. Dieser Effekt dürfte nicht ausschließlich der thermischen Isolation, sondern auch

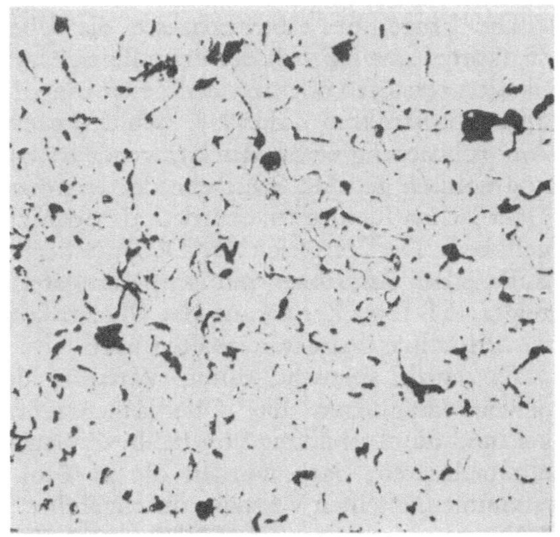

Abb. 3. Graphitlamellen in hochglanzpoliertem Grauguß GGL 60, der als Plattenauflage entsprechend Abb. 1 diente. Bildvergrößerung 98:1

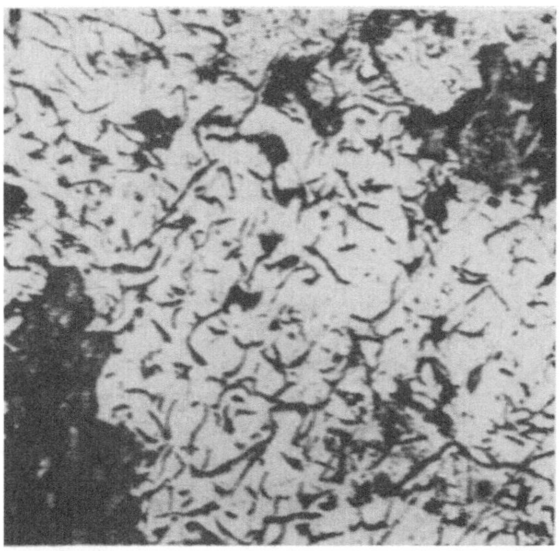

Abb. 4. Oberfläche von PE (Lupolen 1800 S) getempert zwischen polierten Platten aus Grauguß GGL 60. Der Graphit aus dem Grauguß wurde teilweise in das PE übertragen. Bildvergrößerung 98:1

heterogener Keimbildung an der Werkzeugoberfläche zuzuschreiben sein.

4. Der Schleifprozeß

Die abgekühlten Proben wurden in PUR-Integralschaum eingebettet, der in Form zylindrischer Schleifkörper aufgeschäumt wurde. Durch Variation des Mischungsverhältnisses Polyol-Diisozyanat und durch Wahl geeigneter Formfüllverhältnisse wurden zu hohe Reaktionstemperaturen vermieden. Die Probenaufnahme des benutzten Poliergerätes bestimmte die Form der Schleifkörper.

Der mechanische Materialabtrag während eines Schleifprozesses kann durch eine Reihe von Arbeitsbedingungen beeinflußt werden:

Korngröße, Kornstruktur und Härte der Schleifmittel.

Einsatz des Schleifmittels als loses oder gebundenes Korn.

Anpreßdruck und Elastizität des Schleifmittelträgers, Schleifgeschwindigkeit.

Probentemperatur und Wärmeabfuhr.

Scherkräfte und chemische Einwirkungen der Schleifflüssigkeiten (23–26).

Die den Materialabtrag bewirkenden Kräfte müssen beim Schleifen als Reaktionskräfte von dem geschliffenen Körper aufgebracht werden. Ist dieser von geringerer Härte als das Schleifmittel, kann eine Verformung der Randzone auftreten.

Abb. 5. Die Oberfläche des gleichen Materials wie Abb. 4 getempert mit freier Oberfläche. Die Sphärolithe ordnen sich oft perlschnurartig zusammen. Vergrößerung 230:1

Bei Hochpolymeren können die sphärolithischen Überstrukturen mit steigender Belastung deformiert und dann zerstört werden. Schließlich ist es möglich, daß oberflächennahe Bereiche aufschmelzen und rekristallisieren. Deformierte Rand-Zonen sind bei Metallen als

Beilby-Schichten bekannt. Dünnschnitte an spanabhebend bearbeiteten Oberflächen bestätigen, daß Beilby-Zonen auch bei Hochpolymeren auftreten können (28–31). Mit Hilfe von Kantenschliffen konnte auch hier nachgewiesen werden, daß Schleifen zu Beilby-Zonen führt (Abb. 6).

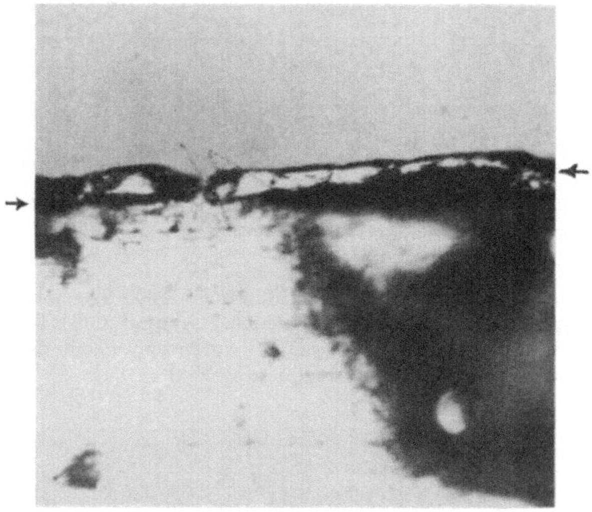

Abb. 6. Durch Kantenschliff sichtbar gemachte *Beilby*-schicht ↑ in einem geschliffenem Polypropylen (Vestolen PP 4500)

Die Frage, ob Schleifprozesse die Überstrukturen unter Erhalt der kristallinen Modifikation zerstören oder mit der Zerstörung der Sphärolithstruktur durch Schleifprozesse Amorphisierung verbunden ist, wurde röntgenographisch geprüft. Schichten der zerstörten Oberflächen-Randzonen wurden als Span abgehoben. Der Vergleich der Debye-Scherrer-Reflexe der Randzonen mit dem Restmaterial zeigte, daß trotz Zerstörung der Überstruktur der kristalline Charakter erhalten blieb.

Es wurde versucht, durch Variation der Schleifbedingungen die Oberflächenrauhigkeit und die Ausbildung von Beilby-Zonen zu minimalisieren; dazu wurden die in Tab. 3 zusammengestellten Versuche durchgeführt.

Die resultierenden Oberflächenprofile wurden mit Hilfe eines Profilographen nach DIN 4760 und DIN 4762 ausgewertet. Es zeigte sich, daß das Verfahren f) allen anderen überlegen war, lediglich Methode d) erreichte bedingt vergleichbare Qualität.

Als Beispiele sind die Kurven Abb. 7 und Abb. 8 wiedergegeben.

Von allen Proben wurde der zeitliche Abtrag nach jeweils einer Stunde Schleifzeit bestimmt. Das Verfahren 3-f) mit losem Korn auf einer weichen Unterlage führte zu gering-

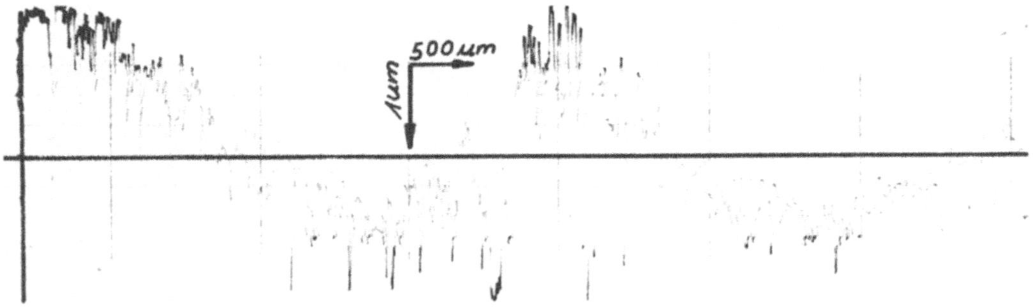

Abb. 7. Oberflächenprofil einer Probe aus PA L 2101 nach Schleifen auf Naßschliffpapier (Methode 3–c)

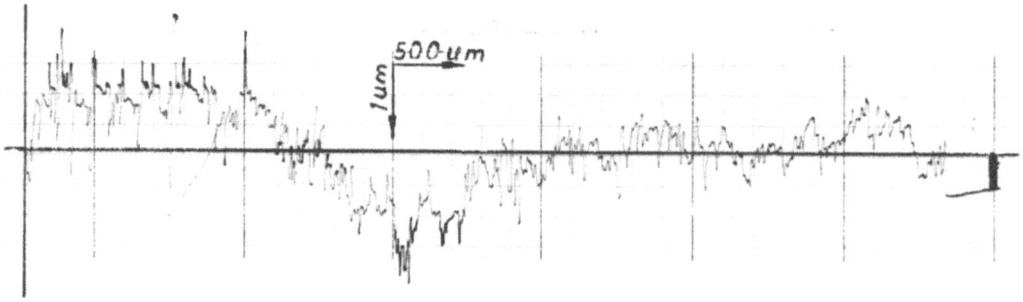

Abb. 8. Die gleiche Probe, geschliffen auf elastischem PUR-Schleifmittelträger (Methode 3–f)

Tab. 3.

a) Intervall Trockenschliff auf Silizium-Karbid-Naßschliffpapier verschiedener Körnung unter Kühlung mit flüssigem Stickstoff.
Anpreßkraft 0,5 N, Schleifscheibendrehzahl 250 U/min

b) Wie a), jedoch Kühlung mit Kaltluft von −40 °C

c) Wie a), jedoch Raumtemperatur

d) Trockenschliff analog a) bis zur Körnung 400, anschließend Feinschliff mit losem Korn naß auf Textiltuch. Körnung: Edelkorund Bikorit 600

e) Naßschliff auf Naßschleifpapier, Schleifbedingungen wie unter a)

f) Schleifen mit losem Korn 180–600 Elektrokorund auf PUR-Hartschaumfolie LP 57.
Anpreßkraft 0,5 N, Schleifscheibendrehzahl 150 U/min

sten Abtragsmengen. Lichtmikroskopische Untersuchungen ergaben, daß Überstrukturen in Oberflächennähe durch Schleifprozesse in jedem Fall zerstört werden, jedoch führte auch hier Methode 3-f) zu relativ geringsten Veränderungen.

Diese Ergebnisse stehen im Einklang mit den Arbeiten von *Rabinowicz* (30, 31). Nur durch die Möglichkeit, daß hervorstehende Schleifkörner in die elastische Unterlage zurückgedrückt werden, können genügend viele Schleifkörner gleichzeitig unter entsprechend kleiner Flächenlast wirksam werden. Bei Hochpolymeren muß die geringe Wärmeabfuhr durch die Probe und der niedrige Schmelzbereich zusätzlich beachtet werden.

5. Der Polierprozeß

Hochpolymere können wie weiche Metalle mit Diamantpasten poliert werden. Während des Polierprozesses werden häufig Verdünnungsmittel zugegeben, die aus Mischungen organischer Flüssigkeiten bestehen. Vorversuche zeigten, daß durch diese Verdünnungsmittel die Proben PE, PP, PA und POM angequollen wurden. Aufgrund dieser Tatsache wurde auch bei dem Poliervorgang mit Diamantpaste mit dest. Wasser als Verdünnungsmittel gearbeitet (Abb. 9 und Abb. 10).

Bei den in Abb. 10 gezeigten Ätzstrukturen ist bemerkenswert, daß vom Sphärolithmittelpunkt faserähnliche Gebilde radial zu den Sphärolithgrenzen laufen, die wenig Ähnlichkeit mit den sonst beobachteten Lamellenpaketen zeigen. Siehe Pfeil in Abb. 10.

Die Polierversuche wurden auf dem Poliergerät Stellapol der Fa. Struers, Kopenhagen, durchgeführt. Die zylindrischen Proben werden auf eine mit 150 U/min rotierende Scheibe aufgesetzt, die mit verschiedenen Polierunter-

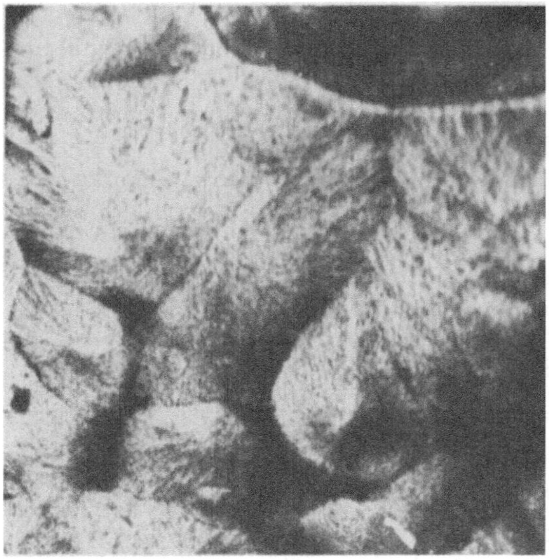

Abb. 9. Frei gewachsene Oberfläche von getempertem POM (Hostaform C 9010) Bildvergrößerung 98:1

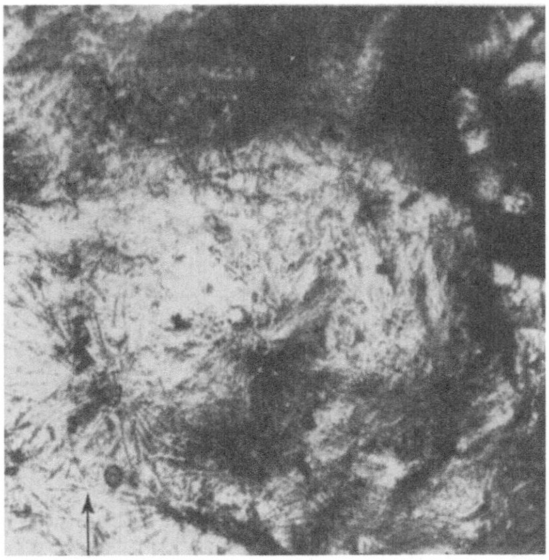

Abb. 10. Die gleiche Oberfläche wie in Abb. 9 nach 6 Stunden Lagerung in Verdünnungsmittel für Diamantpolitur. Nach dem ätzenden Angriff werden faserförmige Strukturen sichtbar, ↑ die radial von den Sphärolithenzentren ausgehen. Bildvergrößerung 98:1

lagen belegt werden konnte. Eine sternförmige Kurvenscheibe führt die Probenkörper derart, daß sie unter periodischem Wechsel der Eigenrotation zusätzlich Radialbewegungen ausführen. Vorzugsrichtungen bei der Politur sind dadurch ausgeschlossen. Vorpoliert wurde mit 15 μm Diamantpasten der Fa. Struers. Die Politur erfolgte mit 6 μm Diamantpaste, die Feinpolitur mit den Diamantpasten vom Typ A, B, C.

Im Fall der Politur auf PUR-Polierfolie wurde Al_2O_3, Typ 3, Fa. Wirtz, zugegeben. Alle Polituren wurden unter Variation der Polierunterlagen durchgeführt.

Als Polierunterlagen wurden benutzt:

Tab. 4.

a) Textiltuch
b) Filztuch
c) Sämisch-Leder
d) PUR-Polierfolie LP 46, Produkt der Fa. Intraco

Es wurden die nach Methode f) geschliffenen Proben untersucht. Aus den Versuchen resultiert, daß Politur auf Sämisch-Leder die geringste Welligkeit, Politur auf PUR-Polierfolie die geringste Rauhigkeit erzeugte. Abb. 11 und Abb. 12 zeigen entsprechende Profilkurven.

6. Ätzprozesse

Hochpolymere Strukturen in polierten Oberflächen können erst nach Ätzen der Beilby-Deckschichten voll sichtbar gemacht werden (1–4, 32, 33). Im Fall von Polymeren kann einerseits der Materialabtrag unter Ätzung erfolgen, andererseits werden kristalline Strukturen langsamer angeätzt als amorphe Strukturanteile. Nach Abtrag der Deckschicht erfolgt selektiver Abbau der Überstrukturen.

Da die Quellung von kristallinen Anteilen langsamer erfolgt als die von amorphen, können durch Quellprozesse ebenfalls Strukturen sichtbar werden (33). Sie entstehen durch strukturspezifisches Quellvermögen ohne Abtrag der Deckschicht. Die Quelleffekte können mit der chemischen Konstitution von Probe und Lösungsmittel stark differieren. Organische Lösungsmittel zeigen naturgemäß stärkere Neigung zum Anquellen polymerer Proben als anorganische Lösungsmittel. Durch Mischungen von Lösungsmitteln unterschiedlichen Quellvermögens, durch Mischen von ätzenden und quellenden

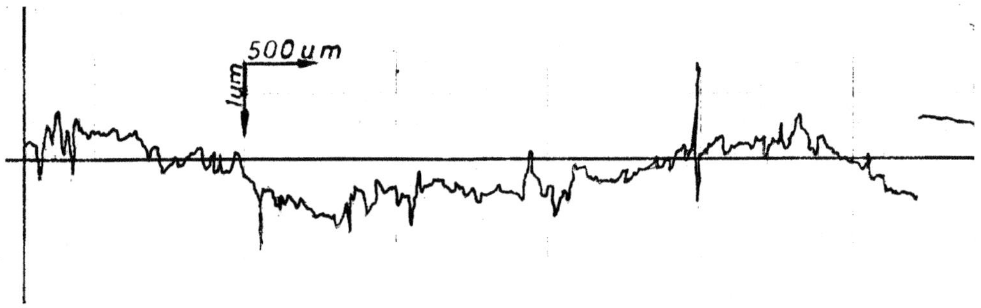

Abb. 11. Oberflächenprofil von PE Lupolen 5041 D nach Politur auf Sämisch-Leder

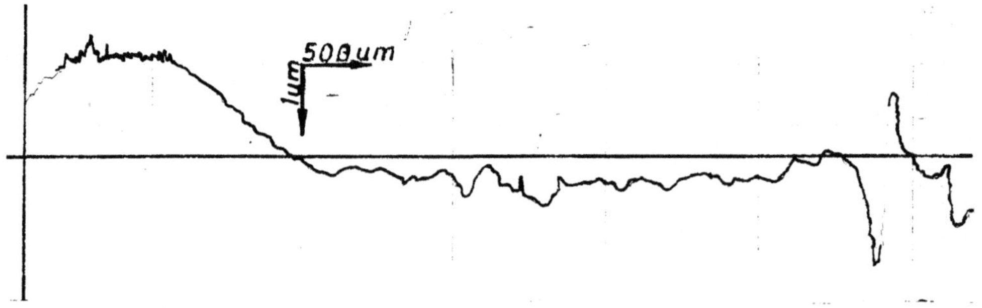

Abb. 12. Das gleiche Material, wie Abb. 10, poliert auf PUR-Polierfolie LP 46

Flüssigkeiten und durch Variation der Angriffszeiten und Ätztemperatur kann die Strukturentwicklung in den Oberflächenzonen graduell variiert werden. Meist gelingt es nicht, die Beilby-Schichten in einem Arbeitsgang abzutragen. Ätz- und Polierprozesse müssen dann alternierend wiederholt werden.

Abb. 13 zeigt die Strukturentwicklung in einem PE mit relativ niedrigem mittleren Molekulargewicht (Lupolen 1800 S). Die Probe war zwischen Stahlplatten getempert worden. Der Schliff erfolgte nach Methode 3-d). Als Ätzmittel diente konzentrierte Ameisensäure von 60 °C, die Ätzzeit betrug 10 sec. Bei Ätzungen erfolgte der Angriff vorwiegend an den Flanken und den Korngrenzen der Sphärolithe. Es sind offensichtlich die Stellen, an denen die vom zentralen Bereich aus wachsenden Lamellenpakete durch amorphe Zwischenbereiche getrennt sind. Speziell Polyamid wie z. B. in Abb. 14 PA 12 zeigt dieses Verhalten. Deutlich sind drei Ausbildungsformen der Korngrenzen zu unterscheiden:

1) Streng lineare Abgrenzung ohne Überwachsen

2) Leicht gewellt mit Materialstau an den Korngrenzen

3) Regelloses Übereinanderwachsen.

Abb. 13. Durch Ätzung sichtbar gewordene Überstrukturen in PE Lupolen 1800 S. Die Präparationsmethode ist im Text erläutert. Schleifriefen sind erhalten geblieben

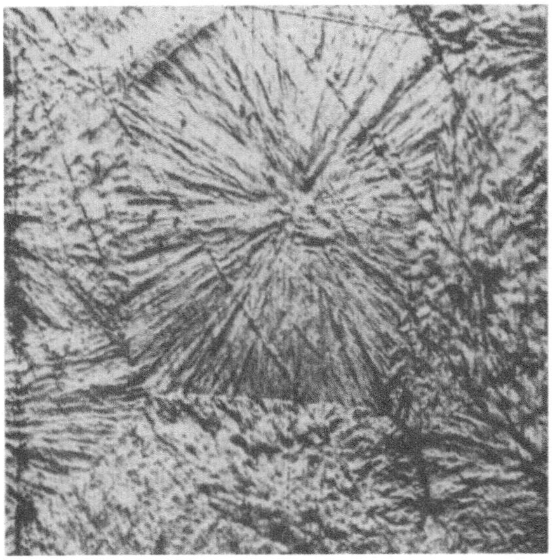

Abb. 14. Geätzte Oberfläche in Polyamid Vestamid L 2101. Geschliffen nach Methode 3-f, poliert nach Methode d. Geätzt mit Ameisensäure 80%, 70 °C, 10 sec. Schleifriefen sind erhalten geblieben

Nach bisherigen Beobachtungen werden Korngrenzen mit linearer Abgrenzung leichter aufgebaut, wenn die Dendritenpakete benachbarter Sphärolithe nicht in parallelen Richtungen aufeinander zuwachsen.

Abb. 15 zeigt ein höher molares Polyäthylen (Lupolen 1800 D). Die Strukturentwicklung

Abb. 15. Durch Quellung sichtbar gewordene Überstrukturen in PE Lupolen 1800 D. Geschliffen nach Methode 3–f, poliert nach Methode 4–d, Xylol, 65 °C, 20 sec

erfolgt bevorzugt durch Quellung. Schleifriefen sind nicht mehr erkennbar. Die sphärolithischen Strukturen quollen zu konvexen Strukturen auf, wie die starke Schattenbildung im Schräglicht erkennen läßt. Durch den Quellvorgang wurde der schichtweise Aufbau der Sphärolithe sichtbar. Zwischen den aufgequollenen Überstrukturen sind Bereiche ohne den schichtweisen Aufbau erkennbar. Es dürfte sich hier um Sphärolithstrukturen handeln, deren Vorzugs-Wachstumsrichtung etwa senkrecht zur Schleifrichtung lag.

Die Versuchsbedingungen bei Ätzung bzw. Quellung der Proben wurden jeweils bei den gezeigten Beispielen angegeben: Die experimentellen Erfahrungen ließen es nicht als sinnvoll erscheinen, die aus der Literatur bekannten Ätzlösungen tabellarisch zu ergänzen. Die Qualität der Schleif- und Polierprozesse, Ätzzeit, Ätztemperatur und Mischungen von Ätzmitteln wirken sich schon bei Proben gleichen Types, aber anderer Hersteller unterschiedlich aus. Beständigkeitstabellen für die einzelnen Polymeren gegen anorganische und organische Lösungen geben genügend Hinweise für die Vorauswahl der Ätzmittel.

Nach den bisher vorliegenden Erfahrungen ist es vor allem anderen wichtig, den Schleifprozeß so zu führen, daß die oberflächennahen Zonen möglichst wenig zerstört werden. Auch bei Spritzgußkörpern mit werkzeugbedingten Oberflächen können Schleifprozesse nicht umgangen werden, da die an der Werkzeugwandung erstarrte Schmelze zu Strukturen führen kann, die lichtmikroskopisch nicht auflösbar sind.

7. Anwendungsbeispiele

7.1. Nachweis von Texturierungen durch mechanische Bearbeitung

Durch Schleifen von Proben auf rotierenden Scheiben können die Probenoberflächen in Richtung der Umfangsgeschwindigkeit deformiert werden. Die Texturierungen bleiben erhalten, wenn der Polierprozeß nach Methode 4-c) oder 4-d) durchgeführt wird. Als Beispiel ist in Abb. 16 die Struktur eines PE (Lupolen 5041 D) wiedergegeben, die durch zu starke Belastung während des Schleifprozesses entstanden war.

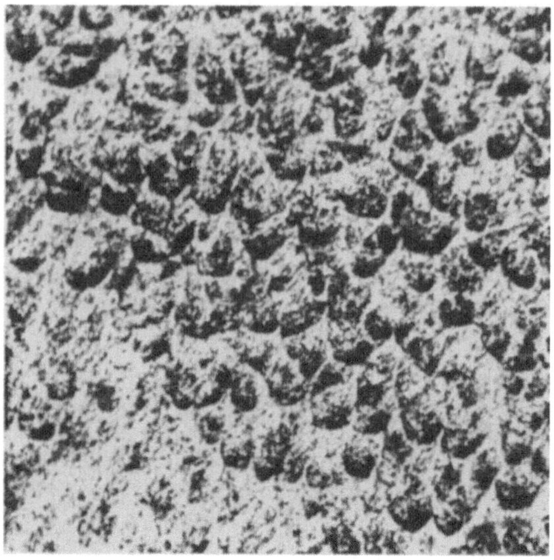

Abb. 16. Texturierung einer PE-Struktur (Lupolen 5041 D) durch Schleifprozesse. Präparation der Probe wie bei Abb. 15

7.2. Strukturen, die bei Abkühlung in Temperaturgefällen entstehen

Ein besonderer Vorteil der Schleif- und Poliertechnik ist die Möglichkeit, mit Hilfe von Kantenschliffen Strukturen zweiseitig untersuchen zu können. Bei Abkühlung von partiell-kristallinen Hochpolymeren in Temperaturgefällen erfolgt asymmetrische Strukturausbildung. Diese Vorgänge sind bei Extrusion von Folien, bei Spritzgußkörpern usw. bekannt (12).

Strukturen in PA 6.6 seien als Beispiel für die Art des sphärolithischen Wachstums gezeigt, wie es meistens beobachtet wird. Senkrecht zum Temperaturgefälle, das während der Abkühlung vorlag, geschnittene Proben (Abb. 17) zeigen Sphärolithstrukturen, die bevorzugt in der Schnittebene radial-symmetrisch aufgewachsen sind. In der Schnittebene parallel zum Temperaturgefälle, siehe Abb. 18, liegt Transkristallisation vor (7, 12).

PE mit hohem mittleren Molekulargewicht (Lupolen 1810 D) wurde aus der Schmelze mit Temperaturgefälle abgekühlt. Abb. 19 und Abb. 20 zeigen die Strukturen, die senkrecht und parallel zum Temperaturgefälle aufwuchsen. Die Korngrenzen, die in der Ebene senkrecht zum Temperaturgefälle entstanden, sind nicht typisch für sphärolithische Strukturen in undeformiertem Polyäthylen. Bei Beobachtung im rechten Winkel zur erstge-

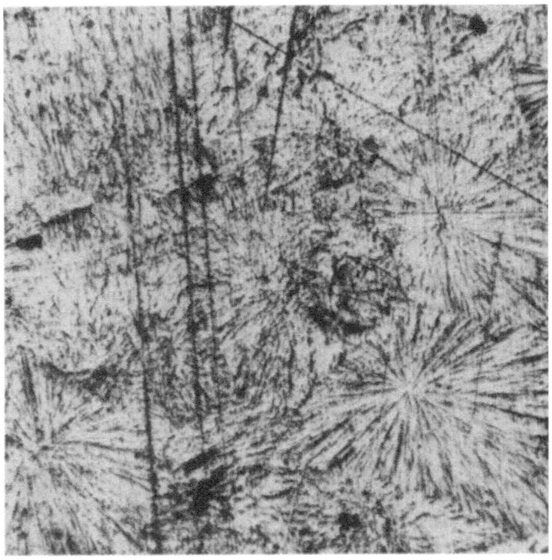

Abb. 17. PA 6. 6 Zytel E 101 L getempert zwischen Stahlplatten. Schnittebene senkrecht zum Temperaturgefälle während der Abkühlung. Geschliffen nach Methode 3–d, poliert nach 4–c. Ätzmittel war eine Mischung von 3 Teilen konz. Ameisensäure mit 1 Volumenanteil konz. Salpetersäure. Ätztemperatur 30 °C, Ätzzeit 10 sec.

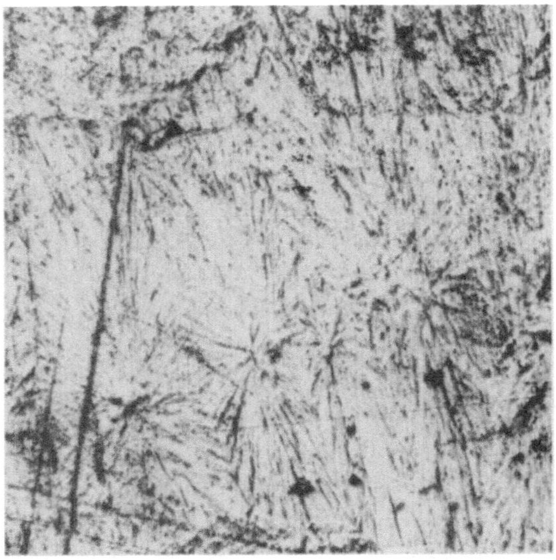

Abb. 18. Wie Abb. 17, Schnittebene parallel zum Temperaturgefälle. Das Wachstum erfolgt bevorzugt in Transkristallisation

nannten Richtung werden bänderartige Strukturen sichtbar. Eine befriedigende Erklärung kann nicht gegeben werden (34). Es wird in den unterschiedlichen Strukturen parallel bzw. senkrecht zum Temperaturgefälle eine Bestätigung für die Hypothese gesehen, daß in hochpolymeren Materialien, die durch technische Prozesse wie Spritzguß, Extrusion usw. hergestellt wurden, die Ausbildung kugelförmiger Sphärolithe weitgehend unterbunden ist. Reine Kugelform von sphärolithischen Überstrukturen kann nur dann vorliegen, wenn in der Reaktionsfront während des Wachstums strukturabhängige Anisotropie der Beweglichkeit nicht zur Wirkung kommen

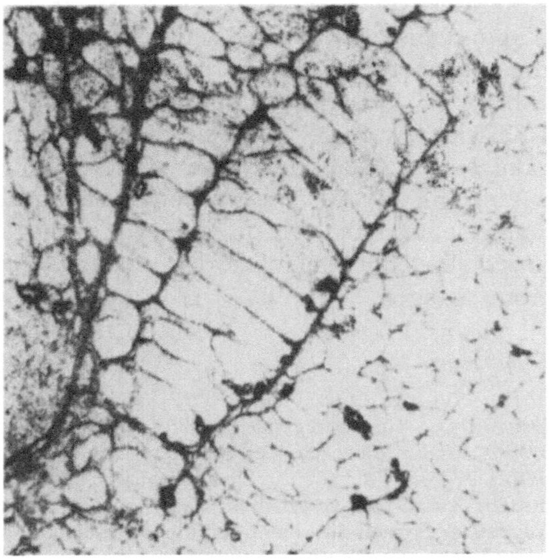

Abb. 19. Strukturen in PE Lupolen 1810 D bei Beobachtung senkrecht zum Temperaturgefälle während Abkühlung. Versuchsdaten: Schleifen Methode 3–f, Polieren 4–d, Geätzt mit Tetrachloräthylen 65 °C, 60 sec.

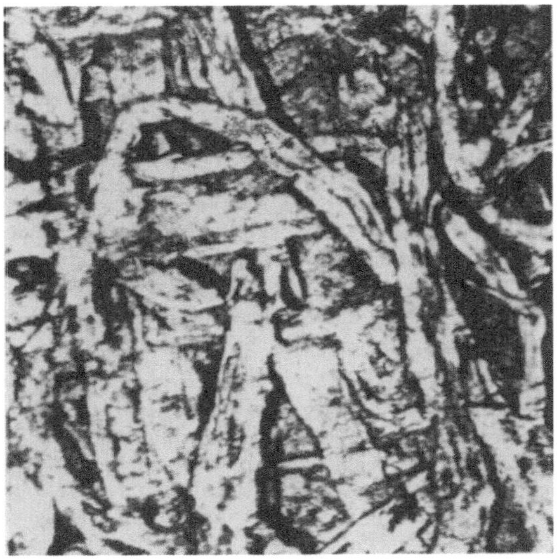

Abb. 20. Wie Abb. 19, Beobachtung parallel zum Temperaturgefälle bei Abkühlung

kann (36). Da die Kristallisation hochpolymerer Moleküle ohne Segregation unter Kettenfaltung erfolgt, kann diese Bedingung nicht leicht erfüllt werden. Die Tendenz zur Transkristallisation unterstreicht vielmehr den dominierenden Einfluß der Temperaturführung im Erstarrungsbereich. Die Empfindlichkeit der Korngrenzen zwischen sphärolithischen Strukturen gegen ätzenden und quellenden Angriff deutet auch auf anisotrope Reaktionsfronten während der Sphärolithbildung hin. Punktförmige Zentralkeime konnten bei Strukturen, die aus erstarrenden Schmelzen entstanden, nur in Einzelfällen beobachtet werden. Meistens werden Wachstumszentren beobachtet, die wahrscheinlich aus den in (4) (37) beschriebenen Sekundärkeimen entstanden. Die primären Keime liegen unterhalb der lichtmikroskopisch zugänglichen Abmessungen.

Danksagung

Die Autoren danken Herrn Dr. *Röschenbleck*, FH Osnabrück, für anregende Diskussion, Fräulein *Schlicht* für Hilfe bei den Zeichnungen. Der Fa. Feldmühle AG sind sie für die Überlassung von Schleifmitteln zu Dank verpflichtet. Wir danken ferner folgenden Firmen für die freundliche Übersendung von Kunststoffmustern:

Bayer AG
BASF AG
du Pont de Nemours
Emser Werke
Farbwerke Hoechst
Hüls AG

Zusammenfassung

Analog der Präparationsmethodik der Metallographie können in Hochpolymeren Strukturen durch Schleifen, Polieren und Ätzen sichtbar gemacht werden. Aus den Versuchsergebnissen wird ersichtlich, daß auflichtmikroskopische Untersuchungen als Ergänzung der Dünnschnitt-Mikroskopie angesehen werden können. Durch systematische Versuche und geeignete Experimente konnte die Präparationsmethode verbessert werden. Die Anwendbarkeit der Präparationsmethodik wird an zwei Beispielen gezeigt.

Summary

Structures in partial-crystalline highpolymers can be made visible after grinding, polishing and etching in the same way as at the preparation method of the metallography. The results at experiments show, that investigations with the help of direct light may serve as an alternative supplement to microscopy of transparent cuts. The preparation method could be further improved; possibilities of application are shown by two examples.

Literaturverzeichnis

1) *Stuart, H. A.* und *V. Veiel*, Kunstst. **43**, 179 (1953).
2) *Stuart, H. A.*, Die Alterung und Korrosion von Kunststoffen Weinheim 1967.
3) *Kowatschewa, W.* und *S. Semerdjew*, Prakt. Metallogr. **9**, 147 (1972).
4) Mündliche Mitteilung Dr. *Röschenbleck, F. H.*, Osnabrück.
5) *Behre, K.* und *J. H. Kallweit*, Progr. Colloid & Polymere Sci. **57**, 164 (1975).
6) *Friess, S.* und *W. Gilde*, Plaste u. Kautsch. **17**, 29 (1970).
7) *Zachmann, H. G.* und *H. A. Stuart*, Makrom. Chem. **41**, 148 (1960).
8) *Menges, G.* und *B. Horn*, G. A. K. **71**, 714 (1971).
9) *Böhme, E.*, Kunstst. Rdsch. **54**, (1972).
10) *Menges, G.* und *E. Alf*, Kunstst. **62**, 259 (1972).
11) *Ischebeck, U.*, Kunstst. **62**, 110 (1972).
12) *Jenkel, E.*, *E. Teege* und *W. Hinrichs*, Koll. Z. u. Z. Polymere **129**, 129 (1952).
13) *Zettlemoyer, A. C.*, Nucleation New York (1969).
14) Kristallisationserscheinungen in Hochpolymeren, Sonderband Koll. Z. u. Z. Polymere **231**, (1969).
15) *Elias, H. G.*, Makromoleküle (Basel 1971).
16) *Nitsche, R.* und *K. A. Wolf*, Struktur und physikalisches Verhalten Bd. I der Kunststoffe (Berlin 1962).
17) *Eppe, R.*, *E. W. Fischer* und *H. A. Stuart*, Polym. Sci. **34**, 721 (1959).
18) *Stuart, H. A.*, Koll. Z. u. Z. Polymere **165**, 3 (1959).
19) *Stranski, I. H.*, *M. Hille*, *M. Rau* und *F. Schlipf*, Growth and Perfection in Crystals (New York 1958).
20) *Steiner, K.*, *W. Engelbart*, *F. Asmussen* und *K. Überreiter*, Koll. Z. u. Z. Polymere **233**, 849 (1969).
21) *Pechhold, W.*, Plenarvorträge Physiker-Tagung 1971 (Stuttgart 1971).
22) *Koutsky, I. A.*, *A. G. Walton* und *E. Beer*, Polym. Letters **5**, 177 (1970).
23) *Regel, W. R.* und *O. F. Pospnjakow*, Plaste und Kautsch. **19**, 99 (1972).
24) *Hendus, H.*, Koll. Z. u. Z. Polymere **165**, 32 (1959).
25) *Zug, G.*, M. M. Industrie-J. **77**, 1959 (1971).
26) *Nielsen, E. I.*, Praktische Metallogr. **10**, (1973).
27) *Wübken, G.*, Vortrag Phys. Tag. PH 42 (Münster 1975).
28) *Beilby, G. T.*, Proc. Roy. Soc. **72**, 23 (1904).
29) *Bowden, F. B.* und *D. Tabor*, The Friction and Lubication of Solids (Oxford 1950).
30) *Rabinowicz, E.*, Friction and Wear of Materials (New York 1965).
31) *Rabinowicz, E.*, Sci. American **218**, 91 (1968).
32) *Wintergerst, S.* und *K. P. Großkurth*, Kunstst. **62**, 255 (1972).
33) *Müller, F. H.*, Chemie und Technologie der Kunststoffe Bd. I (Leipzig 1954).
34) *Pelztauer, Z.*, Plaste u. Kautsch. **20**, 896 (1973).

35) *Bartenew, G. M.* und *I. W. Selenew*, Plaste u. Kautsch. **20**, 392 (1973).
36) *Hornbogen, E.*, Fortschr. Mineral. **50**, 270 (1973).
37) *Westlinning, H.*, Kolloid Z. u. Z. Polymere **211**, 76 (1966).
38) *Burkart, W.* und *K. Schmitz*, Handbuch für das Schleifen und Polieren (Saulgau 1974).

Adressen der Autoren:

Prof. Dr. *J.-H. Kallweit*
F. H. Osnabrück
F. B. Werkstofftechnik
Albrechtstr., 4500 Osnabrück

Ing. grad. *B. Szesny*
Forsterstr. 38, 1000 Berlin 36

Colloid & Polymer Sci. **254**, 310–318 (1976)

Vorgetragen auf der Frühjahrstagung des Fachausschusses Physik der Hochpolymeren in der Deutschen Physikalischen Gesellschaft in Münster 17.–22. März 1975

Institut für Nichtmetallische Werkstoffe, Polymerphysik, Technische Universität Berlin

Untersuchung der Aushärtung von Epoxidharzen

K. E. Lüttgert und *R. Bonart*

Mit 10 Abbildungen

(Eingegangen am 13. September 1975)

Einleitung

Epoxidharze werden u.a. in der Elektroindustrie als hochwertige Isolationsstoffe eingesetzt. (In den Arbeiten von *F. Loss* (1) und *Stierli* (2) werden verschiedene EP-Harze der Ciba Geigy hinsichtlich Durchschlagfeldstärke, Dielektrizitätskonstante, Verlustfaktor (tan δ) spez. Widerstand, E-Modul, Biege und Schlagbiegefestigkeit sowie Gewichtsverlust durch Alterung vorgestellt).

Maßgeblich für den Einsatz ist neben der hohen mechanischen Festigkeit der sehr geringe dielektrische Verlustwinkel sowie der hohe Durchgangswiderstand, der allerdings vom Aushärtungsgrad des fertigen Formkörpers abhängt. Da kompliziertere Teile in Hand-Einzelfertigung hergestellt werden, kommt der Prüfung ihres Aushärtungsgrades besondere Bedeutung zu. Stichproben, wie sie bei der Serienfertigung üblich sind, reichen hierbei nicht aus. Andererseits muß die Prüfung zerstörungsfrei vorgenommen werden, was z.B. bei Härteprüfungen mittels eines Eindringkörpers nicht gegeben ist. (In einer Arbeit von *P. Eyerer* und *G. Lang* (3) werden wichtige Einflußgrößen wie Verkürzung der Eindringdiagonalen und Veränderung der Eindrucktiefe mit der Zeit, Temperatur und Feuchtigkeit beim Messen der Mikrohärte von Kunststoffen diskutiert).

Zur Qualitätsverbesserung und aus Kostengründen werden relativ hohe Füllstoffmengen (u.a. bis zu 65% SiO_2) eingesetzt, die bereits bei geringfügigen Entmischungen lokale Unterschiede im Aushärtungsgrad zur Folge haben. Infolgedessen erhält man gesicherte Ergebnisse nur dann, wenn die Härtemessungen an vielen verschiedenen Stellen des Formkörpers vorgenommen werden, wodurch jedoch dessen Güte beeinträchtigt wird (4). Hier wird der Einfluß von Quarzmehl, Kreidemehl, Aluminiumoxidhydrat, faserförmiger Glasfasern und zweier Flexibilisatoren dargestellt. Günstigere Ergebnisse liegen bei der Prüfung mit Ultraschall vor (5). Aus der Intensität eines reflektierten Ultraschallstrahles wird bei veränderlichem Einstrahlwinkel auf den Elastizitäts- und den Schubmodul des untersuchten Formkörpers geschlossen. Darüber hinaus sind Untersuchungen von *P. Eyerer* (6 und 7), *W. Fisch* und *W. Hoffmann* (8) und *R. Tzscheutschler* (9) zu nennen, die mit einer größeren Zahl verschiedener Methoden (Elektrische Ladungstrennung an einer bewegten 2-Phasen-Front, IR-Spektroskopie, DTA, Messung der Zugfestigkeit, Mikro- und Makrohärte, elektrische Widerstandsmessungen, komplexer Schubmodul, Erfassung der Größen wie Gehalt an Epoxi-, Hydroxyl-, Anhydrid-, Carbonsäuren-, Diester und neugebildeten Äthergruppen, Messung der Dichte, Dielektrizitätskonstante, tan δ und Absorption bei Gleichspannung) zunächst losgelöst von einer konkreten anwendungsbezogenen Fragestellung die Härtungskinetik mehr grundsätzlich zu erfassen versucht haben. Hierbei hat sich gezeigt, daß die verschiedenen physikalischen Meßmethoden scheinbar stark widersprüchliche Ergebnisse liefern, was vermutlich darauf zurückzuführen ist, daß mehrere Teilprozesse nebeneinander ablaufen, wobei die verschiedenen Meßmethoden stärker auf den einen oder den anderen Prozeß ansprechen. Die genannten Untersuchungen sind zum Teil an weichgemachten Epoxidharzen durchgeführt worden, deren Härtung mit Aminsystemen erfolgte. Ziel der vorliegenden Arbeit ist es, zu zeigen, daß qualitativ die gleichen Ergebnisse auch an nicht weichgemachten heißhärtenden Harzen gefunden werden.

A. Materialien und Reaktionen

Für die Untersuchungen wurde ein heißhärtendes Harz-Härter-System (Araldit F/HY 905 der Ciba Geigy AG) gewählt.

Dies ist bei Raumtemperatur flüssig, härtet bei Temperaturen von 393 K bis 433 K und ist ein in der Elektroindustrie häufig verwendetes Harz, dessen Härtung durch Abkühlung auf Raumtemperatur leicht zu unterbrechen ist. Das Harz besteht aus kurzen Molekülketten R_1 mit endständigen Oxiranringen. Diese öffnen sich bei der Härtungsreaktion, wie in Abb. 1 gezeigt.

Der Härter, ein Dicarbonsäureanhydridring mit ebenfalls kurzen Ketten R_2 öffnet sich und ermöglicht die Polyaddition, die zu einer Verringerung der Konzentration an Oxiranringen führt.

Die Kettenlängenverteilungen von Harz und Härter sind uns nicht bekannt. Das Mischungsverhältnis Harz zu Härter betrug 1:1 (gew). Es wurden keine Beschleuniger und Füllstoffe zugesetzt.

B. Versuchstechnik

Probenherstellung

Da Meßergebnisse an gehärteten Harzen nur reproduzierbar sind, wenn die Probenherstellungspara-

Abb. 2. Apparatur zur Entgasung von Epoxidharz und Härter.

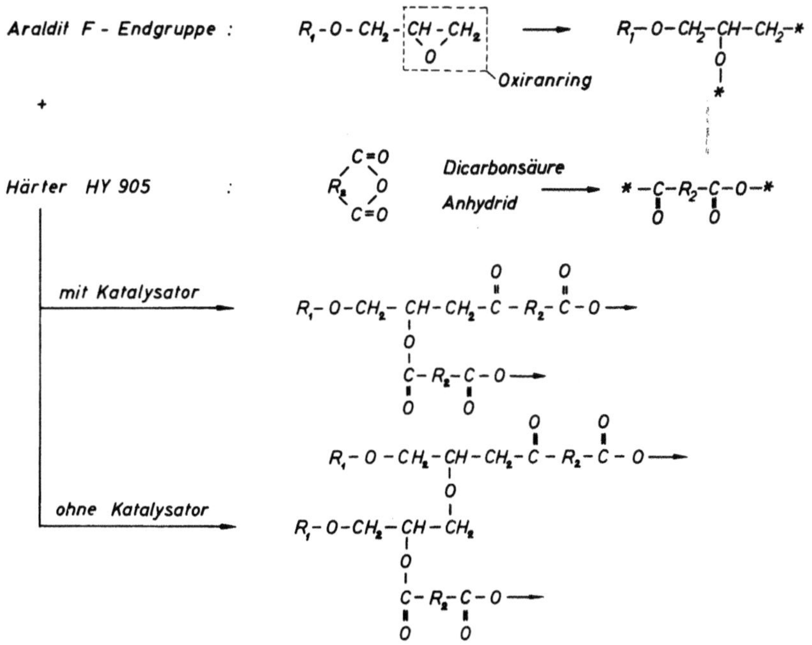

Abb. 1. Härtungsreaktion eines Epoxidharzes mit einem Dicarbonsäure-Anhydrid-Härter

meter gleich sind, werden diese im folgenden ausführlich beschrieben.

Im Harz und Härter gelöste Gase wirken sich nachteilig auf die Festigkeit und die elektrischen Kennwerte aus. Sie müssen deshalb durch Entgasen entfernt werden.

Bei den von uns untersuchten Proben wurde das reine Harz (ohne Härter) entsprechend Abb. 2 in einem dünnen, frei fallenden Strahl in einen Vakuumbehälter ($p \approx 1$ Torr) eingeleitet. Auf der Fallstrecke spleißten der Strahl bzw. die einzelnen Tropfen stark auf, wodurch eine große Gasaustauschfläche entstand, so daß die optimale Entgasung bereits während des Einleitens in das Vakuumgefäß erreicht wurde.

Eine doppelwandige beheizbare Vorlage wurde mit der benötigten Gewichtsmenge von 320 g Harz gefüllt und auf 368 K aufgeheizt. Das Harz konnte über einen unbeheizten Hahn in das Vakuum fließen. Kurz bevor der letzte Rest Harz den Hahn erreichte, wurde dieser geschlossen, damit keine Luft nachströmen konnte. Durch direkte Einwaage wurde im Anschluß daran der Härter (320 g) in die Vorlage gegeben und im selben Verfahren wie das Harz entgast. Die an den Wandungen haftende Härtermenge betrug weniger als 1 g, so daß das Mischungsverhältnis praktisch nicht verfälscht wurde.

Der im Mischungsverhältnis 1:1 (gew) vorliegende Ansatz wurde nun bei 1 Torr durch Rühren innig vermischt, bis keine Schlieren mehr erkennbar waren. Die homogene Mischung wurde aus dem Vacuum genommen und über die gereinigte Vorlage in die auf 433 K vorgewärmte, auf 10 Torr evakuierte Form gegossen, wobei jeweils 8 Platten mit den Abmessungen $100 \times 110 \times 5$ mm^3 entstanden. Es wurde der steigende Guß gewählt, bei dem das Material von unten in die Form eingebracht wird, so daß kein Mitreißen von Luft in den Gießling möglich ist. (Beim fallenden Guß wird infolge des Einfließens durch die Harzoberfläche meistens Luft mitgerissen.) Eventuell noch vorhandene Blasen innerhalb des Formvolumens ververschwanden im Moment des Belüftens.

Voraussetzung für reproduzierbare Meßergebnisse ist die Herstellung spannungsfreier Proben. Um dies zu erreichen, wurden die Platten nach der Gelierung ausgeformt und auf einer glatten, ebenen Platte einzeln liegend nachgehärtet. Durch diese Art der Härtung wird der Spannungsaufbau durch Reaktionsschrumpf und durch thermische Kontraktion beim Abkühlen vermieden. Von entscheidender Bedeutung für die Spannungsfreiheit sind die Fließwege, die das Harz während der Gelierung und kurz danach zurückzulegen hat, da hierbei bleibende Netzwerkdeformationen innerhalb der Gelbereiche entstehen. Wenn das Harz in Wandnähe zuerst geliert, bewirkt der Reaktionsschrumpf ein Nachfließen bereits angelierten Harzes in Plattenmitte, wodurch eine ungleichmäßige Verzerrung des sich ausbildenden Netzwerkes entsteht. Um dem entgegenzuwirken, wurde die Form zunächst über die Aushärtungstemperatur erhitzt (auf 433 K). Nach dem Eingießen des Harzes wurde sie im Wärmeschrank bei 423 K gelagert. Dadurch, daß sich die Harztemperatur durch exotherme Polyaddition in der Mitte der Platte stärker als am Rand erhöht, beginnt die Gelierung in der Plattenmitte und schreitet nach außen fort. Die reaktionsbedingte Volumenkontraktion bewirkt ein Nachfließen des Harzes von den Oberflächen der Platte zur Mitte hin, wodurch wesentlich kleinere Fließwege erreicht werden. Die hierbei entstehenden Unebenheiten an der Oberfläche wurden nachträglich durch spanende Bearbeitung beseitigt, was keinen Einfluß auf den Spannungszustand der Teile hatte. Dies wurde visuell zwischen zwei gekreuzten Polarisatoren geprüft. Keine der untersuchten Platten zeigte mehr als eine Isochromate. Eine andere Art der Härtung, bei der die Wärme verstärkt von unten zugeführt wurde, führte zwar zu Platten ohne Einfallstellen auf den Plattenflächen, da die Gelierfront von unten nach oben kontinuierlich durchwanderte; jedoch zeigten sich zwischen gekreuzten Polarisatoren starke Verspannungen, besonders im unteren Bereich der Platten.

C. IR-Spektroskopische Untersuchungen

Verwendet wurde ein Spektrophotometer von Pye-Unicam Typ SP 1000. Zur Probenaufnahme dienten 2 KBr-Kreisscheiben mit 10 mm ⌀.

Ein Tropfen des für die Plattenherstellung angesetzten Harz/Härter-Gemisches wurde zwischen den Scheiben zu einem Film gepreßt. Das Harz drückte sich bis auf den in den Poren haftenden Rest seitlich heraus. Abb. 3 zeigt die Aufnahme mit dem Rasterelektronenmikroskop von einer KBr-Oberfläche. Um gute Reproduzierbarkeit der Messungen zu gewährleisten, mußten alle KBr-Preßlinge die gleiche Oberflächenbeschaffenheit besitzen. Dies wurde dadurch erreicht, daß die Plättchen auf derselben Preßvorrichtung hergestellt und stets die gleichen Flächen mit Harz benetzt wurden. Die scheinbare Filmdicke entspricht etwa einer gleichmäßigen Probendicke von 10 μm, wobei zu beachten ist, daß die wahre Dicke nicht gleichmäßig und damit auch keine quantitative Extinktionsmessung möglich ist, da die Probendicke im Exponenten des Absorptionsfaktors steht.

Die Extinktion der Probe ist gegeben durch:

$$E = ln \frac{I_0}{I}, \text{ wobei } I = I_0 \, e^{-\varepsilon dc}$$

Abb. 3. Raster-elektronenmikroskopische Aufnahme einer gepreßten KBr-Oberfläche

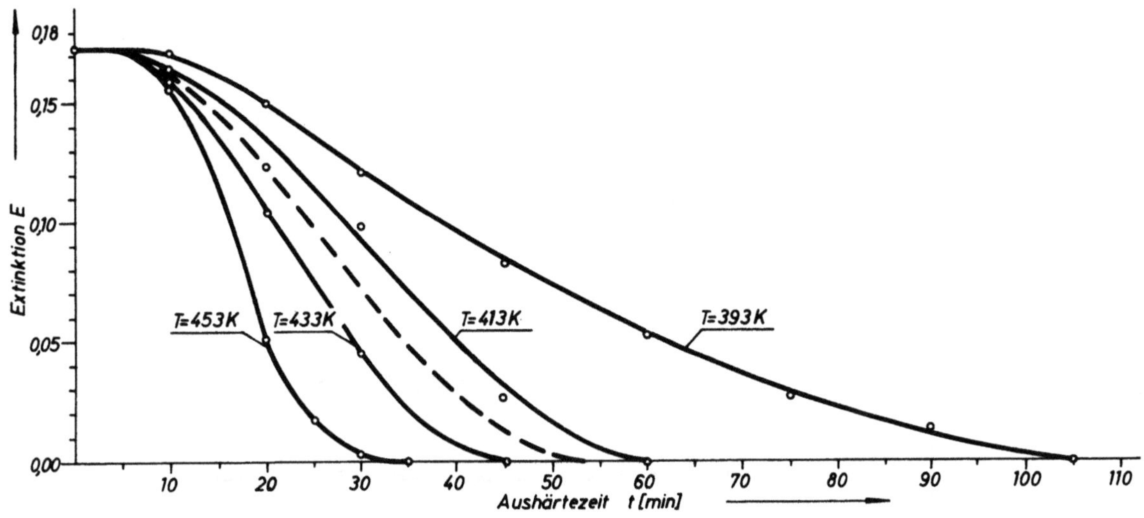

Abb. 4. Einfluß der Aushärtezeit auf die Extinktion der Oxiranbande ($\lambda = 10{,}9\ \mu m$) bei verschiedenen Härtungstemperaturen. System Araldit F/HY 905 der Ciba Geigy AG. Nach *K. P. Plenk*

Hierin bedeuten:

E = Extinktion
I_0 = Einstrahlungsintensität
I = Intensität hinter der Probe
ε = Extinktionskoeffizient
d = Probendicke
c = Konzentration der Streuzentren

Die Probe, bestehend aus dem Harz/Härter-Film mit zwei KBr-Scheiben härtete bei der jeweiligen Temperatur T_h. Zur IR-Messung wurde sie auf Raumtemperatur gekühlt, wodurch der gerade vorliegende Härtungszustand eingefroren wurde. Im Anschluß an die Messung wurde dasselbe System bei T_h weitergehärtet. Diese Methode sicherte konstante Versuchsparameter während aller Messungen innerhalb einer Härtungsreihe.

Es wurde die Extinktion der Oxiranbande ($\lambda = 10{,}9\ \mu m$, $\tilde{\nu} = 915\ cm^{-1}$) während der Aushärtung verfolgt. In Abb. 4 ist die Extinktion der Oxiranbande über der Aushärtungszeit aufgetragen.

Die Härtungszeit, nach der die Extinktion vom Wert für unausgehärtetes Harz-Härter-Gemisch auf „0" abfällt, verringert sich mit zunehmender Härtungstemperatur; bei 423 K z. B. auf 53 min. Die Konzentration an Oxiranringen ist nach dieser Zeit durch Vernetzungsreaktionen so weit gesunken, daß eventuell noch vorhandene Oxirangruppen mittels IR nicht mehr erkennbar sind. Andere Banden im beobachteten Bereich von $\lambda = 2{,}55$ bis $16\ \mu m$; $\tilde{\nu} = 3800$ bis $625\ cm^{-1}$ zeigten keine Veränderungen während der Vernetzung.

D. Untersuchungen mittels DSC (Differential Scanning Calorimeter)

Es wurde ein Perkin Elmer DSC Typ I B verwendet. Aus dem 5 mm dicken Platten wurden durch spanende Bearbeitung 1 mm dicke Kreisscheiben von 5 mm ∅ hergestellt (23 bis 24 mg Probenmasse). Die in Aluminiumpfännchen (20 mg) eingeschlossene Probe wurde gegenüber einer Aluminium-Vergleichsmasse von 46,8 mg unter schwacher N_2-Spülung (10 cm^3/min) gemessen. Die Aufheizgeschwindigkeit betrug 8 K/min. Die Härtungszeit der bei 423 K gehärteten Proben wurde variiert.

In Abb. 5 sind die Meßkurven dargestellt. Aufgetragen ist die spez. Wärme über der Temperatur.

Deutlich meßbar ist die exotherme Reaktionsenthalpie bis zu einer Härtungszeit von 10 h, wobei der Reaktionsbeginn stets oberhalb der Aushärtungstemperatur von 423 K liegt und sich mit steigender Aushärtungszeit zu höheren Temperaturen verschiebt.

Die Darstellung der Glastemperatur als Funktion der Härtungszeit zeigt Abb. 6.

Das flüssige unausgehärtete Harz-Härter-Gemisch zeigt eine Glastemperatur von 230 K, das vollständig ausgehärtete Harz eine von 395 K. Zum Vergleich ist das Ergebnis aus den IR-Messungen mit aufgetragen.

Nach einer Härtungszeit von 10 h läuft die Reaktion so langsam ab, daß die exotherme Wärmetönung nicht mehr deutlich hervortritt. Der auf Abb. 5 erscheinende endotherme Peak liegt jeweils im Bereich der Glastempera-

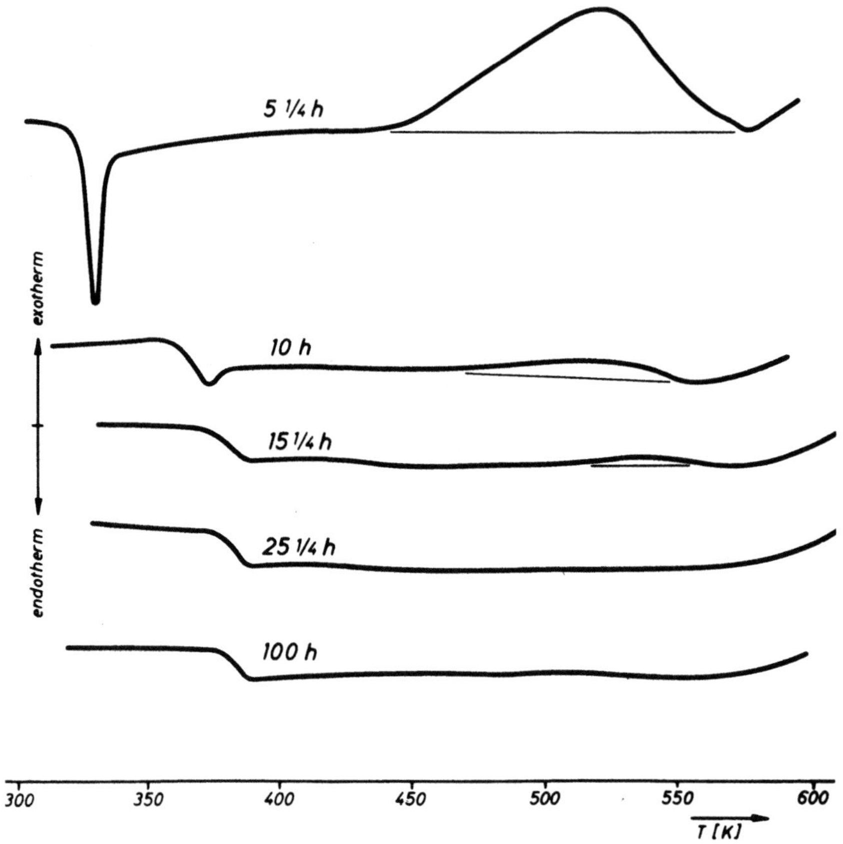

Abb. 5. Einfluß der Härtungsdauer auf thermisches Verhalten gemessen mit DSC. System: Araldit F/HY 905 der Ciba Geigy AG. Aushärtungstemperatur: 423 K, Aufheizgeschwindigkeit: 8 K/min

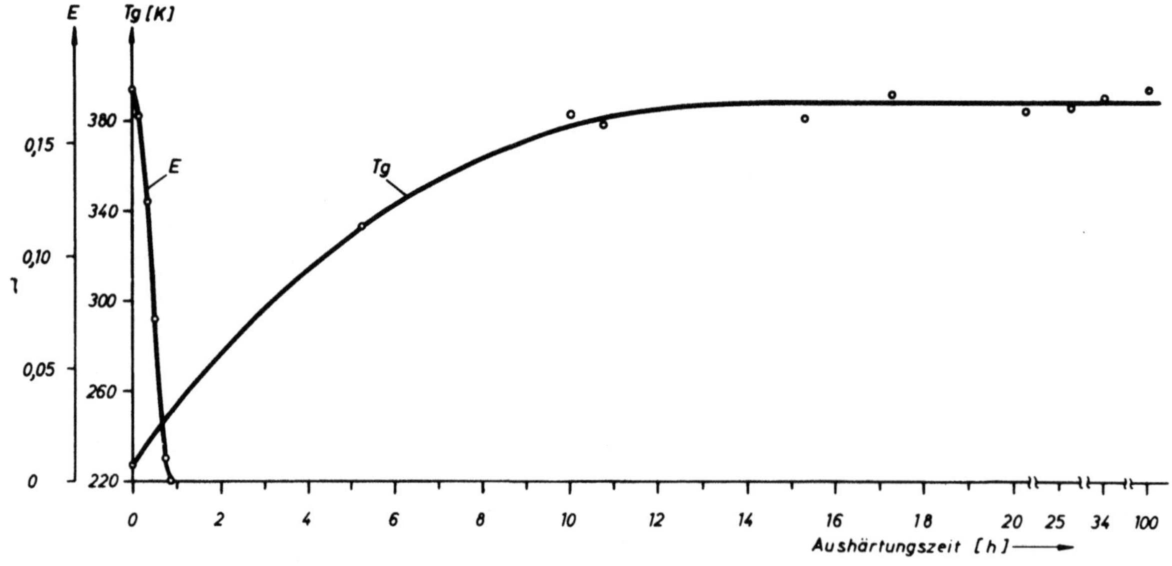

Abb. 6. Glastemperatur und Extinktion (Oxiranbande $\lambda = 10{,}9\ \mu m$) in Abhängigkeit von der Aushärtungszeit. (Glastemperatur aus DSC-Messung) System Araldit F/HY 905. Aushärtungstemperatur: 423 K

tur. Die Lage des Peaks ist abhängig von der Härtungsdauer und der anschließenden Alterung unterhalb der Glastemperatur:

a) Mit zunehmender Aushärtungszeit verschiebt sich der Peak zu höheren Temperaturen, wobei sich die Peakamplitude verringert.

b) Mit zunehmender Alterung bei Raumtemperatur verschiebt sich der Peak zu höheren Temperaturen, wobei sich die Peakamplitude vergrößert.

Die Alterung verringert sich an Platten mit längerer Aushärtungszeit. Mögliche Erklärungen sind:

1. Die Alterung erfolgt bei stärkeren Unterkühlungen relativ zur Glastemperatur. (Die Glastemperatur steigt mit der Aushärtungszeit).

2. Die nach längerer Härtungszeit vorliegende höhere Netzstellendichte erschwert die Verminderung des freien Volumens. In der Arbeit von *Batzer*, *Lohse* und *Schmid* (10), die den Einfluß struktureller Merkmale auf die physikalischen Eigenschaften vernetzter *EP*-Harze untersuchten, wird in diesem Zusammenhang auf die mögliche Ausbildung einer Nahordnung und Verminderung des freien Volumens hingewiesen. Wir sind jedoch aufgrund der Ähnlichkeit mit Effekten an Thermoplasten der Ansicht, daß es sich bei diesem Effekt nur um Enthalpierelaxation handelt (11).

E. Dilatometrische Messung mittels TMS (Thermomechanical Analyzer)

Zur dilatometrischen Messung wurde ein Perkin Elmer TMS 1 verwendet. Die Probenhöhe der ausgehärteten Proben betrug 5 bis 5,8 mm. Bei Raumtemperatur flüssige, also wenig oder noch nicht angehärtete Proben wurden in einem Aluminiumschälchen der DSC mit 5 K/min auf 90 K gekühlt, um im Anschluß mit 5 K/min aufgeheizt zu werden. Durch die langsame Abkühlung (5 K/min) wurden Spannungsrisse vermieden. Eine Abkühlung durch Tauchen in flüssigen Stickstoff, durch Lagerung in der

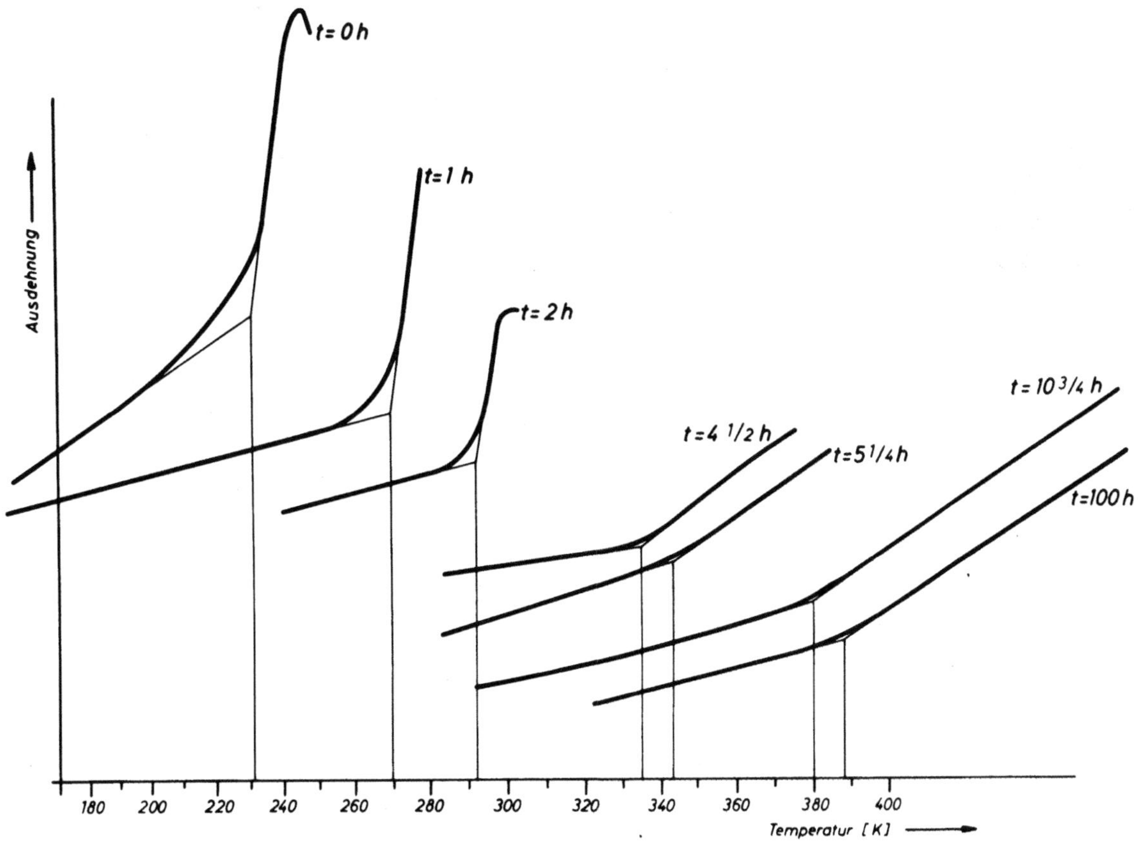

Abb. 7. Thermomechanische Ausdehnung in Abhängigkeit von der Aushärtungszeit. System: Araldit F/HY 905 der Ciba Geigy AG. Aufheizgeschwindigkeit: 5 K/min

Atmosphäre über flüssigem Stickstoff innerhalb einer Teflonform (5 mm Wanddicke) oder durch geregeltes Abkühlen mit 20 K/min führte stets zu thermischen Spannungsrissen.

Die Belastung betrug bei den gekühlten Proben 5 p, bei Verwendung eines Taststempels von 10,17 mm^2 Tastfläche. Die ungekühlten Proben wurden mit 0,2 p belastet.

Eine Absolut-Auswertung der Dilatometerdiagramme hinsichtlich der Ausdehnungskoeffizienten war im Rahmen dieser Arbeit nicht erforderlich, da nur die Lage der Glastemperatur interessierte, die sich in jedem Fall durch eine deutliche Anstiegsänderung der Meßkurven ergab.

In Abb. 7 sind die Meßschriebe qualitativ dargestellt. Aufgetragen ist die Dicke des Probenkörpers über der Temperatur. Der Bereich, in dem sich der Ausdehnungskoeffizient ändert, markiert den Glasumwandlungsbereich. Die so ermittelten Glastemperaturen stimmen innerhalb der Meßgenauigkeit mit denen überein, die in der DSC-Methode gegefunden wurden. Die Abb. 8 zeigt den Vergleich der Glasumwandlungstemperaturen. Kurve 1 zeigt das Ergebnis aus den DSC-Messungen, Kurve 2 das aus den TMS-Messungen.

F. Untersuchung mittels Biegefestigkeitsmessung

Um einen Vergleich zu den üblichen Prüfverfahren zu ermöglichen, zeigt Abb. 9 das Diagramm der Biegefestigkeit in Abhängigkeit von der Härtungsdauer. Auch hier wird ab einer Härtungszeit von 10 h bei 423 K nur noch eine geringe Erhöhung der Festigkeit beobachtet.

Diskussion

Die Ergebnisse aus DSC-, TMS- und Zugversuchen stimmen gut überein, so daß jedes der angegebenen Verfahren bereits für sich allein aussagekräftig hinsichtlich des gesuchten Aushärtungsgrades ist.

Für den zeitlich schnellen Abfall der Oxiranring-Konzentration beim IR-Versuch sind folgende Deutungen möglich:

1. Eine Beeinflussung der Härtungsreaktion des Harzes durch die KBr-Platten.

2. Bei Härtungsbeginn vergrößert sich das Molekulargewicht des Harzes pro Reaktionsschritt um das eines Bausteines (ca. 560 bis 770 g/mol).

Bei Härtungsende kann von Molekulargewicht nicht mehr gesprochen werden. Jede Reaktion führt hier zu einer Verbindung großer Netzwerke untereinander, oder aber zu einer Vermehrung dieser Verbindungspunkte, so daß die Festigkeit durch relativ wenige Einzelreaktionen stark steigen kann.

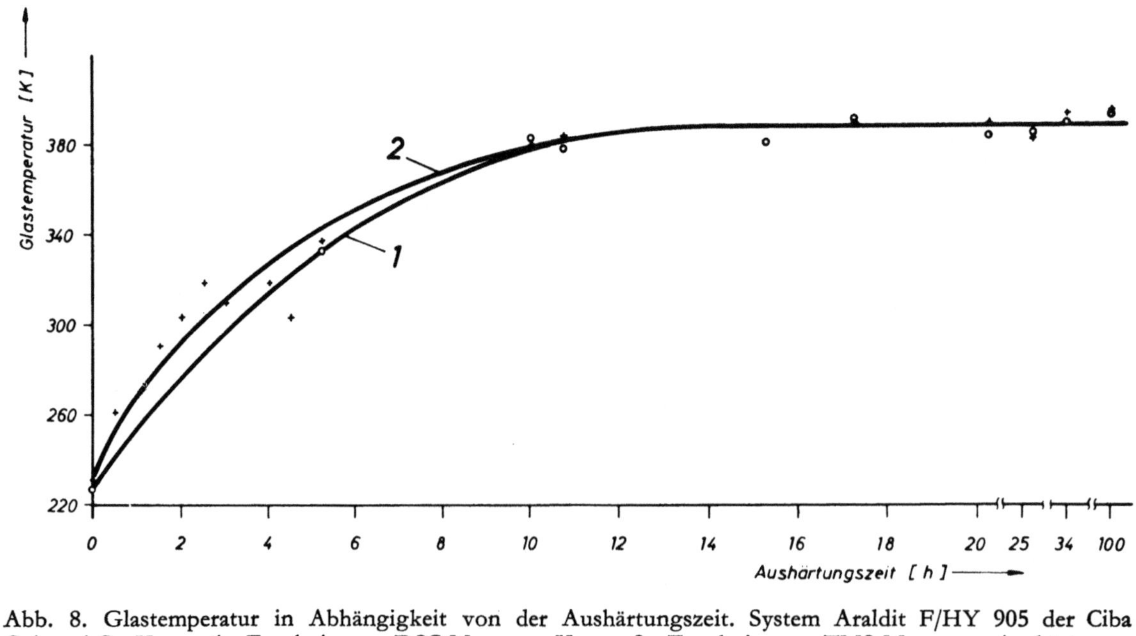

Abb. 8. Glastemperatur in Abhängigkeit von der Aushärtungszeit. System Araldit F/HY 905 der Ciba Geigy AG. Kurve 1: Ergebnis aus DSC-Messung. Kurve 2: Ergebnis aus TMS-Messung. Aushärtungstemperatur: 423 K

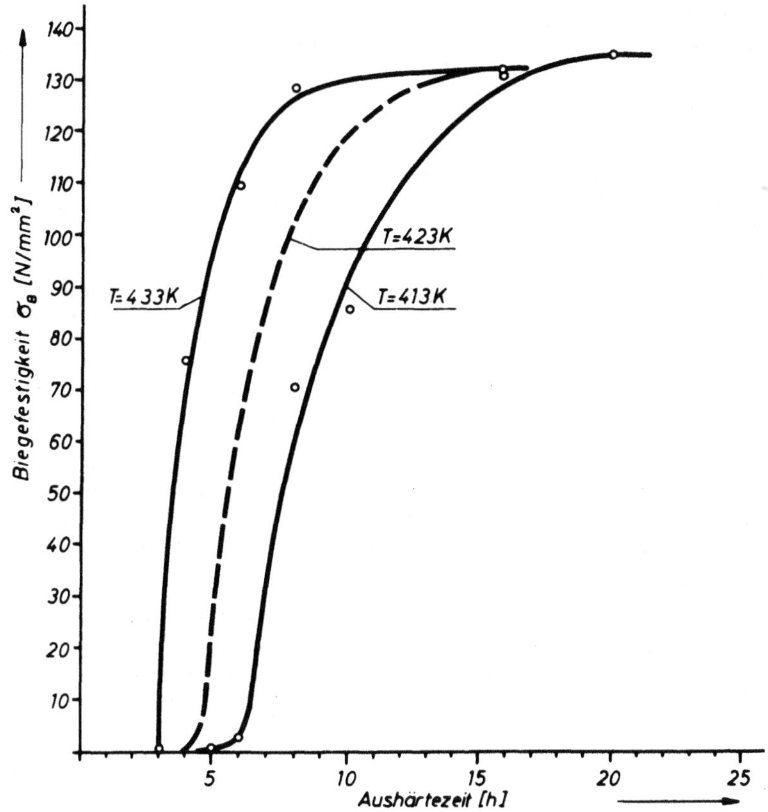

Abb. 9. Einfluß der Aushärtezeit auf die Biegefestigkeit bei verschiedenen Härtungstemperaturen. System Araldit F/HY 905 der Ciba Geigy AG. Nach *K. P. Plenk* (12)

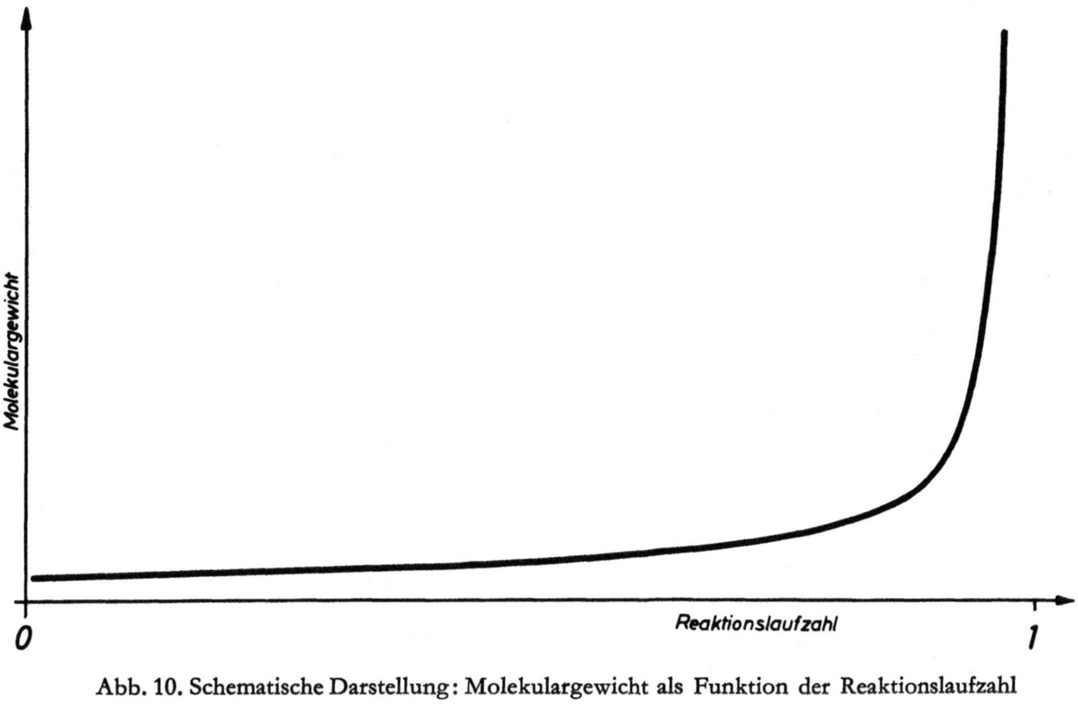

Abb. 10. Schematische Darstellung: Molekulargewicht als Funktion der Reaktionslaufzahl

In Abb. 10 ist der Verlauf des Molekulargewichtes über der Reaktionslaufzahl schematisch dargestellt.

Die Härtung beginnt an einer bestimmten Zahl von ersten Keimzellen, in deren Nähe sich infolge der beim 1. Reaktionsschritt freiwerdenden Enthalpie die Wahrscheinlichkeit zur Weiterreaktion erhöht. Die Annahme geht dahin, daß sich um eine feste Zahl von Keimzellen, ähnlich dem Aufbau von Sphärolithen, Netzwerke bilden, die sich beim Erreichen des Gelpunktes gegenseitig an der Bewegung hindern. Die noch verbleibenden Bereiche zwischen den Gelzentren enthalten nach der Gelierung nur noch wenige Oxiranringe, deren Reaktionen zwar zu einer starken Festigkeitszunahme führen, in dem IR-Diagramm aber keine bzw. eine bei uns nicht mehr meßbare Verringerung der Extinktion bewirkten.

Der Einfluß der Geltemperatur sowie möglicher verschiedener Temperaturführungen kurz vor und nach dem Gelpunkt auf die physikalischen Eigenschaften der ausgehärteten Probenplatten wird in den folgenden Versuchen untersucht werden.

Eine ähnliche Anomalie, wie sie sich bei der erwähnten Arbeit von *P. Eyerer* kurz nach Härtungsende z. B. im Zugversuchsdiagramm bemerkbar macht, wurde bei dem von uns untersuchten System nicht beobachtet.

Zusammenfassung

Die verschiedenen Möglichkeiten zur Messung des Aushärtungsgrades von Epoxid-Harzen gliedern sich in direkte physikalische und vergleichende technische Methoden.

Die direkte physikalische Methode durch Extinktionsmessung der vorhandenen Oxirangruppe führte bisher nicht zu einer befriedigenden Aussage, da im IR-Gerät bereits weit vor dem Aushärtungsende keine Extinktion durch diese Gruppe mehr meßbar war.

Bei der kalorischen Messung werden mehrere Werte zugleich gewonnen:

1. Die exotherme Restreaktionsenthalpie zeigt an, ob noch Restreaktionen möglich sind und in welchem Umfang.

2. Die Glastemperatur macht sich als Stufe bemerkbar, aus deren Temperaturlage auf den Aushärtungsgrad geschlossen werden kann.

Der Glastemperatur überlagert sich ein endothermer Peak, dessen Lage und Amplitude den Rückschluß auf das Alter der Probe gestattet.

Die thermomechanische Analyse liefert die Ausdehnungskoeffizienten, zeigt eventuelle innere Spannungen und die vom Härtungsgrad abhängige Glastemperatur an.

Die mit den genannten Meßverfahren ermittelten Härtungszeiten, die bis zur vollständigen Aushärtung benötigt wurden, stimmen mit denen überein, die bis zur Erreichung der höchsten Biegefestigkeit gebraucht wurden.

Summary

The curing rate of Epoxy resins was measured by several direct physical methods and the results compared with properties. The differential scanning calorimeter yielded the following results on resins which had been cured for different times at 423 K.

1. The value of the remaining reaction enthalpy decreased with curing time.

2. The glass transition temperature which is given by a step in the c_p-T-diagram increases with increasing curing time.

3. When a sample has been aged for some time after curing, the glass temperature step has an endothermic peak superimposed. Its position and amplitude permits to draw some conclusions about the age of a sample.

The glass transition temperature can also be obtained by scanning thermomechanical measurements of the coefficients of expansion and these values agree well with the calorimetric results.

The highest flexural strength resulted when the curing time was that which produced the most complete reaction as measured by the above methods.

The infrared spectroscopic results were not useful because the extinction of the oxiran group disappeared at times much shorter than those required to give complete curing as measured by other methods.

Literatur

1) *Loss, F.*, Kunststoff-Rundschau **9**, 546–549 (1962).

2) *Stierli, R.*, **8**, 541–546 (1963).

3) *Eyerer, P.* und *G. Lang*, Kunststoffe **62**, 322–328 (1972).

4) *Schmid, R.* und *R. Stierli*, Chimia **19**, 359–376 (1965).

5) *Speake, J. H.*, J. Appl. Phys. **7**, 412–424 (1974).

6) *Eyerer, P.*, Gummi-Asbest-Kunststoffe **25**, 1133–1144 (1972); **26**, 31–35 (1973).

7) *Eyerer, P.*, J. Appl. Pol. Sci. **18**, 975–992 (1974).

8) *Fisch, W.* und *W. Hofmann*, Die Makromol. Chemie 8–23 (1961).

9) *Tzscheutschler, R.*, Plaste und Kautschuk **154**, 261–263 (1968).

10) *Batzer, Lohse, Schmid*, Die angew. Makromol. Chem. **29/30**, 349–411 (1973).

11) Advances in Polymer Science Vol. 13 (Berlin–Heidelberg–New York).

12) *Plenk, K. P.*, Korrelation, Festigkeit und Infrarotspektren. Diplomarbeit am Institut für Organische Werkstoffe der Technischen Universität Berlin (Berlin 1974).

Anschrift des Verfassers:

Dipl. Ing. *K. E. Lüttgert* und Prof. Dr. *R. Bonart*
Institut für Nichtmetallische Werkstoffe/Polymerphysik
Technische Universität Berlin
Englische Str. 20, 1000 Berlin 12

Colloid & Polymer Sci. **254**, 319–324 (1976)

Vorgetragen auf der Frühjahrstagung des Fachausschusses Physik der Hochpolymeren in der Deutschen Physikalischen Gesellschaft in Münster 17.–22. März 1975

Einfluß der Kristallinität und Fehlordnung auf einige technisch bedeutsame Eigenschaften von Elastomeren

N. Steinert und *K. Tobisch* (Berlin)

Mit 6 Abbildungen und 1 Tabelle

(Eingegangen am 23. Mai 1975)

Da bei der großen Vielfalt der Polymeren sich die Polymerkristallinitätsforschung im wesentlichen auf das Polyäthylen, das am einfachsten aufgebaute Polymer, konzentriert, wird es nicht überraschen, daß die Elastomere als Stiefkinder behandelt werden. Dies hat zwei Gründe:

1. Der kristallisierbare Teil des Elastomers, der Kautschuk, ist bei Raumtemperatur amorph und befindet sich weit oberhalb seines Einfrierbereiches, wodurch die hohe reversible Verformbarkeit bedingt ist. Im Normalfall werden Kristallisationsgrade von nur wenigen Prozenten bei Temperaturen im Bereich von —10 °C bis —25 °C beobachtet, was erhebliche meßtechnische Schwierigkeiten mit sich bringt.

2. Technische Elastomere bestehen nahezu ausschließlich außer aus dem Kautschuk im Mittel aus 40% bis 60% verstärkenden oder nichtverstärkenden Füllstoffen wie Ruß, Silikaten, Kaolin und Kreide und aus etwa 5% bis 15% Begleitstoffen wie Vernetzungsmitteln, Alterungsmitteln, Verarbeitungshilfsstoffen, Vulkanisationsbeschleunigern und schließlich aus Netzstellen, die das Elastomer praktisch unlöslich und daher experimentell unhandlich machen.

Die meisten Untersuchungen sind daher an leicht vernetztem Rohkautschuk durchgeführt worden. Diese wiederum beschränken sich im wesentlichen auf Naturkautschuk, synthetischen Isoprenkautschuk sowie auf Chloroprenkautschuk, da diese Kautschuke deutliche Kristallisation zeigen können (1–5). Publikationen, die sich unmittelbar mit der Mikrostruktur und der Fehlordnung der Kristallite in Elastomeren auseinandersetzen, fanden wir nicht. Großes Interesse wird jedoch der Beziehung zwischen der Kristallinität und der Dehnung entgegengebracht. Durch Dehnung kann bei manchen Kautschuken die Kristallisation überhaupt erst ermöglicht werden, sowie bei den kristallisationsfähigen Kautschuken die Kristallisationsgeschwindigkeit um mehr als eine Zehnerpotenz erhöht werden. Infolge augenblicklicher Dehnungskristallisation während eines etwa eine Minute dauernden Zugversuches wird z. B. bei Naturkautschuk-Elastomeren die Zugfestigkeit erheblich vergrößert, was häufig zu einer überbewertenden Beurteilung führt.

Im Laufe der Zeit haben sich nun bei uns Ergebnisse aus Untersuchungen, z. B. zur Aufklärung von Schadensfällen oder zur Beurteilung von Elastomerteilen in der Technik, bei denen die Kristallisation eine Rolle gespielt hat, angesammelt. Dies ließ es angebracht erscheinen, ergänzt durch zusätzliche Versuche, über die durch Kristallisation hervorgerufenen Eigenschaftsänderungen Wege aufzuzeigen, die bestehenden Untersuchungen bzw. Thesen zur Mikrostruktur der Kristallite zu ergänzen und Konsequenzen für die Beurteilungstechnik sowie Hinweise für die Vermeidung von Schadensfällen zu geben. Die ersten Ansätze seien im folgenden dargestellt.

Wie bei anderen Polymeren findet man bei Kautschuk und Elastomeren eine thermische Reversibilität der Kristallisation durch Aufschmelzen der Kristallite sowie ein breites Maximum der Kristallisationsgeschwindigkeit (für Naturkautschuk bei —24 °C, für Chloroprenkautschuk bei —12 °C). Der etwa 10 bis 20 °C breite Schmelzbereich beginnt etwa 5 °C über der Kristallisationstemperatur.

Werden Elastomere in der Technik nur kurzfristig tieferen Temperaturen ausgesetzt, kann es interessant werden, durch Verminderung der Kristallisationsgeschwindigkeit eine Gebrauchstauglichkeit des Elastomers zu erreichen. Für den Langzeiteinsatz ist jedoch der Endkristallisationsgrad entscheidend.

Verschiedene Einflüsse auf diese beiden Größen sind halbqualitativ in der folgenden Tabelle 1 zusammengefaßt.

Im technischen Konzentrationsbereich werden durch Füllstoffe weder Kristallisationsgeschwindigkeit noch Endkristallisationsgrad entscheidend beeinflußt. Gewisse Weichmacher wirken entweder verzögernd oder beschleunigend auf die Kristallisation. Somit lassen sich für abschätzende Betrachtungen die publizierten Ergebnisse an Rohkautschuk auf technische Vulkanisate übertragen.

Aus der Sicht technischer Beurteilungen sind der sterische Aufbau (cis-trans-Konfiguration, Taktizität, Isomerisation, Copolymeranteile) und die chemische „Verunreinigung" der Kautschuk-Kette z. B. durch Netzstellen und Seitengruppen, die teilweise ringförmig angeknüpft sind, die entscheidenden Faktoren, um Kristallisation bei kristallisierfähigen Elastomeren auf ein erträgliches Maß zu unterdrücken.

Die augenscheinlichste technologische Veränderung der Elastomere durch Kristallisation ihrer Kautschukkomponente ist der Verlust der reversiblen hohen Verformbarkeit, das heißt: Zunahme der Härte und damit Zunahme des Young-Moduls, ein statischer Dehnungsmodul bei 5% Verformung als die Basis der Shore-A-Härte bzw. der IRHD-Härte.

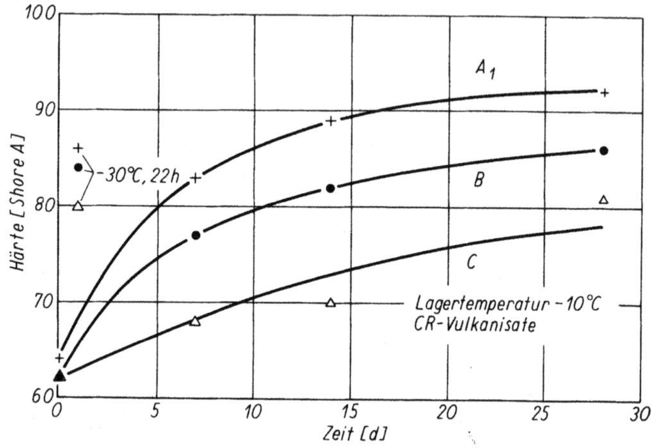

Abb. 1. Einfluß verschiedener, geringer Zusätze auf die Kristallisation von CR-Vulkanisaten

Tab. 1

Kautschuk	Einfluß von	Einfluß auf Kristallisationsgeschwindigkeit	Endkristallisationsgrad
CR	verstärkendem Ruß (MT und SRF)	kein Effekt	60 T*) —20% rel. 120 T —30% rel. 200 T —60% rel.
CR	gefällter Kieselsäure	60 T kein Effekt	—
CR	Kreide	90 T kein Effekt	—
CR	Kaolin	80 T kein Effekt	—
CR	aromatischem Öl	bis 54 T $^1/_3$	kein Effekt
CR	Weichmacher 15 T		
	a) Naphthenisches Öl	kein Effekt	—
	b) Aliphatischer Kohlenwasserstoff	$^1/_6$	—
	c) Butyloleat	4 ×	—
CR	Vulkanisationsgrad	von 10 min auf 40 min Vulkanisationszeit: $^1/_2$	—
CR	Schwefel	bis 2 T $^1/_5$	—
CR	Dehnung bis 50%	geringfügige Erhöhung	kein Effekt
NR	Aceton-Extraktion	$^1/_{10}$	unter —5 °C etwa +20% rel.
	2% Stearinsäure	5 ×	—
NR	Dehnung bis 50%	unbedeutende Erhöhung	kein Effekt
NR	Vernetzung mit 0,1% bis 0,5% Schwefel	$^1/_{20}$	kein Effekt
NR	1% der Monomereinheiten vernetzt	—	4%
NR	„Verunreinigung" der Kautschukkette >2%	—	keine Kristallisation

*) Teile jeweils bezogen auf 100 T Kautschuk

Die möglichen Effekte zeigt beispielhaft Abb. 1. Die drei untersuchten Qualitäten sind hinsichtlich der Hauptbestandteile und technologischen Eigenschaften praktisch identisch. Die Unterschiede im Kristallisationsverhalten sind begründet durch geringe Mengen von Zusätzen unterschiedlicher chemischer Zusammensetzung.

Die drei Punkte nach Lagerung bei —30 °C während 22 h geben das Einfrierverhalten wieder. Im Gegensatz zur Kristallisation ist die mit dem Einfrieren verbundene Verhärtung von der Lagerzeit praktisch nicht abhängig. Wie bei Qualität A_1 erkennbar, kann die Kristallisation zu einer deutlich größeren Verhärtung führen als das Einfrieren. Durch Wahl entsprechender Prüfbedingungen bei der Aufstellung von Spezifikationen ist daher zwischen Kristallisation und Einfrieren klar zu unterscheiden.

Zur Verknüpfung der Verhärtung mit der Mikrostruktur der Kristallite gehen wir vom Netzwerkmodell der Entropie-Elastizitätstheorie aus.

Dieses Modell besteht aus Netzpunkten verschiedener Funktionalität, die sich aus der Anzahl der von jeder Netzstelle ausgehenden Netzwerkketten ergibt, und aus den Netzwerkketten, deren Dichte die (Shore-A-)Härte bestimmt.

Ein rußgefülltes Naturkautschuk-Vulkanisat enthält von den gesamten Netzpunkten $^3/_4$ durch Ruß erzeugte physikalische Netzpunkte und $^1/_4$ durch Schwefelbrücken gebildete, chemische Netzpunkte. Hier muß betont werden, daß ein technisches Elastomer der Shore-A-Härte 50 nur an etwa jedem 700. Kettenglied der Polyisoprenkette, das sind etwa 0,15 % der Monomereinheiten, eine chemische Netzstelle trägt.

Nach *Leitners* (2) an Naturkautschuk experimentell ermittelter Abhängigkeit des Young-Moduls von der Dichte und aus dem aus Röntgenbeugungsaufnahmen erhaltenen Ergebnis, daß eine Dichteänderung von 1% einen Kristallisationsgrad von etwa 10% anzeigt, wird errechnet, daß ein Kristallisationsgrad von nur 1,5% bereits eine Shore-A-Härte-Zunahme von 50 auf 70 Einheiten erzeugen kann. Diese führt in vielen Fällen bereits zur Gebrauchsuntauglichkeit eines Elastomers. Bei diesem geringen Kristallisationsgrad wird andererseits verständlich, daß im technisch interessanten Bereich direkte Messungen der Mikrostruktur der Kristallite äußerst schwierig sein werden.

Die folgenden Betrachtungen sollen nun einen Weg zeigen, wie man zu Aussagen über die Mikrostruktur kommen kann.

Nach dem Netzwerkmodell läßt sich ein Kristallit als ein polyfunktioneller, physikalischer Netzpunkt auffassen.

Für den Fransenkristall und Naturkautschuk ergibt sich aus einfachen geometrischen Betrachtungen für die Zahl durch Kristallisation gebildeter Netzwerkketten pro cm³

$$N = A \cdot \frac{V_K}{l} \qquad [1]$$

V_K = Kristallitvolumen pro cm³ (Kristallisationsgrad)
l = Länge des Kristallits in Kettenrichtung in cm
A = $3{,}6 \cdot 10^{14}$ cm^{-2}; ergibt sich aus Größen der Elementarzelle (2)
($a = 12{,}5$ Å $b = 8{,}9$ Å)
sowie aus der Beziehung $N_i = \frac{f}{2} Z_i$
(f = Funktionalität, N_i und Z_i = Zahl der Netzwerkketten bzw. der Netzstellen eines idealen Netzwerkes).

Für eine Shore-A-Härte 50 und einen Kristallisationsgrad von 1,5% ergibt sich bei Annahme einer Würfelform mit der Kantenlänge 200 Å der Kristallite, daß auf eine Kristallitnetzstelle der Funktionalität 2900 etwa 50.000 herkömmliche Netzstellen kommen.

Nach der Theorie der Entropieelastizität

mit $G = \frac{E}{3}$

(G = Schermodul; E = Young-Modul jeweils in kp/cm²)

ist:

$$N = 0.8 \cdot 10^{19}\, E \qquad [2]$$

und schließlich aus [1] und [2]:

$$E = 4{,}5 \cdot 10^{-5}\, \frac{V_K}{l}\,. \qquad [3]$$

Für $V_K = 0.06$ findet *Leitner* (2) experimentell $E = 100$ kp/cm².

Dieses Wertepaar führt zu einer um mindestens zwei Größenordnungen zu kleinen Länge der Kristallite von 2,7 Å. Da der Faltkristall die Funktionalität kleiner werden läßt, wird die Diskrepanz noch größer, so daß dieser in die Berechnungen viel weniger hineinpaßt als der Fransenkristall.

Setzt man für die Kristallit-Länge einen aus Röntgen-Daten erhaltenen Wert von 200 Å ein, wird der Young-Modul E mit 1,4 kp/cm² erheblich unterschätzt.

Diese Diskrepanz kann in verschiedener Weise erklärt werden:

1) Durch die spezielle Struktur der polyfunktionellen Kristallit-Netzstellen wird ein Teil der Netzwerkketten derart verspannt, daß diese eine erhöhte elastische Wirksamkeit entfalten.

2) Bildung von Überstrukturen in Form von Kristalliten sphärolithischer Natur, die durch feine dendritenartige Gebilde ineinander verfilzt sind.

Die Ausbildung von gegen Verformung sehr labilen Überstrukturen kann aus Scherversuchen, deren Ergebnisse in Abb. 2 dargestellt sind, abgeleitet werden.

Die deutliche Verflachung der Kraft-Verformungskurve bei der kristallisierten Probe

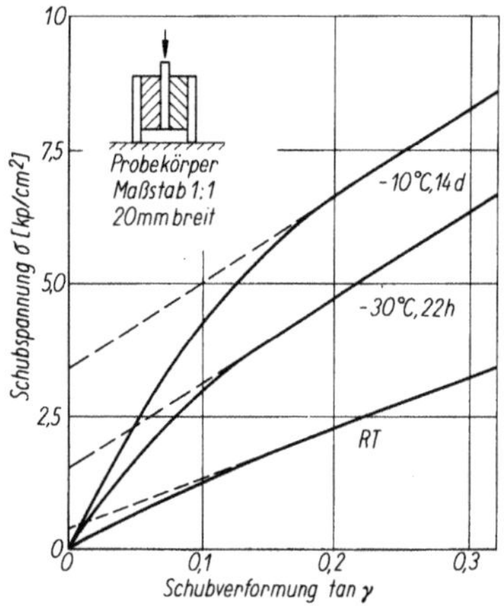

Abb. 2. Scherversuch; Verlauf der Kraft-Verformungskurve bei Raumtemperatur, nach Einfrieren (—30 °C, 22 h), nach Kristallisation (—10 °C, 14 d)

bereits ab einer Verformung von $\tan\gamma > 0{,}1$ zeigt den Zusammenbruch des Kristallit-Netzwerkes an. Dieser ist teilweise reversibel. Aus dem Kurvenverlauf läßt sich grob abschätzen, daß etwa 80% an Kristallite gebundene Netzwerkketten durch die Verformung verschwinden.

Sowohl Erklärung 1) wie 2) über die Kristallit-Struktur werden gestützt durch den Effekt, daß durch die Kristallisation konstant verformter Proben die Spannung abfällt (Spannungsrelaxation). Dieser Effekt wird sowohl für die Druck- als auch für die Zugverformung beobachtet (s. Abb. 3 und 4).

Nach einer gewissen Zeit fällt die Spannung auf 0 herab. Bei hohen Dehnungen etwa größer als 400% wurde sogar beobachtet, daß die Probe um 4% länger wird. Dies zeigt, daß die Kristallite bei diesen hohen Verformungen in Dehnungsrichtung orientiert werden, worauf *Flory* bereits 1947 seine Theorie über den Zusammenhang von Relaxation und Kristallisation durch statistische Berechnung der freien Energie der Kristallite und der angrenzenden amorphen Bereiche gründete.

Die Zunahme der Härte sowie die Abnahme der Spannung in verformtem Zustand wirken sich beide in gleicher Richtung ungünstig auf den Druckverformungsrest aus, so daß dieser sehr sensibel gegenüber Kristallisation ist. Es wird beispielsweise nach 20 Stunden ein Spannungsabfall von 35%, eine Härtezunahme um 6 Einheiten sowie schließlich ein Druckverformungsrest von bereits 80% gemessen. Nach der klassischen Zweinetzwerktheorie von *Andrews*, *Tobolsky* und *Hanson* ergibt sich jedoch nur ein Druckverformungsrest von 40%. Dies zeigt, daß das ursprüngliche Netzwerk, das Primärnetzwerk, und das Kristallitnetzwerk, das Sekundärnetzwerk, in der Weise kooperieren, daß die Rückverformung bedeutend mehr erschwert wird als im klassischen

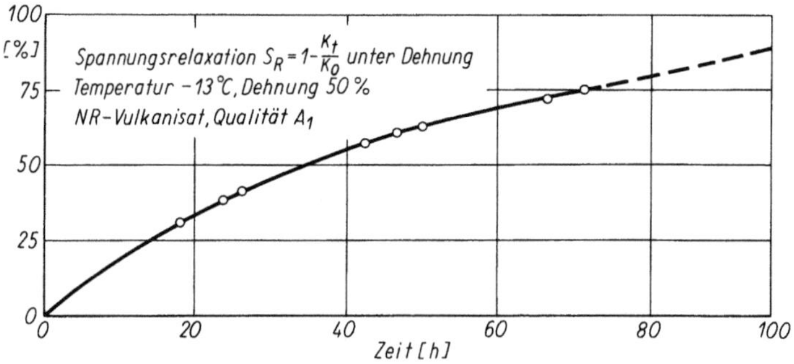

Abb. 3. Zugspannungsrelaxation durch Kristallisation; K_0 und K_t = Zugkraft zu Beginn bzw. zur Zeit t

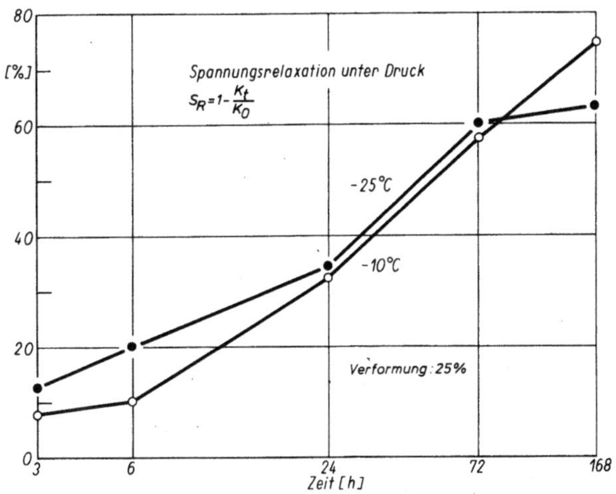

Abb. 4. Druckrelaxation $S_R = 1 - \frac{K_t}{K_0}$ durch Kristallisation bei —10 °C und —25 °C; CR-Vulkanisat aus ISO-Rundversuch; K_0 und K_t = Druckkraft zu Beginn bzw. zur Zeit t

Fall des chemischen Spannungsabfalls infolge Spaltung von Netzwerkketten.

So können bereits bei +5 °C Naturkautschuk-Vulkanisate im Laufe eines Jahres infolge Kristallisation einen Druckverformungsrest von 100% erreichen. Das zeitliche Verhalten eines derartigen Vulkanisats (Qualität A_2) bezüglich des Druckverformungsrestes ist in Abb. 5 wiedergegeben. Qualität A_2 unterscheidet sich von B lediglich durch das Vernetzungssystem. Bei B wurde durch Verwendung eines Schwefelüberschusses die Kautschukkette derart stark verunreinigt, daß die Kristallisation praktisch unterdrückt werden konnte.

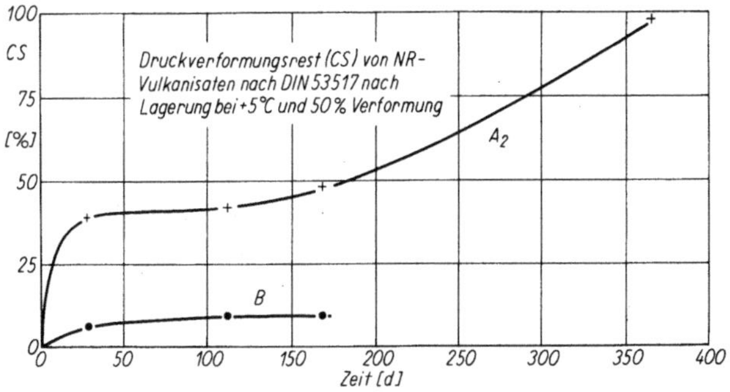

Abb. 5. Langzeitversuch; Druckverformungsrest bei +5 °C

Abb. 6 demonstriert, daß durch Messung der Shore-A-Härte-Änderung bei —10 °C im Kurzzeitversuch innerhalb von wenigen Tagen bereits dieses unterschiedliche Verhalten erkannt werden kann.

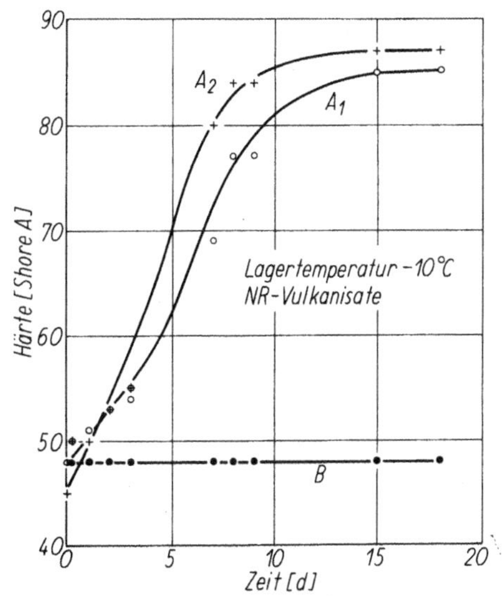

Abb. 6. Kurzzeitversuch; Härteänderung an Vulkanisaten mit unterschiedlichem Vernetzungssystem bei Lagerung bei — 10 °C

Zusammenfassung

In vielen Fällen ist ein Kristallisationsgrad von nur 1–2% des Kautschuks für technische Elastomere die Grenze der Tolerierbarkeit.

Eine Abschätzung der Härteänderung über Kristallit-Daten, das Verhalten kristallisierter Elastomere im Kraft-Verformungsversuch sowie Betrachtungen im Rahmen der Zweinetzwerktheorie aus Relaxationsdaten und der Härteänderung ergeben, daß Kristallit-Überstrukturen diskutiert werden können.

Es zeigt sich, daß der Druckverformungsrest besonders intensiv auf die Kristallisation anspricht.

Summary

In many cases, a crystallization degree of only 1–2% of the rubber is the tolerance limit for technical elastomers.

An estimate of the change of hardness using crystallite data, the reaction of crystallized elastomers in stress-strain tests as well as considerations within the framework of the two-network theory from relaxation data and the change of hardness demonstrate that crystallite superstructures can be discussed.

It appears that the compression set responds very intensively to the crystallization.

Literatur

1) The Chemistry and Physics of Rubber-like Substances edited by *L. Bateman* (London 1963).

2) *Treloar, L. R. G.*, The Physics of Rubber Elasticity (Oxford 1958), S. 273.

3) *Bueche, F.*, Physical Properties of Polymers (1962).

4) *Murray, R. M.* und *J. D. Detember*, Rubber Chem. and Technol. **34**, 668–685 (1961).

5) *Gent, A. N.*, J. Polym. Sci. **3**, 3787 (1965).

Anschrift des Verfassers:

Dipl.-Phys. *K. Tobisch*
c/o Bundesanstalt für Materialprüfung,
Fachgruppe 3.1
Unter den Eichen 87
1000 Berlin 87

Colloid & Polymer Sci. **254**, 325–328 (1976)

Vorgetragen auf der Frühjahrstagung des Fachausschusses Physik der Hochpolymeren in der Deutschen Physikalischen Gesellschaft in Münster 17.–22. März 1975

Iwan N. Stranski-Institut der Technischen Universität Berlin

Über die Gestalt von Polymermolekülen

W. Bruns

Mit 1 Abbildung und 2 Tabellen

(Eingegangen am 5. Mai 1975)

Einleitung

Zur Beschreibung der Geometrie eines Polymerknäuels können die mittleren Quadrate des Fadenendenabstandes $\overline{h^2}$, des Trägheitsradius $\overline{r^2}$ und des Abstandes irgendeines Segments vom Schwerpunkt $\overline{s_j^2}$ herangezogen werden. Für das Modell der Irrflugkette sind die exakten analytischen Ausdrücke dafür schon seit einiger Zeit bekannt (1, 2, 3). Es ist jedoch nicht möglich, sich aus dieser Kenntnis ein Bild von der (mittleren) Gestalt eines Knäuels zu machen. Auch die ebenfalls bekannten Verteilungsfunktionen geben keinen Hinweis darauf, da zu ihrer Herleitung ein Koordinatensystem verwendet wird, dessen Ursprung mit dem Kettenanfang bzw. -schwerpunkt zusammenfällt, das aber im übrigen raumfest ist und den Bewegungen der Kette nur durch Parallelverschiebungen, nicht aber durch Rotationen folgt. Dadurch erhält man unabhängig von der Gestalt stets kugelsymmetrisch verteilte Größen nicht nur für Knäuel, sondern auch für starre Körper, sofern sie nur irgendwelche regellosen Taumelbewegungen ausführen. Aufschlüsse über die Molekülgestalt erhält man jedoch dann, wenn man ein Koordinatensystem verwendet, dessen Ursprung im Schwerpunkt des Polymerknäuels liegt und dessen Achsen den Fluktuationen der Kettenkonfiguration derart folgen, daß sie stets mit den Hauptträgheitsachsen zusammenfallen. Damit werden die für die zeitliche Mittelwertbildung unerwünschten Translations- und Rotationsbewegungen eliminiert.

Schon *Kuhn* (1) hat für das Segmentmodell einer Polymerkette festgestellt, daß das Knäuel nicht kugelförmig sei, doch hat er über die Gestalt keine weiteren Angaben gemacht. Auch *Šolc* (4), der das Problem für ungestörte Ketten mit Hilfe analytischer Methoden untersucht hat, erhielt Ausdrücke, die sich numerisch nicht auswerten ließen. Liefert schon die analytische Behandlung der ungestörten Kette keine quantitativen Ergebnisse, so lassen die zusätzlichen mathematischen Schwierigkeiten bei Einführung der Wirkung des „ausgeschlossenen Volumens“ erst recht keine Hoffnung aufkommen, irgendwelche Zahlenwerte zu erhalten. Als Ausweg bietet sich die Monte-Carlo-Methode an, deren Ergebnisse im folgenden beschrieben werden.

Modell und Rechengang

Die Rechnungen wurden an einem Perlenkettenmodell durchgeführt, das auch in vorangegangenen Arbeiten benutzt worden ist (5–7). Es handelt sich dabei um Ketten, bei denen jedes Bauelement im Verhältnis zu seinem Vorgänger völlig frei orientiert ist ohne Bevorzugung einer bestimmten Richtung. Das bedeutet also, daß im Gegensatz zu den meisten bisher veröffentlichten Arbeiten über Monte-Carlo-Rechnungen an Polymerkettenmodellen kein Gitter benutzt wird. Um hinreichend lange Ketten aufbauen zu können, wurde anstelle der früher benutzten „Anreicherungstechnik“ (8) ein von *Alexandrowicz* (9, 10) entwickeltes Dimerisierungsverfahren angewendet. Zur Überprüfung auf Überschneidungsfreiheit diente ein „hash-code“-Verfahren, von dem einige Varianten bereits beschrieben worden sind (11–14). Eine ausführliche Darstellung der Kettenerzeugung soll an anderer Stelle erfolgen.

Mit Hilfe der üblichen Monte-Carlo-Methoden wurden 51200 Ketten mit der Schrittzahl 8 hergestellt (Schrittlänge = 1, Durchmesser der Bauelemente = 1).

Aus dieser Gesamtheit wurden zwei Ketten zufallsmäßig ausgewählt und unter einem ebenfalls zufälligen Winkel aneinandergefügt. Dieser Vorgang wurde so oft wiederholt, bis 25600 Ketten der Schrittzahl 16 angesammelt waren, die natürlich alle die Bedingung der Überschneidungsfreiheit erfüllen mußten. Die Dimerisierung wurde fortgesetzt bis zu Ketten mit einer Schrittzahl von 1024, von denen 400 Stück erhalten wurden. Das Gesamtverfahren wurde noch fünfmal wiederholt, um eine größere Stichprobe zu bekommen. Für jede der so erhaltenen Ketten wurden die Längenquadrate der Hauptträgheitsachsen errechnet und innerhalb jeder Schrittzahlgruppe gemittelt. Analoge Berechnungen wurden anschließend auch für Irrflugketten angestellt.

Die mittleren Längenquadrate der Hauptträgheitsachsen ($\overline{l_1^2} < \overline{l_2^2} < \overline{l_3^2}$) lassen sich über folgende Überlegung bestimmen (4): x_i, y_i, z_i seien die kartesischen Koordinaten des i-ten Bauelements einer Kette, die aus $N+1$ Bauelementen (N Schritten) besteht. Der Koordinatenursprung fällt dabei mit dem Kettenschwerpunkt zusammen Da die Bauelemente alle die gleiche Masse m besitzen sollen, kann man für den durch m dividierten Trägheitstensor, $\boldsymbol{I}$, folgende Elemente angeben

$$(\boldsymbol{I})_{11} = \sum_i (y_i^2 + z_i^2) \quad (\boldsymbol{I})_{12} = (\boldsymbol{I})_{21} = -\sum_i x_i y_i$$
$$(\boldsymbol{I})_{22} = \sum_i (x_i^2 + z_i^2) \quad (\boldsymbol{I})_{13} = (\boldsymbol{I})_{31} = -\sum_i x_i z_i$$
$$(\boldsymbol{I})_{33} = \sum_i (x_i^2 + y_i^2) \quad (\boldsymbol{I})_{23} = (\boldsymbol{I})_{32} = -\sum_i y_i z_i \qquad [1]$$

Der so definierte Tensor läßt sich zerlegen in eine Differenz zweier Matrizen,

$(N+1)r^2\boldsymbol{E}$ und $(N+1)\boldsymbol{X}$ mit

$$(\boldsymbol{X})_{11} = \frac{1}{N+1}\sum_i x_i^2$$
$$(\boldsymbol{X})_{12} = (\boldsymbol{X})_{21} = \frac{1}{N+1}\sum_i x_i y_i$$
$$(\boldsymbol{X})_{22} = \frac{1}{N+1}\sum_i y_i^2$$
$$(\boldsymbol{X})_{13} = (\boldsymbol{X})_{31} = \frac{1}{N+1}\sum_i x_i z_i$$
$$(\boldsymbol{X})_{33} = \frac{1}{N+1}\sum_i z_i^2$$
$$(\boldsymbol{X})_{23} = (\boldsymbol{X})_{32} = \frac{1}{N+1}\sum_i y_i z_i \qquad [2]$$

und der Einheitsmatrix $\boldsymbol{E}$.

r^2 ist das Quadrat des Trägheitsradius

$$r^2 = \frac{1}{N+1}\sum_i (x_i^2 + y_i^2 + z_i^2),$$

also $\boldsymbol{I} = (N+1)r^2\boldsymbol{E} - (N+1)\boldsymbol{X}$. [3]

Die orthogonale Transformation, die $\boldsymbol{I}$ auf die Hauptachsenform bringt, diagonalisiert auch $\boldsymbol{X}$, da $(N+1)r^2\boldsymbol{E}$ als Skalarmatrix durch die Transformation nicht verändert wird. Aus $\boldsymbol{I}$ wird dann

$$\boldsymbol{I}_H = \boldsymbol{Q}^{-1}\boldsymbol{I}\boldsymbol{Q} = \mathrm{diag}\Big[\sum_i(\eta_i^2 + \zeta_i^2),\ \sum_i(\xi_i^2 + \zeta_i^2),\ \sum_i(\xi_i^2 + \eta_i^2)\Big] \qquad [4]$$

wegen $\sum_i (x_i^2 + y_i^2 + z_i^2) = \sum_i (\xi_i^2 + \eta_i^2 + \zeta_i^2)$, ist

$$\boldsymbol{Q}^{-1}\boldsymbol{X}\boldsymbol{Q} = \mathrm{diag}\left(\frac{1}{N+1}\sum_i \xi_i^2,\ \frac{1}{N+1}\sum_i \eta_i^2,\ \frac{1}{N+1}\sum_i \zeta_i^2\right) = \mathrm{diag}\,(\overline{l_1^2},\ \overline{l_2^2},\ \overline{l_3^2}). \qquad [5]$$

Die Überlegung zeigt, daß die Eigenwerte von $\boldsymbol{X}$ mit den mittleren Längenquadraten der Hauptträgheitsachsen identisch sein müssen.

Ergebnisse

In Abb. 1 ist die Abhängigkeit des mittleren Längenquadrats der Hauptträgheitsachsen von der Bindungszahl dargestellt. Der besseren Vergleichbarkeit wegen wurden dabei die Achsenverhältnisse $\overline{l_2^2}/\overline{l_1^2}$ bzw. $\overline{l_3^2}/\overline{l_1^2}$ anstelle von $\overline{l_1^2}$, $\overline{l_2^2}$ und $\overline{l_3^2}$ benutzt. Um eine Extrapolation der Werte auf sehr lange Ketten ($1/N \to 0$) zu ermöglichen, wurde gegen die reziproke Bindungszahl aufgetragen. Die Punkte sind durch ausgeglichene Splinefunktionen miteinander verbunden, da die funktionelle Abhän-

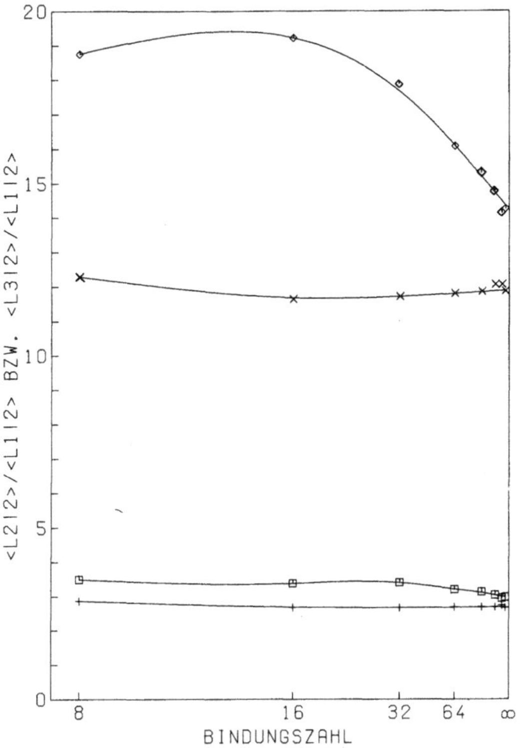

Abb. 1. Abhängigkeit des mittleren Längenquadrats der Hauptträgheitsachsen von der Bindungszahl für Irrflugketten und Ketten mit „ausgeschlossenem Volumen"

–+–+–+–+–	$\overline{l_2^2}/\overline{l_1^2}$	für Irrflugketten
–×–×–×–×–	$\overline{l_3^2}/\overline{l_1^2}$	
–□–□–□–□–	$\overline{l_2^2}/\overline{l_1^2}$	für Ketten mit „ausgeschlossenem Volumen"
–◇–◇–◇–◇–	$\overline{l_3^2}/\overline{l_1^2}$	

gigkeit $\mathcal{Q} = f\left(\frac{1}{n}\right)$ $\mathcal{Q} = \begin{cases} \overline{l_2^2}/\overline{l_1^2} \\ \overline{l_3^2}/\overline{l_1^2} \end{cases}$ bisher nicht bekannt ist. Kugelsymmetrie der Kettenknäuel würde für die Achsenverhältnisse Werte um 1 liefern. Wie man sieht, ist das für keine Bindungszahl der Fall. Bei Betrachtung der Werte für die Irrflugketten fällt auf, daß sie kaum von der Bindungszahl abhängen und extrapoliert $\overline{l_1^2}:\overline{l_2^2}:\overline{l_3^2} = 1:2{,}7:11{,}9$ ergeben. Das ungestörte Knäuel besitzt also weder eine Kugelgestalt noch die Gestalt eines anderen rotationssymmetrischen Körpers, sondern ist ein Ellipsoid.

Es ist bekannt, daß die Berücksichtigung der Raumerfüllung der Kettenbausteine zu einer Aufweitung des Knäuels führt. Wie die entsprechenden Kurven in Abb. 1 zeigen, verändert diese Aufweitung die Achsenverhältnisse des Knäuels. Interessanterweise wird dadurch das Ellipsoid nicht in Richtung auf eine Kugelform verändert, sondern das Verhältnis $\overline{l_3^2}/\overline{l_1^2}$ wird noch größer, während $\overline{l_2^2}/\overline{l_1^2}$ nicht so stark wächst.

Im Gegensatz zu den ungestörten Ketten beobachtet man hier eine starke Bindungszahlabhängigkeit von $\overline{l_3^2}/\overline{l_1^2}$. Für sehr lange Ketten erhält man $1:3{,}0:14{,}3$.

Die Daten nebst Standardabweichung sind in Tab. 1 noch einmal zusammengefaßt:

Diskussion

Die vorliegende Arbeit ist nicht die erste, die sich mit dem Gestaltproblem beschäftigt. Im Laufe der letzten Jahre sind – soweit dem Autor bekannt – drei weitere Arbeiten erschienen. Die Verfasser haben ihren Monte-Carlo-Rechnungen sämtlich Gittermodelle verschiedener Art zugrunde gelegt. In Tab. 2 sind alle Ergebnisse zusammengestellt. Dabei wurde von den Autoren nicht immer eine Extrapolation auf $\frac{1}{N} \to 0$ durchgeführt.

Tab. 1.

N	$\overline{l_3^2} : \overline{l_1^2}$		$\overline{l_3^2} : \overline{l_1^2}$	
	Irrflug	gestört	Irrflug	gestört
8	2.876 ± 0,003	3.500 ± 0.004	12.30 ± 0.02	18.76 ± 0.02
16	2.683 ± 0.004	3.378 ± 0.006	11.64 ± 0.02	19.22 ± 0.03
32	2.672 ± 0.007	3.407 ± 0.008	11.71 ± 0.03	17.68 ± 0.05
64	2.69 ± 0.01	3.21 ± 0.01	11.80 ± 0.05	16.08 ± 0.06
128	2.70 ± 0.01	3.14 ± 0.02	11.85 ± 0.07	15.26 ± 0.08
256	2.69 ± 0.02	3.05 ± 0.02	12.1 ± 0.1	14.7 ± 0.1
512	2.74 ± 0.03	2.95 ± 0.03	12.1 ± 0.1	14.1 ± 0.2
1024	2.67 ± 0.04	2.98 ± 0.04	11.1 ± 0.2	14.3 ± 0.2

Tab. 2.

Kettentyp		$\overline{l_1^2}$	:	$\overline{l_2^2}$	:	$\overline{l_3^2}$	Autor(en)
einfach – kubisch,	Irrflug	1	:	2,7	:	11,8	(15)
einfach – kubisch,	gestört	1	:	3,1	:	14,8	(16)
kubisch – flächenzentriert	gestört	1	:	2,9	:	13,9	(17)
kontinuierlich	Irrflug	1	:	2,7	:	11,9	diese Arbeit
	gestört	1	:	3,0	:	14,3	diese Arbeit

Deshalb wurden die Werte für die jeweils längsten der untersuchten Ketten angegeben.

Wie man sieht, ist die Übereinstimmung der von uns erzielten Ergebnisse mit den aus verschiedenen dreidimensionalen Gittertypen berechneten sowohl für den gestörten als auch für den ungestörten Fall sehr gut.

Das deutet darauf hin, daß Rechnungen an Modellketten mit Harte-Kugel-Potential unabhängig davon, ob sie in irgendeinem Gitter eingebracht oder ob sie im kontinuierlichen Raum erzeugt worden sind, stets etwa gleiche Zahlenwerte zur Kettengeometrie liefern. Gestärkt wird diese Vermutung durch eine jüngere Untersuchung des Autors (18), die für hinreichend lange Ketten im kontinuierlichen Raum in der Beziehung $\overline{h^2} = aN^\gamma$ für $\gamma = 1{,}200$ ergeben hat, in völliger Übereinstimmung mit dem Wert aus Gittermodellrechnungen. Die Analogie zwischen Gitter und kontinuierlichem Raum bei gestörten Ketten besteht jedoch nur dann, sofern das Verhältnis von Bindungslänge zu kleinstmöglichem Abstand zweier nicht benachbarter Bauelemente im kontinuierlichen Raum, λ, den gleichen Wert wie im Gitter – nämlich gleich 1 – besitzt. Da der Wert von γ abhängig von λ ist, ist auch eine entsprechende Auswirkung auf die Knäuelgestalt anzunehmen.

Die Rechnungen wurden am Großrechenzentrum Berlin durchgeführt, dessen Mitarbeitern ich für ihr verständnisvolles Eingehen auf meine Wünsche danke.

Zusammenfassung

Mit Hilfe von Monte-Carlo-Methoden wurden die mittleren Quadrate der Haupttrágheitsachsen von ungestörten und gestörten Ketten berechnet, deren Baueinheiten im kontinuierlichen Raum erzeugt worden sind. Die Ketten besaßen dabei bis zu $N = 1024$ Bindungen. Die auf $1/N = 0$ extrapolierten Werte verhielten sich wie 1:2,7:11,9 im ungestörten, wie 1:3,0:14,3 im gestörten Falle.

Summary

Monte-Carlo-methods were employed to generate off-lattice random chains and chains with excluded volume up to $N = 1024$ steps. The principal moments of the mean square radius of gyration were calculated and extrapolated to $1/N = 0$. Their ratios are as 1:2.7:11.9 for random chains, and as 1:3.0:14.3 for perturbed chains.

Literatur

1) *Kuhn, W.*, Kolloid.-Z. **68**, 2 (1934).
2) *Debye, P.*, J. Chem. Phys. **14**, 415 (1946).
3) *Isihara, A.*, J. Phys. Soc. Japan **5**, 201 (1950). *P. Debye, F. Bueche*, J. Chem. Phys. **20**, 1337 (1952).
4) *Šolc, K.*, J. Chem. Phys. **55**, 335 (1971).
5) *Bruns, W.*, Makromol. Chem. **124**, 11 (1969).
6) *Bruns, W.*, Makromol. Chem. **134**, 193 (1970).
7) *Bruns, W.*, Makromol. Chem. **158**, 177 (1972).
8) *Wall, F. T.*, J. J. Erpenbeck, J. Chem. Phys. **30**, 634 (1959).
9) *Alexandrowicz, Z.*, J. Chem. Phys. **51**, 561 (1969).
10) *Alexandrowicz, Z., Y. Accad.* J. Chem. Phys. **54**, 5338 (1971).
11) *Gans, P. J.*, J. Chem. Phys. **42**, 4159 (1965).
12) *Fleming, R. J.*, Proc. Phys. Soc. **90**, 1003 (1967).
13) *Jurs, P. C.* and *J. E. Reissner*, J. Chem. Phys. **55**, 4948 (1971).
14) *Grishman, R.*, J. Chem. Phys. **58**, 220 (1973).
15) *Šolc, K.* and *W. Stockmayer*, J. Chem. Phys. **54**, 2756 (1971).
16) *Kranbuehl, D. E., P. H. Verdier* and *J. M. Spencer*, J. Chem. Phys. **59**, 3861 (1973).
17) *Mazur, J., C. M. Guttman* and *F. L. McCrackin*, Macromolecules **6**, 872 (1973).
18) *Bruns, W.*, Makromol. Chem. **176**, 813 (1975).

Anschrift des Verfassers:

Wolfgang Bruns
Iwan N. Stranski-Institut
der Techn. Universität Berlin
Straße des 17. Juni 135, 1000 Berlin 12

Colloid & Polymer Sci. **254**, 329–341 (1976)

Vorgetragen auf der Frühjahrstagung des Fachausschusses Physik der Hochpolymeren in der Deutschen Physikalischen Gesellschaft in Münster 17.–22. März 1975

Physikalisch-Chemisches Institut der Technischen Universität Clausthal

Rheologische Untersuchungen an nebenvalenzmäßig vernetzten Gelen aus iso- und syndiotaktischem PMMA

M. Pyrlik und *G. Rehage*

Mit 11 Abbildungen und 1 Tabelle

(Eingegangen am 9. Mai 1975)

Einleitung

Polymethylmethacrylat (PMMA) kommt je nach Polymerisationsbedingungen bekanntlich als amorphes ataktisches oder als partiell kristallines iso- oder syndiotaktisches Polymerisat vor. Während die Lösungen der reinen taktischen Polymeren keinerlei Anomalien zeigen, weisen Lösungen vor allem höher molekularer ataktischer Polymethylmethacrylate Eigenschaften auf, die auf Assoziation der Polymermoleküle zurückgeführt werden können (1–4). Lösungen, die iso- und syndiotaktisches PMMA in annähernd gleichen Mengen enthalten, bilden bei genügend großen Polymerkonzentrationen ($> 2\ g \cdot dl^{-1}$) thermoreversible Gele (5–7). Da dieses Phänomen nur bei Anwesenheit beider taktischer Polymerer beobachtet wird, nimmt man an, daß die Ursache der Gelierung in einer Zusammenlagerung iso- und syndiotaktischer Sequenzen hinreichender Länge zu einem Stereokomplex zu sehen ist (8). Die Ergebnisse röntgenografischer und kalorimetrischer Untersuchungen lassen den Schluß zu, daß der Kristallisationsgrad des lösungsmittelfreien Stereokomplexes erheblich größer ist als der der ungemischten taktischen Polymerisate. Wegen der starken Lösungsmittelstreuung ist der röntgenografische Nachweis der Kristallinität in den Gelen schwierig und bisher nur in einem Fall gelungen (5). Messungen der Dichteänderung bei der Gelierung (6) und die in der vorliegenden Arbeit u.a. dargestellten DSC-Messungen unterstützen die Annahme kristalliner Strukturen auch in mäßig konzentrierten PMMA-Gelen.

Eine Vielzahl anderer partiell kristalliner Polymerer bildet ebenfalls thermoreversible Gele mit bestimmten Lösungsmitteln. Die nachfolgende Tabelle gibt einen Überblick über eine Reihe von Homopolymeren, an deren gelierungsfähigen Lösungen bereits Untersuchungen durchgeführt worden sind. Die Anwesenheit kristalliner Strukturen im Gel wird nur in einem Fall, beim Polyacrylylglycinamid ernsthaft bezweifelt (13, 15). Bei praktisch allen anderen Systemen wird als molekulares Modell ein partiell kristallines Netzwerk zugrunde gelegt, in dem die amorphen Bereiche die elastisch effektiven Ketten (Netzbögen) und die kristallinen Bereiche die Verknüpfungspunkte darstellen. Damit sind in Analogie zu den konventionellen chemisch vernetzten Elastomeren die elastischen Eigenschaften thermoreversibler Gele auf das Vorhandensein eines dreidimensionalen Netzwerkes zurückzuführen. Der wesentliche Unterschied zu den chemisch vernetzten Elastomeren besteht darin, daß die Verknüpfungspunkte durch Nebenvalenzkräfte gebildet werden und daher durch Temperatur- und oft auch durch Konzentrationsvariation in beliebiger Weise aufgelöst und wieder zurückgebildet werden können.

Eine befriedigende, von einengenden Modellvorstellungen freie Definition des Begriffs „thermoreversibles Gel“ ist noch nicht gelungen und vielleicht auch wegen der Vielzahl der Erscheinungsformen nicht möglich. Dies mag zum Teil darin begründet sein, daß trotz der völlig unterschiedlichen Eigenschaften von Lösung und Gel der Übergang zwischen beiden fließend ist. Dieser Umstand

Tab. 1. Beispiele für thermoreversible Gele

Polymerkomponente	Lösungsmittel	Untersuchungs-methode	Literatur (Auswahl neuerer Arbeiten)
Gelatine	Wasser	a—e	10, 11, 15, 45–50, 55, 57, 58.
Nylon 66	m-Kresol/DMF	c, d	15
Polyacrylnitril	DMF	a, d, e	12, 52, 56, 57.
Polyacrylylglycinamid	Wasser	a, c, d	13, 15
Polyäthylen	Xylol	d	14
Poly-γ-Benzyl-L-Glutamat	Xylol	c	15
Poly-γ-Methyl-D/L-Glutamat	DMF, u. a.	e	16
Polymethylacrylsäure	Wasser	b	17, 51.
stereospez. Polymethylmethacrylate	vorwiegend Aromaten, auch DMF	b—e	5, 6, 58.
Polyvinylalkohol	Wasser	a, c—e	18, 20, 24, 57, 58.
Polyvinylchlorid	Aromaten und Aliphat.	a—e	19, 32, 54, 58.
Polyvinylfluorid	γ-Butyrolacton	e	53
Polyvinylidenfluorid	DMAc	e	21
Verschiedene Zellulosederivate	Wasser, Alkohole	a, b, e	22, 23

a: statische rheologische Messungen
b: dynamische rheologische Messungen
c: kalorimetrische Messungen
d: Gelschmelzpunktsmessungen
e: andere Messungen

läßt sich sehr anschaulich am Beispiel der PMMA-Lösungsmittel-Mischphasen verdeutlichen. Fügt man nämlich einer Lösung von ataktischem PMMA gleiche Mengen iso- und syndiotaktischen Polymerisats hinzu, beobachtet man eine zunehmende Verfestigung der Lösung in Abhängigkeit von der Menge des zugegebenen stereospezifischen Polymerisats. Das System kann dabei alle Zwischenzustände zwischen Gel und Lösung annehmen. Diese Mischungen können als Modellsysteme für Lösungen mit hohen elastischen Anteilen einerseits bzw. Gele mit ausgeprägten viskosen Eigenschaften andererseits angesehen werden, bei denen die Einordnung in eine der Kategorien „Gel" oder „Lösung" nicht eindeutig ist. Vor allem bei höheren Konzentrationen oder niedrigen Temperaturen können Polymerlösungen Eigenschaften haben, die denen von hauptvalenzmäßig vernetzten Gelen nahekommen.

Für die Untersuchung derartiger Systeme sind dynamisch-mechanische Messungen gut geeignet, da sich einerseits die hier beobachteten molekularen Vorgänge besonders stark auf die mechanischen Eigenschaften auswirken und andererseits die Beeinflussung der Probe durch die Messung, die vor allem während der Gelierungsphase stark ausgeprägt sein kann, denkbar gering ist.

Experimentelles

Das isotaktische PMMA, das von der Firma Röhm GmbH freundlicherweise zur Verfügung gestellt worden war, hatte bei einem Molekulargewicht von $M_v = 2{,}3 \cdot 10^5$ (viskosimetrisch bestimmt in Toluol) 93% isotaktische Triaden (kernresonanzmagnetisch in Deuterochloroform bestimmt)[1]). Das syndiotaktische PMMA wurde von uns durch anionische Polymerisation in Ammoniak bei -70 °C hergestellt und hatte bei einem Molekulargewicht von $M_v = 5 \cdot 10^4$ 72% syndio- und 28% heterotaktische Triaden (6). Das für die Untersuchungen der rheologischen Eigenschaften in Abhängigkeit von der Taktizität verwendete ataktische PMMA wurde durch radikalische Bulk-Polymerisation mit 0.02% Dibenzoylperoxid als Starter bei von 30° bis 100 °C langsam ansteigenden Temperaturen hergestellt. Nach dem Umfällen ergab sich ein Molekulargewicht von $2 \cdot 10^6$ g·mol^{-1}, viskosimetrisch in Chloroform bestimmt. Die Gel-Proben wurden durch Mischen entsprechender Mengen iso- und syndiotaktischer PMMA-Lösungen mit o-Xylol (p.a.) als Lösungsmittel hergestellt, wobei das Massenverhältnis 4:5 iso-syndiotaktisch betrug. Dies entspricht einem Triadenverhältnis von etwa 1:1; bei diesem Verhältnis war das Maximum der Stereokomplexbildung gefunden worden (3). Lösungsmittel und Massenverhältnis der beiden taktischen Polymeren wurden nicht variiert.

Das Schwingungsviskosimeter wurde ebenfalls bereits beschrieben (6). Die Schwingungsfrequenz

[1]) Wir danken der Firma Röhm GmbH für die freundliche Überlassung von stereoregulären Polymerisaten.

betrug 0,5 Hz bei allen Messungen, bei denen die Frequenz nicht variiert wurde. Alle Messungen wurden im linearen Deformationsbereich durchgeführt; dies wurde durch Untersuchungen der Amplitudenabhängigkeit der dynamischen Kenngrößen G' und G'' nachgeprüft. Die DSC-Messungen wurden mit dem DSC 1 B der Fa. Perkin-Elmer durchgeführt.

Ergebnisse und Diskussion

DSC-Messungen

Um neben den Ergebnissen der dilatometrischen Messungen (6) einen weiteren Hinweis auf Kristallisation in PMMA-Gelen zu bekommen, führten wir DSC-Messungen an Gelen mit einer Polymerkonzentration von etwa 20 g·dl^{-1} durch. Ein Beispiel für ein typisches Thermogramm enthält Abb. 1.

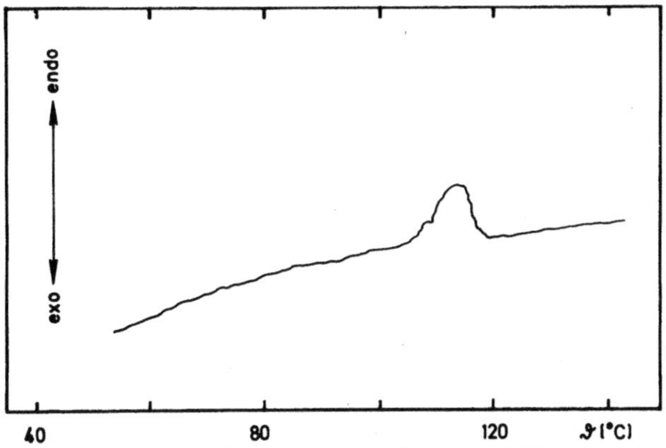

Abb. 1. DSC-Thermogramm eines ca. 20%igen Gels aus iso- und syndiotaktischem PMMA (4:5) in o-Xylol

Man erkennt den ausgeprägten endothermen Schmelzpeak bei ca. 110 °C. Die beobachtete Umwandlungswärme beträgt, gemittelt über eine größere Zahl von Thermogrammen, 150 cal·mol^{-1} bezogen auf die Monomereinheit des Polymerisats. Dieser Wärmeeffekt beträgt etwa 5–10% der Kristallisationsenthalpien, die häufig für kristallisierende Olefin- und Vinylpolymere gefunden werden. Allerdings sind auch z.B. Helix-Coil-Umwandlungen, die bei PMMA-Lösungen nicht a priori ausgeschlossen werden können, mit endothermen Wärmetönungen verbunden. Ein Vergleich mit den Gelierungswärmen von Gelen, bei denen vor der Gelierung eine Helix-Coil-Umwandlung stattfindet oder bei denen dies vermutet werden kann, zeigt jedoch, daß der von uns gemessene Wärmeeffekt erheblich niedriger ist:

Poly-γ-benzyl-L-glutamat	1100 cal·mol^{-1}	(15)
Gelatine	840 cal·mol^{-1}	(23)
Nylon 66	500 cal·mol^{-1}	(15)
Polyvinylalkohol	880 cal·mol^{-1}	(24)

Die Helix-Coil-Umwandlungswärme des Poly-γ-benzyl-L-glutamats (PBLG) beträgt rund 800–900 cal·mol^{-1}, gemessen in einem Lösungsmittel, in dem dieses Polymere nicht geliert (25). Die Differenz zwischen den Umwandlungswärmen der PBLG-Lösungen und Gele, nämlich die Kristallisationswärme, liegt in der Größenordnung der von uns gemessenen Gelierungswärme. Wir können also feststellen, daß bei Gelen mit vorheriger Helix-Coil-Umwandlung der größte Teil der gemessenen Gesamt-Gelierungswärme auf die Konformationsumwandlung und nur ein relativ kleiner Anteil auf Kristallisation zurückzuführen ist. Dies gilt allerdings wegen der Konzentrationsabhängigkeit des Kristallisationsgrades nur für den hier betrachteten Bereich bis etwa 25% Polymergehalt.

Die Kristallisationsenthalpie des lösungsmittelfreien, vollständig kristallisierten Stereokomplexes läßt sich aus der Gelierungswärme des Gels ermitteln, wenn man voraussetzt, daß der durch die DSC-Messungen ermittelte Wärmeeffekt lediglich auf Kristallisation beruht. Der Volumen-Kristallisationsgrad α, dessen Kenntnis für die Berechnung der Kristallisationswärme notwendig ist, kann aus den dilatometrischen Messungen nach

$$\alpha = \frac{\Delta\varrho}{\varrho_c - \varrho_a}$$

abgeschätzt werden, wenn die Dichten des vollständig kristallinen bzw. des vollständig amorphen PMMA, ϱ_c und ϱ_a, bekannt sind. $\Delta\varrho$ ist die Differenz der Dichten von Lösung und Gel bei der gleichen Temperatur. Unter Verwendung der Werte 1,23 g·cm^{-3} für ϱ_c (26) und 1,18 g·cm^{-3} für ϱ_a (27) ergibt sich für den Volumen-Kristallisationsgrad

$$\alpha = 5{,}4\% \,.$$

Dieser Wert liegt in dem Bereich, der für kristalline Netzwerke mit hoher Elastizität zu erwarten ist (7). Damit ergibt sich für die Kristallisationsenthalpie ΔH_u einer Monomereinheit im vollständig kristallinen Stereokomplex:

$\Delta H_u = 2.8 \text{ kcal}\cdot\text{mol}^{-1}$

Dieser Wert stimmt größenordnungsmäßig mit den Kristallisationswärmen vieler kristalliner Vinylpolymeren überein; beispielsweise wurden für syndiotaktisches PVC 2.7 kcal·Mol^{-1} ermittelt (28).

Dynamisch-mechanische Messungen

Unsere bisherigen Untersuchungen hatten gezeigt, daß die rheologischen Eigenschaften des Gels aufgrund der Steuerung des Gelierungsvorganges durch Keimbildung und Kristallwachstum stark zeitabhängig sind (6), (7). Um interpretationsfähige Kurven für die Temperaturabhängigkeit der dynamischen Kenngrößen G' und G'' zu erhalten, muß man daher bei jeder Temperatur warten, bis sich konstante Endwerte von Speicher- und Verlustmodul eingestellt haben. Dies ist bei hinreichender Unterkühlung unter die Gelierungstemperatur meist innerhalb einiger Tage der Fall. Führt man dagegen Messungen mit kontinuierlich variierender Temperatur durch, beobachtet man bei aufeinanderfolgenden Aufheiz- und Abkühlzyklen unterschiedliche Kurven für die Funktionen G' und G'' vs. Temperatur (Hystereseerscheinungen). Die Kurvenformen hängen stark von der Temperaturänderungsgeschwindigkeit ab. Die Abb. 2

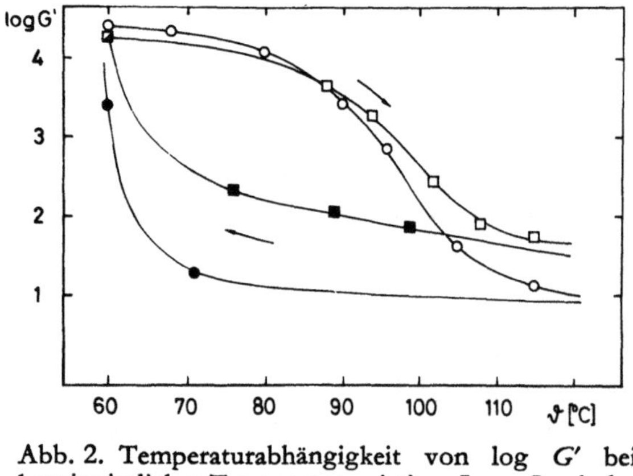

Abb. 2. Temperaturabhängigkeit von log G' bei kontinuierlicher Temperaturvariation. Leere Symbole: Aufheizen;
○, ●: Temperaturänderungsgeschwindigkeit 30°/h;
□, ■: Temperaturänderungsgeschwindigkeit 3°/h.
System: iso/synd-PMMA (4:5) in o-Xylol. Polymerkonzentration 5,6 g·dl^{-1}, G' in dyn·cm^{-2}; Schwingungsfrequenz: 0,5 Hz

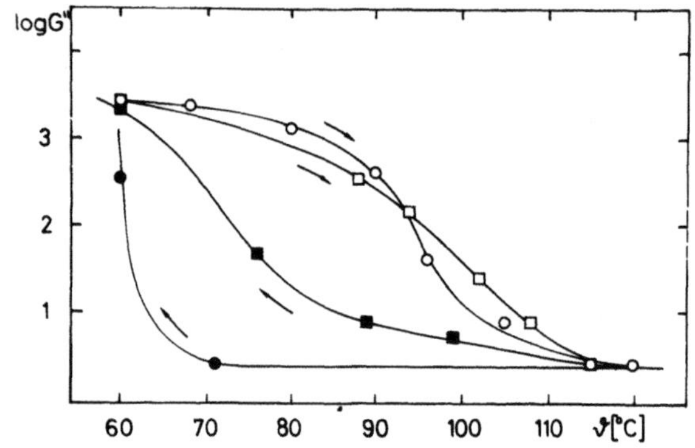

Abb. 3. Temperaturabhängigkeit von log G'' bei kontinuierlicher Temperaturvariation (gleiches System wie in Abb. 2). Leere Symbole: Aufheizen;
○, ●: Temperaturänderungsgeschwindigkeit 30°/h;
□, ■: Temperaturänderungsgeschwindigkeit 3°/h

und 3 zeigen Beispiele für dieses Verhalten, gemessen an einem Gel mit einer Polymerkonzentration von 5.6 g·dl^{-1}.
Die Diagramme zeigen, daß die Unterschiede zwischen Aufheiz- und Abkühlkurve um so größer werden, je größer die Temperaturänderungsgeschwindigkeit ist. Schmelz- und Gelierungsvorgang sind mit einer mehr oder weniger stufenförmigen Änderung der Moduln verbunden, insbesondere bei der größeren Aufheizgeschwindigkeit von 30° pro Stunde. Ein bedeutsamer Umstand scheint uns zu sein, daß der Speichermodul bei 115 °C bei einer Aufheizrate von 3°/h viermal so groß ist wie bei der Aufheizrate von 30°/h (Abb. 2). Das stimmt mit der von uns gemachten Beobachtung überein, daß der Gelschmelzpunkt zu um so höheren Temperaturen verschoben ist, je kleiner die Aufheizgeschwindigkeit ist.

Ein derartiges Verhalten ist — auch in Übereinstimmung mit entsprechenden Messungen anderer Autoren [vgl. z.B. (29)] — wahrscheinlich auf Umkristallisation zurückzuführen. Für den Verlustmodul ergibt sich unterschiedlich zum Speichermodul bei beiden Aufheizgeschwindigkeiten der gleiche Wert bei 115 °C. Dieser Umstand kann eine gewisse Bedeutung für die Interpretationsfähigkeit von rheologischen Gelschmelzpunktmessungen haben, da diese zum überwiegenden Teil auf der Registrierung eines bestimmten reproduzierbaren Fließzustands, also auf den viskosen Eigenschaften des schmelzenden Gels beruhen (5, 30—32). Unsere in Abb. 2 und 3 dargestellten Ergebnisse zeigen, daß auch bei konstantem Verlustmodul, d.h. bei gleicher (dynamischer) Viskosität, die Speichermoduln für verschiedene Aufheizgeschwindigkeiten voneinander abweichen können. Da man annehmen sollte, daß der größere Speichermodul auf die Anwesenheit von nicht vollständig aufgelösten Netzwerkstrukturen zurückzuführen ist, liegen bei der langsameren Aufheizrate bei gleicher Temperatur offenbar mehr oder größere Kristallite vor. Für eine willkürliche Aufheizrate (auch für die durch Extrapolation ermittelte Aufheizgeschwindigkeit Null) besteht daher nicht notwendigerweise ein Zusammenhang zwischen einem gemessenen viskositätsbestimmten Fließzustand und dem Schmelzen der letzten Kristallite.

Da sich die thermodynamischen Zustandsfunktionen auf ausgedehnte Phasen beziehen, bei denen keinerlei Oberflächeneinflüsse mehr vorhanden sind, definiert man den „Schmelzpunkt" in einem System mit Molekulargewichts- und demzufolge Schmelzpunktverteilung als die Temperatur, bei der die letzten (größten) Kristallite schmelzen.

Ob die durch reine Fließexperimente bestimmten Gelschmelzpunkte als Grundlage für thermodynamische Berechnungen, etwa der Kristallisationsenthalpie der Verknüpfungsbereiche, dienen können, erscheint daher fraglich.

Nach den Ergebnissen der in den Abb. 2 und 3 dargestellten Untersuchungen schien uns der sinnvollste Weg zur Messung der Temperaturabhängigkeit der dynamischen Kenngrößen G' und G'' in dem Abwarten konstanter Endwerte der Moduln bei jeder Meßtemperatur zu bestehen. Die bei der Durchführung dieser Meßreihe durch stufenweise Abkühlung erhaltenen Gelierungsisothermen G' vs. t (t = Zeit) zeigt Abb. 4 für ein Gel mit einer Polymerkonzentration von 5.6 g·dl^{-1}.

Die Zeitabhängigkeiten sind bei der höchsten Meßtemperatur, 85 °C, am größten, daher konnte aus Platzgründen nur ein kleiner Teil der gesamten Kurve in das Diagramm der Abb. 4 aufgenommen werden. Diese Temperatur ist auch die einzige, bei der sich – innerhalb von fünf Wochen – keine konstanten Werte von G' und G'' einstellten.

Die Gelierungsisothermen haben den für einen kristallisationsgesteuerten Prozeß zu erwartenden Verlauf. Die Gelierungsgeschwindigkeit, also die Steigung der Kurven, nimmt mit steigender Gelierungsdauer laufend ab. Die Zeitabhängigkeiten werden mit abnehmender Temperatur immer geringer; bei Temperaturen unterhalb 30 °C wird praktisch überhaupt keine Krümmung der Gelierungsisothermen mehr beobachtet. Die Abnahme der Gelierungsgeschwindigkeit mit sinkender Temperatur ist aus Abb. 5 zu ersehen.

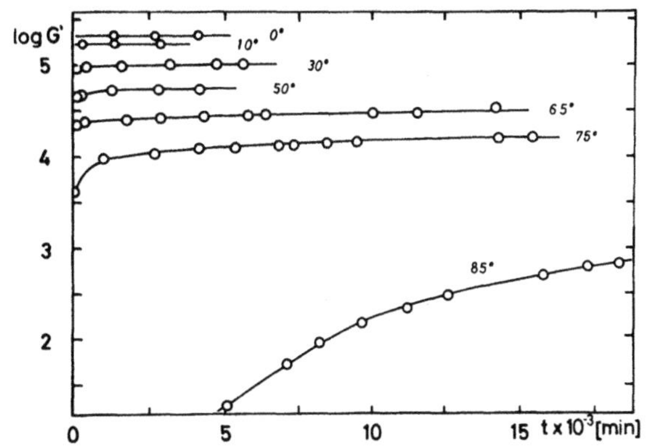

Abb. 4. Zeitabhängigkeit von log G' bei verschiedenen Temperaturen nach stufenweiser Abkühlung. System wie in Abb. 2

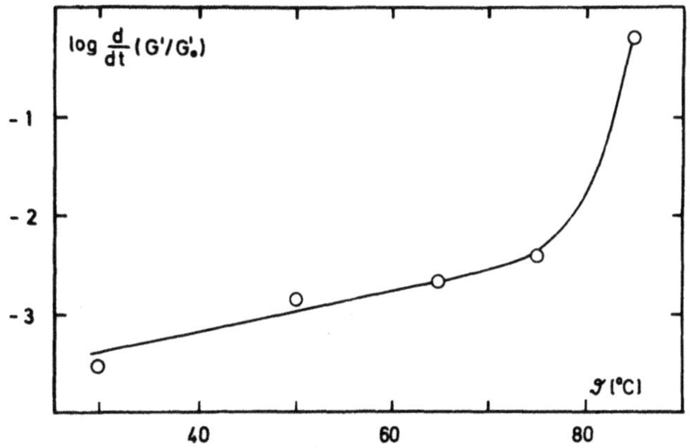

Abb. 5. Temperaturabhängigkeit der Gelierungsgeschwindigkeit zum Zeitpunkt $t = 0$ (Anfangssteigungen der Kurven in Abb. 4)

Hier ist die Anfangssteigung $d(G'/G_0')/dt$ der Gelierungsisothermen zum Zeitpunkt $t = 0$, bezogen auf den Wert G_0' des Speichermoduls bei $t = 0$, gegen die Temperatur aufgetragen. Man sieht, daß die Geschwindigkeit der Zunahme des Speichermoduls bei 30 °C um den Faktor 10^3 kleiner ist als bei 85 °C.

Jeweils nach Erreichen konstanter Endwerte der Moduln untersuchten wir die Frequenz-

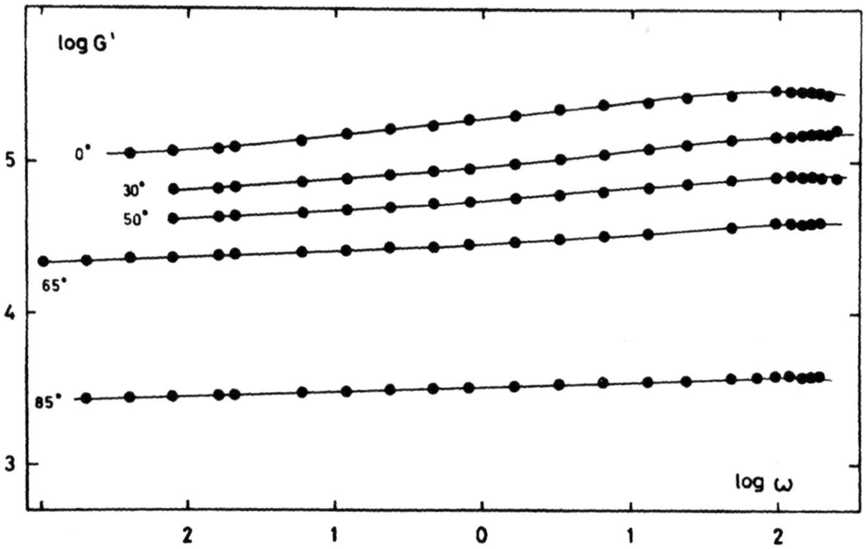

Abb. 6. Frequenzabhängigkeit von log G' bei verschiedenen Temperaturen (gleiches System wie in Abb. 2) ω in sec^{-1}

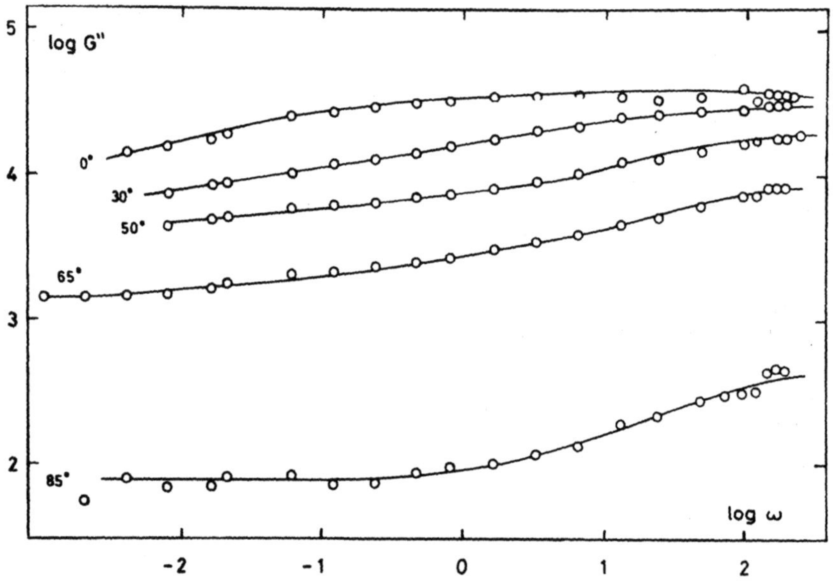

Abb. 7. Frequenzabhängigkeit von log G'' bei verschiedenen Temperaturen (gleiches System wie in Abb. 2) ω in sec^{-1}

abhängigkeit von G' und G''. In den Abb. 6 und 7 sind die Ergebnisse dargestellt.

Wie von gummielastischen Stoffen allgemein zu erwarten, ist der Speichermodul innerhalb eines weiten Frequenzbereiches nur geringfügig frequenzabhängig (gummielastisches Plateau). Der Verlustmodul weist eine deutlichere Frequenzabhängigkeit auf, wobei die Verschiebung der Kurven mit abnehmender Temperatur in Richtung niedriger Frequenzen deutlich ersichtlich ist. Es handelt sich dabei offenbar um die bei allen temperaturabhängigen dynamisch-mechanischen Messungen vorliegende Äquivalenz von Temperatur- bzw. Frequenzvariation, die die Konstruktion von „master curves" unter Anwendung der Zeit-Temperatur-Überlagerungsmethode unter gewissen Voraussetzungen erlaubt (33). Daß diese Voraussetzungen bei unseren Messungen z. T. nicht gegeben sind, erkennt man daran, daß man die Kurven nicht nur parallel zur Frequenzachse, sondern noch zusätzlich parallel zur Ordinate verschieben muß, um sie zur Deckung zu bringen. Dies hat seine Ursache darin, daß eine Temperaturerniedrigung nicht nur eine Verschiebung des Relaxationszeitspektrums zu längeren Zeiten hin, sondern auch die im folgenden näher untersuchte Zunahme des Kristallisationsgrades und Erhöhung der Moduln verursacht. Daher ist es nicht ohne weiteres möglich, durch die Anwendung der Zeit-Temperatur-Überlagerungsmethode eine vollständigere Übersicht über die Frequenzabhängigkeit der Moduln zu gewinnen. Es existiert zwar ein phänomenologischer Ansatz, der auch bei Systemen mit temperaturabhängigen Strukturveränderungen die Beschreibung des dynamisch-mechanischen Verhaltens mit Hilfe reduzierter Variabler gestattet, jedoch sind die dafür notwendigen Parameter im vorliegenden Fall nicht bekannt (34).

Trägt man die durch die Messung der Gelierungsisothermen erhaltenen zeitlich konstanten Endwerte der Moduln gegen die Temperatur auf, ergeben sich die durch die kreisförmigen Symbole dargestellten Kurven der Abb. 8.

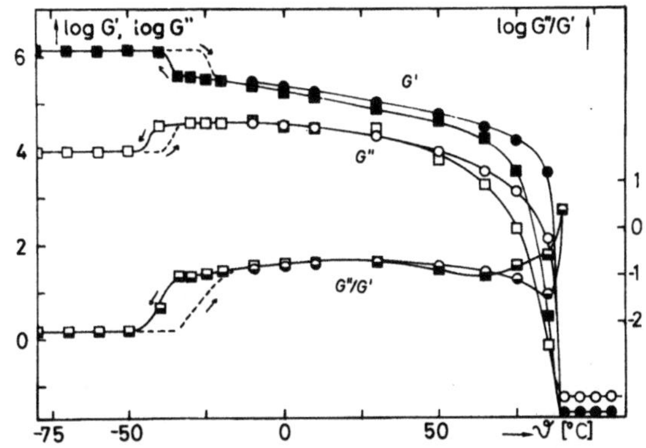

Abb. 8. Temperaturabhängigkeit von log G' (volle Symbole) und log G''/G' (halbvolle Symbole), gleiches System wie in Abb. 2; Kreise: Zeitlich konstante Endwerte; Quadrate: 24-Stunden-Werte (siehe Text)

Da diese Meßmethode außerordentlich zeitraubend ist, haben wir auch eine Meßreihe mit den gleichen Meßtemperaturen, aber einer Temperzeit von nur 24 h bei jeder Temperatur durchgeführt ohne Rücksicht darauf, daß noch keine konstanten Endwerte erreicht waren. Die so erhaltenen Kurven sind durch quadratische Symbole ebenfalls in Abb. 8 dargestellt. Man erkennt, daß die Moduln erwartungsgemäß generell kleiner sind als die zeitlich konstanten Werte; allerdings ist der Unterschied nur bei höheren Temperaturen bedeutend. Die Ursache des Anstiegs des Speichermoduls mit abnehmender Temperatur entgegen der Forderung der statistischen Theorie der Kautschukelastizität ist – in Übereinstimmung mit früheren Ergebnissen (6, 7) – auf die Zunahme des Kristallisationsgrades und die dadurch verursachte Erhöhung des Vernetzungsgrades zurückzuführen. Die Tatsache, daß die zusätzliche Kristallisation nur durch die Temperaturerniedrigung bedingt wird und bei jeder Temperatur ein konstanter Endwert erreicht wird, legt die Vermutung nahe, daß die Zusatzkristallisation ein thermodynamisch und nicht etwa ein kinetisch gesteuerter Vorgang ist. Das bedeutet, daß iso- und syndiotaktische Sequenzen über den gesamten untersuchten Temperaturbereich kristallisieren. Als Ursache für die unterschiedlichen Kristallisationstemperaturen kann in erster Linie die Sequenzlängenverteilung der stereospezifischen Polymerisate angesehen werden. Aus einer modifizierten Anwendung der Copolymerentheorie von *Flory* (35) folgt, daß eine ausgeprägte Abhängigkeit der Gleichgewichtsschmelztemperatur einer bestimmten iso- oder syndiotaktischen Sequenz von der Zahl der in ihr enthaltenen Monomereinheiten besteht (36). Unter bestimmten Annahmen ist dieser Zusammenhang zahlenmäßig berechenbar, und es ergibt sich, daß bei 80 °C die für eine Kristallisation erforderliche Mindestsequenzlänge beim isotaktischen PMMA rund 11 und beim syndiotaktischen PMMA 8 Monomereinheiten beträgt (36). Da die von uns verwendeten stereospezifischen Polymerisate relativ breite Sequenzlängenverteilungen aufweisen (berechnet aus den Kernresonanzdaten, nach *Johnsen* (37)), kann offenbar die Verringerung der für eine Kristallisation erforderlichen Mindestsequenzlänge mit abnehmender Temperatur die Zunahme des Kristallisationsgrades und damit des Speichermoduls erklären.

Bei −30 °C gefriert das Lösungsmittel o-Xylol, das Gel wird infolgedessen undurchsichtig weiß und auch merklich spröder, behält jedoch interessanterweise seine Elastizität bei (allerdings bei verminderter Zerreißfestigkeit). Dies kann man dem Ergebnis entnehmen, daß der Speichermodul beim Kristallisieren des Lösungsmittels nur um einen Faktor zwei auf rund 10^6 dyn·cm^{-2} zunimmt und dann mit weiter abnehmender Temperatur konstant bleibt. Man kann aus diesem Wert sofort schließen, daß nicht die Lösungsmittelkristalle, sondern weiterhin das Netzwerk die mechanischen Eigenschaften des Gels im wesentlichen bestimmt. Die Elastizitätsmoduln von kristallinen Materialien liegen in der Regel um wenigstens 5–6 Dekaden höher als der von uns gemessene Wert. Da man demzufolge annehmen muß, daß die Netzwerkstruktur nicht durch die Anwesenheit der niedermolekularen Kristalle entscheidend beeinflußt wird, kann man folgern, daß dem Größenwachstum der Xylol-Kristalle durch das Netzwerk Grenzen gesetzt sind (44). Man erhält so ein polykristallines o-Xylol, wobei die einzelnen Lösungsmittel-Kriställchen das freie Volumen zwischen den Netzwerkketten ausfüllen.

Die Kristallisation des o-Xylols führt zu einer sprunghaften Verminderung des Verlustmoduls auf etwa die Hälfte, so daß der Verlustanteil an der Deformation unterhalb von etwa —40° weniger als 1% beträgt. Dies kann dadurch begründet sein, daß die freien Kettenenden, deren Bewegung bei der Deformation einen großen Teil der gesamten Dissipation ausmacht, in den Lösungsmittelkristallen festgelegt sind und so der Einwirkung äußerer Kräfte nicht mehr nachgeben können.

Im Bereich um die Kristallisationstemperatur des o-Xylols treten wieder ausgeprägte Zeitabhängigkeiten auf, die sich u.a. in den in Abb. 8 eingezeichneten unterschiedlichen Kurvenverläufen bei Abkühlung und Aufheizen äußern.

Mechanismus der Zusatzkristallisation

Bezüglich des Mechanismus der mit abnehmender Temperatur stattfindenden Zusatzkristallisation war die Vermutung geäußert worden, daß hierbei vorwiegend unvernetzte Polymermoleküle in das Netzwerk eingebaut werden (7). Um diese Annahme zu unterstützen, haben wir PMMA-Gele mit einer Polymerkonzentration von 12,6 g·dl^{-1} bei verschiedenen Temperaturen mit reinem Lösungsmittel extrahiert. Die Extraktionszeit betrug etwa ein Jahr. Dabei fanden wir, daß bei einer Extraktionstemperatur von 80 °C ca. 60% und bei 25 °C nur ca. 20% Polymerisat extrahiert werden konnte[2]).

Der experimentelle Nachweis, daß es sich bei dem extrahierten Polymerisat im wesentlichen um unvernetztes Material handelt (und nicht etwa um Ketten, die durch Auflösen von Kristalliten aus dem Netzwerk entfernt wurden), wurde durch eine Analyse des dynamisch-mechanischen Verhaltens desjenigen Gels, das bei 80 °C extrahiert worden war, erbracht. Die dynamischen Kenngrößen G' und G''/G' als Funktion der Temperatur sind für dieses Gel, das nach der Extraktion noch eine Polymerkonzentration von 4,8 g·dl^{-1} aufwies, in Abb. 9 dargestellt. Zum Vergleich sind noch zusätzlich enthalten die entsprechenden Kurven für unextrahierte Gele mit Konzentrationen von 5,6 bzw. 12,6 g·dl^{-1}.

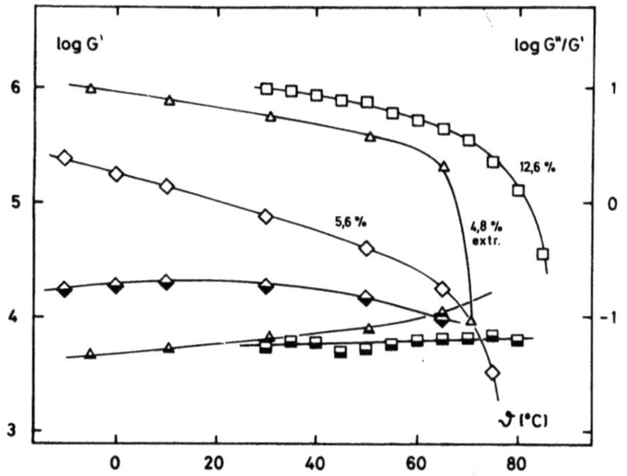

Abb. 9. Temperaturabhängigkeit von log G' (leere Symbole) und log G''/G' (halbvolle Symbole) für iso/synd-PMMA (4:5) in o-Xylol; □, ⬓: Polymerkonzentration 12,6 g·dl^{-1}; △, ▲: Polymerkonzentration 4,8 g·dl^{-1} entstanden durch 1-jährige Extraktion des 12,6%igen Gels bei 80° mit o-Xylol; ◇, ⬘: Polymerkonzentration 5,6 g·dl^{-1} (s. Abb. 8)

Man sieht, daß die Extraktion nur eine geringfügige Verringerung des Speichermoduls und damit der Zahl der elastisch effektiven Ketten verursacht. Diese Verringerung ist

[2]) Das Gel war bei 25 °C sehr viel feiner im Extraktionsmittel verteilt worden, um die wegen des niedrigeren Diffusionskoeffizienten geringere Diffusionsgeschwindigkeit in etwa der bei 80 °C anzugleichen.

sicherlich zum größten Teil auf die unterschiedliche Meßmethode zurückzuführen, denn bei der Kurve des 12.6%igen Gels handelt es sich um zeitlich konstante Endwerte, während die Messungen an den beiden anderen Gelen nach der 24-Stunden-Methode durchgeführt wurden. Der Unterschied der Speichermoduln zwischen dem extrahierten Gel und dem in der Konzentration vergleichbaren 5,6%igen unextrahierten Gel beträgt fast eine Dekade und macht ebenfalls deutlich, daß bei der Extraktion tatsächlich im wesentlichen nur die unvernetzten, zum Speichermodul sehr wenig beitragenden Polymermoleküle aus dem Gel entfernt wurden. Wir können somit davon ausgehen, daß die Zusatzkristallisation im wesentlichen unter Beteiligung der bis dahin unvernetzten Moleküle stattfindet.

Einfluß der Taktizität

Frühere Arbeiten zeigten, daß die Taktizität der verwendeten Polymethylmethacrylate entscheidenden Einfluß auf die physikalisch-chemischen Eigenschaften des Systems hat (3–5, 38). Dieser Einfluß wird zum einen über den Anteil von iso- und syndiotaktischen Verknüpfungen und zum anderen über die Längenverteilung der stereoregulären Sequenzen ausgeübt. Da sowohl im hier verwendeten ataktischen PMMA als auch in dem zur thermoreversiblen Gelierung befähigten Stereoisomeren-Gemisch iso- und syndiotaktische Verknüpfungen in etwa größenordnungsmäßig gleichen Anteilen vorliegen, sind die unterschiedlichen Eigenschaften im wesentlichen auf die Sequenzlängen zurückzuführen. In Abb. 10 ist die Temperaturabhängigkeit von G' und G'' einer 5,6%igen Lösung eines ataktischen PMMA ($M_v = 1{,}9 \cdot 10^6$) in o-Xylol der eines Stereoisomeren-Gemisches gleicher Konzentration (gleiches System wie in Abb. 8) gegenübergestellt.

Die ataktische Lösung zeigt – zumindest bei höheren Temperaturen – das für normale hochmolekulare Lösungen zu erwartende Verhalten, das mit dem der gelierungsfähigen stereoregulären Lösung nicht zu vergleichen ist. Beginnend bei etwa 30° setzt bei der ataktischen Lösung mit abnehmender Temperatur ein stärkerer Anstieg des Speichermoduls ein, der bei $-20°$ den beachtlichen Wert von 2×10^3 dyn·cm^{-2} erreicht. Im gleichen Temperaturbereich werden auch bei chemisch vernetztem ataktischem PMMA Abweichungen vom erwarteten Verhalten sowohl beim Temperaturverlauf des Elastizitätsmoduls als auch bei Quellungsmessungen beobachtet (3, 39,

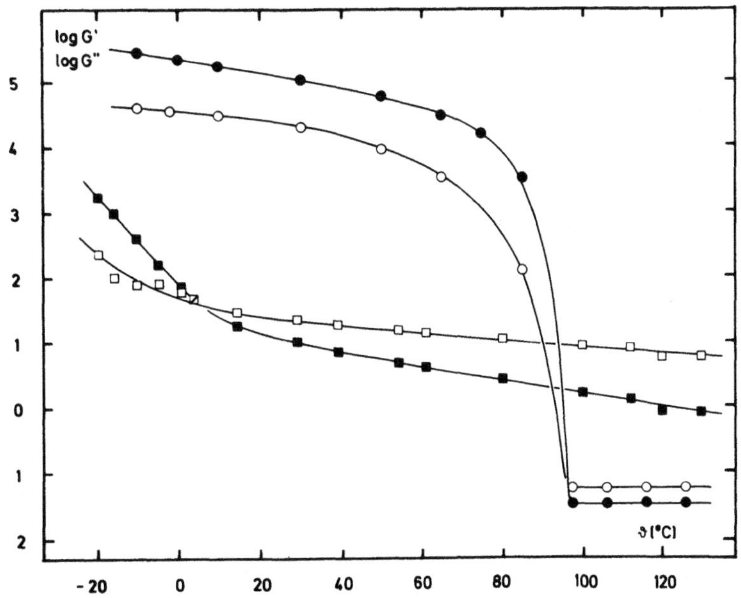

Abb. 10. Temperaturabhängigkeit von log G' (volle Symbole) und log G'' (leere Symbole) einer 5,6%igen Lösung von ataktischem PMMA ($M_v = 2 \times 10^6$) in o-Xylol (Quadrate) im Vergleich zum stereospezifischen PMMA-Gel gleicher Konzentration (Kreise)

40). Diese Abweichungen werden — ebenso wie beim Viskositätsverhalten von Lösungen ataktischer Polymethylmethacrylate (3, 4) — durch Stereokomplexbildung erklärt.

Der Anstieg des Speichermoduls in Abb. 10 unterhalb 30 °C ist demnach offenbar auf die Bildung eines dynamischen Netzwerks aufgrund von Stereoassoziation zurückzuführen. Die Bildung eines derartigen Netzwerks folgt — für hinreichend lange Ketten — aus der Tatsache, daß auch im ataktischen PMMA keine völlig regellose Anordnung der iso- und syndiotaktischen Verknüpfungen, sondern eine Sequenzlängenverteilung mit allerdings sehr kurzen mittleren Sequenzlängen vorliegt (41, 42). Aufgrund der Abnahme der für eine Stereokomplexbildung erforderlichen Mindestsequenzlänge wird — ähnlich wie bei den stereoregulären PMMA-Gemischen — mit abnehmender Temperatur eine Zunahme der physikalischen Vernetzungsstellen erfolgen. Nach allem, was bisher über ataktisches PMMA bekannt ist, kann man jedoch nicht annehmen, daß die Verknüpfungspunkte kristallin sind. Damit besteht die Möglichkeit, daß die Bindungsfestigkeit der Stereoassoziate nur relativ gering ist. Nach Maßgabe der aufgrund der Sequenzlängenverteilung existierenden Bindungsfestigkeitsverteilung ist die Lebensdauer eines mehr oder weniger großen Teils der Stereoassoziate begrenzt. Das Netzwerk in ataktischen PMMA-Lösungen ist also auch bei niedrigen Temperaturen nur bedingt mit dem der stereoregulären PMMA-Gemische vergleichbar, wie auch das in Abb. 10 dargestellte dynamisch-mechanische Verhalten zeigt.

Bei konstanter Konzentration ist die Ausbildung netzwerkähnlicher Strukturen um so leichter möglich, je höher das Molekulargewicht des verwendeten ataktischen Polymerisats ist. Liegt bereits ein chemisches Netzwerk vor (Molekulargewicht $\to \infty$), äußern sich die Einflüsse der zusätzlichen physikalischen Verknüpfungsstellen besonders deutlich (39, 40). Nach unseren Erfahrungen ist der Nachweis von Stereoassoziation in mäßig konzentrierter Lösung (ca. 2–10 $g \cdot dl^{-1}$) bei Anwendung entsprechend empfindlicher Meßmethoden (z. B. Kapillarviskosimetrie) bereits ab Molekulargewichten von 3×10^5 möglich (43). Voraussetzung für eine einwandfreie Molekulargewichtsbestimmung von Proben hohen Polymerisationsgrades ist natürlich die Verwendung eines entassoziierenden Lösungsmittels (z. B. Chloroform). Neben dem Molekulargewicht sind für die Bildung des Netzwerks die Polymerisationsbedingungen von entscheidender Bedeutung. So beeinflußt z. B. die Temperaturführung während der Polymerisation nicht nur den Verzweigungsgrad und die Taktizität, sondern auch die Längenverteilung der stereoregulären Sequenzen. Zwei Poly-

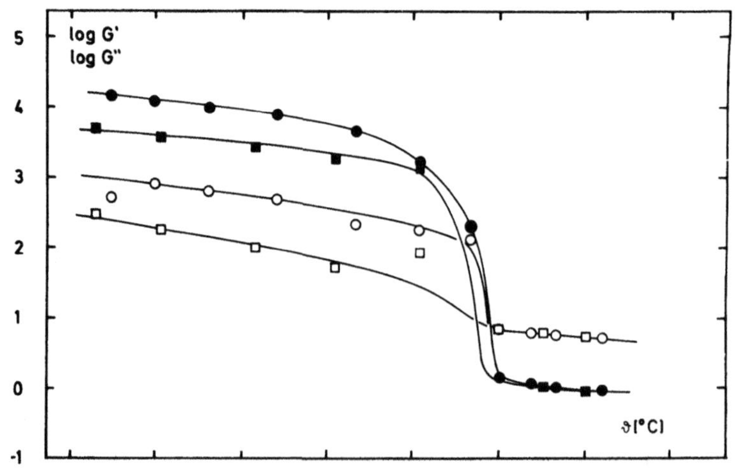

Abb. 11. Temperaturabhängigkeit von log G' (volle Symbole) und log G'' (leere Symbole) für Mischungen von ataktischem mit iso/synd-PMMA (4:5) in o-Xylol. Gesamt-Polymerkonzentration: 5,6 $g \cdot dl^{-1}$; ●, ○: 40 Gew.-% Gehalt an iso/synd-PMMA; ■, □: 20 Gew.-% Gehalt an iso/synd-PMMA

methylmethacrylate können also bei gleichem Molekulargewicht unterschiedliche Assoziationseigenschaften haben.

Nach den bisherigen Ausführungen über die Ursachen des viskoelastischen Verhaltens hochmolekularer ataktischer PMMA-Lösungen wäre zu erwarten, daß bereits eine relativ geringfügige Verschiebung der Sequenzlängenverteilung zu längeren Sequenzen die Ausbildung eines dauerhaften Netzwerks und damit eines „echten" thermoreversiblen Gels zur Folge haben sollte. Da eine gezielte Polymerisation unter Bildung bestimmter Sequenzlängenverteilungen sehr schwierig ist, versuchten wir, diese Verschiebung durch Zugabe geringer Mengen iso- und syndiotaktischen Polymethylmethacrylates (syn/iso = 5:4) zu der ataktischen PMMA-Lösung zu erreichen. Der Temperaturverlauf der dynamischen Kenngrößen G' und G'' für zwei auf diese Weise hergestellte Systeme mit 20% und mit 40% stereospezifischem PMMA-Gemisch ist in Abb. 11 dargestellt. Die Konzentration betrug, wie auch bei den Systemen der Abb. 10, 5,6 $g \cdot dl^{-1}$.

Beide Lösungen weisen den für eine thermoreversible Gelierung charakteristischen Temperaturverlauf von G' und G'' auf (vgl. Abb. 8 und 10); sie stellen also echte thermoreversible Gele dar.

Bei der Untersuchung dieser und ähnlicher Systeme stellt sich die Frage, wann man von einem thermoreversiblen Gel sprechen kann und wann von einer „normalen" hochmolekularen Lösung, die ja, wie Abb. 10 zeigt, beim Vorliegen gewisser Voraussetzungen ebenfalls erhebliche elastische Eigenschaften aufweisen kann. Das von uns untersuchte Beispiel der PMMA-Lösungsmittel-Mischphasen zeigt, daß offenbar beliebig viele Übergangszustände zwischen Gel und fluider Lösung existieren können. Aus den Abb. 10 und 11 geht hervor, daß dynamisch-mechanische Messungen ein geeignetes Mittel für die Abgrenzung der beiden „Grenzzustände" des hochelastischen Gels oder der viskosen Lösung voneinander darstellen. Die thermoreversiblen Gele weisen bei der Gelierungstemperatur einen starken Anstieg in G' auf, der sich — weitgehend unabhängig von der mittleren Sequenzlänge — innerhalb eines sehr schmalen Temperaturbereichs vollzieht. Die Ursache dieses steilen Anstiegs ist eine Netzwerkbildung, die bei hinreichender Unterkühlung durch spontane Kristallisation stattfindet. Sind, wie im Falle des ataktischen PMMA, die Sequenzen so kurz, daß keine Kristallisation mehr stattfinden kann, ist die Bildung eines dauerhaften Netzwerks und damit eines thermoreversiblen Gels nicht mehr möglich. Es fehlt dann die Voraussetzung für einen spontanen Anstieg des Speichermoduls, dessen Temperaturverlauf, wie in Abb. 10 am Beispiel der ataktischen Lösung dargestellt, flacher wird. Die Komplexbildung zwischen einer iso- und syndiotaktischen Sequenz ist das übergeordnete Prinzip für die Netzwerkbildung bei PMMA-Mischphasen. Für die Bildung stabiler Stereoassoziate ist für jede Temperatur eine bestimmte Mindestsequenzlänge erforderlich. Bei hinreichend großen Sequenzlängen entstehen Kristalle, bestehend aus iso- und syndiotaktischen Sequenzen zu gleichen Teilen. Diese Betrachtungen sind auch auf andere Polymere, deren Lösungen gelieren können, übertragbar, wenn — wie beim PMMA — eine auf sterischen Regelmäßigkeiten der Polymerkette beruhende partielle Kristallisation die Ursache für die nebenvalenzmäßige Vernetzung darstellt.

Danksagung

Der Deutschen Forschungsgemeinschaft, dem Fonds der Chemischen Industrie, der Max-Buchner-Forschungsstiftung und der Dr. Otto-Röhm-Gedächtnisstiftung danken wir für die Bereitstellung von Sach- und Personalmitteln.

Zusammenfassung

Mit Hilfe von kalorimetrischen und dynamisch-mechanischen Meßmethoden wurden thermoreversible Gele aus Mischungen von iso- und syndiotaktischem PMMA in o-Xylol, die bekanntlich das Phänomen der Stereokomplexbildung zeigen, untersucht. Die DSC-Thermogramme weisen einen endothermen Peak auf, der in Übereinstimmung mit früheren Ergebnissen dem Schmelzen der kristallinen Bereiche im Gel zugeordnet wird. Aus der relativ niedrigen Schmelzwärme von 150 $cal \cdot mol^{-1}$ kann gefolgert werden, daß nur Kristallisation und nicht etwa auch noch eine Helix-Coil-Umwandlung stattfindet. Die Schmelzwärme des reinen, vollständig kristallinen Stereokomplexes wird zu ca. 2,8 kcal $\cdot mol^{-1}$ berechnet. Die mit einem Schwingungsviskosimeter durchgeführten dynamisch-mechanischen Messungen zeigen, daß sichere Aussagen über die Temperatur- und Frequenzabhängigkeit der dynamischen Kenngrößen nur gemacht werden können, wenn die ausgeprägten Zeitabhängigkeiten beim Gelierungsvorgang das Meßergebnis nicht verfälschen. Der Temperaturverlauf von G' und G'', gemessen an mäßig konzentrierten PMMA-Gelen unter Verwendung zeitlich konstanter Werte, entspricht wegen der mit abnehmender Temperatur erfolgenden Zunahme des Kristallisations- und damit des Vernetzungsgrades nicht dem nach der statistischen Theorie der Gummielastizität zu erwartenden Verlauf. Die Ursache für die zusätzliche Kristallisation, die im wesentlichen unter Beteiligung noch nicht vernetzter Makromoleküle erfolgt, liegt in der Temperaturabhängigkeit der für eine Kristallisation erforderlichen Mindestlänge der stereoregulären Sequenzen. Diese Mindestlänge liegt beim syndio- und isotaktischen PMMA bei 100 °C in der Größenordnung von 15–20 Monomereinheiten.

Das dynamisch-mechanische Verhalten von stereoregulären PMMA-Gelen wird mit dem einer Lösung von ataktischem PMMA verglichen.

Eine relativ geringfügige Erhöhung der mittleren Sequenzlänge, z. B. durch Zugabe von stereospezifischem PMMA, führt wegen der damit verbundenen Zunahme der kristallisierfähigen Sequenzen zu einer Gelierung der Lösungen. Die Analyse des dynamisch-mechanischen Verhaltens ergibt eine Möglichkeit, zu entscheiden, ob eine Lösung mit elastischen Eigenschaften oder bereits ein thermoreversibles Gel vorliegt.

Summary

By means of calorimetric and dynamic-mechanical measurements thermoreversible gels of mixtures of iso- and syndiotactic PMMA in o-xylene were investigated, which show the phenomenon of stereocomplex formation. The DSC-thermograms give an endothermic peak, which is correlated in agreement with earlier results to the melting of the crystalline regions in the gel. It is concluded from the relatively low heat of melting of 150 cal mol^{-1} that only crystallization occurs and not also a helix-coil transition. The heat of melting of the pure completely crystalline stereocomplex is calculated to about 2,8 Kcal mol^{-1}. The measurements performed by an oscillatory viscometer show that one can get reliable results of the temperature and frequency dependence of the characteristic dynamical quantities only, if the pronounced time dependencies occurring with the gelling process are taken into account. The temperature dependence of G' and G'', measured with moderately concentrated PMMA-gels using time independent values, is not in accordance with the results of the statistical network-theory. The reason is that decreasing temperature causes increasing crystallization and hence an increasing degree of crosslinking. The reason for the increasing crystallization, which mainly occurs with participation of the not yet crosslinked macromolecules, is the temperature dependence of the minimum length of the stereoregular sequences, which are able to crystallize. This minimum length is in syndio- and isotactic PMMA at 100 °C in the order of magnitude of 15 to 20 monomer units.

The dynamic-mechanical behaviour of stereoregular PMMA-gels is compared with that of a solution of atactic PMMA.

A relatively slight increase of the mean sequence length, e.g. by addition of stereospecific PMMA, leads to a gelling of the solutions. The analysis of the dynamic-mechanical behaviour makes it possible to decide, whether a solution with elastic properties or already a thermoreversible gel exists.

Literatur

1) *Peterlin, A.* und *D. T. Turner*, J. Polym. Sci. **B 3**, 517 (1965); *A. Peterlin, C. Quan* und *D. T. Turner*, loc. cit. S. 521.

2) *Quadrat, O.*, Collect. Czechoslov. Chem. Commun. **36**, 2042 (1971). **37**, 980 (1972).

3) *Borchard, W., M. Pyrlik* und *G. Rehage*, Makromol. Chem. **145**, 169 (1971).

4) *Borchard, W., G. Kalawrytinos, B. Mohadjer, M. Pyrlik* und *G. Rehage*, Angew. Makromol. Chem. **29/30**, 471 (1973).

5) *Ryan, C. F.* und *P. C. Fleischer*, J. Phys. Chem. **69**, 3384 (1965).

6) *Pyrlik, M., W. Borchard, G. Rehage* und *E. P. Uerpmann*, Angew. Makromol. Chem. **36**, 133 (1974).

7) *Pyrlik, M.* und *G. Rehage*, Rheol. Acta **14**, 303 (1975).

8) *Liquori, A. M., G. Anzuino, V. M. Goiro, M. D'Alagni, P. de Santis* und *M. Savino*, Nature **206**, 358 (1965).

9) *Uerpmann, E.-P.*, Diplomarbeit, Clausthal 1972.

10) *Boedtker, H.* und *P. Doty*, J. Phys. Chem. **58**, 968 (1954).

11) *Haas, H. C.* und *R. L. McDonald*, J. Polym. Sci. **B8**, 425 (1970).

12) *Bisshops, J.*, J. Polym. Sci. **12**, 583 (1954); **17**, 89 (1955).

13) *Haas, H. C., C. K. Chiklis* und *R. D. Moreau*, J. Polym. Sci. **A-18**, 1131 (1970).

14) *Richards, R. B.*, Trans. Farad. Soc. **42**, 10 (1946).

15) *Haas, H. C., M. J. Manning* und *S. A. Hollander*, aus: Analytical Calorimetry Vol. II, (New York, 1970).

16) *Yoshida, T., S. Sakurai, T. Okuda* und *Y. Takagai*, J. Amer. Chem. Soc. **84**, 3590 (1962).

17) *Silberberg, A.* und *P. F. Mijnlieff*, J. Polym. Sci. **A-28**, 1089 (1970).

18) *Rehage, G.*, Kunststoffe **53**, 605 (1963).

19) *Doty, P., H. Wagner* und *S. Singer*, *J.* Phys. Chem. **51**, 32 (1947).

20) *Halboth, H.* und *G. Rehage*, Angew. Makromol. Chem. **38**, 111 (1974).

21) *Paul, D. R.*, J. Appl. Polymer Sci. **11**, 1719 (1967).

22) *Newman, S., W. R. Krigbaum* und *D. K. Carpenter*, J. Phys. Chem. **60**, 648 (1956).

23) *Bergmann, K., Diplomarbeit*, Clausthal 1974.

24) *Unbehend, M.*, Dissertation, Aachen 1961.

25) *Ackermann, Th.* und *H. Rüterjans*, Ber. Bunsenges. Phys. Chem. **68**, 850 (1964).

26) *Stroupe, J.* und *R. Hughes*, J. Amer. Chem. Soc. **80**, 2341 (1958).

27) *Nishioka, A., H. Watanabe, K. Abe* und *Y. Sono*, J. Polymer Sci. **48**, 241 (1960).

28) *Kockott, D. C.*, Kolloid-Z. **198**, 17 (1964).

29) *Nijenhuis, K. te* und *H. Dijkstra*, Rheol. Acta **14**, 71 (1975).
30) *Paul, D. R.*, J. Appl. Polymer Sci. **11**, 439 (1967).
31) *Takahashi, A., T. Nakamura* und *I. Kagawa*, Polymer J. **3**, 207 (1972).
32) *Harrison, M. A., P. M. Morgan* und *G. S. Park*, Europ. Polymer J. **8**, 1361 (1972).
33) *Ferry, J. D.*, „Viscoelastic Properties of Polymers", 2. Aufl. S. 292ff. (New York, 1970).
34) *Ninomiya, K.* und *J. D. Ferry*, J. Polym. Sci. **A25**, 195 (1967).
35) *Flory, P. J.*, Trans. Faraday Soc. **51**, 848 (1955).
36) *Pyrlik, M.*, Dissertation (Clausthal 1974).
37) *Johnsen, U.*, Kolloid-Z. **178**, 161 (1961).
38) *Liu, K. J.* und *H. Z. Liu*, Macromolecules **1**, 123 (1967).
39) *Schwarz, J.* und *G. Rehage*, Kolloid-Z. u. Z. Polymere **251**, 689 (1973).
40) *Schwarz, J., W. Borchard* und *G. Rehage*, Kolloid-Z. u. Z. Polymere **244**, 193 (1971).
41) *Bovey, F. A.* und *G. V. D. Tiers*, J. Polym. Sci. **44**, 173 (1960).
42) *Johnsen, U.*, Kolloid-Z. u. Z. Polymere **210**, 1 (1966).
43) *Schmidt, M.*, Diplomarbeit (Clausthal 1976).
44) *Kanig, G.*, Kolloid-Z. **173**, 97 (1960).
45) *Elridge, J., J. Ferry*, J. Phys. Chem. **58**, 992 (1954).
46) *Peniche-Covas, A. L., S. B. Dev, M. Gordon, M. Judd, K. Kajiwara*, Farad. Disc. of the Chem. Soc. **57**, 165 (1974).
47) *Eagland, D., G. Pilling, R. G. Wheeler*, Farad. Disc. of the Chem. Soc. **57**, 181 (1974).
48) *Emberger, A.*, Diplomarbeit (Clausthal 1975).
49) *Borchard, W., K. Bergmann, G. Rehage*, Photographic Gelatine, (London) im Druck.
50) *Borchard, W., K. Bergmann, A. Emberger, G. Rehage*, Colloid and Polymer Sci., in Vorbereitung.
51) *Schriewer, B.*, Diplomarbeit (Clausthal 1975).
52) *Jost, K.*, Rheol. Acta **1**, 303 (1958).
53) *Halboth, H., G. Rehage*, Die Angew. Makromol. Chem. **38**, 103 (1974).
54) *Schultz, C.*, Diplomarbeit (Clausthal 1974).
55) *Hermanns, B., W. Borchard, G. Rehage*, Die Angew. Makromol. Chemie **36**, 117 (1974).
56) *Labudzińska, A., A. Wasiak, A. Ziabicki*, J. of Polymer Sci. **C 16**, 2835 (1967).
57) *Labudzińska, A., A. Ziabicki*, Kolloid-Z. u. Z. Polymere **243**, 21 (1971).
58) *Rehage, G.*, Progr. Colloid & Polymer Sci. **57**, 7 (1975).

Adresse der Autoren:

M. Pyrlik und *G. Rehage*
Physikalisch-Chemisches Institut
der Technischen Universität Clausthal
3392 Clausthal-Zellerfeld

Colloid & Polymer Sci. **254**, 342–347 (1976)

Vorgetragen auf der Frühjahrstagung des Fachausschusses Physik der Hochpolymeren in der Deutschen Physikalischen Gesellschaft in Münster 17.–22. März 1975

Institut für Physikalische Chemie, Universität Köln

Raman- und Infrarotspektren isotaktischer Polyalkyläthylene*)

V.: Der Wellenzahlbereich unterhalb 700 cm^{-1} **)

I. Modrić, K. Holland-Moritz und *D. O. Hummel*

Mit 6 Abbildungen und 1 Tabelle

(Eingegangen am 20. Oktober 1975)

Einleitung

Der Einfluß der Länge der Seitenketten der isotaktischen Polyalkyläthylene auf die chemischen und physikalischen Eigenschaften wurde in mehreren Arbeiten behandelt (1...4). Die Zahl der Methylengruppen beeinflußt in charakteristischer Weise die Kettenkonformation und damit das Kristallisationsverhalten dieser Polymeren. Die Kristallinität setzt im Idealfall eine strenge geometrische Periodizität (Konformationsregularität) innerhalb der Makromolekeln sowie eine regelmäßige geometrische Anordnung der Makromolekeln zueinander voraus.

Im FIR- und im niederfrequenten Teil des Ramanspektrums werden die Banden der Gerüstdeformationsschwingungen der Makromolekeln und die Gitterschwingungen von kristallinen Bereichen sowie die breiten Untergrundabsorptionen von Deformationsschwingungen in amorphen Bereichen beobachtet (5...9). Da die Winkeldeformations- und Gitterschwingungen besonders empfindlich gegenüber einer Änderung in der regulären Konformation des Molekelgerüstes sind, können die Untersuchungen in diesem Fre-

*) Nach den neuen IUPAC-Richtlinien werden die Poly—α—olefine jetzt Poly(1-alkyläthylene) genannt.

**) Herrn Prof. Dr. *G. Schmid* zum 75. Geburtstag gewidmet.

Tab. 1.

neuer Name[1]	alter Name[1]	Kurzbezeichnung	Zahl der CH_2-Gruppen der Seitenketten	Molekulargewicht[2]	Schmelzpunkt[3]
Polymethyläthylen	Polypropen	P—α—3	0	$3,3 \times 10^6$	435 K
Poly(1-äthyläthylen)	Polybuten-1	P—α—4	1	$1,8 \times 10^6$	393 K
Poly(1-propyläthylen)	Polypenten-1	P—α—5	2	$1,0 \times 10^6$	346 K
Poly(1-butyläthylen)	Polyhexen-1	P—α—6	3	$3,0 \times 10^5$	?
Poly(1-pentyläthylen)	Polyhepten-1	P—α—7	4	$6,0 \times 10^4$	?
Poly(1-hexyläthylen)	Polyocten-1	P—α—8	5	$5,5 \times 10^5$	283 K[4]
Poly(1-heptyläthylen)	Polynonen-1	P—α—9	6	$6,3 \times 10^5$	295 K
Poly(1-octyläthylen)	Polydecen-1	P—α—10	7	$8,0 \times 10^5$	302 K
Poly(1-nonyläthylen)	Polyundecen-1	P—α—11	8	$8,0 \times 10^5$	309 K
Poly(1-decyläthylen)	Polydodecen-1	P—α—12	9	$5,4 \times 10^5$	322 K
Poly(1-undecyläthylen)	Polytridecen-1	P—α—13	10	$5,0 \times 10^5$	321 K
Poly(1-dodecyläthylen)	Polytetradecen-1	P—α—14	11	$1,1 \times 10^6$	330 K
Poly(1-tridecyläthylen)	Polypentadecen-1	P—α—15	12	$3,0 \times 10^5$	327 K
Poly(1-tetradecyläthylen)	Polyhexadecen-1	P—α—16	13	$1,7 \times 10^5$	340 K
Poly(1-hexadecyläthylen)	Polyoctadecen-1	P—α—18	15	$2,8 \times 10^5$	344 K
Poly(1-eicosyläthylen)	Polydocosen-1	P—α—22	19	$4,5 \times 10^5$	364 K

[1] siehe Fußnote*
[2] mittleres Molekulargewicht (GPC-Messungen bei Eichung gegen Polystyrol)
[3] Peakmaximum der DTA-Kurve
[4] die Probe wurde 14 Tage bei 253 K getempert (14)

quenzbereich zur weiteren Klärung des Ordnungzustandes und des Kristallisationsverhaltens der Polyalkyläthylene dienen.

Experimentelles

Die isotaktischen Polyalkyäthlyene (P—α—n; n = 5, 6, ..., 19) wurden mit Hilfe des stereospezifischen Katalysatorsystems α—Titan-III-Chlorid/Diäthylaluminiumchlorid bei Zimmertemperatur in Stickstoffatmosphäre hergestellt. In Tab. 1 sind neben den alten und neuen Namen für die Polyalkyläthylene die Zahl der CH_2-Gruppen der Seitenketten, die Molekulargewichte und die Schmelzpunkte angegeben.

Die Infrarotspektren zwischen 700 und 200 cm^{-1} wurden mit einem Infrarotspektrometer Modell 325 von *Perkin Elmer* gemessen. Zur Aufnahme der Spektren zwischen 400 und 33 cm^{-1} diente ein FIR-Spektrometer Modell FIS-3 von *Hitachi-Perkin Elmer*. Um das Verhalten dieser Polymeren im Bereich der Ketten- und Gitterschwingungen bei verschiedenen Temperaturen beobachten zu können, wurde eine kombinierte Kühl- und Heizzelle entwickelt, deren Funktionsweise sich an die in (10) beschriebene Kühl- und Heizzelle anlehnte. Mit der zugehörigen Elekronik konnte eine genau definierte thermische Behandlung der Proben durchgeführt werden. Bei den in geschmolzenem Zustand hochviskosen Polymeren versagten die zur Herstellung von Filmen gebräuchlichen Präparationsmethoden. Unter Verwendung einer im Vakuumtrockenschrank eingebauten Vibrationsmaschine gelang es, durch langsames Abkühlen aus der Schmelze homogene Filme einheitlicher Schichtdicke (0,9 bis 3 mm) zu präparieren.

Zur Aufnahme der Ramanspektren zwischen 0 und 700 cm^{-1} diente ein Laser-Raman-Spektrometer Modell 25-305 von Jarrell-Ash (Erregerlinie 488 nm, 150 mW).

Diskussion

Der Vergleich der Spektren des P-α-3 und P-α-4 zeigt sehr deutlich den Einfluß der neu in die Seitenkette eingebauten CH_2-Gruppe (Abb. 1). Die Banden des P-α-3 in diesem Bereich werden nach (5, 11) den symmetrischen und antisymmetrischen Winkeldeformationsschwingungen der $—CH_2—CH(CH_3)—CH_2—$ und $—CH—CH_2—CH$-Gruppen zugeordnet. Der Einbau der CH_2-Gruppe in die Seitenkette beim P-α-4 verändert drastisch die inter- und intramolekularen Wechselwirkungen und damit die Kraftfelder, in denen die einzelnen Molekelbausteine schwingen. Während P-α-3 in allen Modifikationen nur in einer 3/1-Helix kristallisieren kann, sind von P-α-4 drei Modifikationen mit unterschiedlicher Helixkonformation (I: hexagonal, 3/1-Helix; II: tetragonal, 11/3-Helix; III: rhombisch, 10/3-Helix) bekannt. Diese Unterschiede in der Helix-Konformation beeinflussen in charakteristischer Weise das FIR-Spektrum und den niederfrequenten Bereich des Ramanspektrums (12).

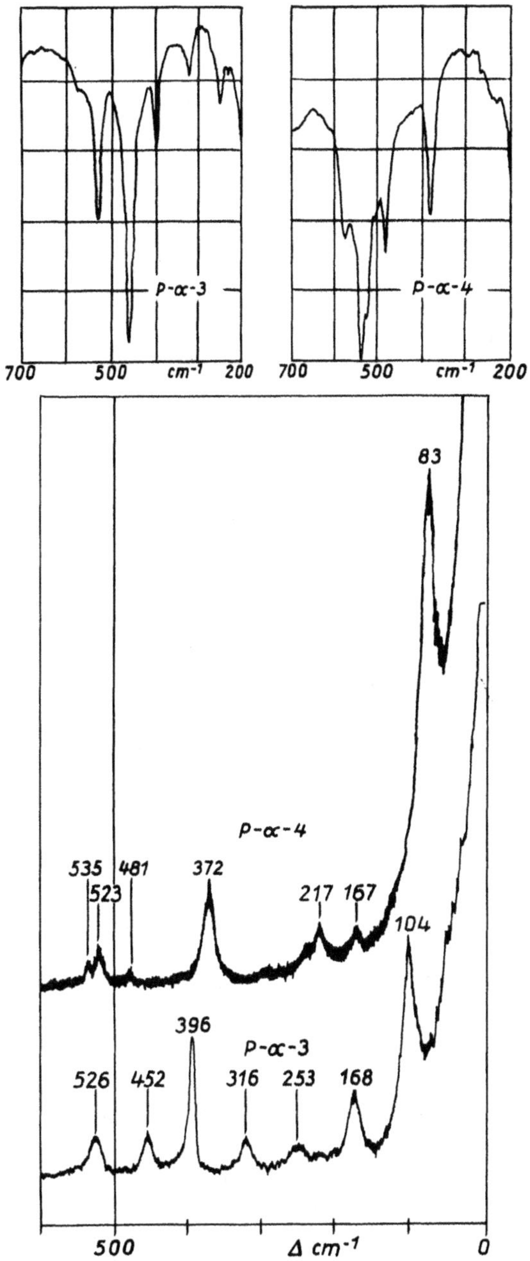

Abb. 1. a) IR-Spektren des P-α-3 und P-α-4 (Modifikation I) bei 315 K zwischen 200 und 700 cm^{-1}; b) Ramanspektren des P-α-3 und P-α-4 (Modifikation I) bei 300 K zwischen 0 und 600 Δcm^{-1}

Mit zunehmender Zahl der CH_2-Gruppen in der Seitenkette wird die Ausbildung einer regulären Konformation der Hauptkette im-

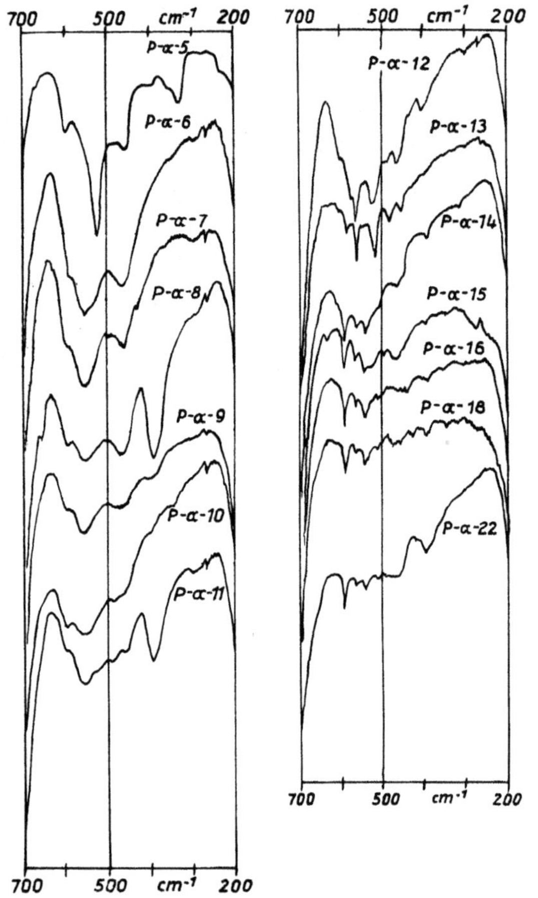

Abb. 2. IR-Spektren der isotaktischen Polyalkyläthylene bei 315 K zwischen 200 und 700 cm^{-1}

mer mehr behindert. In den bei 315 K gemessenen Spektren (Abb. 2) finden sich von P-α-6 bis zum P-α-11 zwischen 700 und 200 cm^{-1} nur breite Absorptionsbanden. Erste Hinweise auf geordnete Bereiche bei dieser Temperatur finden sich beim P-α-12. Der breiten Bande zwischen 640 und 400 cm^{-1} (Bandenmaximum bei 560 cm^{-1}), die Winkeldeformationsschwingungen des Molekelgerüstes in nicht periodischen Kraftfeldern zugeordnet wird, sind scharfe Banden bei 568 cm^{-1} (mit einer Schulter bei 580 cm^{-1}) und bei 530 cm^{-1} überlagert. Beim P-α-13 tritt statt der Schulter bei 580 cm^{-1} eine Bande bei 590 cm^{-1} auf. Die Intensität dieser Bande steigt mit zunehmender Seitenkettenlänge deutlich an. Gleichzeitig nimmt die Intensität der Bande bei 568 cm^{-1} ab. Ein analoges Verhalten zeigt die bei Übergang von P-α-13 Zinn P-α-14 neu auftretende Bande bei 547 cm^{-1}.

Mit zunehmender Zahl der Methylgruppen in der Seitenkette wird eine Abnahme der Gesamtabsorption in diesem Bereich beobachtet. Dies ist auf einen höheren Kristallisationsgrad zurückzuführen. Eine solche kontinuierliche Grundabsorption wurde in (13) am Polyäthylen als defektinduzierte Absorption in festen amorphen Phasen gedeutet.

Abb. 3 zeigt den Bereich zwischen 600 und 500 cm^{-1} der bei tiefen Temperaturen ge-

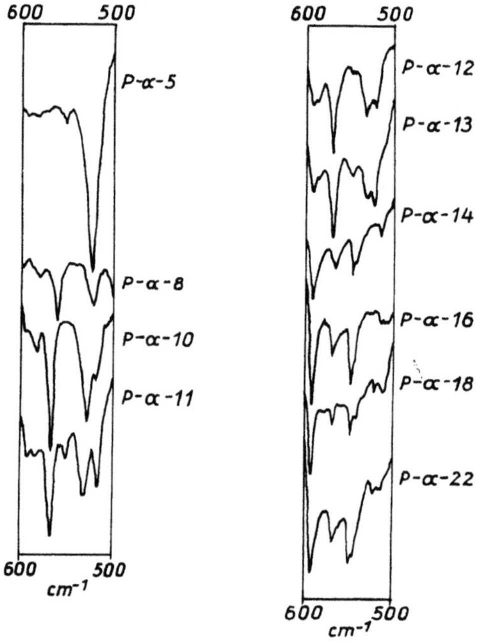

Abb. 3. IR-Spektren der isotaktischen Polyalkyläthylene bei tiefen Temperaturen zwischen 500 und 600 cm^{-1}

messenen FIR-Spektren. Beim P-α-6, P-α-7 und P-α-8 konnte ohne geeignete Vorbehandlung (tempern oder recken) keine Teilkristallinität beobachtet werden (1, 2). Wird P-α-8 14 Tage lang bei 253 K getempert, so finden sich in den anschließend bei 129 K gemessenen Infrarotspektren einige Banden, die durch Molekelschwingungen in definierten Kraftfeldern hervorgerufen worden sind (14). Das entsprechende FIR-Spektrum zeigt zwei scharfe Banden bei 520 und 562 cm^{-1} sowie eine schwache Bande bei 580 cm^{-1} (Abb. 3), die bei der nicht getemperten Probe fehlen.

Beim P-α-10 treten diese Banden bei 527, 569 und 584 cm^{-1} auf.

Verfolgt man Lage und Intensität der höherfrequenten Bande (etwa 580 cm^{-1}), so wird mit zunehmender Länge der Seitenketten zunächst eine Verschiebung zu höheren Wellenzahlen beobachtet. Gleichzeitig nimmt die Intensität zu. Aufgrund dieses spektralen Verhaltens kann diese Bande den Winkeldeformationsschwingungen der in einer planaren Zickzack-Konformation angeordneten Kohlenstoffatome der Seitenketten zugeordnet werden.

Die anderen Banden in diesem Bereich können in Anlehnung an die Zuordnungen beim P-α-3 und P-α-4 (5, 11, 12) auf Winkeldeformationsschwingungen der Hauptkette und derjenigen Kohlenstoffatome zurückgeführt werden, die der Verzweigungsstelle benachbart sind. Diese Zuordnung wird durch das spektrale Verhalten der Banden in Abhängigkeit von der Temperatur und der Länge der Seitenketten unterstützt, da diese Schwingungen sehr empfindlich gegenüber Konformationsänderungen der Helix sind (11). Wie

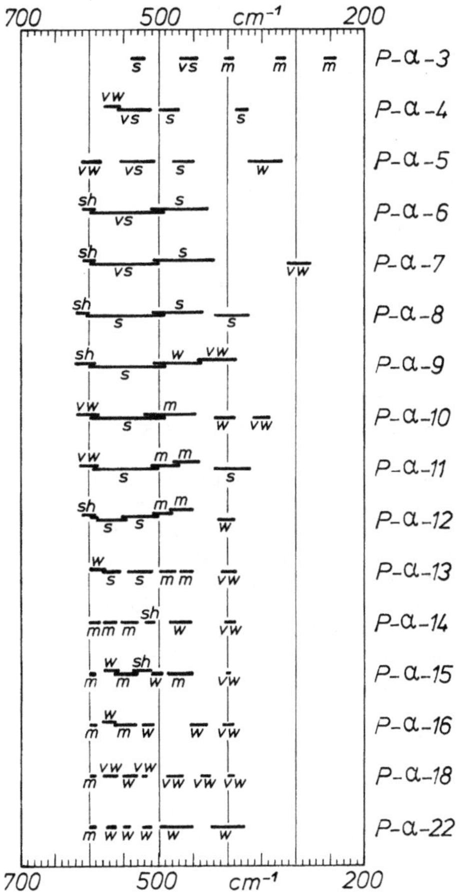

Abb. 4. Spektrale Charakteristika der isotaktischen Polyalkyläthylene zwischen 200 und 700 cm^{-1}

Abb. 4 zeigt, treten von P-α-10 bis P-α-13 zwischen 515 und 530 cm^{-1} immer zwei mehr oder weniger stark ausgeprägte Banden auf, die sich beim P-α-14 zu höheren Wellenzahlen verschoben haben (Bande bei 547 und Schulter bei 541 cm^{-1}). Diese Verschiebung weist auf eine dichtere Packung zwischen Haupt- und Seitenkette hin, die eine Vergrößerung der für diese Schwingung maßgeblichen Kraftkonstanten bewirkt. Daraus kann geschlossen werden, daß die Hauptkette beim P-α-14 und den folgenden höheren Polyalkyläthylenen eine andere Helixkonformation einnimmt als bei den Polymeren mit kürzerer Seitenkette.

Diese spektroskopischen Befunde decken sich mit den in (1) aus röntgenographischen Untersuchungen entwickelten Modellvorstellungen über die räumliche Struktur der Polyalkyläthylene. Hiernach soll bis zum P-α-12 eine 3/1- und ab P-α-14 eine 4/1-Helix-Konformation der Hauptkette vorliegen. In den Ramanspektren (ab P-α-6) treten im besprochenen Wellenzahlbereich bei vergleichbaren Wellenzahlen sehr schwache Banden auf, deren spektrales Verhalten sich jedoch selbst bei großer Verstärkung nicht genügend charakterisieren läßt.

Die Spektren der bei 300 K gemessenen mittleren und höheren Polyalkyläthylene zeigen unterhalb 400 cm^{-1} nur einige schwache, breite Absorptionsbanden, die sich nicht mit Sicherheit von der Grundlinie trennen lassen. Hingegen treten in den bei tiefen Temperaturen

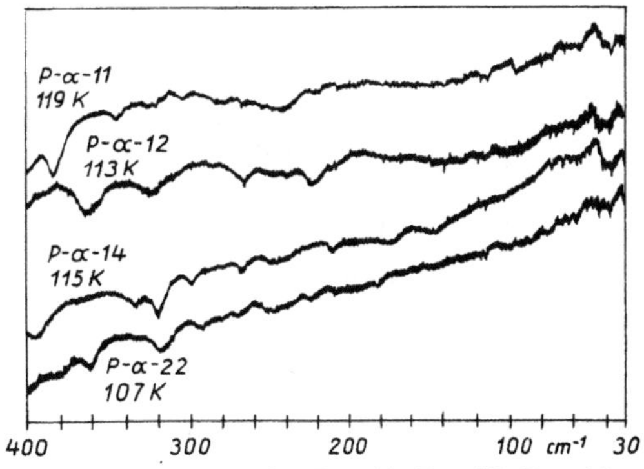

Abb. 5. IR-Spektren des P-α-11, P-α-12, P-α-14 und P-α-22 bei tiefen Temperaturen zwischen 30 und 400 cm^{-1}

(Abb. 5) gemessenen Spektren einige Banden zwischen 400 und 200 cm^{-1} deutlich hervor. Die niederfrequenteste Bande in diesem Bereich verschiebt sich mit zunehmender Seitenkettenlänge zu niedrigeren Wellenzahlen. In Anlehnung an die Dispersionskurven der ν_5- und ν_9-Schwingungen (Winkeldeformation bzw. Torsion) bei Polyäthylen und n-Paraffinen (15, 16, 17) handelt es sich bei diesen Banden um die niederfrequentesten Winkeldeformationsschwingungen des Molekelgerüstes, die sich nach (17) bei Paraffinen mit zunehmender Zahl der Methylengruppen zu kleineren Frequenzen verschieben und im Falle einer Phasendifferenz von $> 3/4\pi$ in den Bereich der Torsionsschwingungen ν_9 einfallen.

Unterhalb 120 cm^{-1} tritt eine Anzahl schwacher – in Abb. 5 weniger gut aufgelöster – Banden auf. In diesem Bereich können bei Polymeren mit Methylensequenzen unter bestimmten Voraussetzungen die Absorptionsbanden der Gittertranslationsschwingungen auftreten. Abb. 6 zeigt die bei 298 K und bei tiefen Temperaturen gemessenen Spektren des Niederdruck-Polyäthylens, des Hochdruck-Polyäthylens und des P-α-22 zwischen 110 und 33 cm^{-1}. Bei der in allen Spektren auftretenden Bande um 70 cm^{-1} handelt es sich um eine gegenläufige Translationsschwingung der Methylenketten im Kristallgitter (B_{1u}), die charakteristich für ein orthorhombisches Kristallgitter mit zwei Ketten je Elementarzelle ist (18, 19). Die Wellenzahl dieser Bande verschiebt sich linear mit der Dichte zu größeren Werten. Die im Falle der thermischen Kontraktion der Elementarzelle aufgrund der dadurch bedingten stärkeren Wechselwirkung zwischen benachbarten Ketten beim Polyäthylen zu beobachtende Verschiebung der Bande zu größeren Wellenzahlen wurde bei P-α-22 nicht beobachtet. Die niedrige Wellenzahl (68 cm^{-1}) und die geringe Intensität der Bande beim P-α-22 kann darauf zurückgeführt werden, daß die Seitenketten zwar eine mit dem Polyäthylen vergleichbare orthorhombische Struktur bilden können, diese geordneten Bereiche jedoch durch die CH_3-Endgruppe und die Vinylhauptkette gestört werden. Wegen dieser Begrenzung der Bereiche mit polyäthylenähnlicher Packung können im Gegensatz zu den bei Paraffinen und Polyäthylen auftretenden longitudinalen akustischen Moden (8, 9) diese Schwingungen beim P-α-18 und P-α-22 nicht beobachtet werden.

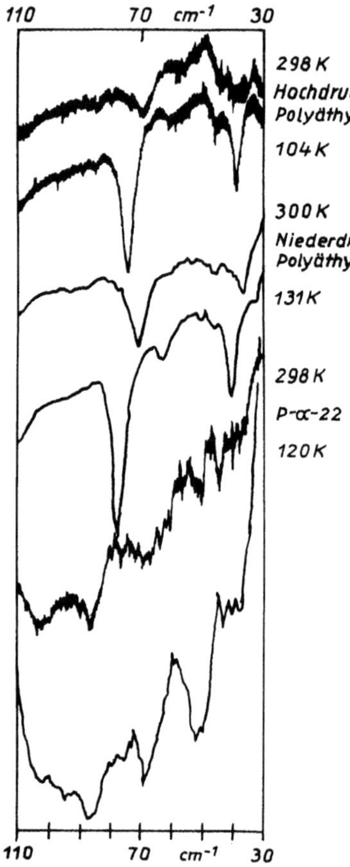

Abb. 6. IR-Spektren des P-α-22 und verschiedener Polyäthylene zwischen 30 und 110 cm^{-1}

Der Deutschen Forschungsgemeinschaft danken wir für die finanzielle Unterstützung des Forschungsvorhabens.

Zusammenfassung

Die Raman- und Infrarotspektren unterhalb 700 cm^{-1} der isotaktischen Poly(1-alkyläthylene) werden diskutiert. In Abhängigkeit von der Länge der Seitenkette und der Temperatur werden charakteristische spektrale Änderungen beobachtet, die Rückschlüsse auf den Ordnungszustand und das Kristallisationsverhalten dieser Polymeren erlauben.

Mit zunehmender Länge der Seitenketten wird beim Übergang vom Poly(1-undecyläthylen) zum Poly(1-dodecyläthylen) zwischen 600 und 500 cm^{-1} eine deutliche Lage- und Intensitätsänderung der Banden beobachtet, die Gerüstdeformationsschwingungen zugeordnet werden. Ab Poly(1-decyläthylen) liegen die Seitenketten in einer planaren TT-Konformation vor. Bei den höheren Polyalkylenen kristallisieren die Seitenketten in einer vom orthorhombischen Polyäthylen her bekannten Struktur.

Summary

The Raman- and infrared spectra below 700 cm^{-1} of isotactic poly(1-alkylethylenes) are discussed. In dependence of the side-chain length and the temperature characteristic spectral changes are observed which allow conclusions on the state of order and crystallinity of these polymers. With increasing side-chain length between poly(1-undecylethylene) and poly(1-dodecylethylene) a distinct change in wavenumber and intensity of those bands between 600 and 500 cm^{-1} is observed, which are assigned to deformational vibrations of the skeletal. From poly(1-decylethylene) the side-chains form a planar TT-conformation. In the higher polyalkylethylenes the side-chains crystallize in a polyethylene-like structure.

Literatur

1) *Turner-Jones, A.*, Makromol. Chem. **71**, 1 (1964).

2) *Fraser, G. V., P. J. Hendra, M. E. Cudby* und *H. H. Willis*, Makromol. Chem. **173**, 145 (1973).

3) *Holland-Moritz, K., I. Modrić, K.-U. Heinen* und *D. O. Hummel*, Kolloid-Z. u. Z. Polymere **251**, 913 (1973).

4) *Platé, N. A.* und *V. P. Shibeau*, J. Polym. Sci. – Macromol. Rev. **8**, 117 (1974).

5) *Miyazawa, T.*, J. Polym. Sci. **C7**, 59 (1963).

6) *Enomoto, E.* und *M. Asahina*, Kolloid-Z. u. Z. Polymere **196**, 36 (1964).

7) *Hummel, D. O.*, Infrared Spectra of Polymers in the medium long wavelength region (New York 1966).

8) *Khoury, F., B. Fanconi, J. D. Barnes* und *L. H. Bolz*, J. Chem. Phys. **59**, 5849 (1973).

9) *Hendra, P. J., H. P. Jobic, K. Holland-Moritz*, J. Polym. Sci., Polym. Lett. Ed. **13**, 365 (1975).

10) *Holland-Moritz, K.* und *I. Modrić*, Fortschrittsber. Kolloide Polym. **57**, 212 (1974).

11) *Safford, G. J., H. R. Danner, H. Boutin* und *M. Berger*, J. Chem. Phys. **40**, 1426 (1964).

12) *Cornell, S. W.* und *J. L. Koenig*, J. Polym. Sci. **A2,7**, 1965 (1969).

13) *Amrhein, Eva-Maria* und *F. H. Müller*, Kolloid-Z. u. Z. Polymere **234**, 1078 (1969).

14) *Holland-Moritz, K., P. Djudovic* und *D. O. Hummel*, Fortschrittsber. Kolloide Polym. **57**, 206 (1975).

15) *Tasumi, M., T. Shimanouchi* und *T. Miyazawa*, J. Mol. Spectrosc. **9**, 261 (1962).

16) *Tasumi, M.* und *T. Shimanouchi*, J. Chem. Phys. **43**, 1245 (1965).

17) *Logan, K. W., H. R. Danner, J. D. Gault* und *H. Kim*, J. Chem. Phys. **59**, 2305 (1973).

18) *Tasumi, M.* und *S. Krimm*, J. Chem. Phys. **46**, 755 (1967).

19) *Bank, M. I.* und *S. Krimm*, J. Appl. Phys. **39**, 4951 (1968).

Anschrift der Verfasser:

I. Modrić, K. Holland-Moritz
und *D. O. Hummel*
Institut für Physikalische Chemie
der Universität
Luxemburger Straße 116, 5000 Köln 41

Colloid & Polymer Sci. **254**, 348–357 (1976)

Vorgetragen auf der Frühjahrstagung des Fachausschusses Physik der Hochpolymeren in der Deutschen Physikalischen Gesellschaft in Münster 17.–22. März 1975

Institut für Nichtmetallische Werkstoffe / Polymerphysik, Technische Universität Berlin

Röntgenuntersuchungen zur Kristallstruktur von Polybutylenterephthalat (PBT)

U. Alter und *R. Bonart*

Mit 11 Abbildungen und 4 Tabellen

(Eingegangen am 3. Dezember 1975)

Einführung und Problemstellung

Neben dem Polyäthylenterephthalat und dem Poly-1,4-Dimethylencyclohexanterephthalat (1) (PET bzw. PDCT) gewinnt in zunehmendem Maße auch das Polybutylenterephthalat (PBT) an technischem Interesse, und zwar sowohl als Spritzgußmaterial (2) wie als Faserrohstoff und darüber hinaus als Hartsegment in thermoplastischen Polyester-Äther-Elastomeren (3). Maßgeblich für die zunehmende Bedeutung des Polybutylenterephthalates ist u. a. seine Kristallisationsfreudigkeit, die wesentlich größer als die des Polydimethylcyclohexanterephthalates und auch größer als die des Polyäthylenterephthalates ist, wodurch beispielsweise im Spritzguß höhere Produktionsgeschwindigkeiten, d. h. kürzere Zykluszeiten, möglich sind. Infolge der längeren CH_2-Sequenz sind die Ketten des PBT flexibler und beweglicher als die des PET und des PDCT, was sich u. a. unmittelbar in den Glas- und Schmelztemperaturen bemerkbar macht (siehe Tab. 1).

Trotz der engen chemischen Verwandtschaft zwischen dem Polyäthylen- und dem Polybutylenterephthalat treten beispielsweise im Zug-Dehnungsverhalten des verstreckten Materials gravierende Unterschiede auf (Abb. 1), die bereits früher (4, 5) darauf zurückgeführt worden sind, daß die Ketten im PET in voll gestreckter, im PBT dagegen in verkürzter Konformation kristallisieren, und zwar infolge der unterschiedlichen Kettenquerschnitte (6) in Höhe der Terephthalsäure- und der Diolreste (Abb. 2). Auf Grund der zwischenmolekularen Kräfte liegen die Terephthalsäure- und die Diolreste jeweils in Schichten quer zur Kettenachse näherungsweise auf gleicher Höhe. Deswegen würde sich in der Schicht der Diolreste eine sehr ungünstige Raumerfüllung ergeben, wenn die $(CH_2)_4$-Sequenzen voll gestreckt wären. Eine eventuelle Tordierung der $(CH_2)_4$-Sequenzen vergrößert ihren Kettenquerschnitt und optimiert dadurch die Raumerfüllung. Andererseits werden dadurch jedoch bei einer Zugbelastung der kristallisierten Kettensegmente nicht wie im PET praktisch ausschließlich

Erst nach der Fertigstellung des Manuskriptes sind wir auf die Arbeit von *Z. Mencik* in J. Pol. Sci., Pol. Phys. **13** (1975) 2173 aufmerksam geworden, in der gleichfalls die Kristallstruktur des Polybutylenterephthalates diskutiert wird. *Mencik* kommt praktisch zum gleichen Ergebnis wie wir, benutzt aber eine Achsenbezeichnung, die die Analogie zum Kristallgitter des Polyäthylenterephthalates nicht erkennen läßt. Seine Diskussion der Kettenanordnung in der Gitterzelle geht von anderen Gesichtspunkten aus, so daß sie durch unsere Betrachtungsweise sinnvoll ergänzt wird.

Tab. 1. Strukturformel, Glas- und Schmelztemperatur von PET, PDCT und PBT

Material		Glastemperatur	Schmelztemperatur
Polyäthylenglykol-terephthalat (PGT)	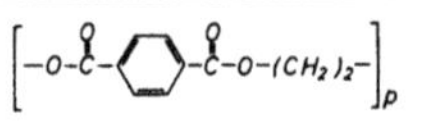	70–80 °C	260 °C
Poly-1,4-Dimethylcyclo-hexanterephthalat (PDCT)	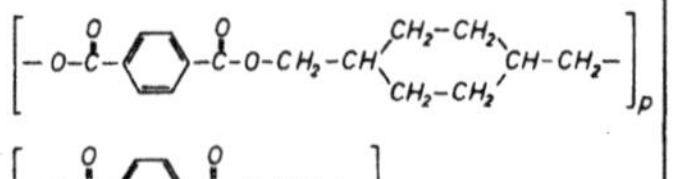	60–90 °C	250–300 °C
Polybutylenterephthalat (PBT)	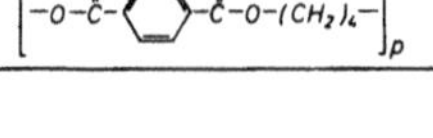	40 °C	225 °C

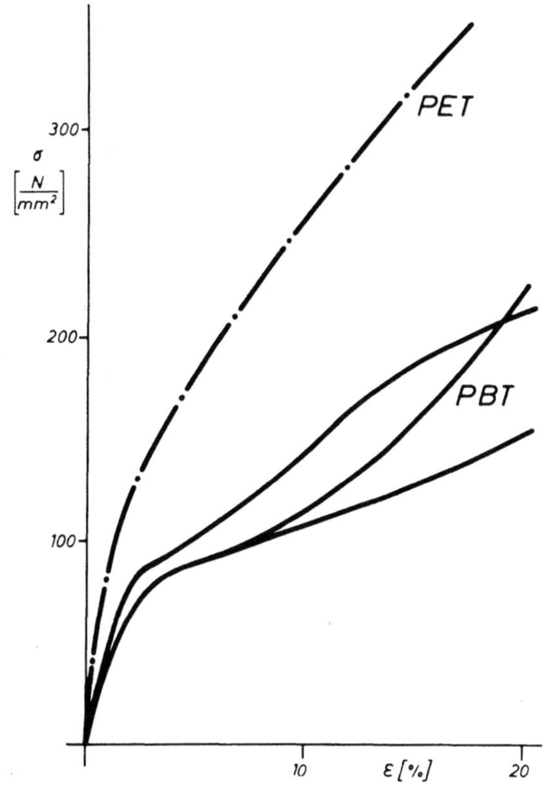

Abb. 1. Spannungs-Dehnungs-Messungen an PET und PBT

Valenzwinkel und Valenzabstände, sondern vor allem die Rotationsbarrieren in den tordierten $(CH_2)_4$-Sequenzen beansprucht. Bereits bei relativ kleinen makroskopischen Belastungen strecken sich die anfangs tordierten Sequenzen, was makroskopisch zu einer entsprechend niedrigeren Fließgrenze führt. Gestützt wird diese Vorstellung durch das Auftreten eines neuen, zusätzlichen Meridianreflexes im Röntgendiagramm des belasteten Materials, dessen Bragg-Abstand einer gestreckteren Kettenkonformation entspricht.

Die Kenntnis der Kristallstruktur bzw. der Gitterzelle und der hieraus folgenden Kristalldichte ist eine notwendige Voraussetzung für die Abschätzung der Kristallinität. Ferner benötigt man für die weitergehende Analyse des Zug-Dehnungs-Verhaltens beispielsweise von Fasern und Folien eine detailliertere Kenntnis der Kettenpackung im Kristallverband sowie der Morphologie bzw. der Kolloidstruktur und der im Kristallverband bzw. der Kolloidstruktur ablaufenden molekularen Strukturumlagerungen. Als Vorarbeit hierzu soll im folgenden zunächst die Gitterzelle sowie die Kettenanordnung im Kristallverband des PBT diskutiert werden.

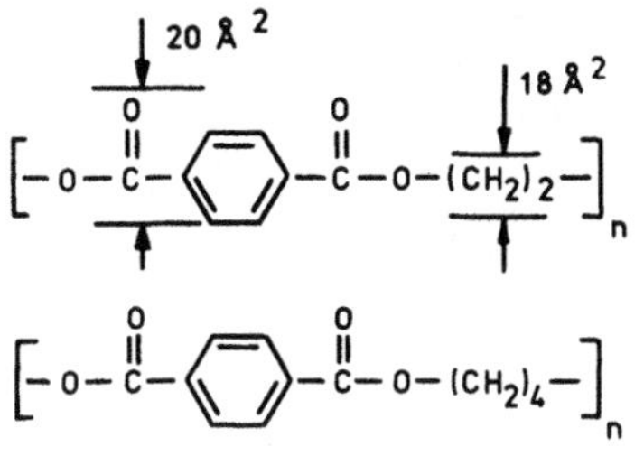

PET Polyäthylenterephthalat

PBT Polybutylenterephthalat

Abb. 2. Der Kettenquerschnitt von PET und PBT

Die Gitterzelle

Die Abbildungen 3a, b zeigen Röntgenaufnahmen einer biaxial orientierten PBT-Folie, wobei die Durchstrahlungsrichtung senkrecht (Abb. 3a) und parallel (Abb. 3b) zur Folienoberfläche gewählt wurde, die mittlere Kettenachse ist in beiden Fällen senkrecht zur Durchstrahlungsrichtung angeordnet.

Die Äquatorreflexe geben über die hk0-Ebene des reziproken Gitters (siehe Abb. 4) bzw. über den Querschnitt der Gitterzelle senkrecht zur Zellenkante *c* (vergl. Abb. 4) Auskunft. Bei geeigneter Indizierung findet man nahezu den gleichen Zellenquerschnitt wie im PET, wobei insbesondere die *b*-Achsen in beiden Fällen fast identisch sind (Abb. 4). Aus dem Schichtlinienabstand der Abb. 3a folgt für die Zellenkante *c*, die Faseridentitätsperiode (FIP), ein Wert von 11,45 Å, während die voll gestreckte monomere Einheit ca. 13,25 Å lang ist.

Da man es wie beim PET offensichtlich mit einem triklinen Gitter zu tun hat, muß man bei der Indizierung der Schichtlinienreflexe von der quadratischen Form

$$\sin^2\Theta = \frac{\lambda^2}{4}\,[h^2a^{*2} + k^2b^{*2} + l^2c^{*2} + 2klb^*c^*\cos\alpha^* + 2lhc^*a^*\cos\beta^* + 2kha^*b^*\cos\gamma^*] \qquad [1]$$

ausgehen. In heuristischer Anlehnung an die Gitterzelle des PET gelingt es, alle in Abb. 3a, b beobachtbaren Schichtlinienreflexe mit den Parameterwerten

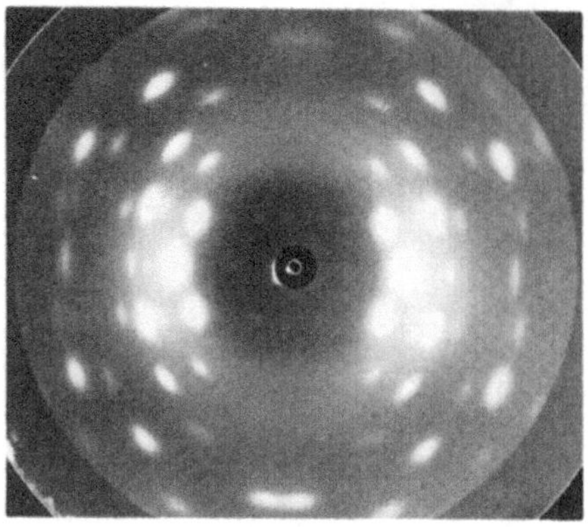

Abb. 3a

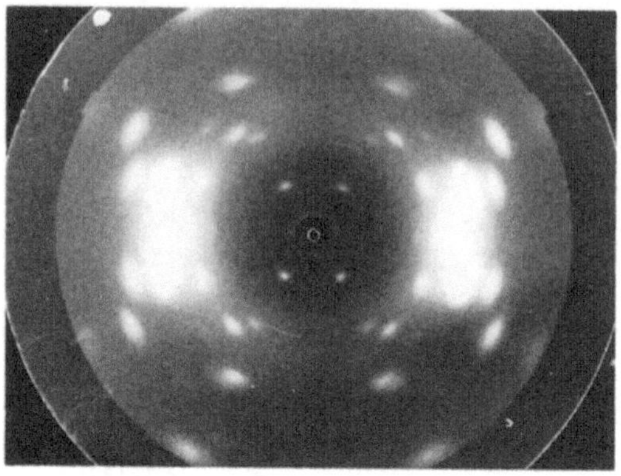

Abb. 3b

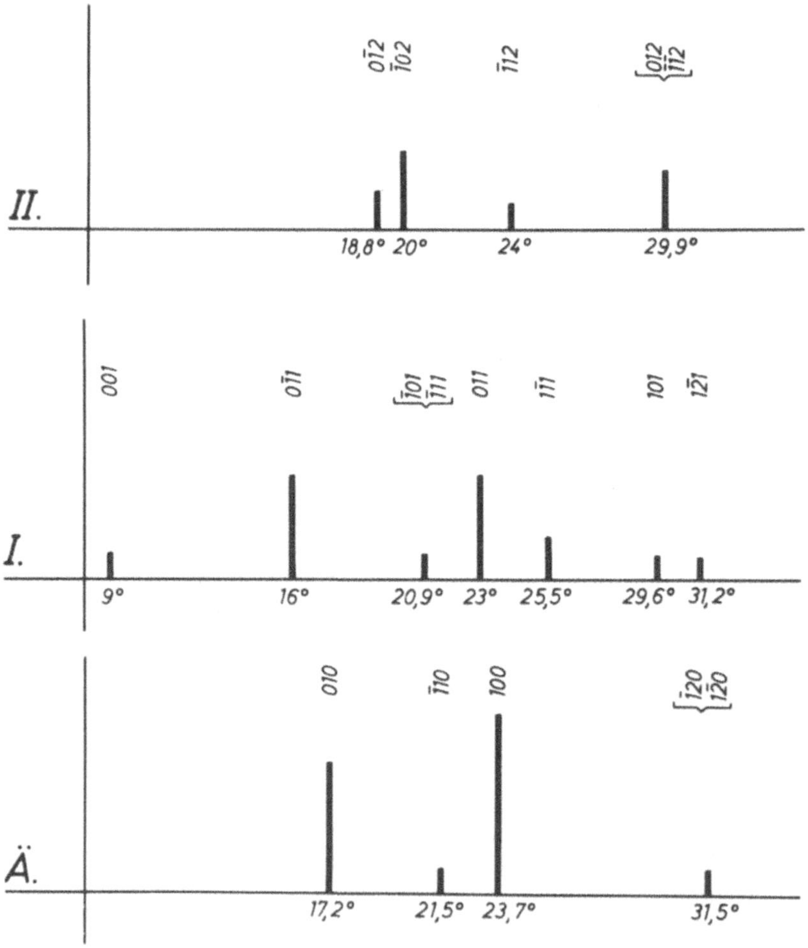

Abb. 3c

Abb. 3a, b, c. Röntgendiagramm einer bei Raumtemperatur 1:4 verstreckten und anschließend getemperten PBT-Folie in senkrechter a) und paralleler b) Durchstrahlungsrichtung. c) Bragg-Winkel und relative Intensitäten der indizierten Röntgenreflexe

$a^* = 0{,}268$ Å^{-1} $\quad \alpha^* = 65°$

$b^* = 0{,}194$ Å^{-1} $\quad \beta^* = 56°$

$c^* = 0{,}102$ Å^{-1} $\quad \gamma^* = 60°$

befriedigend zu indizieren. Die quadratische Form lautet damit

$$\sin^2 \Theta = 0{,}5929\,[h^2 0{,}0718 + k^2 0{,}0376 + l^2 0{,}0104 + kl 0{,}0167 + hl 0{,}0306 + hk 0{,}052]\,. \qquad [2]$$

Die Indizierung der wesentlichen Reflexe sowie der Vergleich der experimentell bestimmten Netzebenenabstände d_{hkl} mit den aus Gl. [2] folgenden Werten sind in Tab. 2 sowie Abb. 3c zusammengestellt. Für die Gitterzelle ergeben sich die Parameter:

$a = 4{,}83$ Å $\quad \alpha = 100{,}5°$

$b = 6{,}05$ Å $\quad \beta = 117°$

$c = 11{,}45$ Å $\quad \gamma = 110{,}8°$

Die Querschnittfläche senkrecht zur *c*-Achse des PBT beträgt somit 22,3 Å^2 und die Basisfläche der Gitterzelle 27,1 Å^2, die entsprechenden Werte beim PET 19,8 Å^2 bzw. 24,4 Å^2 (siehe Tab. 3). Die perspektivischen Darstellungen der Gitterzellen von PBT und PET sind in Abb. 5 zu sehen, wobei für das PET die von *Fischer*, *Fakirov* und *Schmidt* (7) angegebenen Werte übernommen worden sind.

Blättchenebenen

Der Kristallverband der weitaus meisten Polymeren zeigt einen blättchenförmigen Auf-

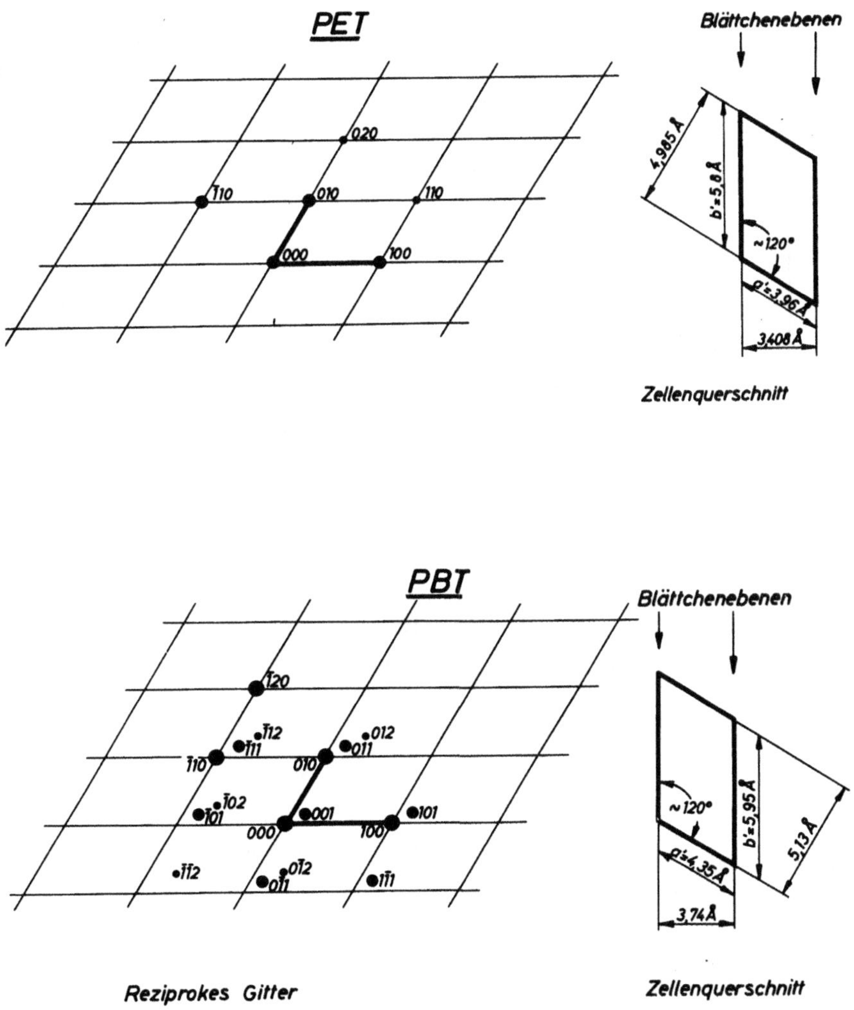

Abb. 4. Das reziproke Gitter und der Zellenquerschnitt senkrecht zur *c*-Achse von PET und PBT

Tab. 2. Bragg-Winkel und Gitterebenenabstände der (hkl)-Reflexe von Polybutylenterephthalat

hkl	*d* [Å] Experiment	2 Θ	*d* [Å] Theorie	2 Θ
010	5,13	17,26°	5,16	17,2°
$\bar{1}10$	4,13	21,50°	4,17	21,3°
100	3,75	23,7°	3,73	23,8°
$\bar{1}20$				
$1\bar{2}0$	2,83	31,5°	2,91	30,7°
$\bar{1}30$			1,98	45,7°
	1,94	46,9°		
200			1,87	48,7°
001	9,77	9°	9,81	9°
$0\bar{1}1$	5,51	16°	5,65	15,66°
$\bar{1}01$			4,40	20,15°
	4,24	20,9°		
$\bar{1}11$			4,31	20,6°
011	3,86	23°	3,93	22,6°
$1\bar{1}1$	3,49	25,5°	3,50	25,45°
101	3,01	29,6°	2,98	30°
$1\bar{2}1$	2,86	31,2°	2,82	31,7°
$0\bar{1}2$	4,71	18,8°	4,67	19°
$\bar{1}02$	4,43	20°	4,38	20,25°
$\bar{1}12$	3,70	24°	3,75	23,7°
012			2,98	29,95°
	2,98	29,9°		
$\bar{1}\bar{1}2$			3,04	29,4°

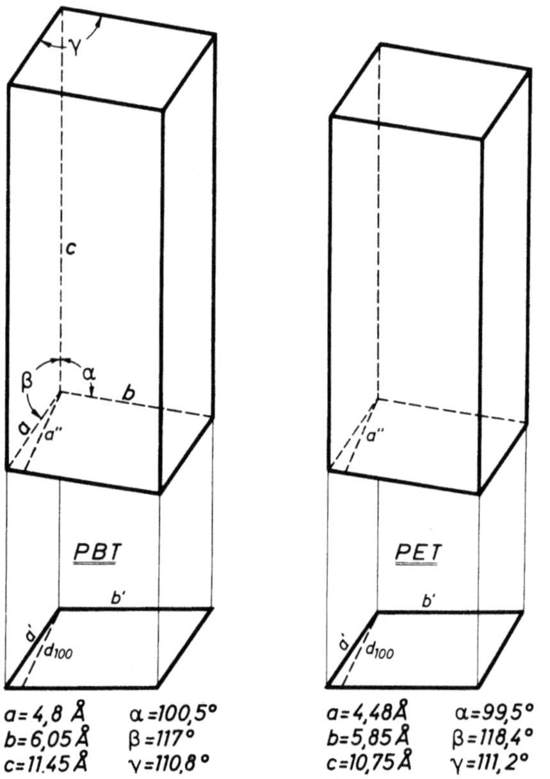

Abb. 5. Die triklinen Gitterzellen von PET und PBT. (Für das PET wurden die Gitterparameter von *Fischer et al.* (7) übernommen, alle anderen Parameter sind in Tab. 3 zusammengefaßt)

Tab. 3. Gitterparameter von PET und PBT

		PET	PBT
d_{100}	[Å]	3,408	3,74
d_{010}	[Å]	4,985	5,13
a'	[Å]	3,96	4,35
$\Delta a'$	[Å]	–	0,4
b'	[Å]	5,8	5,95
$\Delta b'$	[Å]	–	0,15
a''	[Å]	4,2	4,5
FIP		10,75	11,45
Basisfläche [$Å^2$]		24,4	27,1
Querschnittsfläche [$Å^2$]		19,8	22,3
Zellenvolumen [$Å^3$]		211	254
Kristalldichte [g/cm^3]		1,515	1,433

bau, vergleichbar mit dem Aufbau eines Buches aus einzelnen in sich scherfesten, aber relativ leicht aneinander abgleitenden Blättchenebenen, die für das Verständnis der molekularen Deformationsmechanismen erhebliche Bedeutung haben (4). Die Existenz und die Lage dieser Blättchenebenen im Kristallverband kann man u.a. in der Weise erfassen, daß man eine zunächst einachsig verstreckte Probe senkrecht zur Verstreckrichtung preßt, wobei sich die Blättchenebenen als stabile Struktureinheit bevorzugt senkrecht zum Preßdruck einstellen. Weit bessere Ergebnisse erhält man jedoch, wenn man einen anfangs amorphen Folienstreifen mit Schulter-Hals-Bildung verstreckt und anschließend zur Kristallisation bringt. Die Röntgenaufnahme einer dementsprechend vorbehandelten PBT-Probe zeigt Abb. 3a + b.

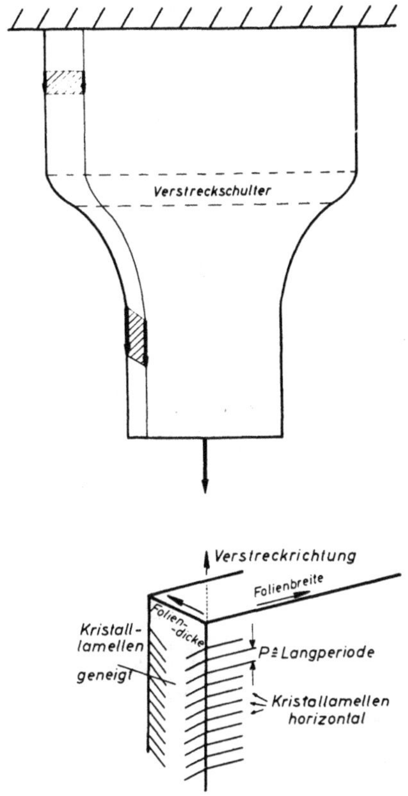

Abb. 6. Schematische Darstellung der Scherung in der Verstreckschulter und dadurch bedingte Orientierung der Kristall-Lamellen in einer mit Schulter-Hals-Bildung verstreckten PBT-Folie

Infolge der unterschiedlichen Fließwege treten innerhalb der Verstreckschulter Scherbewegungen auf (Abb. 6), denen die jeweils dominierenden zwischenmolekularen Wechselwirkungen dadurch auszuweichen versuchen, daß sie sich bevorzugt parallel zur Folienoberfläche einstellen (6). Bei der Durchstrahlung parallel zur Folienoberfläche (Abb. 3b) muß deshalb die von den Blättchenebenen herrührende Interferenz verstärkt in Erscheinung treten (in Abb. 3b der (100)-Reflex). Daraus ergibt sich, daß die Blättchenebene im PBT in gleicher Weise wie im PET offensichtlich durch die *c*-Achse und die Zellenkante *b* gebildet wird. Gleichzeitig weist der beim PET und PBT praktisch gleiche Wert von *b* darauf hin, daß man in beiden Fällen etwa die gleiche Stellung der Benzolkerne relativ zur Blättchenebene zu erwarten hat. Hiervon ausgehend gibt Abb. 7 schematisch die Orientierung der Blättchen- und der Benzolkernebenen in der biaxial orientierten Folie wieder.

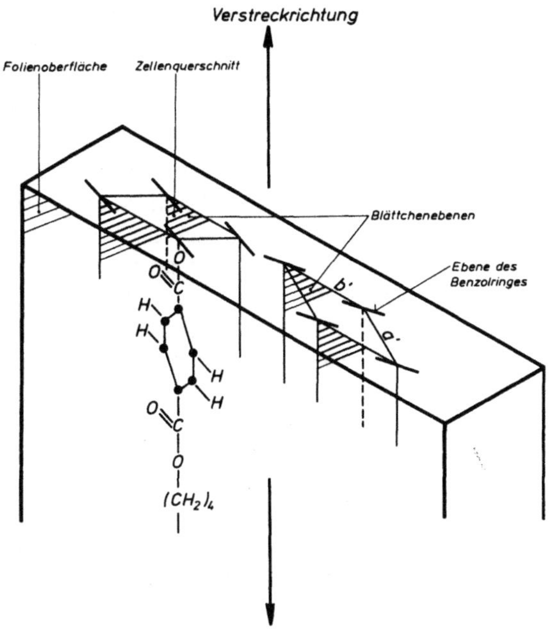

Abb. 7. Orientierung der Blättchen- und Benzolkernebenen in einer biaxial orientierten PBT-Folie

Volumen der Gitterzelle

Das Zellenvolumen im Kristallverband des PBT ergibt sich zu 254 Å³, womit man für die Kristalldichte $\varrho_c = 1{,}433$ g/cm³ erhält. Die Dichte des aus der Schmelze rasch abgeschreckten Materials, dessen Röntgenaufnahme nur noch den amorphen Halo zeigte, wurde in der Dichtegradientensäule mit *n*-Heptan und Tetra zu $\varrho_a = 1{,}280$ g/cm³ bestimmt. Nach dem Tempern des Materials (ca. eine Stunde bei 200 °C) wurde für die Dichte ein Wert von $\varrho = 1{,}322$ g/cm³ gefunden, was einem Kristallinitätsgrad von 27 % entspricht. Systematische Kristallisationsversuche sind noch nicht durchgeführt worden. Dennoch besteht der Eindruck, als ob sich trotz der hohen Kristallinitätsfreudigkeit des PBT grundsätzlich nur verhältnismäßig kleine Kristallinitätsgrade einstellen lassen. Möglicherweise wird dies jedoch nur dadurch vorgetäuscht, daß sich die am makroskopisch „amorphen" Material gemessene Dichte tatsächlich bereits auf einen relativ hoch geordneten Zustand bezieht, während die amorphen Anteile im teilkristallinen Material eine geringere Dichte haben. Hierüber sollen Röntgenkleinwinkelmessungen Aufschluß bringen, über die jedoch erst später berichtet werden wird.

Ausgehend von der PET-Zelle nach *Fischer*, *Fakirov* und *Schmidt* (7) bzw. in nahezu gleicher Weise auch von *Kilian et al.* (8) findet man für das Zellenvolumen des PET 211 $Å^3$, das sind 43 $Å^3$ weniger als beim PBT, während die halbe Gitterzelle des Polyäthylens ein Volumen von 46 $Å^3$ beansprucht. Danach nehmen die zusätzlichen CH_2-Gruppen gerade den Raum ein, der für den Kristallverband des Polyäthylens charakteristisch ist, so daß die CH_2-Sequenzen also optimal dicht gepackt sind.

Legt man dagegen die Zellenparameter von *Bunn* (9) zugrunde, so würde sich nur eine Differenz von 35 $Å^3$ ergeben, die uns zu klein erscheint. Die zusätzlichen CH_2-Gruppen des PBT müßten dann teilweise in Raumlücken im Kristallverband des PET eingebaut sein, was jedoch unwahrscheinlich ist, da der Kristallverband des PET vermutlich eine optimal dichte Kettenpackung aufweisen dürfte.

Bemerkungen zur Kettenanordnung innerhalb der Gitterzelle

Bei der Diskussion der Kettenpackung im Kristallverband gehen wir von den bekannten Verhältnissen im PET-Gitter aus.

Die Blättchenebenen beider Materialien liegen parallel zur Zellenkante *b*. Da der seitliche Kettenachsenabstand *b'* (s. Abb. 5 u. Tab. 3) in beiden Kristallstrukturen praktisch übereinstimmt ($\Delta b' = 0{,}15$ Å), darf man annehmen, daß in beiden Fällen im wesentlichen die gleiche seitliche Kettenpackung innerhalb der Blättchenebenen realisiert ist. Die Aufweitung der Zellenkante *a* ($\Delta a = 0{,}35$ Å) weist dagegen auf eine stärkere Neigung der Terephthalsäurereste gegen die (100)-Ebene hin, die im PET-Gitter ca 5° beträgt und beim PBT zu ca. 10° abgeschätzt werden kann. Im Falle des PET ergibt sich aus $a'' = 4{,}2$ Å (s. Abb. 5 u. Tab. 3) und $d_{100} = 3{,}4$ Å (s. Abb. 5 u. Tab. 3) arccos $(d_{100}/a'') = 35°$. Im Falle des PBT erhält man mit $a'' = 4{,}5$ Å arccos $(d_{100}(\text{PET})/a'') = 40°$, woraus man schließen kann, daß die Terephthalsäurereste um ca. 5° stärker als im PET, d.h. um ca. 10° gegen die (100)-Ebenen geneigt sein müssen.

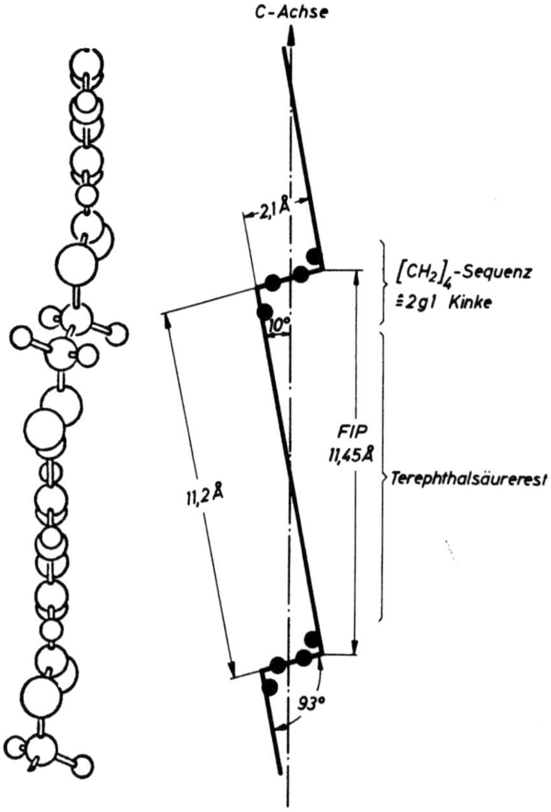

Abb. 8a, b. a) Molekülkonfiguration des PET nach *Bunn et al.* b) Schematische Anordnung des Terephthalsäurerestes und der $(CH_2)_4$-Sequenzen beim PBT

Die Neigung der Terephthalsäurereste muß durch eine entgegengesetzte Neigung der CH_2-Sequenz kompensiert werden, da die Kette im Mittel parallel zur *c*-Achse liegt. Man hat es also mit einer geknickten Konformation zu tun, wodurch gleichzeitig die Länge der voll gestreckten monomeren Einheit (13,25 Å) in die Faseridentitätsperiode (11,45 Å) übergeht. Hiervon ausgehend erhält man die in Abb. 8b angedeutete Kettenkonformation mit einem Knickwinkel von ca. 93° und weitgehend gestreckten Kettenabschnitten, die ca. 11,2 bzw. 2,1 Å lang sind. Berücksichtigt man die im PET bereits realisierte Knickung (Abb. 8a), so läßt sich leicht zeigen, daß die $(CH_2)_4$-Sequenz in der Kristallstruktur des PBT praktisch exakt eine 2gl-Kinke bildet (10), wobei zusätzlich allerdings eine geringfügige

Drehung der gesamten CH_2-Sequenz gegenüber dem Sauerstoffatom der Estergruppe angenommen werden muß.

Die in trans-Lage befindlichen beiden inneren CH_2-Gruppen der Butandiolreste liegen nahezu exakt auf den entsprechenden Achsen eines Polyäthylengitters, wie es in Abb. 9 angedeutet ist und wie es dem zusätzlichen Raumbedarf der beiden CH_2-Gruppen entspricht. In gewisser Weise kann man insofern von einer Art Zwillingsbildung zwischen dem Polyäthylen- und dem PET-Gitter innerhalb jeder Gitterzelle der PBT-Struktur sprechen, wodurch trotz der alternierenden Kettenquerschnitte eine optimale Raumerfüllung möglich wird.

Diese Kettenanordnung halten wir für plausibel, denn es ist zum Beispiel nicht möglich, daß die gesamte Glykolkomponente vom Terephthalsäurerest abknickt, da sich in diesem Fall ein viel zu großer Neigungswinkel des Terephthalsäurerestes gegen die *c*-Achse einstellen müßte, was einen größeren Wert für die Zellenkante *a* bedingt. Ob es sich bei der von uns vorgeschlagenen Kettenanordnung eventuell um ein allgemeines Strukturprinzip handelt, kann gegebenenfalls an Hand von aliphatischen Polyestern der Terephthalsäure mit noch längerer CH_2-Sequenz geprüft werden. Es existieren bereits Messungen an Polyhexamethylen- und Polydecamethylenterephthalat, die von *Ward* und Mitarbeitern ausgeführt wurden (11). Die für diese Materialien bestimmten Gitterzellenparameter sind in der Tab. 4 zusammengefaßt und den entsprechenden Werten von PET und PBT gegenübergestellt. Auf Grund unserer Untersuchungen vertreten wir die Ansicht, daß der Raumbedarf der zusätzlichen (CH_2)-Gruppen in etwa dem Volumenbedarf im PE-Gitter entsprechen sollte, was bei unseren Messungen am PBT auch der Fall ist. Nach Untersuchungen von *Ward et al.* ist der zusätzliche Raumbedarf jedoch weitaus größer, siehe Tab. 4. Das führt dazu, daß z. B. Polydecamethylenterephthalat eine Kristalldichte besitzen müßte, die sich von der des PE nur noch geringfügig unterscheidet. Deswegen ist es plausibel, an-

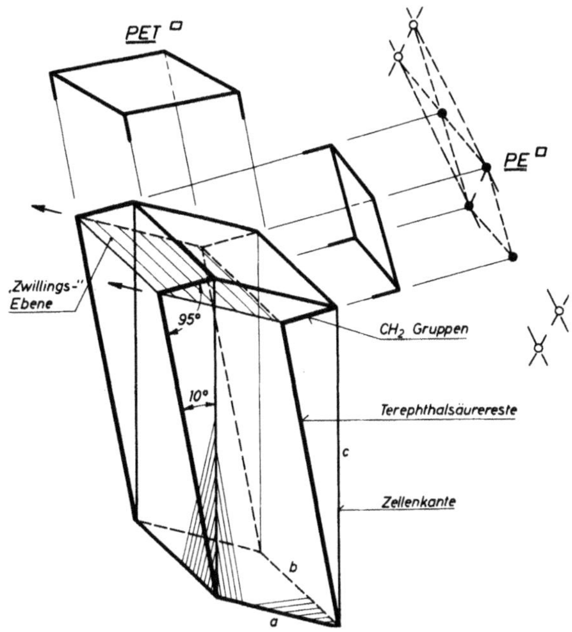

Abb. 9. Grobschematische Darstellung der „Zwillingsbildung" zwischen dem PE- und dem PET-Gitter innerhalb der PBT-Gitterzelle

Tab. 4. Gitterzellenparameter, Kristallvolumen und Kristalldichte von: PET, PBT, Polyhexamethylen- und Polydecamethylenterephthalat

Autoren	PET	PBT	Polyhexamethylen-Terephthalat	Polydecamethylen-Terephthalat
	Fischer et al. (*Bunn et al.*)	*Alter Bonart*	*Ward et al.*	*Ward et al.*
a	4,48 (4,56)	4,83	4,57	4,62
b [Å]	5,85 (5,94)	6,05	6,10	6,30
c	10,75	11,45	15,40	20,10
α	99,5° (98,5°)	100,5°	105,5°	107,5°
β	118,4° (118°)	117°	98,5°	96°
γ	111,2° (112°)	110,8°	114,5°	113,5°
V [Å³]	211 (219)	254	360	494,5
ϱ_c [g/cm³]	1,515 (1,455)	1,43	1,15	1,03
Raumbedarf pro zwei CH_2-Gruppen [Å³]	–	43 (35)	54,5 (70,5)	70,8 (68,8)

zunehmen, daß sich die Kristalldichte bei der Vergrößerung der Anzahl der $(CH_2)_2$-Sequenzen nicht in der von *Ward et al.* angegebenen Form verringert, siehe Abb. 10.

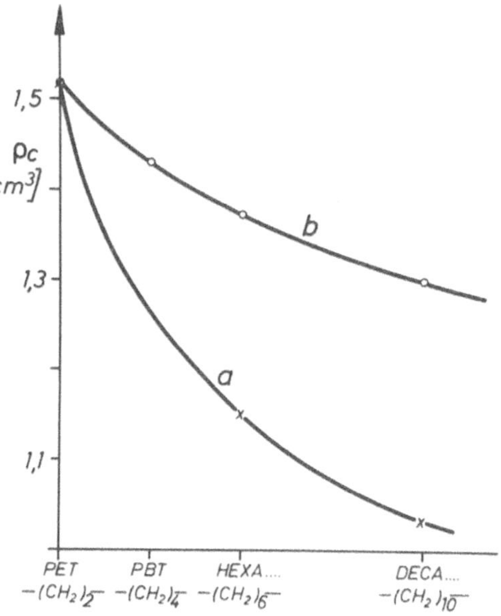

Abb. 10. Abhängigkeit der Kristalldichte ϱ_c von der Anzahl der CH_2-Gruppen: a) aus den Röntgenmessungen von *Ward et al.* berechnete Werte; b) theoretische Kurve, berechnet mit der Annahme, daß der Raumbedarf pro zwei CH_2-Gruppen 46 Å³ beträgt.

Eine endgültige Klärung des Sachverhaltes ist aber nur mit Hilfe neuer Röngenuntersuchungen an den betreffenden Materialien möglich.

Parakristalline* Strukturen beim PBT

Abb. 11a, b zeigen die Röntgenaufnahmen von ungetemperten, bei Raumtemperatur 1:4 verstreckten PBT-Folien in paralleler und senkrechter Durchstrahlungsrichtung. Die Aufnahmen weisen auf das Vorhandensein eines parakristallinen Gitters hin. Auf der Abb. 11a sind nur die (010)- und die (0$\bar{1}$1)-Reflexe zu erkennen, alle anderen Reflexe dagegen sind diffus bzw. stark verbreitert und nicht mehr zu indizieren. Infolgedessen muß die Schwankungsrichtung der Gitterverwackelung näherungsweise parallel zu den (010)- bzw. (0$\bar{1}$1)-Ebenen des PBT liegen.

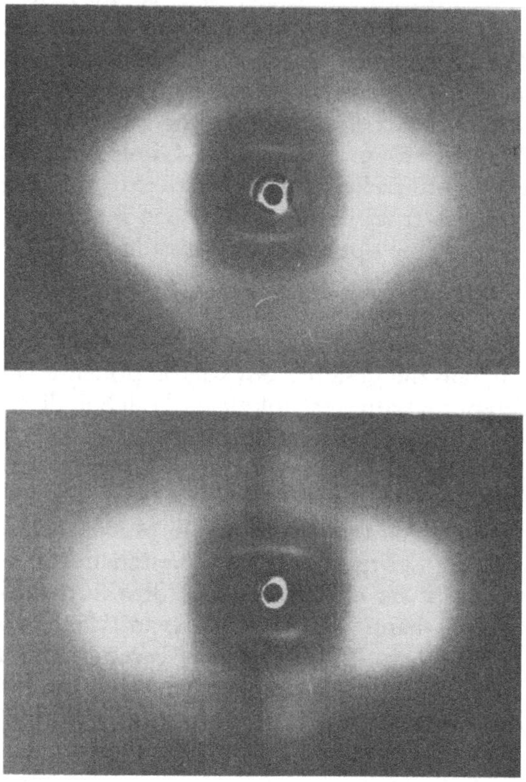

Abb. 11a, b. Röntgendiagramm einer ungetemperten, bei Raumtemperatur 1:4 verstreckten PBT-Folie in senkrechter a) und paralleler b) Durchstrahlungsrichtung

Die Existenz von Schichtlinienstreifen beim parakristallinen PBT weist auf statistische Kettenlängsverschiebungen hin. Auf der Röntgenaufnahme mit parallel zur Folienoberfläche gewählter Durchstrahlungsrichtung (Abb. 11b) zeigen die Schichtlinienstreifen der 1. Schichtlinie an ihren Enden Schwärzungsmaxima, deren Lage mit den (001)-Reflexen von teilkristallinen Proben übereinstimmen. Bei senkrechter Durchstrahlung fehlen die Intensitätsmaxima an den Enden der Schichtlinienstreifen.

Dies ist einerseits auf die doppelte Orientierung des nur parakristallin geordneten Materials zurückzuführen, wenn man z. B. die unterschiedlichen Äquatorreflexe der Abb.

*) Die Bezeichnung „parakristallin" soll nicht zum Ausdruck bringen, daß ein „idealer" Parakristall im Sinne von *Hosemann* vorliegt, sondern lediglich ein statistisch gestörtes Gitter, dessen Beschreibung qualitativ von dem stark idealisierten Modell eines „idealen" Parakristalles ausgehen kann, worauf hier jedoch zunächst verzichtet wird.

11 vergleicht. Zusätzlich aber noch darauf, daß nicht ausschließlich einzelne Ketten, sondern teilweise flächenhafte Kettenaggregate in Längsrichtung gegeneinander verschoben sind, die bei der anschließenden Kristallisation dann in die Blättchenebenen übergehen.

Zusammenfassung

Polybutylenterephthalat (PBT) gewinnt als Spritzgußmaterial und als Faserrohstoff zunehmend an Bedeutung. Die thermischen und mechanischen Eigenschaften des PBT sind von denen des Polyäthylenterephthalates (PET) erheblich abweichend. Die vorliegende Arbeit soll einen Beitrag liefern, die abweichenden Ergebnisse deuten zu können.

Deswegen wurden die Gitterzelle und die Kettenanordnung im Kristallverband des PBT untersucht. Aus Röntgenmessungen ergaben sich die folgenden Gitterzellenparameter: $a = 4{,}83$ Å, $b = 6{,}05$ Å, $c = 11{,}45$ Å, $\alpha = 100{,}5°$, $\beta = 117°$, $\gamma = 110{,}8°$.

Damit ergibt sich eine Kristalldichte von $\varrho_c = 1{,}433$ g/cm^3 im Vergleich zu $\varrho_c = 1{,}515$ g/cm^3 beim PET.

Mit der Annahme einer abgewinkelten Kettenkonformation kann in befriedigender Weise die verkürzte Faseridentitätsperiode und die gegenüber dem PET verlängerte Zellenkante a des PBT erklärt werden.

Summary

Polybutylenterephthalate (PBT) is a new molding and fibre spinning material for industrial applications. The thermal and mechanical properties of PBT are quite different from those of polyethyleneterephthalate (PET).

The unit cell of PBT was found by X-ray diffraction studies to be triclinic, similar to that of PET, but having the parameters: $a = 4.83$ Å, $b = 6.05$ Å, $c = 11.45$ Å, $\alpha = 100.5°$, $\beta = 117°$, $\gamma = 110.8°$. This gives a crystalline density of $\varrho_c = 1{,}433$ g/cm^3 compared with $\varrho_c = 1.515$ g/cm^3 for PET.

Since a completely extended PBT chain would theoretical have a repeat length of 13.25 Å the above unit cell requires a kinked chain conformation. The increased a axis dimension, in comparison to PET would be in agreement with this conclusion.

Literatur

1) *Martin*, E. und *H. Busch*, Angew. Chem. **74**, 624 (1962).

2) Siehe die Zusammenfassung in: Neue polymere Werkstoffe 1969–1974 (1975).

3) *Cella, R. J.*, J. Pol. Sci. Symp. **42**, 727 (1973); *G. K. Hoeschele, W. K. Witsiepe.* Angew. Makromol. Chem., **29/30**, 207 (1973).

4) *Bonart, R.*, Kunststoffe **57**, 391 (1967).

5) *Bonart, R.*, Kolloid-Z., Z. Polymere **210**, 16 (1966).

6) *Bonart, R., F. Schulze-Gebhardt*, D. Angew. Makromol. Chem., Bd. **22**, 41 (1972).

7) *Fischer, E. W., S. Fakirov, G. F. Schmidt* (im Druck).

8) *Kilian, H. G., H. Halboth, E. Jenckel*, Kolloid-Z. **172**, 166 (1960).

9) *Bunn, C. W., C. J. Brown, R. de Daubeny*, Proc. Royal Soc. **226 A**, 531 (1954).

10) *Pechhold, W., S. Blasenbrey*, Kolloid-Z. u. Z. Polymere **241**, 955–976, (1970).

11) *Ward, J. M., J. Bateman, R. E. Richards, G. Farrow*, Polymer **1**, 63 (1960).

Anschrift des Verfassers:

Dipl.-Phys. *U. Alter*
Institut für Nichtmetallische Werkstoffe
Technische Universität Berlin
Organische Werkstoffe / Polymerphysik
Englische Str. 20
1000 Berlin 12

Colloid & Polymer Sci. **254**, 358–370 (1976)

Lectures during the labour conference of the Fachausschuss Physik der Hochpolymeren in the Deutsche Physikalische Gesellschaft in Münster, March 17–22, 1975

Fachbereich Physikalische Chemie, Bereich Polymere, Universität Marburg

Density fluctuations in amorphous and semicrystalline polymers

*J. Rathje**) and *W. Ruland*

With 15 figures and 1 table

(Received December 15, 1975)

1. Introduction

The small-angle scattering of amorphous and semicrystalline polymers contains an intensity component which is related to the density fluctuations in time and space within the crystalline and amorphous domains. In the case of semicrystalline polymers this component consists of a diffuse "background" scattering of relatively low intensity as compared with that of the scattering due to the domain boundaries. It has been shown in earlier papers (1, 2) that the absolute value of this intensity component can be determined by studying systematic deviations in the high-angle region of the small-angle scattering and that its value changes with crystallinity. Studies of the changes in the density fluctuations of amorphous polymers at temperatures near the glass transition have been reported by *Wendorff* and *Fischer* (3).

The aim of the present work is to study the changes in the density fluctuation of amorphous and semicrystalline polymers over a wide range of temperature and crystallinity and to relate the results to the structural and dynamic aspects of the state of order in these polymers.

2. Theoretical

The basic theory of the scattering due to density fluctuations is relatively old (4, 5, 6). It states, in essence, that the scattering intensity of an ensemble of identical particles extrapolated towards zero scattering angle is proportional to the fluctuation of the particle density

$$Fl = \frac{\langle N^2\rangle - \langle N\rangle^2}{\langle N\rangle}. \qquad [1]$$

For X-rays, considering the electron density as the basic structural parameter, one obtains

$$\lim_{\vartheta\to 0} \frac{1}{N} I_{\text{e.u.}} = \frac{\langle N^2\rangle - \langle N\rangle^2}{\langle N\rangle} = Fl_{el}. \qquad [2]$$

where $I_{\text{e.u.}}$ is the scattering intensity in electron units, N is the number of electrons in the irradiated volume and Fl_{el} the fluctuation of the electron density. If the sample is composed of N_M identical particles (molecules) with Z_M electrons per particle, the particle density fluctuation Fl_M is given by

$$Fl_M = \frac{1}{Z_M} Fl_{el}. \qquad [3]$$

For fluid one-component systems in thermodynamic equilibrium, the density fluctuations are related to the isothermal compressibility $\varkappa_T$,

$$Fl_M = \varrho_M k_B T \varkappa_T \qquad [4]$$

where ϱ_M is the particle density, k_B the Boltzmann constant and T the absolute temperature. The total density fluctuation can, in this case, be considered to be composed of two components, a contribution due to pressure fluctuations proportional to $\varkappa_S$, the adiabatic compressibility, and a contribution due to entropy fluctuations proportional to $\varkappa_T - \varkappa_S$. The separation of these two components is possible in the case of light scattering by means of an energy analysis of the scattered radiation. The component due to entropy fluctuation produces a scattering the energy of which is narrowly distributed around the

*) Fa. Bayer AG, Dormagen.

energy of the primary beam radiation (Rayleigh scattering), whereas the component due to pressure fluctuations shows an energy difference relative to that of the primary beam which can be interpreted in terms of phonon creation and phonon annihilation processes (Brillouin scattering). The ratio of the two components is known as the Landau-Placzek ratio. Compared with the energy of X-ray scattering, the energy differences involved are extremely small, an experimental separation of the two components is, in this case, impossible. The fact that these two components exist is, however, of interest for the interpretation of the results both for equilibrium and non-equilibrium states.

If the harmonic approximation is valid, the density fluctuations in the crystalline state are entirely due to lattice vibrations. In this case, the small-angle scattering is given by the thermal diffuse scattering (TDS) near the origin of reciprocal space. Considering the intensity in the limit $\vartheta \to 0$ means that only longitudinal lattice vibrations of long wavelength are contributing to the density fluctuations as defined by eq. [2]. In general, the TDS of a crystal is, however, a function not only of the absolute value of the reciprocal lattice vector $\mathbf{s}$ ($s = 2\sin\vartheta/\lambda$), but also of its direction. Extending *Guinier's* (7) treatment of the TDS at small scattering angles to include the general case (see Appendix) one finds

$$\lim_{s \to 0} \frac{1}{N} I_{\text{e.u.}}(\mathbf{s}) = \frac{\varrho_{el}\, k_B\, T}{\varrho_m} \frac{1}{v_l^2(\mathbf{e})} \qquad [5]$$

where ϱ_{el} is the electron density, ϱ_m the mass density and $v_l(\mathbf{e})$ the group velocity of longitudinal lattice waves of large wave-length as a function of the direction defined by the unit vector $\mathbf{e}$. To obtain a meaningful value for the density fluctuations in such a case, the spherical average $\langle\rangle_\omega$ of $I(\mathbf{s})$ has to be taken (8) from which one obtains

$$Fl_{el} = \lim_{s \to 0} \frac{1}{N} \langle I(\mathbf{s})\rangle_\omega = \frac{\varrho_{el}\, k_B\, T}{\varrho_m} \left\langle \frac{1}{v_l^2} \right\rangle_\omega \qquad [6]$$

Considering the relationship

$$\varrho_m v_l^2 = \frac{1}{\varkappa}\left(1 + \frac{4}{3}\varkappa G\right) \qquad [7]$$

valid for isotropic solids, in which G is the shear modulus, one sees that equations [4] and [6] are not identical, i.e. equation [4] is not valid for the solid state.

In the case of a non-equilibrium state, e.g. a super-cooled liquid, the value of Fl as defined by eq. [1] depends on the type of average. The fluctuation in time of the particle density in a given volume is, in such a case, smaller than the fluctuation of the particle density in space at a given time, whereas in an equilibrium state, time and space averages are equivalent (ergodic theorem). In the case of X-ray diffraction, the average obtained in applying equation [2] is basically a space average, i.e. a completely rigid frozen-in disorder gives a non-zero value of Fl_{el}, whereas the time average would be zero.

From a structural point of view, the space average density fluctuations can be considered as a general disorder parameter. For a perfect crystal lattice without thermal vibrations these density fluctuations are zero. Lattice defects cause density fluctuations which increase with increasing number as well as with increasing size of the defects. Similarly, it should be possible to distinguish different states of order of an amorphous material by comparing the corresponding values of the density fluctuations. There are, of course, a number of possible disordered structures which have the same Fl-value, but a disorder model can only be considered acceptable if it is able to produce the range of Fl-values corresponding to the experimentally observed or theoretically predictable values. On this basis, the paracrystalline disorder model of *Hosemann* and *Bagchi* (9) cannot be considered acceptable, since it produces abnormally high density fluctuations (2, 10). At present, there seems to be no quantitative model for a liquid-like disorder, i.e. definite short-range order, vanishing long-range order, with disorder parameters which can be directly related to Fl-values, whereas such a relationship exists in the case of the one-dimensional disorder model of *Zernike* and *Prins* (11), for which one finds

$$Fl = \frac{\langle \Delta^2 a\rangle}{\langle a\rangle^2}$$

where Fl is the fluctuation of the one-dimensional particle density, $\langle \Delta^2 a\rangle$ the variance and

$\langle a \rangle$ the average of the next-neighbor distances. By analogy, the relationship for an equivalent three-dimensional disorder model would be

$$Fl = \frac{\langle \Delta^2 v_0 \rangle}{\langle v_0 \rangle^2} \qquad [8]$$

where v_0 is the volume associated with a particle. It has been shown in an earlier paper (2) that the paracrystalline disorder model of *Hosemann* and *Bagchi* (9), which can be considered as a superposition of one-dimensional disorder statistics of the Zernike-Prins type, does not lead to eq. [8] contrary to the statement made on page 328 (equation IX, 99a), of *Hosemann* and *Bagchi* (9), which is obviously incorrect.

The definition of Fl given by eq. [1] is incomplete in so far as it does not contain a definition of the size of the regions over which the averages are taken. It has been shown in an earlier paper (8) that if a definite size of this regions is considered, the corresponding fluctuation is given by

$$Fl\,(v_B) = \int\limits_v \frac{1}{N}\, \Delta\varrho^{*2} \frac{1}{v_B}\, Y_B^{*2}\, d\, v_r$$

where $\Delta\varrho(\boldsymbol{r})$ is the difference between the local density $\varrho(\boldsymbol{r})$ and the average density of the ensemble of particles as a function of the vector $\boldsymbol{r}$ in physical space, and Y_B (volume v_B) the shape function of the regions (reference or sampling volumes) over which the averages of the particle numbers are taken. This relationship can be expressed in terms of the scattering intensity I_{obs} related to $\Delta\varrho$ and the Fourier transform Φ_B of Y_B,

$$Fl\,(v_B) = \int\limits_v \frac{1}{N}\, I_{\text{obs}} \frac{1}{v_B}\, \Phi_B^2\, d\, v_s \qquad [9]$$

from which one can derive that the limit $\vartheta \to 0$ in eq. [2] corresponds to the limit $v_B \to \infty$ of eq. [9]. Fig. 1 shows the results of a calculation using eq. [9] to obtain the values of the one-dimensional density fluctuations for Zernike-Prins models with various distance statistics as a function of the length of the reference line L (the one-dimensional reference volume) which indicates that the convergence towards the value $Fl = \langle \Delta^2 a \rangle / \langle a \rangle^2$ is relatively slow. Applying eq. [9] to an infinitely large ideal cubic paracrystal with identical cell edge statistics of variance $\langle \Delta^2 a \rangle / \langle a \rangle^2$ and a reference volume in the shape of a cube with edges of length L parallel to the principal axes of the paracrystal, the fluctuations as a function of $v_B = L^3$ are

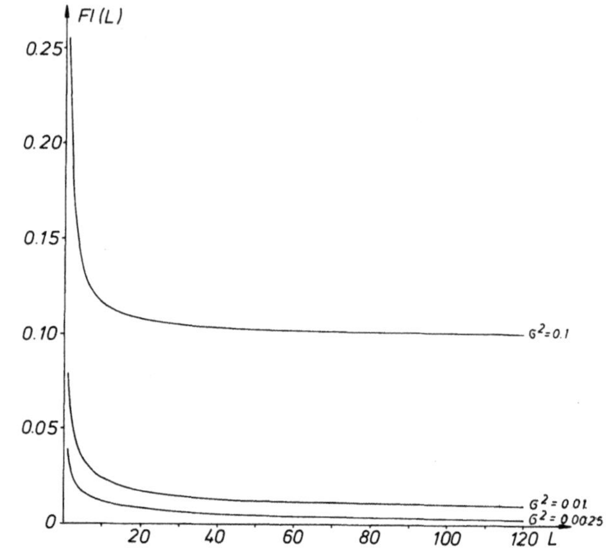

Fig. 1. Density fluctuations as a function of the length of the reference line L for a Zernike-Prints disorder model ($\sigma^2 = \langle \Delta^2 a \rangle / \langle a \rangle^2$)

$$Fl\,(v_B) = 3 \frac{\langle \Delta^2 a \rangle}{\langle a \rangle^2} \frac{L^2}{a^2},$$

i.e. proportional to $v_B^{2/3}$ for large values of L.

3. Experimental

Measurements of the X-ray scattering in the range $2° < 2\vartheta < 10°$ of various polymers and some liquids were carried out using Cu K_α radiation, a xenon-filled proportional counter with pulse-height discrimination and either Ni-filter or a bent quartz monochromator.

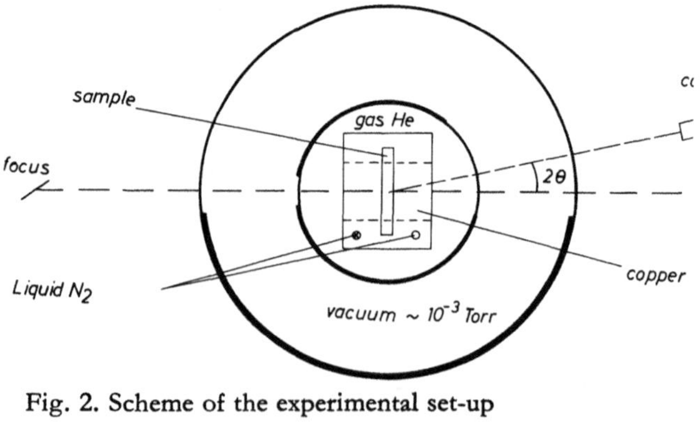

Fig. 2. Scheme of the experimental set-up

Fig. 2 shows a scheme of the experimental set-up used for the measurements at various temperatures. The sample is embedded in a copper block which can be heated and cooled by an appropiate liquid medium. For temperatures above and moderately below 0 °C, a close-circuit liquid thermostat was used, for lower temperatures (down to −196 °C) a constant flow of liquid nitrogen and a balancing resistance heating of the copper block was employed. The inner chamber of the camera was filled with helium at about 500 torr to ensure a homogeneous temperature distribution throughout the sample and to minimize background scattering; it is sealed off with beryllium windows towards the outer chamber in which a vacuum of about 10^{-3} torr is maintained during the measurements.

Due to the fact that polymers are, in general, poor heat conductors, special care has to be taken to have a good contact of the thermocouple to the sample, a very low cross-section and good insulation of the wires. Measurements of the time dependence of the peak-shift of a (110) interference of polyethylene as a function of temperature have shown that heating or cooling rates in the range of 0.5° to 1° per minute do not produce an observable retardation of the temperature within the sample with respect to the temperature measured at the thermocouple.

For measurements of liquids, cells of various thickness with beryllium windows were used. As already observed by *Chonacky* and *Beeman* (12) in their studies of the diffuse small-angle scattering of water, it is possible that the scattering intensity contains a non-negligible contribution from multiple wide-angle scattering. In order to check this, the usual corrections for single scattering are applied to a series of samples with varying thickness taken from the same material. When multiple scattering is present, the corrected intensities are a function of the thickness. It was found that a plot of log $(I/\mu t\, e^{-\mu t})$ versus the thickness t was approximately linear in t (Fig. 3), which permits a meaningful extrapolation towards $t = 0$ and thus an elimination of multiple scattering or similar effects.

The determination of the extrapolated value of the intensity at $\vartheta = 0$ was carried out in two steps, an extrapolation to $\vartheta = 0$ for which a plot log $I(2\vartheta)$ versus $(2\vartheta)^2$ proved to be practical (Fig. 4, 5), and an extrapolation of the corrected intensities for various thicknesses (Fig. 3).

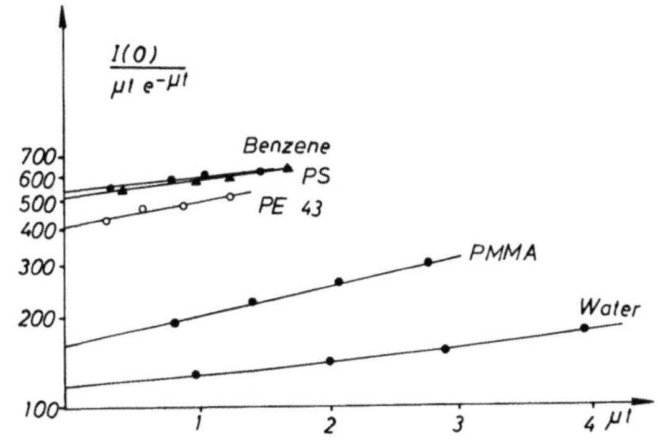

Fig. 3. Semilog plot of the corrected intensity at $\vartheta = 0°$ versus μt

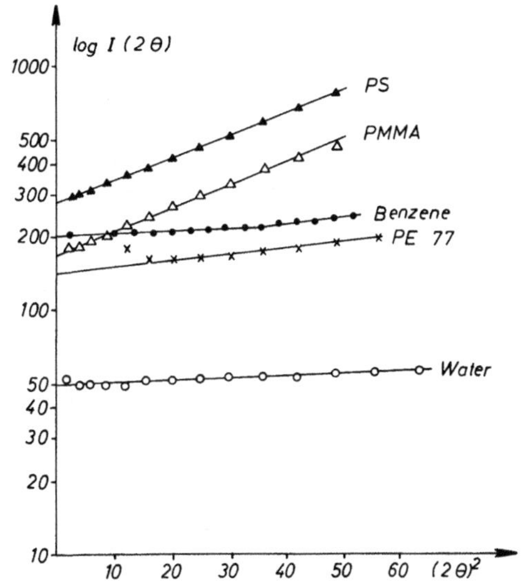

Fig. 4. Semilog plot of the intensity versus $(2\vartheta)^2$

In order to obtain the intensity in electron units, either a comparison with the intensity of a suitable reference sample, e. g. a liquid with known $\varkappa_T$ applying eq. [2] and [3] or an accurate determination of the

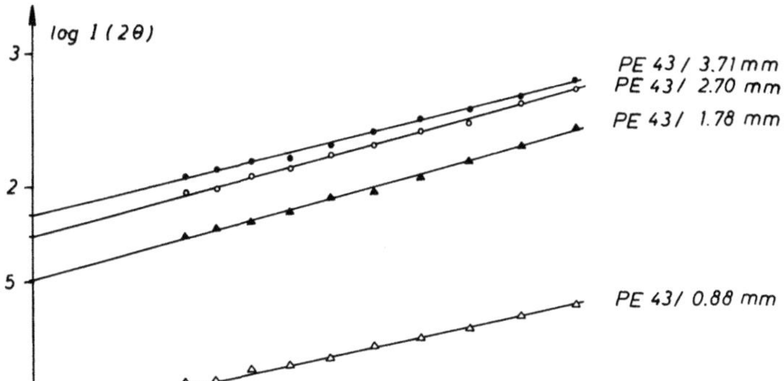

Fig. 5. Semilog plot of the intensity versus $(2\vartheta)^2$

primary beam intensity can be used. We have tried both methods and have concluded that for the experimental set-up employed the former method appears to be more practical. Tab. 1 shows a comparison of the values obtained from room-temperature measurements of three liquids where I_P is the intensity of the primary beam calculated from the Fl-values.

Tab. 1.

	$\varkappa_T$/dyn/cm²	Fl (20 °C)	I_P
water	$4.58 \cdot 10^{-11}$	0.620	$5.247 \cdot 10^4$
benzene	$9.44 \cdot 10^{-11}$	1.088	$5.206 \cdot 10^4$
glycol	$3.72 \cdot 10^{-11}$	0.564	$5.401 \cdot 10^4$

4. Results

The following samples were chosen for the measurements: atactic polystyrene (PS) atactic polymethylmethacrylate (PMMA) and five samples of polyethylene with crystallinities ranging form 43% to 85% (designation PE 43, PE 62, PE68, PE 77, PE 85 according to the crystallinity). PS and PMMA are products of RÖHM and HAAS, the PE samples are various types of Lupolen obtained from BASF. All samples were annealed for 4 days a few degrees below T_g (PS, PMMA) or below the melting temperature (PE). The PE 85 sample was obtained by annealing PE 77 at 135 °C and subsequent slow cooling to room temperature. The crystallinities are average values of three standard methods (density, calorimetry, X-ray scattering) the results of which differed only slightly. Furthermore, a series of neutral rubber (NR) samples with increasing crosslinking densities have been obtained from BAYER. The crosslinking agent was dicumylperoxid (DCP).

Fig. 6 shows the results of a test run of the experimental set-up with benzene. The melting point appears clearly as a step in the Fl–T-curve. A slight supercooling is observed in the values measured on cooling down from the liquid state. Above the melting point the Fl–T-curve fits reasonably well the theoretical values according to eq. [4]. At temperatures below −40 °C the density fluctuation varies linearly with temperature, above −40 °C up to the melting point the fluctuation increases more steeply. From the slope of the linear increase at low temperatures a phonon velocity of $2.8 \cdot 10^3$ m/sec is obtained using eq. [6]. There are, unfortunately, no experimental results available from other methods (e.g. Brillouin scattering at low temperatures) to check this value. The steeper increase at temperatures above −40 °C is probably due to the increasing influence of anharmonic effects. The extrapolation to 0 °K produces a non-zero value for the fluctuation which is relatively high as compared with the component due to the lattice vibrations. Whether this value is entirely due to lattice defects or at least partly due to a systematic error in the evaluation of I (0) can, at present, not be decided.

Figs. 7 and 8 show the results for the PS and PMMA sample. In contrast to the curve

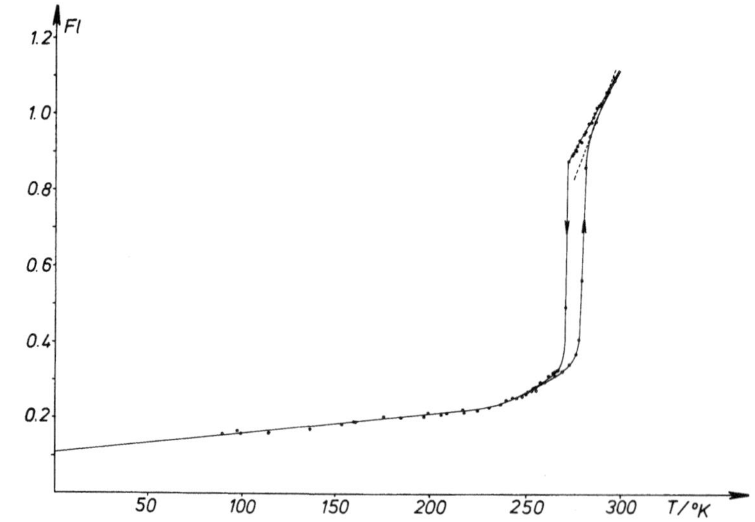

Fig. 6. Electron density fluctuation in benzene as a function of temperature

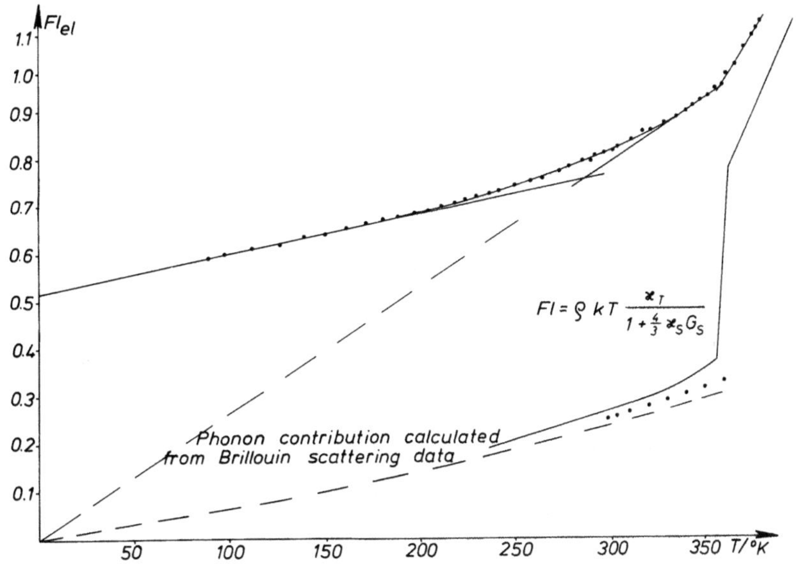

Fig. 7. Electron density fluctuation in polystyrene as a function of temperature

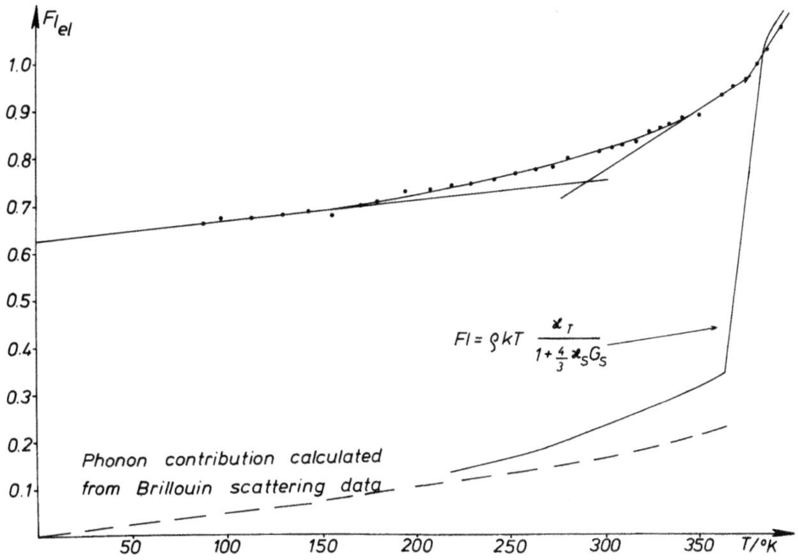

Fig. 8. Electron density fluctuation in PMMA as a function of temperature

shown in Fig. 6 there is no sudden change but a gradual increase of the fluctuation over the whole temperature range. At very low temperatures, a linear increase in T is observed which produces a far higher extrapolated value at 0 °K (0.52 for PS, 0.62 for PMMA) than that of benzene. From the slope a phonon velocity of $2.3 \cdot 10^3$ m/sec for PS and $3.2 \cdot 10^3$ m/sec for PMMA can be calculated. The latter is in good agreement with the value of $3.11 \cdot 10^3$ m/sec determined from Brillouin scattering by *Salinger* (13), the former compares less well with the value of $2.87 \cdot 10^3$ m/sec measured by the same author. Both curves show a marked change in slope at T_g. Above this temparature the fluctuation increases more steeply and corresponds within the limits of error to the theoretical value according to eq. [4] in the case of PMMA provided that the $\varkappa_T$ values reported by *Hellwege*, *Knappe* and *Lehmann* (14) are used. With the values published by *Heydemann* and *Guicking* (15) the theoretical values are somewhat lower than the experimental ones for both polymers. If one extends the calculation of theoretical values for Fl to temperatures below T_g using equ. [6] and [7] together with experimental $\varkappa_T$ and G values, the theoretical curves show a rapid change at T_g comparable to the change at the melting point (fig. 6) and approach the values calculated for the Fl-component due to phonons at low temperatures. This seems to indicate that the Fl-component due to phonons is increasing rapidly with increasing temperature at T_g and that the density fluctuations due to other effects (entropy fluctuations above T_g, entropy fluctuations plus "frozen-in" disorder below T_g) are decreasing at T_g so that the total density fluctuation does not show a step but only a change of slope at T_g. Such an interpretation of the comparison between the Fl, $\varkappa_T$ and v_l values would suggest that the glass transition is equivalent to a melting process as far as the phonon contribution to the density fluctuations is concerned, i.e. the phonon contribution is higher above and lower below T_g. In contrast to a melting process the fluctuation components due to other effects are higher below and smaller above T_g compensating the change in the phonon contribution. Fig. 9 shows a schematic presentation of this interpretation.

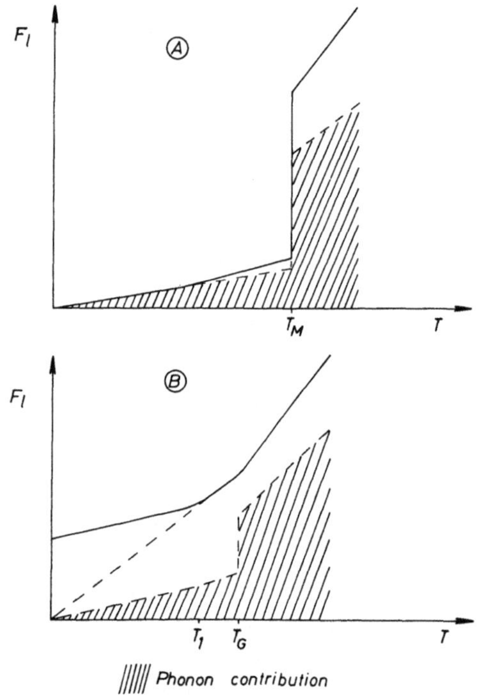

Fig. 9. Schematic Fl–T plots for crystallization (A) and glass transition (B)

The fact that the density fluctuations are increasing linearly with T at low temperatures indicates that, at sufficiently low temperatures, the density fluctuations are composed of a constant contribution from the "frozen-in" disorder and a quasi-harmonic phonon contribution following a relationship of the type

$$Fl\,(T) = Fl\,(o) + \frac{\varrho_{el}\,k_B\,T}{\varrho_m}\left\langle\frac{1}{v_l^2}\right\rangle_\omega . \quad [10]$$

Since only long wave-length longitudinal vibrations are contributing markedly to Fl and since such vibrations are the less affected by the disorder the longer the wavelength, it seems reasonable to assume that there is, as far as the time-average density fluctuations are concerned, no basic difference between the amorphous and the crystalline states at low temperatures. The space-average density fluctuations are, however, considerably higher in the amorphous state and a comparison of the absolute values of Fl at 0 °K for various types of amorphous material could be used as a quantitative measure of their state of order.

Below T_g there is a region in the Fl–T-curves where the fluctuation follows the equation

$$Fl = \varrho\, k\, T\, \varkappa_T\,(T_g) \quad [11]$$

over a region of about 50°. This behaviour has first been observed by *Wendorff* and *Fischer* (3) who found an explanation based on non-equilibrium thermodynamics for eq. [11]. The intersection between the lines defined by eq. [10] and [11] can be used to define another transition temperature (T_1) which, however, appears in our curves less well defined than in those measured by *Wendorff* and *Fischer*. This temperature is about the same for PS and PMMA (~287 °K). Whether a relaxation process can be considered to produce this change in slope is difficult to decide since rotations of side-groups alone should, in principle, not change the density fluctuations, but if these are correlated with an increase of overall disorder the density fluctuations would be affected.

Fig. 10 shows the DTA curves of the 5 samples of PE. Preliminary measurements at room temperature indicated that the Fl values

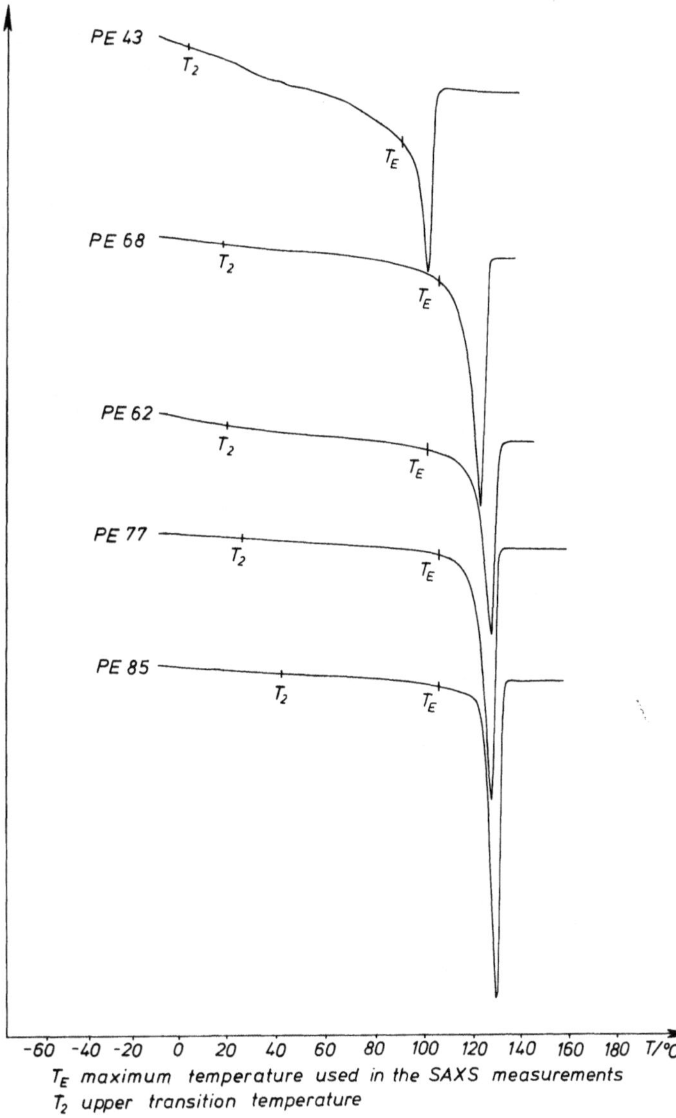

Fig. 10. DTA curves of the PE samples

vary linearly with the crystallinity x_c. This linearity was also observed for other temperatures as well as for the *Fl*-values extrapolated to 0 °K as can be seen in fig. 11. For a given temparature the density fluctuations in polyethylene seem to be addititively composed of a contribution from the amorphous and from the crystalline regions.

$$Fl = x_a\, Fl_a + x_c\, Fl_c \qquad [12]$$

where x_a and x_c are the fractions of amorphous and crystalline matter, respectively. This indicates that the density fluctuations in the crystalline and amorphous regions can be considered mutually independent and that an extrapolation towards $x_c = 1$ and $x_a = 1$ should lead to the parameters Fl_a and Fl_c associated with the amorphous and the crystalline regions.

Fig. 12 shows the *Fl–T* plots for all PE samples together with *Fl–T* plots for the purely amorphous and purely crystalline state obtained by extrapolation at various temperatures according to eq. [12]. The curves are very similar to those obtained for amorphous polymers, it seems thus reasonable to apply the same procedures to evaluate these curves. Fig. 13 shows the transition temperatures T_1 and T_2 (the latter corresponding to T_g for

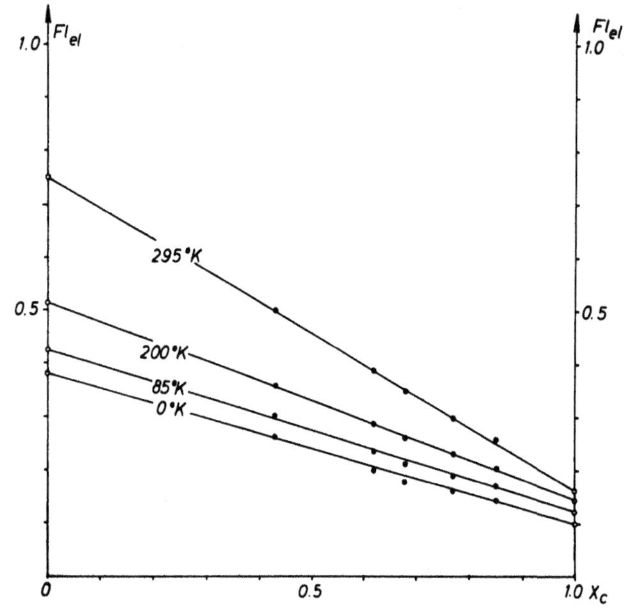

Fig. 11. Electron density fluctuation in polyethylene as a function of crystallinity and temperature

the amorphous samples) obtained. For the evaluation an equation of the type

$$Fl(T) = x_c\, Fl_c + bT\,, \qquad [13]$$

where b is a constant, has to replace eq. [11] if one considers T_1 and T_2 to be due to the amorphous regions only.

The T_1 values appear to be independent of the crystallinity and correspond rather well to the lower glass transition temperatures ($T_g(l)$) given by *Boyer* (16). The T_2 values show an approximately linear increase with increasing crystallinity with a slope very similar to that of $T_g(u)$ reported by *Boyer* (16) but are about 40° higher. Since the evaluation of T_2 for PE is equivalent to that of T_g for amorphous polymers it has to be accepted that these two temperatures correspond, as far as the density fluctuations are concerned, to equivalent structural changes. More detailed

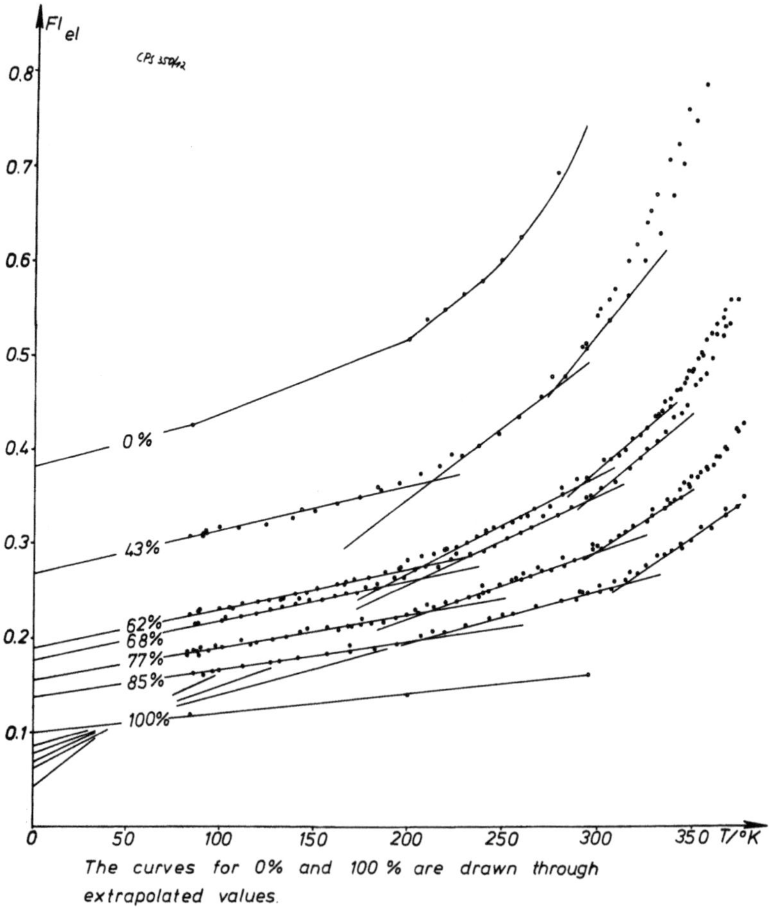

Fig. 12. Electron density fluctuation in polyethylene as a function of temperature and crystallinity

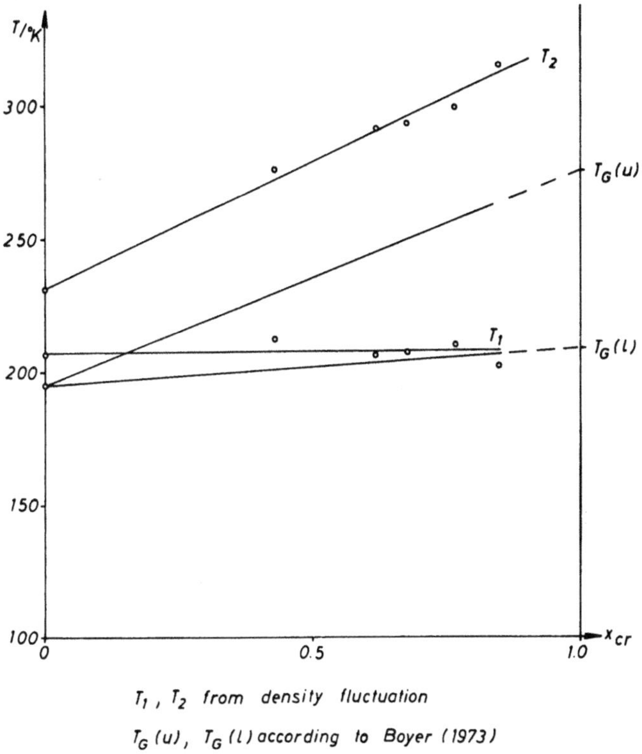

Fig. 13. Transition temperatures of PE as a function of crystallinity

studies in this domain are needed to elucidate this problem of yet another T_g for PE.

The phonon velocities obtained from the slopes in the low temperature region using eq. [10] are shown in fig. 14 together with the values for the extrapolated curves for $x_c = 1$ and $x_a = 1$. The velocities increase with increasing crystallinity but apparently not linearly even if one considers the error limits.

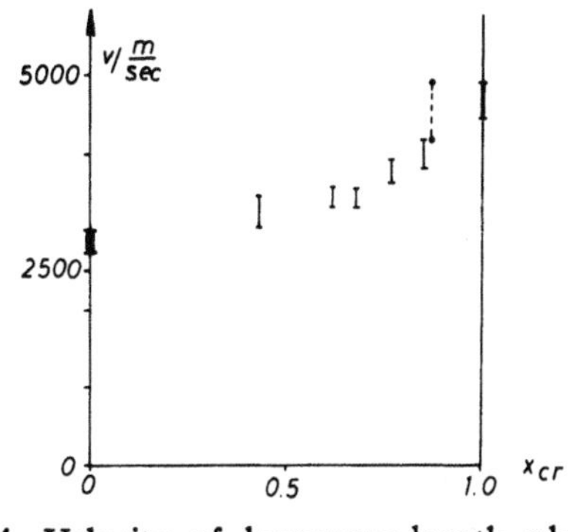

Fig. 14. Velocity of long-wave-length phonons at low temperatures in polyethylene as a function of crystallinity. ——— from small-angle X-ray scattering; ·— — —· extrapolated from ultrasonic measurements of *Waterman* (1963)

For comparison, the results of extrapolations to 0 °K of the temperature dependent ultrasound velocities in a PE sample of 87 % crystallinity reported by *Waterman* (17) are also plotted in fig. 14 which appear to be of comparable magnitude.

The results of the studies on the NR samples as a function of cross-linking density are shown in fig. 15. If one assumes the total density

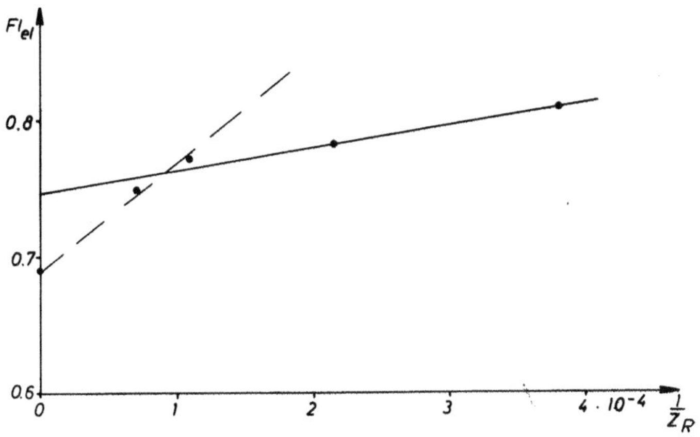

Fig. 15. Electron density fluctuation of natural rubber as a function of the crosslinking density

fluctuation of these samples to be composed of the fluctuation Fl_R within the rubber matrix and an additional fluctuation effect Fl_X due to the change in local density in the environment of the crosslinks which one can, to a first approximation, consider independent of Fl_R one can write, in analogy to eq. [12],

$$Fl_{el} = \frac{Z_R}{Z_R + \Delta Z_X} Fl_R + \frac{\Delta Z_X}{Z_R + \Delta Z_X} Fl_X$$

where Z_R is the average number of electrons in the rubber matrix per crosslink and ΔZ_X the local excess or deficit of electrons produced by one crosslink. Since Z_R is, in general, much larger than ΔZ_X one can write

$$Fl_{el} = Fl_R + \frac{\Delta Z_X}{Z_R} Fl_X . \qquad [14]$$

$1/Z_R$ is proportional to the density of crosslinks, a plot of Fl versus this parameter should thus give information on the product $\Delta Z_X Fl_X$. Since Fl_X is the electron density fluctuation due to the crosslinks it can, in principle, be considered as the product of

ΔZ_X and the fluctuation Fl_{DX} due to the spacial distribution of the crosslinks, in analogy to eq. [3]:

$$Fl_X = \Delta Z_X \, Fl_{DX} .$$

In the case of a completely random distribution of crosslinks, Fl_{DX} is unity and eq. [14] becomes

$$Fl_{el} = Fl_R + \frac{(\Delta Z_X)^2}{Z_R} . \qquad [15]$$

Assuming Fl_R to be unaffected by the crosslinking one would expect a linear relationship between Fl_{el} and $1/Z_R$ if eq. [15] is valid or if Fl_{DX}, although different from unity, does not change with the crosslinking density which appears to be rather unlikely. As can be seen in fig. 15 the Fl_{el} values for the crosslinked samples can be reasonably well fitted to a linear relationship whereas the value measured for the uncrosslinked sample is somewhat lower than that obtained by extrapolation. If the value for the uncrosslinked sample is excluded from the evaluation since it may be affected by an error due to the difficulty of defining the correct thickness when handling the rather sticky material, the linear relationship indicated by the solid line in fig. 15 corresponds to a ΔZ_X value of 12 if Fl_{DX} is taken as unity. If, however, the value for the uncrosslinked sample is correct and one considers eq. [15] to be valid only for small crosslinking densities (broken line in fig. 15) one obtains a ΔZ_X value of 26, and the fact that the Fl_{el} values for higher crosslinking densities are lower than predicted could be taken as an indication for a decrease of Fl_{DX} with increasing crosslinking density, which would mean that the crosslinks tend towards a more regular distribution in space. A more detailed study of this effect has to be carried out to clear up this point.

5. Conclusions

The present work shows that it is possible to obtain reliable values for the density fluctuation from the X-ray scattering at small angles even in the case where a strong small-angle scattering due to two-phase systems is present.

For amorphous polymers, the study of the density fluctuation as a function of temperature shows that the "freezing-in" at T_g is not at all associated with a transition from a temperature dependent to a temperature independent density fluctuation as was suggested by *Weinberg* (18). On the contrary, the study of the temperature dependence at temperatures below T_g results in an amount of interesting information and throws a new light on the structural changes occurring at and below T_g. Since this study can only be regarded as preliminary there are still a number of points to be elucidated, notably the physical meaning of the transition at T_1. It is to be expected that a more detailed study of the variation of T_1, v_l and $Fl(o)$ with the thermal and mechanical history of amorphous samples will contribute to increase our understanding of the amorphous state.

For semicrystalline polymers, the information obtainable is even larger than that for amorphous polymers due to the change of the fluctuation with crystallinity. It seems to be of interest to include the melting point in these studies to complete the characterization.

For both the amorphous and the semicrystalline state a study of samples with preferred orientation should further increase the information on the relationship between structure and density fluctuation.

Another field of application is that of heterogeneities in polymer structures, e.g. crosslinks or copolymer segments, for which a study of the density fluctuations as a function of the concentration and the type of the heterogeneities can give much valuable information.

Appendix

Thermal diffuse scattering near the origin of reciprocal space

The one-phonon thermal diffuse scattering in the vicinity of the reciprocal lattice point $\boldsymbol{s}_h$ is given by

$$\frac{1}{ZN} I_{\text{e.u.}}(\boldsymbol{k}) = \frac{hs^2}{2m} \sum_i \frac{\cos^2 \alpha_{ikh}}{\nu_i(\boldsymbol{k})} \coth\left(\frac{h\nu_i(\boldsymbol{k})}{2\,k_B T}\right)$$

where $\boldsymbol{k} = \boldsymbol{s} - \boldsymbol{s}_h$, $k = 1/\Lambda$, α_{ikh} is the angle between $\boldsymbol{s}_h$ and the direction of the vibration of branch i and wave vector $\boldsymbol{k}$, $\nu_i(\boldsymbol{k})$ the corresponding dispersion relation, k_B *Boltzmann*'s constant, h *Planck*'s constant, m the mass and Z the number of electrons per unit cell content and N the number of unit cells.

In the vicinity of the origin of reciprocal space, $\boldsymbol{s}_h$ is zero, accordingly, $\boldsymbol{k}$ equals $\boldsymbol{s}$. Furthermore, cos α_{ikh} is unity for longitudinal vibrations and zero for transversal vibrations. If one considers only small values of $s = k$, $\nu(\boldsymbol{k})$ can be taken proportional to k for the acustic vibrations,

$$\nu(\boldsymbol{k}) \simeq v_l(\boldsymbol{e})\, k\,,$$

where $v_l(\boldsymbol{e})$ is the group velocity as a function of the direction of wave propagation. For optical vibrations, $\nu(\boldsymbol{k})$ is constant ($\nu_0(\boldsymbol{e})$) for small k values. A suitable series development for coth leads to the expression

$$\frac{1}{ZN} I_{\text{e.u.}}(\boldsymbol{s}) = \frac{k_B T}{m v_l^2(\boldsymbol{e})} + \frac{s^2}{m}\left(\frac{nh^2}{12\, k_B T} + k_B T \sum_i{}' \frac{1}{\nu_{oi}^2(\boldsymbol{e})}\right) - \ldots$$

where n is the number of branches present and $\sum_i'$ is summing over the optical branches only. In the limit $|\boldsymbol{s}| \to 0$, one obtains,

$$\lim_{|\boldsymbol{s}|\to 0} \frac{1}{ZN} I_{\text{e.u.}}(\boldsymbol{s}) = \frac{k_B T}{m\, v_l^2(\boldsymbol{e})}\,.$$

Acknowledgements

The authors are indebted to the Deutsche Forschungsgemeinschaft for sponsoring this research project. Thanks are also due to Dr. *L. Morbitzer*, Fa. Bayer AG, Leverkusen, for the preparation of the NR samples and to Dr. *H. Tompa*, University of Louvain, for a critical revision of the manuscript.

Summary

The small-angle scattering of amorphous and semicrystalline polymers contains an intensity component due to density fluctuations within the crystalline and amorphous domains.

For amorphous polymers, the density fluctuations above T_g correspond to the theoretical value for a fluid system in thermodynamic equilibrium. Below T_g, a temperature dependence proportional to T is observed over a range of about 50°. At lower temperatures, a linear relationship with a smaller slope has been found which extrapolates to a non-zero value at 0 °K. This value corresponds to the "frozen-in" disorder, the slope at low temperatures is related to thermal vibrations and can be evaluated in terms of photon-phonon scattering.

Semicrystalline polymers show a temperature dependence of the density fluctuation similar to that of the amorphous polymers. At constant temperature the density fluctuations vary linearly with crystallinity.

Natural rubber shows an increase of the density fluctuations with increasing cross-linking densities from which information on the density changes in the vicinity of a cross-link and on the statistics of the distribution of cross-linking can be obtained.

Zusammenfassung

Die Kleinwinkelstreuung amorpher und teilkristalliner Polymere besitzt eine Intensitätskomponente, die von Dichtefluktuationen innerhalb der kristallinen und amorphen Bezirke herrührt. Für amorphe Polymere entspricht die Dichtefluktuation oberhalb von T_g dem theoretischen Wert für ein fluides System im thermodynamischen Gleichgewicht. Unterhalb T_g wird eine Temperaturabhängigkeit proportional zu T über einen Bereich von etwa 50° beobachtet. Bei tieferen Temperaturen wird eine lineare Beziehung mit einer geringeren Steigung gefunden, welche zu einem endlichen Wert bei 0 °K extrapoliert werden kann. Dieser Wert bezieht sich auf die „eingefrorene" Fehlordnung, die Steigung bei tiefen Temperaturen ist auf thermische Schwingungen zurückzuführen und kann als Photon-Phonon-Streuung ausgewertet werden.

Teilkristalline Polymere zeigen eine Temperaturabhängigkeit der Dichtefluktuation, die der von amorphen Polymeren ähnlich ist. Bei konstanter Temperatur ändert sich die Dichtefluktuation linear mit der Kristallinität.

Naturkautschuk zeigt eine mit der Vernetzungsdichte ansteigende Dichtefluktuation, aus der man Information über die Dichteänderung in der Umgebung eines Netzpunktes und die Statistik der Netzpunktverteilung erhalten kann.

Literaturverzeichnis

1) *Ruland, W.*, Pure and Appl. Chem. **18**, 489 (1969).

2) *Perret, R., W. Ruland*, Koll.-Z. u. Z. Polym. **247**, 835 (1971).

3) *Wendorff, J. H., E. W. Fischer*, Koll.-Z. u. Z. Polym. **251**, 876 (1973).

4) *Smoluchowski, M. V.*, Ann. Phys. **25**, 205 (1908).

5) *Einstein, A.*, Ann. Phys. **33**, 1275 (1910).

6) *Ornstein, F. S., F. Zernike*, Proc. Acad. Sci. **17**, 793 (Amsterdam 1914).

7) *Guinier, A.*, Théorie et Technique de la Radiocristallographie, S. 522ff. (Paris 1964).

8) *Ruland, W.*, Progr. Colloid & Polymer Sci. **57**, 192–205 (1975).

9) *Hosemann, R., S. N. Bagchi*, Direct Analysis of Diffraction by Matter, (Amsterdam 1962).

10) *Brämer, R., W. Ruland*, Makromol. Chem., in Press.

11) *Zernike, F., J. A. Prins*, Z. Phys. **41**, 184 (1927).

12) *Chonacky, N. J., W. W. Beerman*, Acta. Cryst. **25**, 564 (1969).

13) *Salinger, G. L.*, In Amorphous Materials, S. 475ff. (London 1972).

14) *Hellwege, K. H., W. Knappe, P. Lehmann*, Koll.-Z. u. Z. Polym. **183**, 110 (1962).

15) *Heydemann, P., H. D. Guicking*, Kolloid.-Z. u. Z. Polym. **193**, 16 (1963).

16) *Boyer, R. F.*, Macromol. Rev. **6**, 288 (1973).

17) *Waterman, H. A.*, Kolloid-Z. u. Z. Polym. **192**, 9 (1963).

18) *Weinberg, D. L.*, Phys. Lett. **7**, 324 (1963).

Anschrift der Verfasser:

Dr. *Jens Rathje*
4047 Dormagen 1
Wiedstraße 12

Prof. Dr. *W. Ruland*
Fachbereich Physikalische Chemie
der Universität Marburg, Bereich Polymere
Lahnberge, Gebäude H
D–3550 Marburg,

Für die Schriftleitung verantwortlich: Für Originalarbeiten Prof. Dr. F. H. Müller, Haselhecke 26, 3550 Marburg-Marbach und Prof. Dr. Armin Weiss, Institut für anorganische Chemie der Universität, Meiserstr. 1, 8000 München 2
Anzeigenverwaltung und Verlag:
Dr. Dietrich Steinkopff Verlag, Saalbaustraße 12, Postfach 11 10 08, D-6100 Darmstadt 11
Herstellung: Meister Druck, 3500 Kassel

GPSR Compliance

The European Union's (EU) General Product Safety Regulation (GPSR) is a set of rules that requires consumer products to be safe and our obligations to ensure this.

If you have any concerns about our products, you can contact us on ProductSafety@springernature.com

In case Publisher is established outside the EU, the EU authorized representative is:

Springer Nature Customer Service Center GmbH
Europaplatz 3
69115 Heidelberg, Germany

Batch number: 10578403

Printed by Printforce, the Netherlands